U0227648

晋城市雨洪分析与洪灾防治研究

主编　梁存峰　牛二伟

黄 河 水 利 出 版 社
·郑 州·

内 容 提 要

本书依据晋城市各县区《山洪灾害非工程措施实施方案》《山洪灾害调查评价成果》，主要分析了晋城市暴雨、洪水分布趋势，总结了晋城市在洪灾防治、非工程措施建设、山洪灾害调查等方面成果。

本书绘制了晋城市10 min、60 mim、6 h、24 h、3 d五个不同时段暴雨等值线图、C_v等值线图，通过分析编制了晋城市100年一遇10 min、60 mim、6 h、24 h、3 d等值线图。研究整理了各主要河段100年一遇设计洪水分布图和100年一遇洪峰模数分布图。将重点沿河村落作为分析评价对象，按村进行了暴雨洪水计算、现状防洪能力、危险区划分。通过分析列举北张店水文站预警指标计算方法，得到各重点沿河村落的预警指标、不同频率设计洪水的水面线、防洪现状、受灾人口、致灾洪水流量；并通过山洪灾害调查完成了晋城市预报系统建设、河道整治与河道堤防摸底，确定了山洪灾害防治措施、预案。

本书可作为从事水文及水资源、水利工程等专业人员的参考用书。

图书在版编目(CIP)数据

晋城市雨洪分析与洪灾防治研究/梁存峰，牛二伟主编. —郑州：黄河水利出版社，2016.12

ISBN 978-7-5509-1646-3

Ⅰ.①晋… Ⅱ.①梁… ②牛… Ⅲ.①暴雨洪水-水文分析-晋城 ②水灾-灾害防治-晋城 Ⅳ.①P333.2 ②P426.616

中国版本图书馆CIP数据核字(2016)第299276号

组稿编辑：李洪良 电话：0371-66026352 E-mail：hongliang0013@163.com

出 版 社：黄河水利出版社

地址：河南省郑州市顺河路黄委会综合楼14层 邮政编码：450003

发行单位：黄河水利出版社

发行部电话：0371-66026940、66020550、66028024、66022620(传真)

E-mail：hhslcbs@126.com

承印单位：河南省瑞光印务股份有限公司

开本：787 mm×1 092 mm 1/16

印张：23.5

字数：543千字　　印数：1—1 000

版次：2016年12月第1版　　印次：2016年12月第1次印刷

定价：198.00元

《晋城市雨洪分析与洪灾防治研究》
编制名单

主　　　编　梁存峰　牛二伟

副　主　编　药世文　王江奕　杨建伟

主要参加人员　张　蔷　刘平平　牛　琼　梁雯琴

参 加 人 员　张娇娇　程启亮　王文浩　石　凯　安　宇
郭　宁　郭浩杞　张　卓　侯丽丽　李义浩
赵静敏　申　强　栗泽超

制　　　图　牛　琼　张　蔷

前 言

按照中共中央、国务院领导决策部署,2010~2015年,财政部、水利部在全国29个省和新疆生产建设兵团组织实施了山洪灾害防治项目建设,山西省晋城市分期分批进行了山洪灾害防治非工程措施建设。经过山洪灾害防治非工程措施建设以及山洪灾害调查,山西省晋城市共6个县市(阳城县、泽州县、沁水县、高平市、陵川县以及晋城城区)进行了山洪灾害调查评价工作。

按照晋城市的区域概况、地理位置、地形地貌、河流水系、水文气象以及社会经济,分析了晋城市的暴雨特性,根据建站以来不同历时暴雨资料绘制了晋城市10 min、60 min、6 h、24 h、3 d五个不同时段暴雨等值线图、C_v等值线图,通过分析编制了晋城市100年一遇10 min、60 min、6 h、24 h、3 d等值线图。

晋城市洪水多为季节性山洪,主要洪水集中在6~9月。经研究整理历史洪水35场,调查历史山洪灾害109场,根据各地洪水发生频率与设计洪水情况,研究整理了各主要河段100年一遇设计洪水分布图和100年一遇洪峰模数分布图。将晋城市510个沿河村落作为分析评价对象,按村进行了暴雨洪水计算、现状防洪能力、危险区划分。

晋城市山洪预警指标分析研究,采用典型流域研究应用于各个危险村预警指标计算实践。通过分析列举北张店水文站预警指标计算方法,得到510个沿河村落的预警指标,通过计算510个沿河村落的不同频率设计洪水的水面线,分析评价510个沿河村落的防洪现状、受灾人口、致灾洪水流量、雨量预警指标以及受坡面流影响村落的预警指标;并通过采用面积比降法确定参选断面安全过水流量,作为保护区安全过水流量,以保护区安全过水流量为基准根据水位站与保护区集水面积折算求得水位监测站的相应流量,依据水位站实测大断面采用比降面积法推求水位站警戒水位(假定水位)。

本书通过分析晋城市山洪特性,提出有针对性的措施与建议,为晋城市山洪灾害预警、群测群防体系的建设提供了必要的技术支撑。

以山洪灾害调查分析评价工作为契机,通过分析晋城市山洪特性,总结了经验和建议,进而编写了本书。

编 者

2016年9月

前 言

目　录

第 1 章　概　况

晋城市位于山西省东南部,晋豫两省交界处。晋城市下辖 1 个市辖区、4 个县、1 个市,即城区、泽州县、阳城县、沁水县、陵川县和高平市,以及一个省级高新技术开发区,即晋城经济技术开发区,总面积约为 9 490 km^2,占山西省总面积的 6%。总耕地面积为 283.38 万亩(1 亩 =1/15 hm^2),人均耕地 1.42 亩。

1.1　地理位置

晋城古称泽州,别称凤台、丹川、泽州府等,是华夏文明的发祥地之一。全境位于东、南两面与河南省环绕的泽州盆地,母亲河丹河中下游。豫冀晋三省通衢,自古为通向中原大地河南省的门户,史称"中原屏翰,冀南雄镇"。市主城区居泽州县境之中央。南与河南省焦作、辉县、修武、博爱、沁阳、济源等市、县交界;地理坐标为北纬 35°12′~35°42′,东经 112°31′~113°14′,南北长约 58.85 km,东西宽约 62.75 km。"控扼晋豫咽喉,俯视千里中原",历来是兵家必争之地,也是南下中原的交通要道。自古以来豫北中原文化与晋东南太行文化在此交融共生,形成了别具一格的豫风晋韵的中原文化风情。晋城南距焦作 50 km、开封 187 km、郑州 108 km 左右,北距长治 101 km、太原 374 km,东距菏泽 298 km,西距洛阳 118.4 km,是晋东南和豫北地区经济、文化、交通、物流中心。承接中原,沟通南北,具有独特的区位优势,发挥着承东启西的重要作用。晋城市位置分布图见图 1-1。

1.2　地形地貌

晋城市全境位于晋城盆地(泽州盆地)中央,即丹河、沁河中下游流域的盆地。全市平面轮廓略呈卵形,整个地区的地势呈北高,中、南部低的簸箕状。境内平原、丘陵、山地分别占全市总面积的 12.9%、28.5%、58.6%。晋城市全境平均海拔 600~700 m,最高点为海拔 2 322 m 的中条山舜王坪,最低点是丹河、沁河下游河谷地,海拔接近 300 m。

1.2.1　阳城县

阳城县地处太行山西南支、中条山东支及太岳山南麓,在县境南部形成了西起小尖山东至三盘山的一条近东西向的地表分水岭,海拔均在 1 500 m 以上;县境北部有仙翁山、牛头山,成为阳城、沁水两县的交界;中部皇龙山、蟹山东西向分水岭,形成了获泽河、芦苇河的流域分界,海拔在 1 600 m 以上。全县地形总趋势为南、西、东北部高,中、东部低,呈一半开放盆状地形。境内山、川、丘陵、河谷、盆地皆有。

图 1-1　山西省晋城市位置分布图

阳城县的地质形成于太古界,元古界震旦系、古生界的寒武系、奥陶系、石炭系、中生界及新生界的第三系上新统,第四系更新统,地质的多样化和地貌的梯式化,是阳城县地形地貌的主要特征。

1.2.2 泽州县

泽州县东、西、南三面环山,山岭陡峻,倾向中央,北中部为丘陵地带。地貌呈黄土高原和褶皱山板相间分布,具有山地、丘陵、平川区等多种地貌类型,构成了北高南低波浪式的地貌景观。

山地地貌分布于泽州县东南部的高山地带,境内起伏大,相对高差一般为 800 m 左右,面积 197.1 万亩,占县总面积的 60.8% 。本区以急剧的升降结构作用为主,伴之以流水侵蚀及风化剥蚀作用,山体主要由寒武系、奥陶系石灰岩及变质岩组成。多为直立陡峭的单面山及高度不等的突起山峰。尖棱的山脊,重叠的岗峦,陡缓不均的山面和狭窄的山谷。

境内山地、丘陵、平川面积之比为 6∶3∶1。最高点为西北部的吾圣山主峰,海拔 1 346.6 m,最低点为丹河出口处的三姑泉,海拔 296 m,相对高差为 1 050.6 m。平均海拔为 650 ~ 1 000 m。境内山岭纵横,北疏南密,均属太行山脉。海拔 1 100 m 以上的山有吾圣山、香山、大圪垴山、伊侯山、大尖山、方山、岳城山、晋普山、圣王山等。

1.2.3 沁水县

沁水县境内地势西高东低,海拔最高处与最低处相差 1 838 m。地形东西长,南北窄。东西长约 150 km,南北宽约 55 km。境内山峦起伏,沟壑纵横。

沁水县除中村镇部分区域外,其他均为沁河流域,流域内大部分为土石山区,尤其是郑庄镇以上的沁河干流两岸,峰峦重叠、山高谷深、盆地穿插、地形相当复杂。沁河流域地貌在沁水境内主要为山丘河谷盆地区,总体上仍属于山丘区。沁河沿岸人口较集中、耕地连片、经济发达,全县主要的大中型工矿企业和灌溉面积都在本区。由于人类活动的影响,本区自然植被较差。

苏庄河流域范围内地貌以石质山区为主,出露地层为三叠系砂页岩,约占 60% ,黄土丘陵区占 40% 。

沁水河流域范围内地势由西向东渐降。流域大部分为石灰岩山区,为典型的山区地貌,局部为黄土丘陵区。

端氏河流域范围内地势由东北向西南渐降,流域内最高点十里乡宇峻山海拔为 1 609.7 m,最低点汇合处海拔仅为 560 m。境内大部分为土石山区和黄土丘陵区。

侯村河流域范围内地势由东北向西南渐降。境内大部分为土石山区和黄土丘陵区。

全市境内东、北、西三面环山,为构造剥蚀中低山区,地形较陡,向县城内侧倾斜,为绵延起伏破碎的黄土丘陵区,山区最高海拔为金泉山 1 391.1 m,平川最低海拔为杜村 800 m,高差 591.1 m,境内一般相对高差为 300 m 左右。丹河自北而南纵贯全市中部,其流域形成带状平川,丹河上游平均宽为 0.5 ~ 1 km,下游宽为 2 ~ 4 km,整个地形是北高南低,形成簸箕状。

1.2.4　高平市

高平市境内山峦绵亘,河道纵横,地形破碎复杂,全市地貌大致可分为构造剥蚀中低山区、剥蚀堆积黄土丘陵土区、侵蚀堆积冲洪积平原区三种类型。

从地质构造上看,本市位于太行山背斜西翼,沁水向斜东南缘,中条山山字形脊北部,全市出露地层有古生界奥陶系石灰层、石炭系、二叠系以及第三系和第四系黄土为主的沉积,地层总的倾向西北,倾角4°~12°,大体是由西向西北地层逐渐变新,横穿市区附近丹河河谷,有一组近于平行,走向为北东向的高角度正断层,导致全市水文地质条件南北差异分明,地下水明显异常。

1.2.5　陵川县

陵川县地处晋豫之交,太行山与华北平原断裂带,西连泽州盆地,北连上党盆地,东南与中洲平原相毗,境内东北高、西南低,大部分海拔为1 200~1 400 m,东北部最高峰板山,海拔1 797.9 m,南部最低点甘河破屋,海拔691 m,平均海拔1 058 m。境内万峰环列,沟壑纵横,山势险峻,岭峦连绵,全县总面积1 751 km^2,其中石山区765 km^2,占总面积的43.6%,分布在东南四个山区乡镇;土石丘陵区面积831 km^2,占总面积的47.4%,分布在县境中部、北部、西南部;平川区面积155 km^2,占总面积的9%,分布在县境西部礼义、杨村、附城、西河底一带。

陵川县的地质形成于远古界的震旦系,古生界的寒武系、奥陶系、石炭系、二叠系及新生界的第三系上新统,第四系更新统,地质的多样化和地貌的梯式化,是陵川县地形地貌的主要特征。

1.2.6　晋城市城区

晋城市城区位于白水河流域的源头,北、西、东三面环山,中部低平,整体地形呈北高南低的簸箕状。

晋城市城区属华北黄土高原的一部分,为晋城山间盆地的大部分。平川、丘陵与山地面积分别占总面积的52.6%、30.9%和16.5%。地势为西北高而东南低,呈中低山、丘陵、河流的阶梯状地形,有北石店、市区两个小型盆地。海拔最高点为方山1 058 m,最低点为白水河出境口680 m,平均海拔800 m左右。境内主要山脉有白马寺山、五门山、东武匠山等。

1.3　河流水系

晋城市境内河流纵横,主要为丹河和沁河两大流域,以及卫河支流。沁河的主要支流有长河、白水河、犁川河、龙湾河、范河、端氏河、获泽河,丹河的主要支流有东丹河、东大河、巴公河、石盆河、永禄河等,卫河的主要支流有淇河、香磨河、武家湾河等。其干流流向多由北向南,支流流向多为由西向东。多年平均水资源总量为13.17亿m^3,其中多年平均年径流量11.32亿m^3,地下水资源量8.92亿m^3,重复水资源为7.07亿m^3。晋城市河流水系图见图1-2。

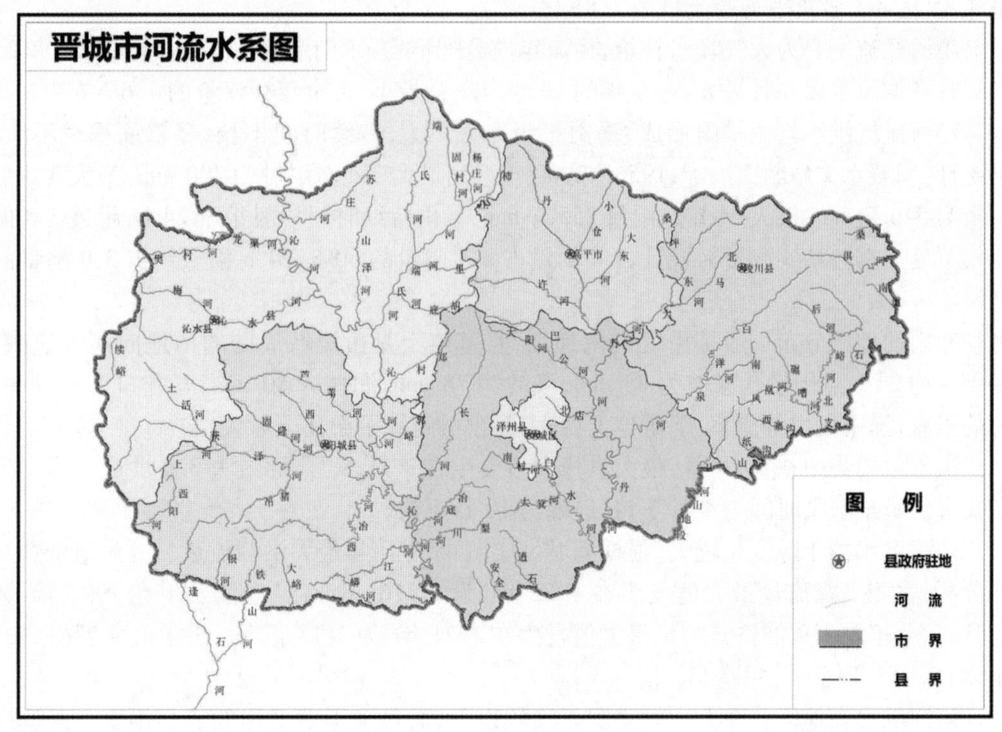

图1-2 晋城市河流水系图

1.3.1 沁河

沁河干流总长485 km,其中山西省境内为363 km,占总长的74.8%;沁河流域总面积13 069 km^2,其中山西境内12 331 km^2,占总面积的94%。沁河是晋东南最大的河流,支流众多,其中山西省境内流域面积超过100 km^2的较大支流有26条。沁河上游区河段长224 km,流域面积4 990 km^2。其中,源头至孔家坡段为源头区,长度69 km,区域面积1 358 km^2;孔家坡至飞岭段长83.7 km,区间面积1 325 km^2;飞岭至张峰水库坝址段长85.8 km,区间面积2 307 km^2。沁河中游区张峰水库至省境段河长139 km,流域面积2 683 km^2。山西省境内沁河流域呈阔叶形,源头至孔家坡段形状系数3.1,孔家坡至飞岭段形状系数6.9,飞岭至张峰段形状系数10.1,张峰以下段形状系数大于12。支流除丹河外都为流域面积在1 000 km^2以下的小河流,长度均不到60 km。沁河流经流域以石质山区为主,土石山区次之,干流河道大部分为砂页岩地层,水量渗漏较少,大部分支流都有清水长流,干流坡陡流急,两岸峰峦重叠、山高谷深,地高水低,壁陡岩高,属窄深型河道,加之泥沙淤积较轻,河床稳定性较好。

1956~2000年水文系列全流域的多年平均水资源总量为13.17亿m^3,多年平均年径流量为11.32亿m^3,地下水资源量8.92亿m^3,地表水与地下水重复量7.07亿m^3。山西省沁河流域的多年平均水资源量15.77亿m^3,多年平均径流量为14.41亿m^3,其中沁河多年平均水资源量12.42亿 m^3，多年平均径流量为11.6亿 m^3，丹河流域多年平均水资源量3.35亿 m^3，多年平均径流量为2.81亿 m^3。

沁河径流主要为大气降水补给，径流年内分配不均，汛期水量占年来水量的54.2%，多年月平均流量以8月最大，占全年的19.3%，2月最小，占全年径流量的4.6%左右。

沁河流域洪水均由暴雨形成，暴雨量级一般不大，持续时间不长，笼罩面积也不大。据统计，润城水文站断面以上，1956～2000年系列最大3 d面雨量为200 mm，最大3 d点雨量为546.7 mm，最大24 h点雨量255.7 mm，暴雨持续时间一般小于24 h，超过3 d的比较罕见。据各站实测资料统计，1 d雨量占3 d雨量的60%，24 h雨量约占3 d雨量的75%。

暴雨的地区分布一般是由北向南递增，且基本上是由流域周围的山地向河谷递减。多年平均24 h点雨量孔家坡为73 mm，飞岭为78 mm，润城为80 mm，五龙口为91 mm。总的来看，暴雨发生的概率，下游比上游大，暴雨的量级下游比上游大。

洪水主要集中在6～9月，最大洪峰大多发生在7月、8月，而最大3 d洪量大多发生在8月。最早涨洪时间为4月下旬，最晚为10月下旬。

沁河洪水的年际变化较大，根据润城站实测47年历年最大洪峰流量、3 d洪量资料统计分析，实测洪峰流量最大值发生在1982年，为2 716 m^3/s，最小值发生在1997年，为8.01 m^3/s，相差339倍；3 d洪量最大值发生在1971年，为2.13亿 m^3，最小值发生在1997年，为0.018 8亿 m^3，相差113倍。

沁河洪水在地区分布上主要来源于飞岭以下，而且上下游遭遇的机会不多。经调查沁河张峰断面两次洪水分别为：1892年洪峰流量为4 150～4 810 m^3/s，1937年洪峰流量为2 300～3 140 m^3/s。沁河张峰站1993年实测洪峰流量1 710 m^3/s。沁河润城断面两次洪水分别为：1895年洪峰流量为5 030～5 500 m^3/s，1943年洪峰流量为3 850～4 350 m^3/s。

苏庄河为沁河的一级支流。位于沁水县东北部，地理坐标为东经112°19′～112°31′、北纬35°50′～35°58′。发源于十里乡柏尖山下燕家村，于苏庄乡官亭村汇入沁河，流经十里、苏庄两乡，水系形态为羽毛状。苏庄河流域面积117 km^2，干流长度30 km，主河道平均纵坡13.55‰，河道糙率为0.03～0.05。本河流为顺向河，呈槐叶形，由东北向西南流，属典型的季节性河流，河床较稳定。

龙渠河是沁河的一级支流。有两条支流，一条支流为发源于浮山县寨圪塔乡郑沟村的山交河，一条支流是发源于翼城县东北角辽寨乡的樊村河。两条支流在沁水县的谭村汇合，形成龙渠河。龙渠河流经浮山、翼城县和沁水县，在沁水县王必乡汇入沁河。河长50 km，流域面积为468 km^2。多年平均径流量为5 700万 m^3，纵坡为10.15‰。干流建有龙渠水电站，引水流量2.5 m^3/s，发电水头38.6 m，装机容量520 kW，年发电量95万kW·h。

沁水河为沁河的一级支流。位于沁水县中部，地理坐标为东经111°58′～112°21′、北纬35°35′～35°45′。上游由梅河、杏河两大支流组成，梅河发源于沁水县王寨乡云台山脚下，由西北向东南流；杏河发源于沁水县杏峪关门岭，由西向东流，两河在县城东南汇合，流经龙港镇、郑庄镇，在郑庄镇河头村注入沁河。属黄河流域沁河水系，支流及次一级支流均以直角交汇，发育于垂直交叉断裂、节理发育地区，干旱、半干旱地区裂隙发育的砂岩、水平产状的沉积岩区，形成格状水系。沁水河流域面积421 km^2，干流长度46 km，主河道平均纵坡9.98‰，河道糙率为0.02～0.035，局部可达0.04左右。沁水县河为顺向河，流域形态呈羽毛状，属典型的季节性河流，洪水通常在一日之内，陡涨陡落，泥沙含量多，冲刷严重。由于发洪次数较少，所以河床较稳定。

山泽河为沁河的一级支流。又名必底河，亦称林村河，位于沁水县城东部，地理坐标为东经112°24′～112°30′、北纬35°40′～35°53′。发源于沁水县佛庙岭东麓白云山下苇园沟，由北向南流经山泽、必底、秦庄等地，在端氏镇槐庄村林村西入沁河。水系形态为羽毛状。山泽河流域面积104 km^2，干流长度29 km，高差439 m，平均纵坡17.03‰，河道糙率为0.035～0.05。山泽河为顺向河，属山区季节性河流，洪水通常在一日之内，陡涨陡落，冲刷严重，河床较为稳定。

端氏河为沁河的一级支流。位于沁水县城东部，地理坐标为东经112°30′～112°47′、北纬35°41′～36°04′。发源于柿庄秋峪岭大麻地沟，上游为沁水县境内柿庄河和十里河，两河在固县乡固县村北汇合后称端氏河。在端氏镇小河西汇入沁河。由东北向西南流经柿庄、十里、固县、樊庄、胡底、端氏6个乡镇，水系形态为羽毛状。端氏河流域面积780 km^2，干流长度57 km，主河道平均纵坡10.02‰，河道糙率为0.04左右。端氏河为顺向河，属山区季节性河流。河道较大的洪水突发次数较少，河床较为稳定。

侯村河为沁河的一级支流。也叫郑村河，位于山西省沁水县境内，地理坐标为东经112°32′～112°40′、北纬35°34′～35°41′。发源于沁水县郑村镇大坪村，流经后河、轩底、许村、郑村、夏荷、侯村等，至武安南500 m处流入沁河。该河为沁河一级支流，属于黄河流域。水系形态为羽毛状。该河流域面积为116 km^2，干流总长21 km，落差405 m，主河道平均纵坡为16.65‰，河道糙率为0.040。侯村河为顺向河，属山区季节性河流，一般在汛期发洪水。该河道较大的洪水突发次数较少，河床较为稳定。

芦苇河为沁河的一级支流。《水经注》中称为阳泉水。芦苇河地理坐标为东经112°06′～112°31′、北纬35°29′～35°41′。属黄河流域沁河水系，是沁河的一级支流，发源于沁水县张村乡芦坡庄鹿台山下的石沟河，从阳城县西部羊泉乡原庄入境，经羊泉、芹池、町店、八甲口等乡镇，至润城镇下河村汇入沁河。干流北侧汇入支流较多，南侧汇入支流较少，与干流形成“羽毛状”水系，干流走向由西至东，形如蛇状。境内支流有42条，因发源于芦坡庄故名芦苇河。芦苇河流域面积358 km^2，干流全长50 km，河床宽为50～100 m，河道纵坡8.11‰，河道糙率为0.04～0.045。芦苇河属常流河，河床较为稳定。

获泽河是沁河的一级支流，发源于阳城县城西18 km处之老鹳岭下。主河道自西向东贯穿阳城县城，流经阳城的董封、次营、驾岭、尹庄、城关、白桑等乡镇，在阳城县白桑乡南庄附近汇入沁河。因该河流经固隆的泽城村，西汉时为获泽县治所，故名获泽河。获泽河流域面积842 km^2，地理坐标为东经111°56′～112°32′、北纬35°25′～35°38′。干流全长89 km。其中，阳城县境内558.9 km^2，占全流域的66.6%；沁水县境内284.2 km^2，占流域面积的33.9%。获泽河主河道平均纵坡6.08‰，河道糙率为0.04～0.045。获泽河在沙坡水库上游属常流河，下游属季节河，河道常年干枯。由于该河道较大的洪水在10～12年突发一次，因此河床较为稳定。

西冶河是沁河一级支流，位于沁河右岸，地理坐标为东经112°15′~112°33′、北纬35°16′~35°26′。古称桑林水。该河中游的泥河至西冶一段涧水甚多，故名涧河。流域北部与获泽河相依，南部与蟒河邻接，属沁河的一级支流，发源于西交乡杨树沟，向东流入河北镇南部，经桑林乡西北部、台头乡西南部至东冶镇的小王庄折向东北，在延河村西注入沁河。上游支流较多，与干流形成“羽毛状”水系，中、下游支流较少，干流走向左右盘曲，形如蛇状。西冶河流域面积256 km^2，河长67 km，河道平均坡降为7.23‰，从河源至西冶村河道较宽，西冶以下河床狭窄。河道糙率为0.04~0.045。西冶河弯曲尤甚，自源头至西冶村河床较宽，呈“V”形谷状或“葫芦”形，自西冶村以下河流完全进入峡谷地带，于马南的延河村西汇入沁河。该河两岸发育有残缺不全的二级阶地和高河漫滩。河床比较稳定。

长河属沁河支流，位于泽州县西部，地理坐标为东经112°35′~112°48′、北纬35°26′~35°46′。发源于泽州县下村乡武神山南麓，由北向南流经境内的下村、大东沟、川底、周村、李寨5个乡镇，于西龙村注入沁河。水系形态为羽毛状。因河流较长，当地人称“40里长河”。长河流域面积317 km^2，河长55 km，平均纵坡9.33‰，河道糙率为0.04~0.045。长河上游段比较平缓，中游至下游蛇曲发育，呈“U”形谷状或“羽毛”状，河床宽约40 m。该河水库以上为常流河，以下为季节性河流，常年干枯，只有在汛期发洪水，洪水主要由暴雨形成，洪水特点为历时短，强度大，陡涨陡落，河床较稳定。

丹河为沁河最大支流分节另述。

1.3.2　丹河

丹河是沁河最大的支流，流域总面积3 137 km^2，干流总长168 km，发源于高平市北部丹株岭的琉璃山，源头分水岭高程在1 200 m左右。地理位置为东经112°42′~113°25′、北纬35°16′~35°58′。丹河发源于高平市赵庄乡丹珠岭，河流曲折东南经泽州县鲁村乡河底村附近折向南流，于泽州县之西谷坨附近出境，在河南省山路平出太行山，经博爱至沁阳县北金村注入沁河，沿途流经高平市的赵庄、寺庄、永录、城关、米山、河西，泽州县的鲁村、北义城、高都、水东、金村、柳树口、南河西等乡镇。丹河的主要支流自上而下有小东仓河、东仓河、许河、东大河、巴公河、白洋泉河和白水河等，由于其汇入口在河南省，在山西省与沁河是二条独立的河系。《山海经》说：沁水之东“有林焉，名曰丹林，丹林之水出焉，南流汇于河”，故名丹河。

丹河流域面积2 931 km^2。为长流河，河流全长约129 km，上游从源头到高平市的寺庄村，中游从高平市寺庄到太行山脚下，从太行山脚下到最后注入沁河的河段为下游，河道平均纵坡6.4‰，河道糙率在0.05左右。丹河干流呈带弧度的曲线，弯度比较小，任庄水库大约处于弧度的顶端。干流主河道河床稳定，河床宽约100 m，没有改道，河道急弯很小。

丹河干流设有2处水文站，山路平水文站位于河南省境内，控制流域面积3 049 km^2，始建于1954年，观测至今，属国家基本站网，由水利部黄河水利委员会管理，是丹河山西河段的把口站。在省内建有任庄水文站，该站于1968年建站，观测至今，控制流域面积1 313 km^2，是任庄水库专用水文站。

据山路平站资料，丹河1956~2000年系列平均天然年径流量为2.81亿 m^3，平均实测径流量为2.32亿 m^3。

丹河流域内河流结冰基本在每年12月到次年2月之间，冰层薄，无凌汛等灾害。

流域水资源总量为4.24亿 m^3，其中河川径流量3.44亿 m^3，地下水资源量3.25亿 m^3，重复水资源量2.45亿 m^3。

小东仓河为丹河一级支流。位于高平市境内东北部，地理坐标为东经112°58′~113°00′、北纬35°48′~35°56′。发源于团池镇北营村，由北向南流经团池、三甲，从城关镇风和村汇入丹河。水系形态为羽毛状。小东仓河流域面积113 km^2，流域平均宽度6.47 km，干流长度19 km，主河道平均纵坡8.32‰，糙率在0.05左右。该河从发源地北营村到三甲北村处有一支流汇入，基本形状为三角形。河床平均宽约10 m，属季节性河流。河床较稳定。

大东仓河为丹河一级支流，地理坐标为东经112°56′~113°06′、北纬35°44′~35°56′。发源于高平市陈区镇境内宋家村北，由北向南流经高平市陈区、云泉、米山三乡镇，在河西镇官庄村汇入丹河，流域水系呈羽毛状。大东仓河流域面积120 km^2，流域平均宽度5.18 km，干流长度24 km，主河道平均纵坡6.68‰，河道糙率在0.05左右。大东仓河系季节性河流，河道常年干枯。只有在汛期暴雨时洪水泛滥。由于该河道较大的洪水在10~12年突发一次，因此河床较为稳定。河床宽约10 m。

许河为丹河一级支流，地理坐标为东经112°42′~112°57′、北纬35°42′~35°52′。发源于高平市十字岭，由境内的野川河、原村河、马村河汇流而成，河口地点位于高平市河西夏庄，沿途流经杜寨、野川、唐庄、原村、马村、悬南、河西7个乡镇。因该河流经许庄村的北边而得名。水系形态为羽毛状。许河流域面积232 km^2，流域平均宽度8.8 km，干流长度26 km，河道平均纵坡5.14‰，河道糙率为0.05左右。流域呈阔叶状，三条支流成扇形交汇，并且均属暴雨型间歇河流，汛期洪水暴涨，枯水季节河道径流枯竭，断流成常年干河，因较大洪水平均10~12年突发一次，河床比较稳定。河床平均宽20 m多。

东大河为丹河一级支流。地理坐标为东经112°58′~113°17′、北纬35°36′~35°55′。发源于高平市建宁乡曹家沟，流经陵川县礼义镇、杨村乡、秦家庄乡和高平市拥万、北诗、石末、牛庄四个乡镇，从牛庄乡南凹村入泽州县汇入丹河，流域水系呈扇形。东大河干流长度45 km，流域面积485 km^2。主河道平均纵坡7.55‰，河道糙率在0.05左右。东大河属典型的山区季节性河流，河道常年干枯。河床较为稳定。河床宽约20 m。东大河流域内无水文站，有李家河、长畛、丹水、秦家庄等雨量站。多年平均径流量为1 950万 m^3。该河清水流量为零。

巴公河为丹河一级支流，地理坐标为东经112°44′~112°56′、北纬35°34′~35°43′。它发源于高平市东周乡金章背村，流经东周乡进入泽州县大阳镇、巴公镇、高都镇，由任庄水库坝下游高都村汇入丹河。巴公河流域面积220 km^2，干流长度28 km，主河道平均纵坡4.19‰，河床糙率为0.050左右，流域平均宽度为9.9 km。巴公河河川平均年径流量为1 506.5万 m^3。75%年份年径流量为727.3万 m^3。据1966年2月19日实测，巴公河清水流量为0.009 m^3/s。多年平均输沙量为43.76万t。

白洋泉河为丹河较大支流之一。地理坐标为东经113°01′~113°25′、北纬35°27′~35°48′。发源于陵川县城东10 km的治头乡境内廖池村，向西南流经陵川县的侯庄乡黄松背、潞城、丈河进入泽州县境,共11个乡镇,在泽州县东下村乡棘针掌汇入丹河干流。白洋泉河流域面积626 km^2,流域长度73 km,平均宽度13.65 km。河流长度58.8 km,河段落差600 m,平均纵坡10.18‰,河道糙率在0.050左右。白洋泉河流域上游河道没有泉水出露,非汛期一般为干河,中下游出露有台北泉和白洋泉河两处较大泉水,汛期暴雨时,洪水多泛滥成灾,水土流失严重,有明显的季节性特征。河床均宽40多m,河床不太稳定。流域河网密度为0.324 km/km^2,河流弯曲系数为1.40。白洋泉河流域外形呈狭长带状,水系呈羽毛状,有10条支流分布于干流左右。流域内没有水文站,有气象站及雨量站共5处,分别为陵川气象站和丈河、附城、南渠、柳树口雨量站。陵川气象站从1957年开始观测至今,资料较完整齐备。白洋泉河多年平均径流量为4 163万m^3,折合年径流总量1.32 m^3/s。白洋泉河在中下游出露有2处较大泉水,即台北泉和白洋泉,清水流量为0.5~1.0 m^3/s。

白水河为丹河较大支流之一。地理坐标为东经112°43′~112°59′、北纬35°16′~35°35′,北部以伊候山、白马寺山与丹河支流巴公河、北石店河分界,西部以老猪山与沁河一级支流长河流域分界,东边是丹河干流,南边是河南省。发源于晋城市区北的白马寺山,向南流经陈沟、西上庄、城区西街、南街、钟家庄及泽州县南河西6个乡镇,在晋、豫两省交界处的泽州县郜圪塔汇入丹河干流。白水河水系呈羽毛状,有9条较大支流分布于干流左右。白水河流域面积415 km^2,流域长度54 km,平均宽度12.36 km。河流长度44.5 km,河段落差555 m,平均纵坡8.83‰,河道糙率一般为0.040~0.050。白水河流域呈典型的季节性河流特性。本区在土石山区属多,植被发育,河床较为稳定。河网密度为0.385 km/km^2,河流弯曲系数为1.31。流域内没有水文站,只有晋城市气象站和河西雨量站两个,晋城气象站从1951年开始观测至今。白水河多年平均径流量为0.82 m^3/s,折合年径流量2 586万m^3。白水河上游有晋城市城区生活污水排入,下游有山间少量山泉,清水流量只有0.2~0.5 m^3/s。多年平均输沙量(悬移质)为40.8万t。泥沙由暴雨侵蚀形成,输沙量多集中在6~9月。

1.3.3 卫河

卫河是海河流域重要支流,与漳河同属漳卫南运河水系,卫河主源发源于太行山南麓山西省晋城市陵川县东南部夺火镇南岭,上游称为大沙河,在陵川县境内流域面积248.3 km^2,流域内均为山区,流向自北向南,流经夺火镇南部的槐树庄、河口、外荒等村庄,在省界附近有另一条小支流纸坊河汇入,此后出山西境,进入河南省焦作市,经马安石水库调节,此后转向东流,纳入石门河、黄水河、百泉河后称卫河,在山东省馆陶县徐万仓与漳河汇合以后称卫运河。卫河流域总面积14 834 km^2,河源至徐万仓(称沟湾村)河长382 km。卫河在山西省流域面积1 624 km^2,流域内包括长治市的壶关县(561 km^2)和晋城市的陵川县(1 063 km^2),除主流大沙河以外,在山西境内还有磨河、西万仓河、香磨河、郊沟河等支流分别流出省境。根据山西省第二次水资源评价成果,1956~2000年系列山西卫河流域多年平均径流量为1.81亿m^3,P=20%、50%、75%、95%的河川径流量分别为2.57亿m^3、1.36亿m^3、0.87亿m^3、0.63亿m^3。由于地处山区,开发利用难度很大,现状山西卫河流域水资源利用率不到5%。

磨河为卫河一级支流，也叫武家湾河，位于山西省陵川县东南部，地理坐标为东经113°15′～113°26′、北纬35°31′～35°46′。磨河发源于陵川县东部古郊乡的窄棱坡、横水乡和八犊岭一带，流经该乡万掌、榆树湾村和马圪当乡的小后湾、老后湾、大双村、武家湾村等，在甘河村南0.5 km处流入河南省，此后称为峪河，在河南省辉县平田乡汇入卫河，水系形态为羽毛状。磨河流域面积为594 km^2，干流总长97 km，落差605 m，主河道平均纵坡为11.5‰，河道糙率为0.040～0.045。磨河属常河流，河床较为稳定，河床平均宽约40 m。

香磨河为卫河一级支流淇河的上源。地理坐标为东经113°30′～113°34′、北纬35°47′～35°48′，发源于陵川县东部山区冶头乡黄松背、赵迪岭、棋子岭一带，流经陵川县冶头、六泉两个乡镇，流出省界，进入河南省辉县。香磨河的支流和主河道大致呈锐角相交，在平面上大致呈树枝状展布。流域面积120 km^2（不含直接流出省境的郊沟河），主河道全长27 km，主河道平均坡降29.3‰，河床糙率为0.03～0.05。香磨河由西南向北东流动，本区河流下切强烈，基岩裸露，基岩大致向北西方向倾斜，因而香磨河属逆向型河流，河床相对稳定。河床平均宽30多m。

晋城市各县主要河流基本情况见表1-1。

表1-1 晋城市各县主要河流基本情况

县区	编号	河流名称	河流级别	上级河流名称	流域总面积（km^2）	河长（km）	比降（‰）
阳城县	1	西阳河（次滩河）	1	黄河	442	61	12.41
	2	逢石河（盘亭河）	1	黄河	540	58	12.43
	3	银洞河（南门河）	2	逢石河	55.5	18	45.73
	4	铁山河（杨柏河）	2	逢石河	157	35	21.37
	5	大峪河（石圈河）	1	黄河	271	61	8.98
	6	蟒河	1	黄河	1 155	128	2.19
	7	沁河	1	黄河	13 069	495	2.03
	8	小东河	2	沁河	52.1	15	13.91
	9	芦苇河	2	沁河	358	50	8.11
	10	获泽河	2	沁河	842	89	6.08
	11	上河	3	获泽河	82.2	17	26.38
	12	吊猪崖河	3	获泽河	97.7	23	15.98
	13	固隆河	3	获泽河	75.3	17	12.88
	14	西小河	3	获泽河	50.8	16	13.14
	15	西冶河（涧河）	2	沁河	256	67	7.23
	16	江河	2	沁河	67.4	27	14.88
	17	龙门河	2	沁河	52.1	25	26.05

续表 1-1

县区	编号	河流名称	河流级别	上级河流名称	流域总面积（km^2）	河长（km）	比降（‰）
陵川县	1	卫河	1	—	14 834	411	0.51
	2	沁河	1	黄河	13 069	495	2.03
	3	长河	2	沁河	317	55	9.33
	4	冶底河	2	沁河	76.1	28	18.99
	5	犁川河	2	沁河	85.4	31	15.9
	6	白涧河	2	沁河	59	21	32.59
	7	安全河	2	沁河	172	16	0.52
	8	仙神河	3	安全河	60.9	32	22.08
	9	逍遥石河	2	沁河	171	46	12.09
	10	丹河	2	沁河	3 137	168	5.25
	11	巴公河	3	丹河	220	28	4.19
	12	北石店河	3	丹河	61.9	12	4.78
	13	白洋泉河	3	丹河	626	73	10.18
	14	白水河	3	丹河	415	54	8.83
沁水县	1	石漕河	2	沁河	171	27	13.34
	2	马壁河	2	沁河	174	38	13.92
	3	苏庄河	2	沁河	117	30	13.55
	4	龙渠河	2	沁河	468	50	10.15
	5	樊村河	3	龙渠河	132	23	13.89
	6	沁水河	2	沁河	421	46	9.98
	7	梅河	3	沁水河	99.2	19	17.15
	8	山泽河	2	沁河	104	29	17.03
	9	端氏河	2	沁河	780	57	10.02
	10	柿庄河	3	端氏河	276	33	13.37
	11	杨庄河	4	柿庄河	52.1	17	16.63
	12	固村河	4	柿庄河	58.9	18	15.45
	13	里河	3	端氏河	56.4	17	24.78
	14	胡底河	3	端氏河	95.9	20	18.79
	15	郑村河	2	沁河	116	21	16.65
	16	小东河	2	沁河	52.1	15	13.91
	17	芦苇河	2	沁河	358	50	8.11
	18	获泽河	2	沁河	842	89	6.08
	19	土沃河	3	获泽河	83.1	19	14.06
	20	上河	3	获泽河	82.2	17	26.38
高平县	1	丹河	2	沁河	3 137	168	5.25
	2	釜山河	3	丹河	25.4	12.4	7.2
	3	小东仓河	3	丹河	113	19	8.32
	4	许河	3	丹河	232	26	5.14
	5	永录河	3	丹河	30.4	11.85	6.65
	6	巴公河	3	丹河	220	28	4.19
	7	大东仓河	3	丹河	120	24	6.68
	8	东大河	3	丹河	485	45	7.55

续表 1-1

县区	编号	河流名称	河流级别	上级河流名称	流域总面积(km^2)	河长(km)	比降(‰)
陵川县	1	塔水河(卫河上游陵川段)	1	—	217	45	16
	2	山门河	2	卫河	143	44	11.8
	3	勤泉河	2	卫河	228	52	12.5
	4	场泉河	3	勤泉河	120	7	4
	5	磨河	2	卫河	594	97	11.5
	6	后郊河	3	磨河	50.6	13	29.8
	7	碾嘈河	3	磨河	140	30	19.6
	8	琵琶河	3	磨河	58.8	22	53.6
	9	石门河	2	卫河	607	51	8.3
	10	锡崖沟河	3	石门河	25	5	104
	11	黄水河	3	石门河	122	43	6.6
	12	香磨河(淇河山西段)	3	共产主义渠	120	27	29.3
	13	丹河山西段	2	沁河	2 943	127	5.9
	14	东大河	3	丹河	485	45	7.6
	15	白洋泉河	3	丹河	626	73	10.2
晋城市城区	1	北石店河	3	丹河	61.9	12	4.78
	2	白水河	3	丹河	415	54	8.83

1.4　水文气象

1.4.1　气候

晋城市属暖温带半湿润大陆性季风气候区,受大陆性季风影响,区内地形地貌复杂,各地区小气候差异大。气候特点:四季分明,冬长夏短,春季少雨多风,干旱时有发生;夏季炎热多雨,降水量年际变化大;秋季温和凉爽,阴雨天气多;冬季寒冷,雪雨稀少。干旱、冰雹、暴雨、大风、霜冻、干热风、连阴雨等灾害性天气频繁。为“长日照地区”,年日照时数为2 393 ~2 630 h,平均为2 563 h。年平均气温7.9 ~11.7 ℃,陵川最低,为7.9 ℃;阳城最高,为11.7 ℃;其他地区均为10 ℃左右。无霜期一般在185 d左右,沁水最长,为198 d,陵川最短,为165 d。年降水量为626 ~674 mm。年降水日数为90 ~98 d。

1.4.2　水文

晋城市共设有7个水文站、2个水位站,分别为河北水文站、油房水文站、张峰水文站、刘东水文站、润城水文站、牛村水文站、河西水文站、下河水位站、坪头水位站。

晋城市各水文站、水位站基本情况见表1-2。

表1-2 晋城市各水文站、水位站基本情况

河名	站名	所在县市	地理坐标		集水面积（km^2）	建站年份
			东经(°)	北纬(°)		
沁河	润城	阳城县	112.511	34.470	7 273	1954
沁河	张峰	沁水县	112.333	35.783	4 990	1977
沁水河	油房	沁水县	112.367	35.717	414	1956
芦苇河	刘东	阳城县	112.358	35.592	209	2014
端氏河	河北	沁水县	112.524	35.683	777	2014
丹河	牛村	高平市	112.950	35.687	735	2014
白洋泉河	河西	泽州县	113.041	35.481	623	2014
长河	下河	泽州县	112.640	35.447	271	2012
获泽河	坪头	阳城县	112.420	35.481	682	2013

1.4.3 河川径流量

沁河径流主要为大气降水补给，河川水资源量相对丰富，多年平均降水量是山西省黄河流域平均值的1.3倍，径流量年际变化较大，上游飞岭站年最大值与最小值之比高达20；地区差异显著，润城断面以下由于有延河泉及其沁河排泄带的大量岩溶泉水出露，水量渐趋稳定。

1956～2000年水文系列卫河流域多年平均径流量为1.81亿m^3，$P=20\%$、50%、75%、95%的河川径流量分别为2.57亿m^3、1.36亿m^3、0.87亿m^3、0.63亿m^3。

1.4.4 水资源总量

1956～2000年水文系列全流域的多年平均水资源总量为13.17亿m^3，其中多年平均年径流量为11.32亿m^3，地下水资源为8.92亿m^3，重复资源量为7.07亿m^3。

沁河流域的多年平均水资源量为15.77亿m^3，多年平均径流量为14.41亿m^3，其中丹河流域多年平均水资源量为3.35亿m^3，多年平均径流量为2.81亿m^3。

卫河流域的多年平均水资源总量为1.78亿m^3，多年平均河川径流量为1.37亿m^3，地下水资源量为1.40亿m^3，重复资源量为0.99亿m^3。

1.4.5 泥沙

沁河流域植被条件较好，水土流失较小。年内泥沙主要集中于汛期，汛期输沙量占到全年的90%以上；结合当地情况沁河流域属土石山，林区约占一半，推移质按悬移质的15%考虑，多年平均输沙量为131.3万t，平均输沙模数为489.5 t/(km^2·a)，实测年最大输沙量为432万t(1966年)，最小输沙量为0.4万t(1997年)，相差近1 080倍。多年平均含沙量为4.8 kg/m^3，汛期平均含沙量为8.82 kg/m^3。

润城站多年平均悬移质输沙量为416万t，多年平均输沙量为478.4万t，平均输沙模

数为657.8 t/(km^2·a)。多年平均含沙量为5.87 kg/m^3,汛期平均含沙量为9.9 kg/m^3。

1.4.6 河流水质

从2000~2001年多次水质监测资料情况来看,按照《地表水环境质量标准》(GB 3838—2002)中水质相关标准评价,张峰以上段各项指标达到Ⅲ类水质标准,张峰—润城河段符合Ⅳ类水质标准,基本满足工业用水供水水质要求,润城以下河段水质为Ⅴ类。丹河流域由于径流量小,又流经经济较发达的泽州盆地,水污染很严重,韩庄监测断面的水质为超Ⅴ类,主要污染物为化学耗氧量和氨氮,超标倍数分别为2.2倍和22.2倍。支流白水河钟家庄断面水质也为超Ⅴ类,主要超标项目为溶解氧、化学耗氧量、氨氮和亚硝酸盐氮,其中氨氮超标倍数为22.6倍。

1.5 社会经济

晋城市是山西省东南部一个新兴的工业城市,1985年设地级市,辖城区、泽州县、陵川县、沁水县、阳城县、高平市,共1区、4县、1市。2015年总人口220万,其中非农业人口50.7万;国内生产总值1 040.2亿元,第一产业增加值49.2亿元,占生产总值的比重为4.7%;第二产业增加值576.3亿元,占生产总值的比重为55.4%;第三产业增加值414.7亿元,占生产总值的比重为39.9%。第三产业中,金融保险业增加值63.9亿元;交通运输、仓储和邮政业增加值69.6亿元;批发和零售业增加值60.2亿元,下降2.0%;住宿和餐饮业增加值28.6亿元;营利性服务业增加值40.8亿元。人均地区生产总值44 994元,按2015年平均汇率计算为7 243美元。

晋城市森林资源可观,有森林面积380.5万亩,森林覆盖率达到33.6%。沁水县历山舜王坪一带至今保留着全省仅存的一块面积为730多hm^{2}的原始森林。天然牧坡草地25.47万hm^2,是山西的畜牧业基地之一。根据2015年统计:全年全市农作物种植面积18.919万hm^2,全年粮食产量96.2万t,全年全社会原煤产量9 138万t,规模以上工业发电226亿kW·h,水泥224万t,农用化肥(折纯)262万t,焦炭45万t,钢材产量301万t,生铁364万t。全年规模以上工业企业实现主营业务收入963.8亿元。其中,煤炭、炼焦、冶铸和电力工业分别实现主营业务收入453.9亿元、3.7亿元、96.2亿元和79.8亿元;煤层气开采、化工、建材、装备制造、医药和食品工业分别实现主营业务收入52.1亿元、99.2亿元、10.0亿元、130.4亿元、5.1亿元和1.0亿元。

第2章 雨洪特性

2.1 灾害特性

暴雨山洪及其诱发的灾害具有连锁性和叠加性,并与人类活动相伴而生。地质地貌条件是山洪灾害发生的内在因素,暴雨洪水是重要的诱发因素,人类活动则加剧了灾害的程度。造成各类山洪灾害的成因主要有如下几点。

2.1.1 高强度降雨

高强度降雨是发生山洪灾害的直接原因。晋城市属于暖温带大陆性季风气候,冬季干旱少雨,夏季降雨充沛,秋雨多于春雨,汛期6~9月多年平均降雨量占全年降水量的70%以上,特别是7月、8月两月降雨量更为集中,约占全年降雨量的55%左右,且多为暴雨,集中降雨极易产生强降雨过程。

2.1.2 人类活动影响

由于人类活动、开矿、垦地,植被遭到破坏,地表水下渗快,所以汇流时间短,受地形、水流切割作用明显,容易形成具备较大冲击力的地表径流,易导致山洪暴发。

2.1.3 防洪工程能力下降

晋城市共有水库95座,水闸19座,堤防183处,水库坝体类型大部分为均质土坝,只有少量水库为钢筋混凝土主体大坝。均质土坝水库均为20世纪50~60年代建设,虽然也进行过加固改造,但因建设标准低,蓄水能力下降,成为下游潜在的安全隐患。

2.1.4 河道行洪不畅

人们对山洪灾害的认识和了解不足,防患意识不强,特别是在河道两岸任意乱倒、乱建、乱挖等行为,严重阻碍行洪能力,从而加剧了灾害的发生。多数水库下游由于常年干旱,河道洪水发生较少,河道已被挤占,行洪能力直线下降。

2.2 晋城市暴雨特性

在气候和地形条件的共同作用下,晋城市暴雨呈现一定的分布规律。

首先,暴雨的分布极不均匀,南部地区暴雨次数多,量级大,图2-1~图2-5是五个不同时段的点暴雨均值等值线图,可以看出等值线向南方逐渐增加。

其次,晋城市暴雨年际变化较大,以变差系数 C_v 分析暴雨的年际变化,见图2-6~图2-10,可以看出晋城市南部 C_v 值较大。

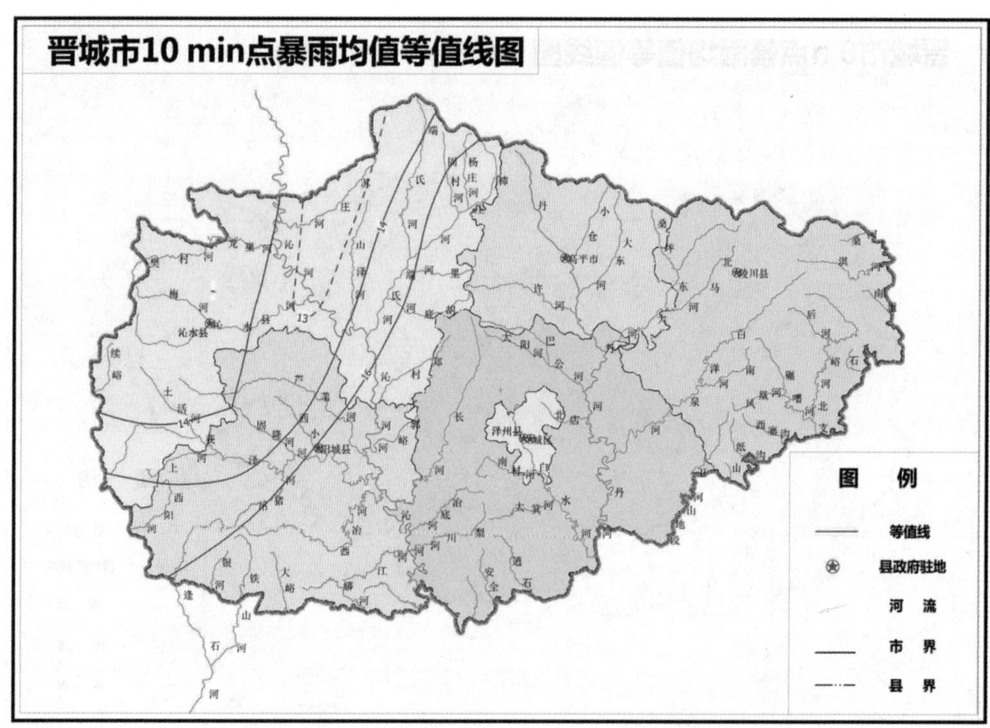

图 2-1　晋城市 10 min 点暴雨均值等值线图

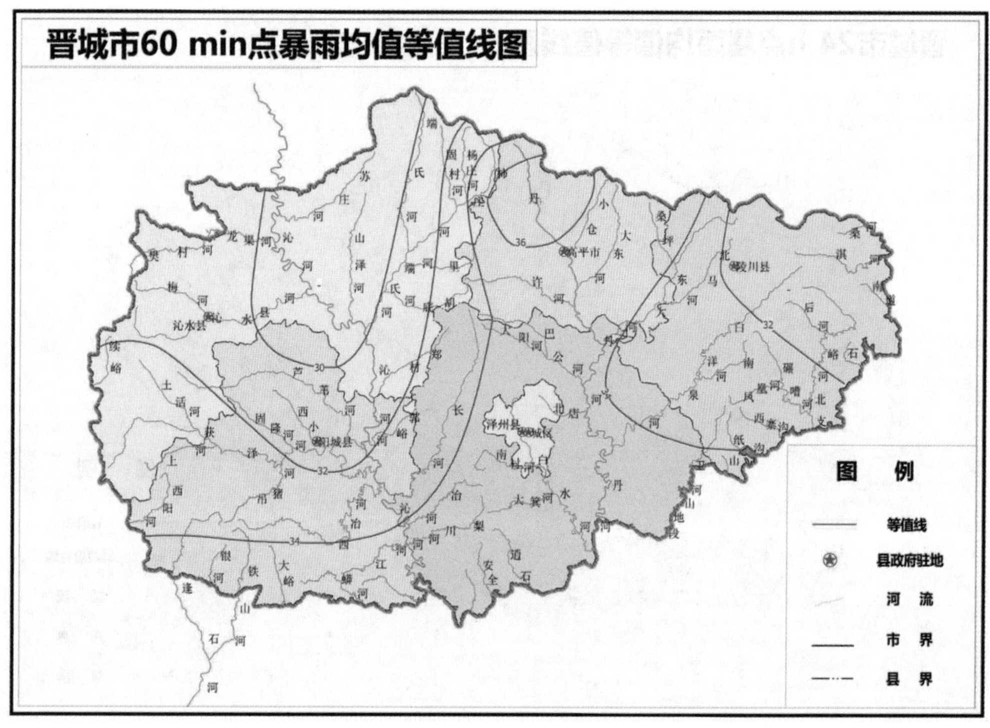

图 2-2　晋城市 60 min 点暴雨均值等值线图

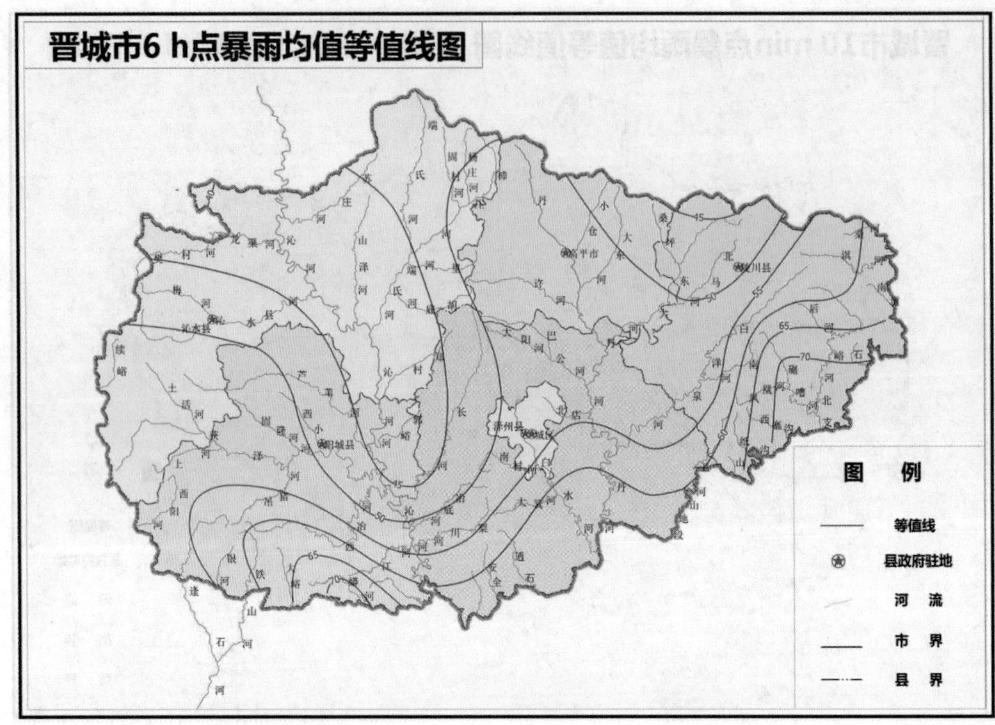

图 2-3　晋城市 6 h 点暴雨均值等值线图

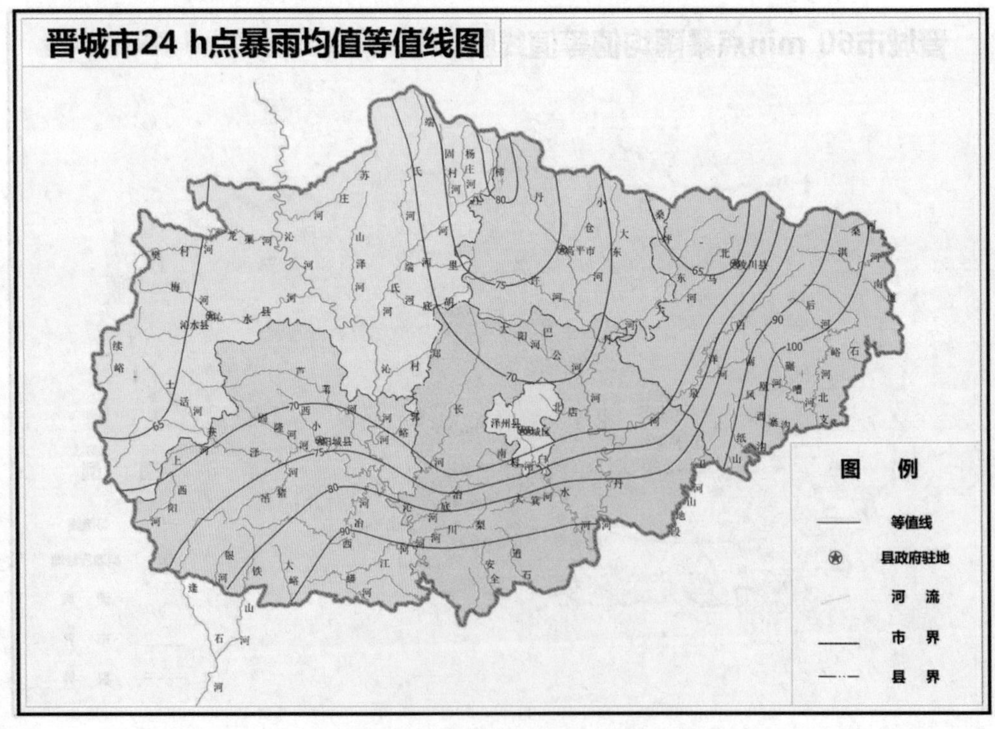

图 2-4　晋城市 24 h 点暴雨均值等值线图

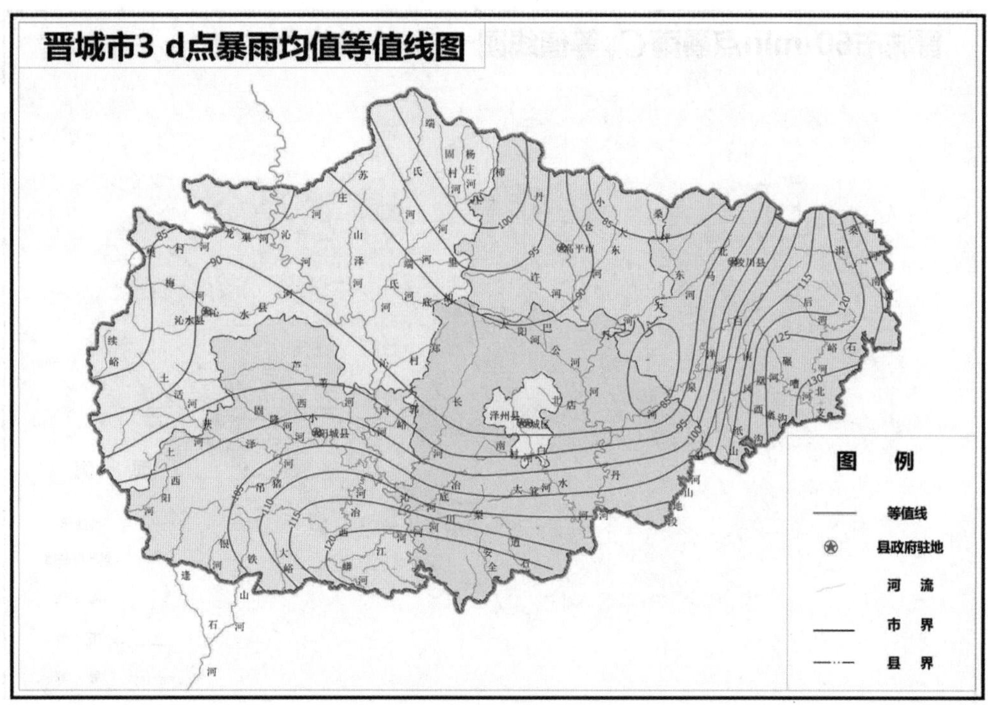

图 2-5　晋城市 3 d 点暴雨均值等值线图

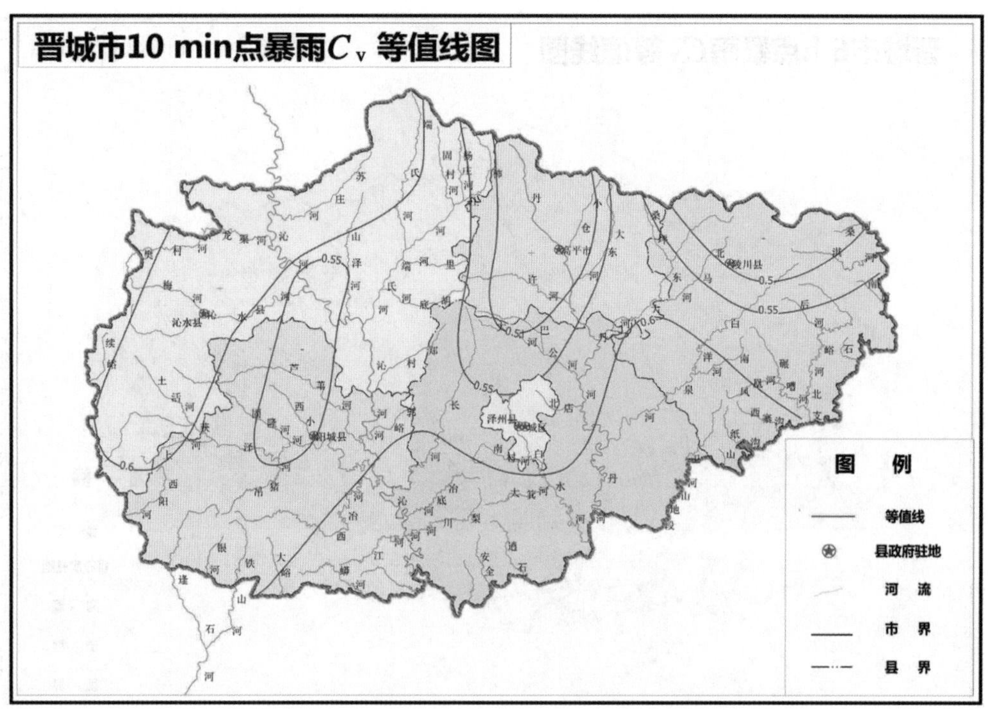

图 2-6　晋城市 10 min 点暴雨 C_v 等值线图

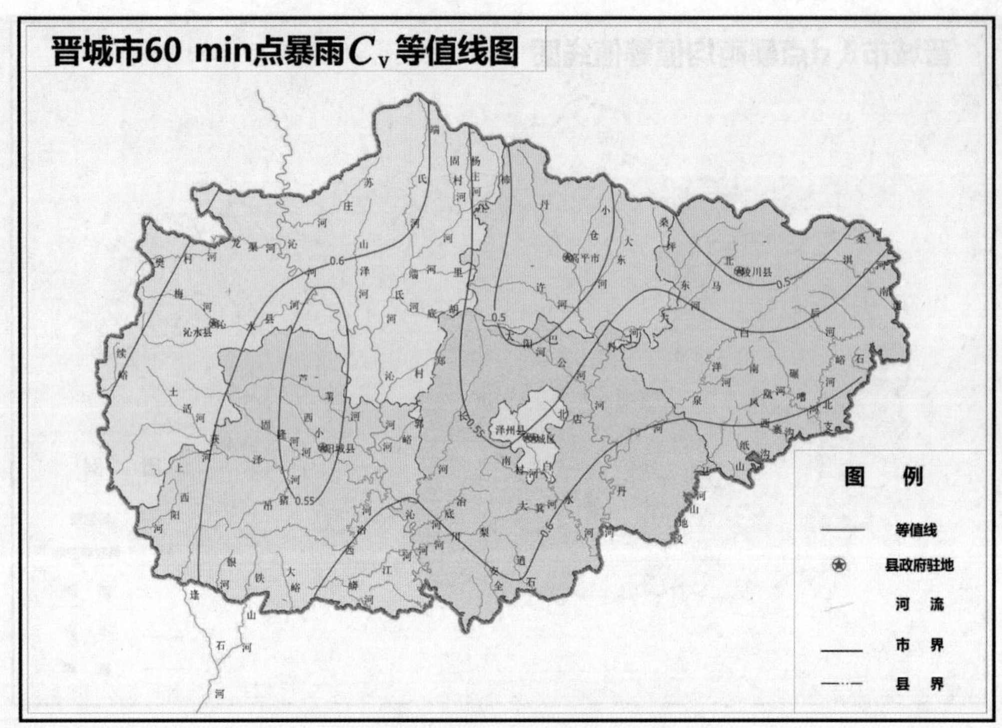

图 2-7　晋城市 60 min 点暴雨 C_v 等值线图

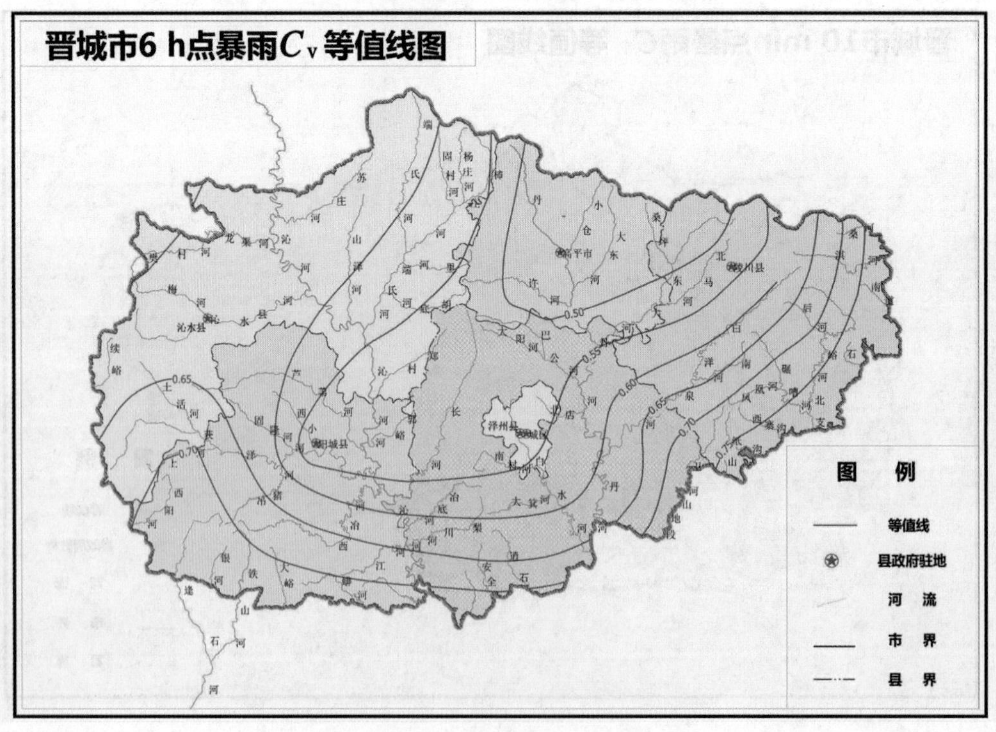

图 2-8　晋城市 6 h 点暴雨 C_v 等值线图

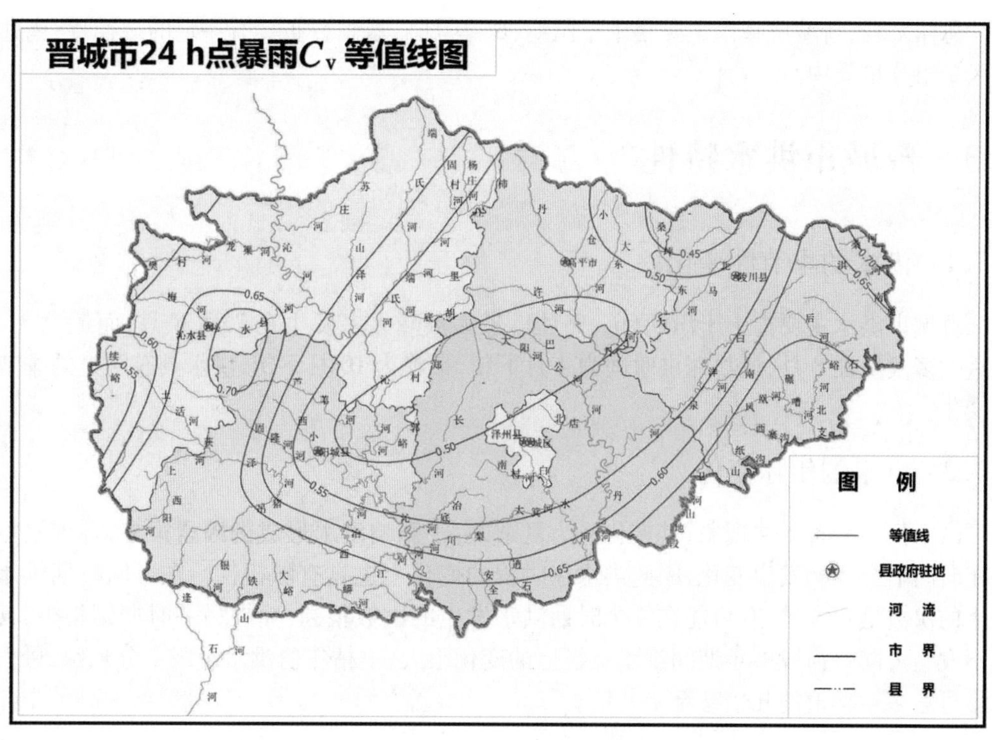

图 2-9　晋城市 24 h 点暴雨 C_v 等值线图

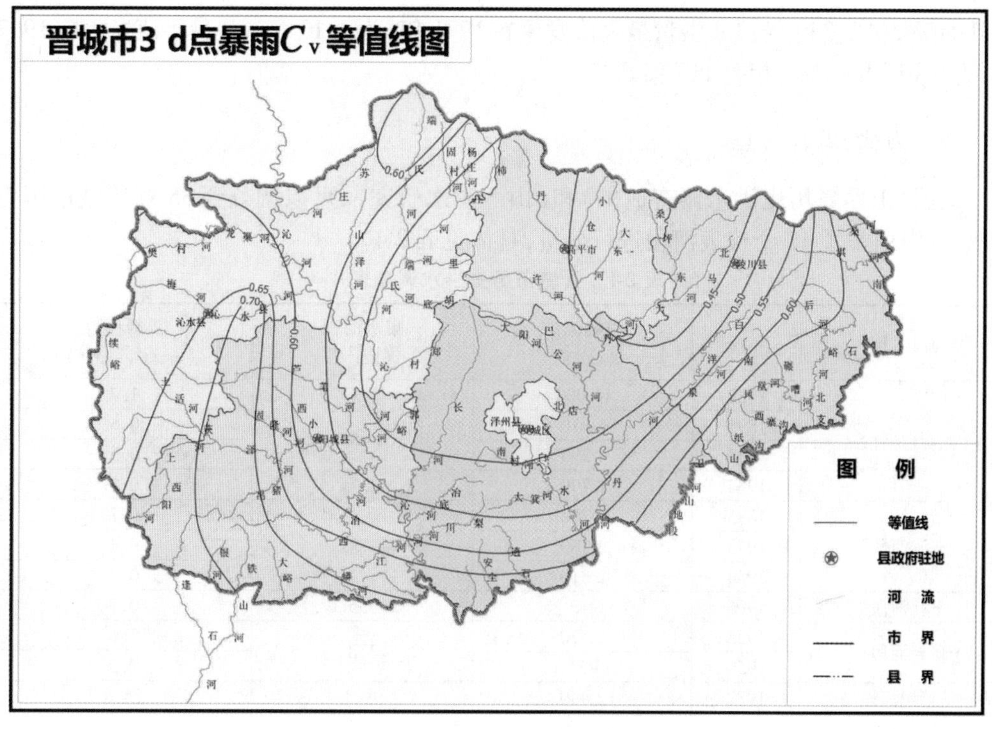

图 2-10　晋城市 3 d 点暴雨 C_v 等值线图

总体来看,晋城市降雨主要集中于汛期(6~9月),暴雨分布具有一定的规律性,南边地区暴雨分布集中。

2.3 晋城市洪水特性

2.3.1 洪水的季节性变化

晋城市洪水主要集中于汛期(6~9月),最大洪峰大多发生在7月、8月,而最大3 d洪量大多发生在8月,最早涨洪时间为4月下旬,最晚为10月下旬,洪水具有明显的季节性变化。

2.3.2 洪水的年际变化

洪水作为一种水文现象,其变化极为复杂,由于影响洪水形成的因素很多,各因素本身在时间上会不断发生变化,因此洪水在时程的变化上也具有随机性。在不同时期洪水发生的次数是不同的,有可能在一个时期洪水发生的次数很高,而在另一时期则很少,甚至不发生。同一河段多年期间洪水量级上的变化很大,丰枯年份洪水量级十分悬殊,最大洪峰可达多年均值的几倍甚至十几倍。

沁河洪水的年际变化较大,根据润城站实测47年历年最大洪峰流量、3 d洪量资料统计分析,实测洪峰流量最大值发生在1982年,为2 716 m^3/s,最小值发生在1997年,为8.01 m^3/s,相差339倍;3 d洪量最大值发生在1971年,为2.13亿m^3,最小值发生在1997年,为0.018 8亿m^3,相差113倍。

2.3.3 历史洪水调查

根据《山西省历史洪水调查成果》和《山西洪水研究》,可以调查到35场晋城市历史洪水,其中列举了17个代表河段进行分析,具体见表2-1。

表2-1 晋城市历史洪水调查表

河段名称	年份	洪峰流量(m^3/s)	集水面积(km^2)	洪峰模数($m^3/(s \cdot km^2)$)
九女台河段	1482	14 000	8 405	1.7
	1895	5 270		0.6
	1943	4 290		0.5
	1954	1 790		0.2
金滩河段	1895	5 700	8 731	0.7
	1943	3 780		0.4
	1954	2 310		0.3
下孔河段	1996	233	355	0.7
董封河段	1935	2 570	338	7.6
	1956	751		2.2
吊猪崖河段	1982	2 440	99.1	24.6
石门口河段	1982	2 160	745	2.9

续表 2-1

河段名称	年份	洪峰流量 (m^3/s)	集水面积 (km^2)	洪峰模数 ($m^3/(s \cdot km^2)$)
涝泉河段	1895	1 960	818	2.4
	1942	420		0.5
	1958	261		0.3
	1982	2 910		3.6
常甲河段	1895	1 730	820	2.1
	1935	1 270		1.5
	1954	991		1.2
	1953	366		0.4
东庄河段	1996	546	835	0.7
西冶水库	1982	841	131	6.4
延河泉河段	1996	1 288	259	5.0
沙河河段	1867	2 460	1 299	1.9
	1895	3 450		2.7
	1954	1 930		1.5
北石店河段	1995	28.7	24	1.2
白水河段	1995	46.0	113	0.4
南王庄河段	2007	255	183	1.4
河西河段	2007	328	716	0.5
横水河段	1917	4 360	417	10.5
	1958	428		1.0

调查到的洪水洪峰模数从 0.2 ~ 24.6 $m^3/(s \cdot km^2)$ 不等，同一流域一场洪水洪峰模数随流域面积增加而减少符合客观规律。

综上所述，晋城市洪水主要集中于 7 月、8 月之间。从历史洪水分析，晋城市洪水年际变化较大。晋城市洪水灾害以局部范围为主，局部地类差距大，煤矿开采较多，发生洪水因素影响也较多。

第3章 山洪灾害

3.1 河流行洪现状

(1)季节性强,频率高:山洪灾害主要集中在汛期,尤其主汛期更是山洪灾害的多发期。

(2)区域性明显,易发性强:山洪主要发生于山区、丘陵区及受其影响的下游倾斜平原区。

(3)来势迅猛,成灾快:洪水具有突发性,往往由局部性高强度、短历时的大雨、暴雨和大暴雨所造成,因山丘区山高坡陡,溪河密集,降雨迅速转化为径流,且汇流快、流速大,降雨后几小时即成灾受损,防不胜防。

(4)破坏性强,危害严重:受山地地形影响,不少乡镇和村庄建在边山峪口或山洪沟口两侧地带,山洪灾害发生时往往伴生滑坡、崩塌、泥石流等地质灾害,并造成河流改道、公路中断、耕地冲淹、房屋倒塌、人畜伤亡等。

目前,各县防汛抗旱指挥部办公室已编制了《××县山洪灾害防御预案》,建立了各项防汛工作责任制,在开展防汛检查、山洪灾害防御、通信联络、物资供应保障、防汛机动抢险队伍建设、山洪灾害宣传、洪涝灾情统计等工作上取得了一定的成绩、积累了一定的经验。

一是每年利用水法宣传日,进行《中华人民共和国防洪法》《中华人民共和国水法》《中华人民共和国水土保持法》和《中华人民共和国河道管理条例》等法律法规的宣传和讲解,依法防洪,并加强山洪灾害防御知识的宣传,教育农民群众克服麻痹思想和侥幸心理,增强自防意识。二是做好汛前检查工作,对重点防护地段的防洪设施、防洪能力、机构设置、防汛责任制的落实情况进行全面检查,进一步明确全县的防汛工作目标、任务和工作重点,确保责任落实到位。三是实行行政首长防汛责任制,坚持统一指挥、分级管理、部门协作的原则,在指挥部的统一领导下,开展救灾避灾工作。

3.2 历史山洪灾害

1982年7月29日至8月4日,沁水、阳城两县连降暴雨,沁水县洪水涌进县城,大多数房屋被淹,近半个县城被冲毁,阳城县董封水库大坝大面积出现纵向裂缝,坝基渗水,危在旦夕,威胁县城安全;县城南关被淹,东关大桥被冲毁。

1982年8月2日沁河干流润城水文站洪峰流量2 710 m^3/s,沿岸沁水、阳城、泽洲三县小水电遭受严重损失,大部分水电站的大坝和渠道被冲毁,厂房全被水淹,水深2.2~7.6 m,淤埋1~4 m,机电设备损坏,修复生产投资达250万元。

据 1982 年洪水灾后统计，沁水、阳城两县直接损失约 2.5 亿元。

经 2015 年山洪灾害调查可知，晋城市调查到历史山洪灾害 109 场。晋城市历史山洪灾害情况统计见表 3-1，具体场次统计见表 3-2。

表 3-1　晋城市历史山洪灾害情况统计

序号	县区	发生场次	死亡人数
1	阳城县	34	92
2	泽州县	9	3
3	沁水县	5	36
4	高平市	19	
5	陵川县	32	26
6	晋城城区	10	
合计		109	157

3.3　洪灾防治存在的问题

3.3.1　非工程措施存在的主要问题

2010～2014 年山洪灾害防治的监测预警系统基本建立，信息监测站点各县均有增加，预报预警手段，时效性、准确性初步能满足防灾要求。但仍然存在站点不够密，局部暴雨洪水时控制不好。

乡镇、村、组级防御山洪预案在非工程措施建设时基本完善，但每年缺少维护经费难以保障长久发挥效益。

群测群防体系初步建立，但近几年来降雨偏枯，无大的暴雨洪水，使人们普遍存在麻痹思想，防灾意识淡薄，有的企事业或居住建筑建于低洼区或易受山洪灾害淹没区。

3.3.2　工程措施存在的主要问题

因地方财政困难，对防洪工程的投入不足，加之国家投入的资金又比较有限，防洪工程建设滞后于经济社会发展。

3.3.2.1　水库防洪效益发挥不大

目前，晋城市已建成的水库，由于防洪工程原设计标准低，远不能适应当前国民生产发展对防洪要求的需要，一遇山洪，即会对人民生命财产造成很大损失。

表 3-2 晋城市历史山洪灾害场次统计

县区	序号	灾害发生时间（年-月-日）	灾害发生地点	过程降雨量（mm）	灾害损失情况					灾害描述
					死亡人数（人）	失踪人数（人）	损毁房屋（间）	转移人数（人）	直接经济损失（万元）	
阳城县	1	1973-07-07	全县范围				363			1973 年 7 月 7 日，全县河流水位大涨，房屋倒塌 363 间，冲走粮食 28.025 万 kg，冲毁河坝 12 800 m，淹没水井 97 眼，周壁水库和辽河水库垮坝，县城东河大桥被冲塌，洪水冲走群众 17 人
阳城县	2	1973-07-25	全县范围		29		1 236			1973 年 7 月 25～26 日，全县 24 个公社有 23 个受灾，因灾死亡 29 人，冲垮水库 3 座，冲走粮食 27 万 kg，致使 78 户 337 人一时无房无衣，2 500 人吃饭困难
阳城县	3	1978-07-09	凤城镇、润城镇、北留镇、町店镇	94	7		616		243.89	1978 年 7 月 9 日，凤城镇、润城镇、北留镇、町店镇突降暴雨，50 min 平均降雨量达 94 mm，山洪暴发，河水猛涨。因灾死亡 7 人，受伤 17 人，倒塌房屋 616 间，倒塌围墙 433 m，淹死、冲走牲畜 724 头，冲垮河坝 18 420 m
阳城县	4	1982-07-29	全县范围	327.9	34		15 100		15 000	1982 年 7 月 29 至 8 月 3 日，全县连降大雨 4 昼夜，降雨量达 327.9 mm，河流水位猛涨，县城东河流量最高达 2 270 m^3/s。董封水库库区降雨量达 547.4 mm，最高水位达 784.6 m，沁河润城段流量达2 700 m^3/s

续表 3-2

县区	序号	灾害发生时间（年-月-日）	灾害发生地点	过程降雨量(mm)	灾害损失情况					灾害描述
					死亡人数（人）	失踪人数（人）	损毁房屋（间）	转移人数（人）	直接经济损失（万元）	
阳城县	5	1986-08-01	东冶镇	50						1986 年 8 月 1 日，东冶小王庄突发暴雨，时降雨达 50 mm，河水暴涨，淹没土地，护坝垮塌，冲走 1 人
阳城县	6	1988-08-02	河北镇	110			1 500			1988 年 8 月 2 日，河北镇西交杨柏，4 h 降雨 110 mm，冲毁房屋 1 500 余间，淹没耕地 4 200 亩
阳城县	7	1988-08-04	桑林、台头、白桑、东冶、三窑、李圪塔、杨柏	175.4	1				1 180	1988 年 8 月 4 日，桑林、台头、白桑、东冶、三窑、李圪塔、杨柏 7 个乡镇遭特大暴雨袭击，3 h 降雨 175.4 mm，使 1 人死亡，3 人受伤。直接经济总损失达 1 180 多万元
阳城县	8	1989-06-16	横河、李圪塔、杨柏、西交	124			88		111.5	1989 年 6 月 16 日，横河、李圪塔、杨柏、西交 4 个乡镇遭暴雨大风袭击，1.5 h 降雨 72 ~ 124 mm，倒塌房屋 88 间，冲毁土地 515 亩，冲毁渠道 500 m、护村坝 1 100 m，经济损失总值达 111.5 万元
阳城县	9	1991	固隆、演礼、次营等 20 个乡镇	90	2		301		1 968	1991 年，全县 20 个乡镇遭暴雨洪灾、冰雹袭击。40 min 降雨 90 mm，降雹 5 ~ 20 min，风力达 10 级，使固隆、演礼大秋作物全部被砸光，受灾面积达 128 720 亩，倒塌房屋 301 间，死亡 2 人，受伤 43 人。直接经济损失达 1 968 万元

续表 3-2

县区	序号	灾害发生时间（年-月-日）	灾害发生地点	过程降雨量(mm)	灾害损失情况					灾害描述
					死亡人数（人）	失踪人数（人）	损毁房屋（间）	转移人数（人）	直接经济损失（万元）	
阳城县	10	1991-08	固隆乡		1					1991 年 8 月,固隆西南片由于突降暴雨,夹杂冰雹,造成 1 人死亡,多处庄稼受损
阳城县	11	1992-08	演礼乡							1992 年 8 月,台底河演礼胡凹沟处涵洞堵塞,造成滩地水淹
阳城县	12	1993-08-05	润城、白桑、北留、东冶				12		1 800	1993 年 8 月 5 日,润城、白桑、北留、东冶 4 乡镇由于沁河上游降大暴雨,使境内延河 4 个乡镇部分村庄受灾,共冲毁耕地 6 150 亩,冲毁水利设施 31 处,直接经济损失达 1 800 多万元
阳城县	13	1993-09-07	横河镇							1993 年 9 月 7 日,横河镇横河村由于盘亭河暴发特大洪水,冲毁房屋、耕地,50 间房屋进水
阳城县	14	1994-07-12	桑林、台头等 8 个乡镇	120					860	1994 年 7 月 12 日,桑林、台头等处 90 min 内降雨量达 120 mm,风力达 10 级,使 8 个乡镇中 80 个行政村受灾,冲走粮食 5 万 kg,冲毁水利设施 32 处,直接经济损失达 860 万元
阳城县	15	1996-07-31	全县范围		17		175		18 700	1996 年 7 月 31 日,全县遭受历史罕见的特大暴雨,25 个乡镇普遍受灾,受灾人口达 125 293 人,造成 17 人死亡,19 人受伤,104 个工矿企业停产,直接经济损失达 1.87 亿元

续表 3-2

县区	序号	灾害发生时间（年-月-日）	灾害发生地点	过程降雨量（mm）	灾害损失情况					灾害描述
					死亡人数（人）	失踪人数（人）	损毁房屋（间）	转移人数（人）	直接经济损失（万元）	
阳城县	16	1998-07-05	全县范围		1		10		2 940	1998 年，全县 7 月 5～16 日普降大到暴雨，平均降雨量 237.7 mm。全县大小河流暴涨，水库、塘坝水位上涨，造成 1 人死亡，615 人无家可归，直接经济损失达 2 940 万元
阳城县	17	2000-07-17	全县范围				1 334		1 600	全县受雷阵雨、暴雨的影响，台头后圪坨塘坝蓄满水后，坝体滑坡 20 余 m。造成房屋倒塌 450 间，损坏 884 间，毁坏水利工程设施 103 处，直接经济损失达 1 600万元
阳城县	18	2001-04	横河镇							2001 年 4 月，横河镇日跃村由于盘亭河局部暴雨，冲毁公路，造成一家三口人被冲走
阳城县	19	2003-07-21	董封乡							2003 年 7 月 21 日，董封李圪塔片由于李圪塔河突降暴雨，造成道路、耕地多处被冲毁
阳城县	20	2005-07-17	全县范围	266			220		1 800	2005 年 7 月 17 日，全县降大暴雨，最严重的是东冶镇 12 h 降雨量达 266 mm，东冶镇大小河流暴涨。致使 25 000 人受灾，塌房 220 余间，淹没粮食 4 万余 kg，冲毁水利设施 25 处，有 1 人下落不明。直接经济损失约 1 800 万元

续表 3-2

县区	序号	灾害发生时间（年-月-日）	灾害发生地点	过程降雨量（mm）	灾害损失情况					灾害描述
					死亡人数（人）	失踪人数（人）	损毁房屋（间）	转移人数（人）	直接经济损失（万元）	
阳城县	21	2006-07-14	蟒河、东冶、河北等乡镇	239.4			300		3 100	2006 年 7 月 14 日，蟒河、东冶、河北等乡镇降特大暴雨，5 h 降雨达 239.4 mm，山洪暴发，河水猛涨，造成冲毁耕地 1 330 亩，塌房 300 余间，冲走各种车 18 辆，冲毁水利工程 20 余处，直接经济损失达 3 100 余万元
阳城县	22	2006-07-28	东冶镇							2006 年 7 月 28 日，东冶朗庄时降雨达 60 mm，造成江河河水上涨，冲毁阳济公路，冲走汽车 2 辆
阳城县	23	2006-08-05	蟒河镇				4		81	2006 年 8 月 5 日 21:30 至次日 01:00，蟒河镇押水村突降暴雨，造成塌房 4 间，500 余亩晚秋作物大部分倒伏，65 亩土地彻底冲毁，进出公路被冲毁 3.5 km，直接经济损失达 81 万元
阳城县	24	2007-07-29	全县范围				3 077		14 000	2007 年 7 月 29 日，我县普遍突降大暴雨，最为严重的河北镇 5 h 降 170 mm，大小河流水位上涨，这次暴雨使农作物受灾面积达 5.5 万余亩，冲毁道路、耕地，电力中断，倒塌房屋 3 077 余间，直接经济损失达 1.4 亿元

续表 3-2

县区	序号	灾害发生时间（年-月-日）	灾害发生地点	过程降雨量(mm)	灾害损失情况					灾害描述
					死亡人数（人）	失踪人数（人）	损毁房屋（间）	转移人数（人）	直接经济损失（万元）	
阳城县	25	2008-06-13	河北镇				21		300	2008年6月13日，河北镇突降暴雨，造成河北、土孟、下交3村严重受灾，倒塌房屋21间，房屋进水270间，300亩农田受灾，通信电杆损坏21根，造成6个村庄停电，直接经济损失达300万元
阳城县	26	2010-06-20	全县范围	84.6			113		700	2010年6月20日，最大降雨量为西河乡84.6 mm，造成农作物受灾2.1万余亩，冲毁土地520亩，冲毁护地坝7 500余m；冲毁道路7 100余m；房屋倒塌40余间、受损73间；房屋进水100多户；1个养鸡场鸡舍倒塌，1 000余只鸡被砸死
阳城县	27	2010-07	芹池镇、固隆乡				12		200	2010年7月1日和7月8日芹池镇发生两次强降雨过程，导致羊泉灌区渠首段300 m处遭受山洪袭击，造成150 m塌方；7月5日固隆乡固隆村倒塌房屋6间、受损房屋6间；7月24～25日连续降雨
阳城县	28	2010-08	凤城、寺头、町店、芹池、演礼、固隆、西河	大暴雨			79		1 841	2010年8月1日01:00～03:00，凤城、寺头、町店、芹池、演礼、固隆、西河等乡镇普降大到暴雨。全县共有1.93万亩农作物受灾，房屋受损79间，道路受损29.5 km，地埌冲毁2 620 m，8月18日20:00至19日02:00，东冶镇普降大暴雨

续表 3-2

县区	序号	灾害发生时间（年-月-日）	灾害发生地点	过程降雨量(mm)	灾害损失情况					灾害描述
					死亡人数（人）	失踪人数（人）	损毁房屋（间）	转移人数（人）	直接经济损失（万元）	
阳城县	29	2011-06	全县范围				27 025		10 800	2011 年 6 月 24 日 17:00～23:00,全县境内发生了强降雨夹冰雹灾害性天气,其中固隆乡降雨量最大,达到 47.1 mm。19:00～20:00,驾岭、河北等乡镇发生持续长达 20 min 的降雹天气,冰雹最大直径 8 cm,最大厚度达 0.5 m
阳城县	30	2011-07-02	全县范围	198			2 144		4 375.5	2011 年 7 月 2 日 21:00 至次日 08:00,全县境内降大雨到暴雨,驾岭乡降雨量高达 198 mm,有 10 个乡镇受灾。倒塌房屋 268 间,受损房屋 1 876 间,农作物受灾 1.63 万亩,冲毁农田 9 625 亩,直接经济损失 4 375.5 万元
阳城县	31	2011-07-12	北留镇、次营镇、固隆乡、董封乡				1 246		2 934.5	2011 年 7 月 12 日下午,北留镇、次营镇、固隆乡、董封乡等乡镇突降暴雨,并伴有狂风,0.5 h 内降雨量最大达 80 mm。7 月 15 日 19:00,董封乡遭暴雨、冰雹袭击,长达 0.5 h。造成房屋倒塌 176 间,房屋受损 1 070 间,农作物受灾 3.4 万亩
阳城县	32	2011-09-16	全县范围	113.5			3 300		4 600	2011 年 9 月 16～18 日全县普降中到大雨,固隆乡 3 d 最大降雨量达 113.5 mm,共倒塌房屋 3 300 间,2 005 间房屋进水,农作物成灾 2.85 万亩,农作物绝收 0.2 万亩,1 353 m 护村坝损毁,冲毁地埌 1.86 万 m,大牲畜伤亡 90 头,蔬菜大棚受损

续表 3-2

县区	序号	灾害发生时间（年-月-日）	灾害发生地点	过程降雨量（mm）	灾害损失情况					灾害描述
					死亡人数（人）	失踪人数（人）	损毁房屋（间）	转移人数（人）	直接经济损失（万元）	
阳城县	33	2012-07-30	全县范围	182.4			1 223		12 380	2012 年 7 月 30 日 20:00 至次日 06:00,18 个乡镇普降大雨到特大暴雨,最大降雨东冶镇 10 h 182.4 mm。全县共倒塌房屋 1 223 间,房屋漏水 3 399 间,冲毁道路 139.45 km,冲毁田地 1.099 1万亩,庄稼受淹及倒伏 5.1 万亩
阳城县	34	2013-07	全县范围	45			993		20 460	2013 年降雨主要集中在 7 月上旬和中旬,仅 7 月 1~20 日全县降雨就达到 415 mm。全县受灾人口 4 000 人,转移人口 370 人,倒塌房屋 993 间,进水房屋 5 935 间;冲毁土地 6 363.3 亩,冲毁农田 1 277.3亩,农田塌埌 49 225 m,农作物受损严重
泽州县	35	1956-07	丹河流域高都镇北街、南街等 22 个村	暴雨			200			200 余间房屋被淹,冲毁土地 2 000 余亩
泽州县	36	1965	南村镇西峪、段匠、南村镇南村	暴雨						淹埋南村大队煤矿,冲毁西峪、段匠河堤,上千亩粮田被淹
泽州县	37	1971-07	大箕镇西三庄	大雨	3					冲走采枝沟煤矿 3 人
泽州县	38	1975-05	犁川镇上犁川村彭沟	大雨						河水漫堤入户,沿河家中户户进水

续表 3-2

县区	序号	灾害发生时间（年-月-日）	灾害发生地点	过程降雨量(mm)	灾害损失情况					灾害描述
					死亡人数（人）	失踪人数（人）	损毁房屋（间）	转移人数（人）	直接经济损失（万元）	
泽州县	39	1996-07	大阳镇	暴雨						冲走1辆摩托车、2辆小四轮拖拉机，10多户民房进水，淹埋农田200亩
泽州县	40	2003	巴公三家店村	暴雨						冲毁耕地，居住地势较低的村民房屋进水达1 m以上
泽州县	41	2010-08	金村镇、南岭乡、李寨乡、南村镇、高都镇5个乡镇，39个村庄受灾	暴雨			359		4 787	房屋裂缝倒塌359间，粮食作物受灾面积32 206亩，学校院墙倒塌1 200方，冲毁土地约810亩，塌塄长约10 000 m，田间道路50处，地塄1 500处，乡村道路冲毁7.35 km、9处，道路、桥梁冲毁10处，房屋进水670户，冲毁鸡场4个，冲毁蔬菜大棚68栋（在建大棚25栋），乡镇工业5个，铁路塌方2处、塌方600方，任庄水库交通桥东护岸塌陷50 m，全县直接经济损失达4 787余万元
泽州县	42	2011-07	北义城、大东沟、高都、柳树口、金村、下村、李寨共7个乡镇	暴雨			83		3 973	房屋倒塌83间，房屋进水约150户，冲毁农田9 748亩，冲毁农田地塄2万多m；3家育苗专业合作社育苗基地冲毁面积100余亩；冲毁交通道路20余条，桥梁2座，企业1个（昌都煤业），养殖大棚进水7栋，冲毁保福村益寿园农业科技公司蔬菜大棚6栋，南岭水力发电站一级站冲毁80 m渠道，40 m大坝；共造成直接经济损失约3 973万元

续表 3-2

县区	序号	灾害发生时间（年-月-日）	灾害发生地点	过程降雨量（mm）	灾害损失情况					灾害描述
					死亡人数（人）	失踪人数（人）	损毁房屋（间）	转移人数（人）	直接经济损失（万元）	
泽州县	43	2012-07-30 ~ 08-02	金村镇，南岭乡、李寨乡、南村镇、高都镇、6 个乡镇、30 多个村	暴雨			757		2 928.5	倒塌房屋 208 间，房屋裂缝、倾斜成危房 400 间，房屋室内进水严重户 600 余户，院墙倒塌 149 m，住房护堺 52 m，住房过道坍塌 8 m，2 个商店被冲毁，汽车被淹 4 辆、冲毁 1 辆，冲走 1 台搅拌机、1 辆农用车；农作物受灾面积为 1 024 hm^2，死亡大牲畜 400 头、鸡 5 000 只，1 个鱼塘被洪水冲垮 3 处宽约 90 余 m，鱼塘面积 2.5 hm^2，塘内养殖有草鱼、鲢鱼共计约 105 t，鱼塘设备投饵机 2 台、增氧机 2 台、线路全部毁坏；冲毁桥梁 5 处、乡级道路约 20 km，乡级道路塌方约 40 处，毁坏桥墩 5 处，县级道路塌方 4 处、1 300余方，路基沉陷 5 处，冲毁县重点公路工程 8 处、约 6 km；任庄水库尖沟坝冲毁 100 m 东干渠，冲毁万方水池 2 个，防洪堤防 3 处、530 m。1 个供水站、人畜饮水管道 4 700 m、引水渠 500 m；5 个水电站均遭受机房进水、电机损坏、渠道塌方等灾害；冲毁 4 个养殖场，全县受灾直接经济损失达 2 928.5 万元

续表 3-2

县区	序号	灾害发生时间（年-月-日）	灾害发生地点	过程降雨量(mm)	灾害损失情况					灾害描述
					死亡人数（人）	失踪人数（人）	损毁房屋（间）	转移人数（人）	直接经济损失（万元）	
沁水县	44	1982-08-01	沁水县		30		11 000		11 000	全县所有21个公社(乡镇),293个大队(村)(占总数86%),1 644个生产队(84%),3.12万户(63%),14.1万人(69%)受灾。最严重的有龙港镇、郑庄镇、土沃乡,受灾面积18.6万亩,冲毁土地8.8万亩,倒塌窑洞1.1万间
沁水县	45	1993-08-08	端氏镇						3 000	1993年8月4日,沁河流域上游普降暴雨,沁水张峰水文站实测洪峰流量1 710 m^3/s,乡村道路等冲毁无数。桥梁1座,道路数千米,直接经济损失3 000万以上
沁水县	46	1996-08-08	龙港镇		5					1996年8月4日梅河上游部分区域开始降大暴雨,洪水暴涨,梅河不足100 km^2 的区域,经调查洪峰流量达210 m^3/s,多数村庄人口受灾,死亡5人
沁水县	47	2007-07-06	十里乡	311.3	1					2007年7月29日端氏河上游柿庄河流域内大端河、峪里河发生大暴雨,中心雨量311.3 mm,暴雨频率为百年一遇,峪里流域14 km^2 的区域,经调查洪峰流量达67.1 m^3/s,死亡1人

续表 3-2

县区	序号	灾害发生时间（年-月-日）	灾害发生地点	过程降雨量（mm）	灾害损失情况					灾害描述
					死亡人数（人）	失踪人数（人）	损毁房屋（间）	转移人数（人）	直接经济损失（万元）	
沁水县	48	2013-07	沁水县				6 617	4 000	23 142.7	进入7月，遭遇持续强降水过程，14个乡镇普降大雨到暴雨，其中龙港镇吉家监测站降水量数据达到558.7 mm，创历史极值，农作物受灾面积40 906亩，减产30%以上，绝收6 600亩，损毁蔬菜大棚750亩，山西博大灵芝基地230栋大棚
高平市	49	1482-06-09	陈区镇西山		0	0	0	0	0	城近西山时有水患，至是民有见角而羊老斗於金峰之麓，水忽暴发而下，城郭几为荡没
高平市	50	1518-10-06	高平市区		0	0	1 500	0	0	秋欠水，丹河涨溢，临丹河村舍数1 500间损坏
高平市	51	1954	寺庄、城关、团池、野川等65个大队		0	0	0	0	0	县城内水漾没膝，丹河涌入县城
高平市	52	1980-06	谷口河流域		0	0	0	0	0	谷口河流域发生暴雨，下游河道堵塞，河水泛滥，矿业公司及城北部的部分居民住房遭受水淹
高平市	53	1996-07	县区	105.00		0	0	0	518	降雨持续时间7 d，洪水泛滥，市区多处被淹，水深1～1.5 m
高平市	54	2003-08-30	县区及米山、寺庄等7个乡（镇、办事处）	191.70	0	0	482	0	2 000	全市各主要河流流量增大，水库水位蓄水量急剧上升，部分水库卧管裂缝漏水，农作物受灾面积2 300 hm^2，冲毁公路及路基4.1 km，交通中断；供电中断1线次10 h，工农业生产受损；部分水利设施遭到严重损坏

续表 3-2

县区	序号	灾害发生时间（年-月-日）	灾害发生地点	过程降雨量(mm)	灾害损失情况					灾害描述
					死亡人数（人）	失踪人数（人）	损毁房屋（间）	转移人数（人）	直接经济损失（万元）	
高平市	55	2007-07-18	原村、寺庄、野川等14个乡（镇、办事处）	200.00	0	0	400	0	25 000	降雨来势凶猛，山洪暴发，平地起水，洪水泛滥成灾。丹河流量高达400 m^3/s，全市其他河流流量15～150 m^3/s。6座水库出险，7 350 m河坝冲毁，冲毁、冲塌桥涵6座。市区建设路路灯管线全部进水，不能供电。市区下水故障
高平市	56	2010-06-30	北山、建宁、北诗、石末等5个乡（镇、办事处）	120.30	0	0	118	0	6 800	高平市东部地区5个乡镇，73个村庄造成严重灾害。淹没冲毁农田4.1万亩。房屋进水或被淹1 460户，计4 310间，房屋倒塌33户，计118间。冲毁交通道路桥涵28处、毁坏路面23 km。冲毁河坝11处4 500 m。受灾行业涉及农、林、牧
高平市	57	2011-06-24	神农镇、三甲镇、米山镇、北城办、东城办等乡（镇、办）	92.00	0	0	40	0	1 000	时间短、强度大、降雨集中，淹没冲毁农田15 000余亩、大棚43栋，苗圃果林200亩，房屋进水或被淹376户，房屋倒塌40余间，倒塌院墙200余m，冲毁河坝320 m，淹没水井3眼，冲毁淹没砖厂、翻砂厂5个、养殖厂2个，冲走鸡羊
高平市	58	2011-07-02	全市	210.90	0	0	30	0	2 500	共淹没冲毁农田31 000余亩，蔬菜大棚300余栋，淹没冲毁苗圃林果120多亩，村庄农户房屋进水或被淹455户，房屋倒塌30余间，倒塌院墙350余m，冲毁河坝560 m，冲毁乡村公路200多m，毁坏桥涵4处，造成交通中断

续表 3-2

县区	序号	灾害发生时间（年-月-日）	灾害发生地点	过程降雨量(mm)	灾害损失情况					灾害描述
					死亡人数（人）	失踪人数（人）	损毁房屋（间）	转移人数（人）	直接经济损失（万元）	
高平市	59	2012-06-01	寺庄镇		0	0	3	0	560	出现了多年不遇的强降雨过程，期间伴有大面积的冰雹。农田受灾面积3 588 亩，果树受灾面积共有1 195 亩，冲毁道路300 m、桥梁4 座、河坝300 m，共有3 户农户房屋倒塌、4 户农户进水、17 户农户出现险情
高平市	60	2012-06-23	北诗镇、寺庄镇、野川镇、石末乡等	80.00	0	0	30	0	1 000	5 000 余户农户受灾，其中重灾户126 户，倒塌房屋近30 间。淹没饲料30 t。倒伏电杆8 根，淹毁机械6 台，全镇有100 多栋春秋棚被毁，31 栋日光温室受到重灾。受灾农田面积达到1 万余亩，其中倒伏8 000 亩，淹没绝收2 000 亩
高平市	61	2012-06-24	马村、原村、野川等	51.50	0	0	0	0	1 000	250 户农户进水。2 个养殖场被淹，导致500 只成品鸡死亡。1 300 亩农田被淹，30 栋大棚进水。2 处桥涵严重受损
高平市	62	2014-06-22	东城办南李村		0	0	0	0	0	遭受了近30 ~ 50 min 的暴雨冰雹袭击，导致该村408 亩玉米、198 亩蔬菜、12 亩果树受灾，冲毁淹没农田200 多亩，冲毁河坝20 余 m
高平市	63	2014-07-02	陈区镇西坡村	50.00	0	0	0	0	0	20 余户农户房屋进水，100 余亩庄稼被淹。冲毁河坝100 余 m

续表 3-2

县区	序号	灾害发生时间（年-月-日）	灾害发生地点	过程降雨量(mm)	灾害损失情况					灾害描述
					死亡人数（人）	失踪人数（人）	损毁房屋（间）	转移人数（人）	直接经济损失（万元）	
高平市	64	2014-07-04	建宁乡、河西镇	86.00	0	0	0	0	0	20 余户居民进水。淹没农田庄稼 380 余亩。25 栋春秋大棚进水。河坝冲毁 70 余 m,淤积 700 余 m。冲毁田间道路 50 余 m,双井塘坝放水设施冲刷毁坏
高平市	65	2014-07-14	寺庄镇		0	0	0	0	0	农作物受灾面积 3 000 余亩,果树受灾面积 200 余亩,冲毁田间道路 500 余 m,冲毁河道坝墙 10 余 m
高平市	66	2014-07-22	寺庄镇、永禄乡、三甲镇	80.00	0	0	3	0	0	淹没农田 1 500 余亩,农户家中进水 26 户,倒塌房屋 3 间,学校倒塌围墙 20 余 m,蔬菜大棚积水 35 栋,水毁河坝 136 m
高平市	67	2014-08-04	全市大部分乡镇	150.00	0	0	3	0	0	市区部分低洼地带内涝积水,短时间出现车辆行人交通受阻。倒塌房屋 3 间,农户家中进水 31 户。淹没农田1 300 余亩,蔬菜大棚积水 20 栋。冲塌河坝 255 m。管寨村丹河桥防护底板被掏空、冲毁,出现交通安全隐患
陵川县	68	1954-08-13	附城、冶头、潞城、平城 4 乡镇 47 个村庄		0	0	780	0	0	冲毁农田 3 000 余亩
陵川县	69	1983-05-12	西河底、附城、丈河 3 个乡镇 41 个村庄		1	0	200	0	0	受灾村庄遭受了暴雨和冰雹袭击

续表 3-2

县区	序号	灾害发生时间（年-月-日）	灾害发生地点	过程降雨量（mm）	灾害损失情况					灾害描述
					死亡人数（人）	失踪人数（人）	损毁房屋（间）	转移人数（人）	直接经济损失（万元）	
陵川县	70	2007-07-17	马武寨、横水河、夺火3个乡	120.00	0	0	70	0	0	山洪暴发，河水猛涨，农田被冲，庄稼被埋，乡村公路、桥梁被毁，民房倒塌
陵川县	71	2007-07-28	古郊、马圪当、六泉3个乡镇	253.60	0	0	450	300	0	持续时间长、洪水来势猛、受灾面积广
陵川县	72	1954-07	陵川县城	174.70	0	0	7	0	0	城内积水高达1 m，交通中断
陵川县	73	2012-06	崇文镇官道河	25.00	3	0	0	0	0	自己进入涵洞避雨
陵川县	74	1974	礼义镇梁泉村观东		0	0	30	96	27	
陵川县	75	1979	礼义镇平川村猪圈老	100.00	0	0	5	0	0.3	新房被冲塌
陵川县	76	1982	礼义镇西街西河口南岭		0	0	9	43	14	
陵川县	77	1987	礼义镇西街福祥路西南		0	0	14	80	20	
陵川县	78	1997	礼义镇平川村红土沟	60.00	0	0	5	15	5	混砖房被滑坡冲塌
陵川县	79	2009	礼义镇西街吉祥路西片区		0	0	20	73	25	
陵川县	80	2010	礼义镇东头村		0	0	105	65	210	
陵川县	81	2010	礼义镇西头村		0	0	140	80	289	
陵川县	82	2010	礼义镇安乐庄村		0	0	60	37	120	

续表 3-2

县区	序号	灾害发生时间（年-月-日）	灾害发生地点	过程降雨量(mm)	灾害损失情况					灾害描述
					死亡人数（人）	失踪人数（人）	损毁房屋（间）	转移人数（人）	直接经济损失（万元）	
陵川县	83	2010	附城镇沙泊池村	100.00	0	0	0	42	10	连锁房卫生所20户进水达1.5 m深
陵川县	84	2010	附城镇北马村养殖户	100.00	0	1	0	4	0.5	10间房屋进水
陵川县	85	2010	附城镇丈河村养殖户	100.00	0	2	0	3	0.3	养殖房屋进水
陵川县	86	2010	附城镇东瑶泉村	100.00	0	3	0	3	0.5	20间房屋进水达1 m深，淹死生猪12头
陵川县	87	2011	附城镇南马村	100.00	0	4	0	35	1.5	11户居民进水
陵川县	88	1972-08-20	平城镇苏家湾		3	7	162	0	0	平城镇黄河滩水库因连降暴雨漫坝决口
陵川县	89	1996-08	马圪当乡古石村、双底、大双等5个村庄	260.00	0	0	10	0	100	发生堤防水毁，冲毁耕地80亩
陵川县	90	1996-08	古郊乡东上河村，上上河、古郊、西庄上	120.00	4	0	89	115	106	发生洪水水位高于堤坊顶部，洪水进入村庄，东上河村冲毁2座石拱桥
陵川县	91	2007-08-10	古郊乡东上河村	126.00	0	0	46	256	260	冲走1辆小型客车
陵川县	92	1982-08	六泉乡东双脑村咀上		1	0	0	0	0	东双脑水电站引水渠咀上西段渠道被洪水冲塌
陵川县	93	1996-08	六泉乡阁河、高家、赤叶河	130.00	6	0	30	170	50	连续降雨导致发生洪水，冲毁耕地，淹没房屋

续表 3-2

县区	序号	灾害发生时间（年-月-日）	灾害发生地点	过程降雨量(mm)	灾害损失情况					灾害描述
					死亡人数（人）	失踪人数（人）	损毁房屋（间）	转移人数（人）	直接经济损失（万元）	
陵川县	94	2010-06-10	秦家庄乡秦家庄村	90.00	0	0	0	4	6	进村河道洪水暴涨，车辆人员被冲
陵川县	95	2012-06-24	秦家庄乡秦家庄村	105.00	0	0	0	0	40	村东北桥涵垮塌耕地被淹
陵川县	96	2012-06-24	秦家庄乡庞家川村	105.00	0	0	0	0	40	村东桥涵垮塌耕地被淹
陵川县	97	2012-06-24	秦家庄乡西脚村	105.00	0	0	5	6	60	洪水暴涨涵洞垮塌
陵川县	98	2012-06-24	秦家庄乡金家岭村	160.00	0	0	6	36	18	10 户被水淹
陵川县	99	1996-08-01	六泉乡东双脑、沙场		8	0	0	0	0	发生洪水冲毁堤防，冲毁陵辉公路，东双脑水库坝顶溢流水深 2.1 m
晋城城区	100	1956-07-30	西上庄办事处、西马匠村、南街办事处		0	0	110	2 800	5	西马匠村、小后河、黄华街社区、金华社区等地 700 余户居民被淹，房屋倒塌 110 余间
晋城城区	101	1974-07-16	钟家庄办事处晓庄村、石油公司油库等地		0	0	33	500	5	晓庄村 110 余户和石油公司油库被淹，倒塌房屋 33 间
晋城城区	102	1987-07-22	西街办事处五龙社区、晋钢东院		0	0	0	800	6	180 余户被淹，水深约 1 m

续表 3-2

县区	序号	灾害发生时间（年-月-日）	灾害发生地点	过程降雨量(mm)	灾害损失情况					灾害描述
					死亡人数（人）	失踪人数（人）	损毁房屋（间）	转移人数（人）	直接经济损失（万元）	
晋城城区	103	1988-08-11	钟家庄办事处下辇社区、上辇社区		0	0	0	400	10	80余户被淹，水深1.2 m
晋城城区	104	1994-06-20	东街办事处下东关社区		0	0	16	1 000	20	210余户居民被淹，水深0.8 m，倒塌房屋16间
晋城城区	105	2004-07-21	西上庄办事处玉苑社区、焦山村和市区		0	0	20	5 000	50	1 100余户居民被淹，倒塌房屋20余间
晋城城区	106	2010-07-19	北石店镇南石店村、刘家川村、司徒村及市区	210.50	0	0	170	6 000	200	市区降雨量210.5 mm，北石店镇降雨320 mm，1 200余户居民被淹，倒塌房屋170余间，其中北街办事处中后河社区水深达2.8 m
晋城城区	107	2011-07-03	市区		0	0	37	3 000	150	820余户居民被淹，倒塌房屋37间，其中迎宾街段水深1.1 m
晋城城区	108	2011-08-10	市区		0	0	20	5 000	150	1 100余户居民被淹，倒塌房屋20余间
晋城城区	109	2012-07-30	市区及钟家庄办事处	224.00	0	0	20	8 000	600	1 700余户居民被淹，冲毁桥梁7座，倒塌房屋20余间，市区降雨量224 mm

3.3.2.2　堤防工程少、防洪标准低

晋城市防洪设施少，没有形成整体防洪工程体系，防洪能力低，防御大洪水能力差。

山丘区农田基本无任何防御措施，易受山洪冲毁或砂石填埋。流域整体防洪能力低，防洪体系尚未完全、有效形成，对流域防洪体系缺乏整体规划和建设。

3.3.2.3　河道堵塞，河道行洪能力下降

晋城市多数河流，河道建筑垃圾堆积堵塞，河道缩窄，部分河段行洪能力不足10年一遇。

3.4　重点防治区情况

根据2011～2014年山洪灾害调查，结合2015～2016年山洪灾害调查评价情况，晋城市6县区共有87个乡镇、5 196个自然村（包含行政村），1 176个防治区、510个重点防治区，成果见表3-3，晋城市重点防治区分析评价名录见表3-4。

表3-3　晋城市山洪灾害调查统计

序号	县区	乡镇(个)	村(个)	防治区(村)	重点防治村(个)
1	阳城县	19	1 512	321	120
2	泽州县	17	994	180	94
3	沁水县	14	1 495	198	66
4	高平市	16	593	232	83
5	陵川县	12	455	168	107
6	晋城城区	9	147	77	40
合计		87	5 196	1 176	510

晋城市山洪灾害防治区分布见图3-1、图3-2，晋城市山洪灾害防治区人口分布见图3-3。

3.5　山洪灾害的特点

调查统计表明，1949～2015年以来，全市共发生山洪灾害109次，平均每年2～3次。局部洪水来势凶猛，冲刷力强，破坏性大。1982年沁水—阳城县暴雨，多条山沟洪水齐发，死亡多人。2015年陵川县暴雨，山洪暴发，冲毁道路、桥梁、房屋无数。特别是马圪当、古郊、六泉、夺火四乡受灾最为严重。县道石马线、陵修线、浙石线、礼夺线等道路多处水毁，塌方131处。磨河水库在建工程33 100 t建筑材料被冲走，施工进场道路冲毁2.5 km，冲断电缆及供电线路4 100 m，淹没各类建筑设备49台（套）；陵川县河道堤防、护坡冲毁12.1 km，城乡供水管道冲毁6.2 km。大磨河提水泵站被淹，十里河水电站4台发电机组及配电系统损毁，猪头山水库大坝背水坡出现滑切；陵川县供电公司线路杆塔倾倒18基，杆塔基础塌方10处，设备损毁6处；水电公司电杆倾倒200根、变压器损毁5台、20 km供电线路出现故障，造成马圪当乡大面积停电；陵川县57 km通信光缆及杆路损毁严重，11处基站机房部分设备被烧毁，导致马圪当乡大部分区域通信中断；广播电视传输线杆倾斜41支，冲倒12支，1 500户有线电视信号中断。

表 3-4　晋城市重点防治区分析评价名录

县区	序号	行政区划名称	行政区划代码	小流域名称	控制断面代码
阳城县	1	白桑村	140522200206000	WDA81401NA000000 - 01	1405222002060005P03n
阳城县	2	苽底村北香台	140522200210000	WDA8140J00000000	1405222002100005P03x
阳城县	3	淇汭村东头村	140522200202102	WDA81401NA000000 - 02	1405222002021025P06U
阳城县	4	淇汭村杜沟	140522200202103	WDA81401NA000000 - 03	1405222002021035P03s
阳城县	5	洽村村圪咀村	140522200207100	WDA8140I00000000 - 01	1405222002071005P03v
阳城县	6	张庄村	140522200205000	WDA81401NA000000 - 04	1405222002050005P06R
阳城县	7	沟底村	140522101232000	WDA81001211FB000	1405221012320005P01R
阳城县	8	沟底村大端	140522101232100	WDA81001211LB000	1405221012320015P01O
阳城县	9	后河村	140522101205000	WDA81001211FBA00	1405221012050005P03E
阳城县	10	逯河村	140522105212000	WDA81401G0000000	1405221052120005P03H
阳城县	11	前凹村下河	140522105216100	WDA810012B200000	1405221052161005P03K
阳城县	12	营东村沟西	140522105214100	WDA81401I0000000	1405221052141005P03O
阳城县	13	周壁村	140522105225000	WDA81401J0000000	1405221052250005P03S
阳城县	14	柴凹村五龙沟	140522103215100	WDA81001211GBH00 - 01	1405221032150015P03T
阳城县	15	町店村	140522103211000	WDA810012A1GB000	1405221032110005P005
阳城县	16	焦庄村花沟	140522103209101	WDA810012B1GB000 - 01	1405221032090025P008
阳城县	17	凌家沟村	140522103208000	WDA81001211GBG00	1405221032080005P00c
阳城县	18	上黄岩村	140522103200000	WDA81001231GB000 - 01	1405221032000005P00i
阳城县	19	张沟村	140522103216000	WDA81001211GBH00 - 02	1405221032160005P001
阳城县	20	中峪村李家庄	140522103201103	WDA8100129200000	1405221032010005P03W
阳城县	21	蒿峪村	140522400200000	WDA810012B1GB000 - 02	1405224002000005P01W
阳城县	22	美泉村	140522400202000	WDA81001231GB000 - 02	1405224002020005P02a
阳城县	23	上孔寨村	140522400203000	WDA81001231GB000 - 03	1405224002030005P020
阳城县	24	下孔寨村	140522400204000	WDA810012D1GB000 - 01	1405224002040005P023
阳城县	25	小庄村	140522400206000	WDA81001231GB000 - 04	1405224002060005P025
阳城县	26	高石村	140522109226000	WDA81001211NB000 - 01	1405221092260005P046
阳城县	27	高石村高窑村	140522109226111	WDA81001211NB000 - 02	1405221092261115P08D
阳城县	28	高石村龙岩底	140522109226101	WDA81001211NB000 - 03	1405221092261015P08A
阳城县	29	江河村	140522109224000	WDA81001211NB000 - 04	1405221092240005P04h
阳城县	30	江河村恶门	140522109224100	WDA81001221NB000	1405221092241005P040
阳城县	31	江河村洪峪村	140522109224101	WDA81001211NBA00 - 01	1405221092241015P08W
阳城县	32	江河村戏河村	140522109224104	WDA81001211NBA00 - 02	1405221092241045P075

续表 3-4

县区	序号	行政区划名称	行政区划代码	小流域名称	控制断面代码
阳城县	33	焦坪村潭河村	140522109210100	WDA81001211NBA00 – 03	1405221092101005P04t
阳城县	34	上节村	140522109209000	WDA81001211IBD00 – 01	1405221092090005P04q
阳城县	35	小王庄村	140522109207000	WDA81001211IBD00 – 02	1405221092070005P04y
阳城县	36	小王庄村坂底	140522109207100	WDA81001211IB000	1405221092071005P08y
阳城县	37	安牛村	140522205215000	WDA81401E0000000	1405222052150005P015
阳城县	38	董封村	140522205200000	WDA8140A00000000	1405222052000005P04B
阳城县	39	口河村	140522205230000	WDA9V001A0000000 – 01	1405222052300005P018
阳城县	40	龙泉村	140522205208000	WDA81401H0000000 – 01	1405222052080005P01b
阳城县	41	龙泉村南底庄村	140522205208100	WDA81401H0000000 – 02	1405222052081005P08M
阳城县	42	芦家河村	140522205218000	WDA81401H0000000 – 03	1405222052180005P01g
阳城县	43	上河村	140522205214000	WDA81402F0000000	1405222052140005P01h
阳城县	44	白沟村	140522100223000	WDA8100127200000	1405221002230005P04M
阳城县	45	东关村清林沟	140522100206102	WDA8140H00000000 – 01	1405221002060035P04P
阳城县	46	后则腰村	140522100220000	WDA8140I00000000 – 02	1405221002200005P005
阳城县	47	坪头村	140522100201000	WDA8140G00000000	1405221002010005P008
阳城县	48	水村村	140522100228000	WDA81403M0000000 – 01	1405221002280005P01w
阳城县	49	苏庄村	140522100202000	WDA81401KA000000 – 01	1405221002020005P00b
阳城县	50	下川村河西村	140522100207100	WDA81402G0000000	1405221002071005P002
阳城县	51	下会庆村	140522100226000	WDA8140H00000000 – 02	1405221002260005P002
阳城县	52	下李丘村	140522100230000	WDA81403M0000000 – 02	1405221002300005P08H
阳城县	53	下芹村	140522100232000	WDA81403M0000000 – 03	1405221002320005P04H
阳城县	54	阳高泉村虎庄	140522100211100	WDA8140H00000000 – 03	1405221002111005P002
阳城县	55	杨家村	140522100239000	WDA810012D1GB000 – 02	1405221002390005P00d
阳城县	56	杨家村谢沟	140522100239100	WDA810012D1GB000 – 03	1405221002391005P00h
阳城县	57	张村村烟河	140522100227101	WDA8140H00000000 – 04	1405221002270025P04R
阳城县	58	中李丘村	140522100229000	WDA81401M0000000 – 01	1405221002290005P01G
阳城县	59	砖窑沟村	140522100255000	WDA81401N0000000	1405221002550005P00k
阳城县	60	固隆村	140522204208000	WDA81401L0000000 – 01	1405222042080005P02e
阳城县	61	西壮村	140522204215000	WDA81401L0000000 – 02	1405222042150005P054
阳城县	62	泽城村	140522204202000	WDA81401LA000000	1405222042020005P04W
阳城县	63	寨上村	140522204214000	WDA81401L0000000 – 03	1405222042140005P051
阳城县	64	河北村	140522107200000	WDA81401KC000000 – 01	1405221072000005P056

续表 3-4

县区	序号	行政区划名称	行政区划代码	小流域名称	控制断面代码
阳城县	65	坪泉	140522107221000	WDA81001221IB000	140522107221000 5P059
阳城县	66	土孟村	140522107201000	WDA81401KC000000－02	1405221072010005P05d
阳城县	67	下交村	140522107202000	WDA81401KC000000－03	1405221072020005P05f
阳城县	68	横河村	140522106202000	WDA9W001B0000000	1405221062020005P02y
阳城县	69	横河村恒升宫	140522106202104	WDA9W00300000000－01	1405221062020055P02v
阳城县	70	横河村老沙地村	140522106202108	WDA9W00300000000－02	1405221062021085P092
阳城县	71	横河村鸟头村	140522106202105	WDA9W00300000000－03	1405221062020065P02E
阳城县	72	横河村外郎庄	140522106202110	WDA9W00300000000－04	1405221062020115P02G
阳城县	73	横河村西炉坡	140522106202103	WDA9W00300000000－05	1405221062020045P02K
阳城县	74	三面场村桑园河	140522106206104	WDA9W00500000000	1405221062060055P06Y
阳城县	75	受益村	140522106207000	WDA9W00100000000	1405221062070005P05o
阳城县	76	水头村毕家村	140522106200100	WDA9W002B0000000－01	1405221062000015P05j
阳城县	77	水头村新建庄村	140522106200101	WDA9W002B0000000－02	1405221062000025P05t
阳城县	78	园河村	140522206210000	WDA81401KA000000－02	1405222062100005P01l
阳城县	79	入店村	140522401400100	WDA9V001A0000000－02	1405224014010015P04F
阳城县	80	东峪村	140522108201000	WDA81001221IBE00－01	1405221082010005P05x
阳城县	81	上桑林村	140522108236000	WDA81001211IBC00	1405221082360005P05A
阳城县	82	台头村	140522108200000	WDA81001221IBE00－02	1405221082000005P05E
阳城县	83	西峪村	140522108203000	WDA81001211IBE00	1405221082030005P05I
阳城县	84	下桑林村	140522108233000	WDA81001221IBC00	1405221082330005P05M
阳城县	85	北宜固村	140522104214000	WDA81001231GB000－05	1405221042140005P00O
阳城县	86	北宜固村黑洼	140522104214101	WDA81001241GB000－11	1405221042141015P08h
阳城县	87	北宜固村后湾	140522104214100	WDA81001241GB000－12	1405221042140015P08b
阳城县	88	柴庄村	140522104223000	WDA81001211GBB00－01	1405221042230005P07d
阳城县	89	川河村	140522104223100	WDA81001211GBB00－02	1405221042231005P07j
阳城县	90	柴庄村庙岭后	140522104205000	WDA81001221GBC00	1405221042050005P07n
阳城县	91	川河村南沟	140522104205100	WDA7900122000000	1405221042051005P07s
阳城县	92	贾寨村	140522104221000	WDA81001211GBB00－03	1405221042210005P08n
阳城县	93	贾寨村董王岩	140522104221102	WDA81001211GBB00－04	1405221042211025P07D
阳城县	94	贾寨村西河	140522104221101	WDA81001211GBB00－05	1405221042211015P07A
阳城县	95	贾寨村下东坡	140522104221100	WDA81001211GBA00	1405221042211005P08r
阳城县	96	刘东村	140522104200000	WDA81001211GBD00－01	1405221042000005P07K

续表 3-4

县区	序号	行政区划名称	行政区划代码	小流域名称	控制断面代码
阳城县	97	刘西村	140522104201000	WDA81001231GB000－06	1405221042010005P00S
阳城县	98	吕家河村	140522104208000	WDA81001211GBC00－01	1405221042080005P07O
阳城县	99	吕庄村	140522104213000	WDA81001251GB000－01	1405221042130005P00W
阳城县	100	庙坡村北河村	140522104219100	WDA81001231GB000－07	1405221042191005P06d
阳城县	101	芹池村	140522104204000	WDA81001231GB000－08	1405221042040005P080
阳城县	102	芹池村户门口	140522104204101	WDA81001211GBC00－02	1405221042041015P07S
阳城县	103	羊泉村	140522104218000	WDA81001231GB000－09	1405221042180005P06k
阳城县	104	羊泉村刘庄	140522104218100	WDA81001231GB000－10	1405221042181005P06p
阳城县	105	阳陵村	140522104211000	WDA81001261GB000	1405221042110005P00Z
阳城县	106	宜壁村	140522104212000	WDA81001251GB000－02	1405221042120005P013
阳城县	107	原庄村	140522104222000	WDA81001221GB000	1405221042220005P089
阳城县	108	润城村	140522102200000	WDA81001221FB000	1405221022000005P01L
阳城县	109	大乐村	140522201213000	WDA81001211GBD00－02	1405222012130005P00r
阳城县	110	霍家村	140522201215000	WDA81001211GBD00－03	1405221032110005P00u
阳城县	111	马寨村	140522201220000	WDA81001211GBD00－04	1405222012200005P00z
阳城县	112	马寨村白寨	140522201220103	WDA81001211GBD00－05	1405222012200045P00D
阳城县	113	寺头村	140522201200000	WDA81001211GBE00	1405222012000005P00G
阳城县	114	朱村村	140522201216000	WDA81001211GBD00－06	1405222012160005P00M
阳城县	115	陕庄村	140522202211000	WDA81401M0000000－02	1405222022110005P01p
阳城县	116	孙沟村	140522202208000	WDA81402M0000000	1405222022080005P01r
阳城县	117	西丰村	140522202212000	WDA81401M0000000－03	1405222022120005P06t
阳城县	118	胡凹沟村	140522203211000	WDA81401LB000000－01	1405222032110005P06x
阳城县	119	台底村	140522203213000	WDA81401LB000000－02	1405222032130005P06B
阳城县	120	献义村	140522203210000	WDA81401LB000000－03	1405222032100005P06F
泽州县	121	冯沟村	140525100235000	WDA81001231MB000	1405251002350003k04m
泽州县	122	下村村	140525101200000	WDA81001221KB000	—
泽州县	123	万里村	140525101208000	WDA81001211KB000－01	1405251012080003k03U
泽州县	124	柳树底村	140525101220000	WDA81001231KB000－01	1405251012200003k03G
泽州县	125	石伏头村	140525101226000	WDA81001211KB000－02	1405251012200003k04U
泽州县	126	史村河村	140525101228000	WDA81001211KB000－03	1405251012280003k03M
泽州县	127	刘村村	140525101230000	WDA81001211KBA00	1405251012300005P007
泽州县	128	东沟村	140525102200000	WCF11101D0000000	1405251022000003k04i

续表 3-4

县区	序号	行政区划名称	行政区划代码	小流域名称	控制断面代码
泽州县	129	辛壁村	140525102201000	WDA81001271KB000	—
泽州县	130	峪南村	140525102202000	WDA81001251KB000	1405251022020003k04W
泽州县	131	周村村卫窑	140525103200101	WDA81001211JB000 - 01	1405251032001025P01p
泽州县	132	上掌村	140525103203000	WDA81001211JB000 - 02	—
泽州县	133	苇町村芋沟	140525103206102	WDA81001211KBE00	—
泽州县	134	下町村东村	140525103208100	WDA81001281KB000 - 01	1405251032081005P00c
泽州县	135	下町村圪套	140525103208101	WDA81001281KB000 - 02	1405251032080023k042
泽州县	136	坪上村后河	140525103212100	WDA81001281KB000 - 03	1405251032120013k040
泽州县	137	坪上村圪坨	140525103212101	WDA810012B1KB000	1405251032120023k03Y
泽州县	138	下河村	140525103221000	WDA81001211KBC00 - 01	1405251032210003k05z
泽州县	139	石淙头村	140525103222000	WDA810012C1KB000	—
泽州县	140	上犁川村委会	140525104200000	WDA81001211PB000 - 01	1405251042000003k02f
泽州县	141	中庄村	140525104201000	WDA81001211PB000 - 02	1405251042010003k026
泽州县	142	下犁川村	140525104202000	WDA81001211PB000 - 03	1405251042020003k02v
泽州县	143	上庄村	140525104203000	WDA81001211PB000 - 04	1405251042030003k02m
泽州县	144	坡东村	140525104206000	WDA81001221PB000	—
泽州县	145	下铁南村	140525104210000	WDA81101YGA00000	1405251042100003k02C
泽州县	146	南河村	140525104214000	WDA81001211PBA00 - 01	1405251042140003k024
泽州县	147	杜家河村	140525104216000	WDA81001211PBA00 - 02	—
泽州县	148	司街村	140525104221000	WDA81101YG000000 - 01	—
泽州县	149	大山河村	140525105207000	WDA81001211WBA00	1405251052070003k05x
泽州县	150	大山河村七甲坡	140525105207100	WDA81001211WB000 - 01	—
泽州县	151	大山河村南庄	140525105207103	WDA81001211WB000 - 02	—
泽州县	152	大山河村柿树掌	140525105207104	WDA81001211WB000 - 03	—
泽州县	153	窑掌村	140525105213000	WDA81001231WB000	1405251052130003k05g
泽州县	154	石盆河村	140525105221000	WDA81101Z0000000 - 01	—
泽州县	155	石盆河村西禅房	140525105221100	WDA81101Z0000000 - 02	—
泽州县	156	后峪村	140525106234000	WDA81101N0000000	1405251062340005P00f
泽州县	157	大会村小会	140525106239101	WDA8110F00000000 - 01	—
泽州县	158	坂头村寺北庄	140525106261101	WDA81101QU000000 - 01	1405251062611015P00a
泽州县	159	南街村	140525107201000	WDA81106L0000000	1405251072010003k01P
泽州县	160	黄三河村	140525107247000	WDA81101QS000000 - 01	1405251072470003k01J

续表 3-4

县区	序号	行政区划名称	行政区划代码	小流域名称	控制断面代码
泽州县	161	大泉河村	140525107249000	WDA81101QS000000－02	—
泽州县	162	三家店村	140525108220000	WDA81104LB000000	1405251082200003k04D
泽州县	163	渠头村	140525108227000	WDA81101LC000000	—
泽州县	164	大阳四分街村	140525109202000	WDA81101L0000000－01	1405251092020003k01F
泽州县	165	王家庄村	140525109207000	WDA81101L0000000－02	—
泽州县	166	陡坡村	140525109208000	WDA81101L0000000－03	1405251092080003k01w
泽州县	167	宋家掌村	140525109219000	WDA81101LA000000－01	—
泽州县	168	香峪村	140525109220000	WDA81101LA000000－02	—
泽州县	169	河底村	140525109223000	WDA81001231KB000－02	1405251092230003k01B
泽州县	170	陈家庄村委会	140525110225000	WDA81001211UB000	1405251102250003k02Q
泽州县	171	道宝河村	140525110233000	WDA81001221UB000	1405251102330003k02T
泽州县	172	青龛村	140525110237000	WDA81001211UBA00	—
泽州县	173	窑河村	140525110244000	WDA81001211RB000	1405251102440003k034
泽州县	174	李河村	140525110249000	WDA810012J200000	—
泽州县	175	大箕村	140525111200000	WDA81101YG000000－02	1405251112000003k04e
泽州县	176	南河底村	140525111202000	WDA81102YG000000	—
泽州县	177	槲树庄村	140525111204000	WDA81101YG000000－03	1405251112040003k00X
泽州县	178	上河村	140525111205000	WDA81101YG000000－04	1405251112050003k01j
泽州县	179	河上村	140525111206000	WDA81101YG000000－05	1405251112060003k006
泽州县	180	西三庄村梨树沟	140525111207100	WDA81101YG000000－06	1405251112070013k013
泽州县	181	西三庄村孔窑	140525111207101	WDA81101YG000000－07	—
泽州县	182	南峪村	140525111210000	WDA81101YG000000－08	1405251112100003k01a
泽州县	183	前圪套村	140525111211000	WDA81101YG000000－09	—
泽州县	184	后圪套村	140525111212000	WDA81101YG000000－10	1405251112120003k05s
泽州县	185	申匠村	140525111221000	WDA81101YEA00000－01	1405251112210003k01n
泽州县	186	南庄村	140525111223000	WDA81101YEA00000－02	—
泽州县	187	董家沟村	140525111224000	WDA81101YEA00000－03	1405251112240003k00J
泽州县	188	河西村	140525111225000	WDA81101YG000000－11	—
泽州县	189	北庄村	140525111226000	WDA81101YG000000－12	—
泽州县	190	谷坨村	140525111227000	WDA81101YG000000－13	—
泽州县	191	东坡村	140525111228000	WDA81101YG000000－14	—
泽州县	192	东坡村河东	140525111228100	WDA8110F00000000－02	1405251112280013k00F

续表 3-4

县区	序号	行政区划名称	行政区划代码	小流域名称	控制断面代码
泽州县	193	东坡村下河	140525111228101	WDA81001211KBC00-02	—
泽州县	194	干司村	140525111229000	WDA81105Y0000000-01	—
泽州县	195	马韦村	140525111230000	WDA81105Y0000000-02	—
泽州县	196	马韦村东贤子	140525111230100	WDA81106Y0000000	—
泽州县	197	马韦村西贤子	140525111230101	WDA81105Y0000000-03	—
泽州县	198	石门村	140525111231000	WDA81103YG000000	140525111231000 3k01s
泽州县	199	贾山村	140525111232000	WDA81101YG000000-15	140525111231000 3k00Z
泽州县	200	东石瓮村	140525112206000	WDA81101U0000000	—
泽州县	201	下川村	140525112216000	WDA81101QT000000	140525112216000 3k02K
泽州县	202	北寨村	140525112228000	WDA81101QU000000-02	—
泽州县	203	下城公村	140525113225000	WDA81101H0000000-01	140525113225000 3k03D
泽州县	204	丹河底村	140525113226000	WDA81101H0000000-02	—
泽州县	205	北尹寨村	140525113227000	WDA8110F00000000-03	140525113227000 5P00f
泽州县	206	岸则村	140525113228000	WDA8110F00000000-04	140525113228000 5P00r
泽州县	207	川底村	140525200200000	WDA81001281KB000-04	—
泽州县	208	川底村河东	140525200200100	WDA8110F00000000-05	—
泽州县	209	焦河村	140525200201000	WDA81001211KBC00-03	—
泽州县	210	沙沟村	140525200224000	WDA81001211KBD00	—
泽州县	211	西尧村黄河	140525201219101	WDA81001211KBC00-04	140525201219002 3k02G
泽州县	212	李河村	140525201223000	WDA810012G200000-01	—
泽州县	213	李河村正圪脑	140525201223100	WDA810012G200000-02	—
泽州县	214	东磨滩村	140525202220000	WDA810012H200000	140525202220000 5P01d
沁水县	215	龙港镇杏园社区沟门口	140521100008102	WDA81001211vAF00	140521100008102 6n00T
沁水县	216	龙港镇河渚村柳家湾	140521100215100	WDA81001231vA000-01	140521100215100 6n00K
沁水县	217	龙港镇河渚村南贾庄	140521100215101	WDA81001231vA000-02	140521100215101 5N00m
沁水县	218	龙港镇河渚村北贾庄	140521100215102	WDA81001231vA000-03	140521100215102 5N00j
沁水县	219	龙港镇河渚村河渚	140521100215000	WDA81001221vA000	140521100215000 5N00B
沁水县	220	龙港镇梁庄村	140521100218000	WDA81001241vA000	140521100218000 6n00O
沁水县	221	龙港镇西石堂村	140521100220000	WDA81001251vA000-01	140521100220102 5N00Z
沁水县	222	龙港镇东石堂村	140521100221000	WDA81001251vA000-02	140521100221000 5N00p
沁水县	223	龙港镇青龙村	140521100227000	WDA81001231vAG00	140521100227000 5N00g
沁水县	224	龙港镇王寨村东村	140521100223106	WDA81001221vAG00-01	140521100223106 5N00W

续表 3-4

县区	序号	行政区划名称	行政区划代码	小流域名称	控制断面代码
沁水县	225	龙港镇孔峪村	140521100226000	WDA81001221vAG00－02	1405211002260005N00K
沁水县	226	中村镇中村村涧河	140521101200103	WDA8140300000000	1405211012001036n02k
沁水县	227	中村镇中村村中村	140521101200000	WDB19001LB000000	1405211012000006n02Q
沁水县	228	中村镇上峪村上峪	140521101206000	WDB19001LBA00000－01	1405211012060000 7002
沁水县	229	中村镇下峪村下峪	140521101207000	WDB19001LBA00000－02	1405211012070006n02G
沁水县	230	中村镇张马村张马	140521101209000	WDB19004L0000000	1405211012090006n02K
沁水县	231	中村镇北岭村马邑沟	140521101210102	WDB19001LA000000－01	1405211012101026n02p
沁水县	232	中村镇上阁村	140521101212000	WDB19001LA000000－02	1405211012120006n02u
沁水县	233	中村镇松峪村松峪	140521101214000	WDB19001L0000000	1405211012140006n02y
沁水县	234	中村镇下川村下川	140521101216102	WDA9V001C0000000－01	1405211012160006n02B
沁水县	235	中村镇上川村	140521101215000	WDA9V001C0000000－02	1505211012150005o004
沁水县	236	中村镇下川村梁山	140521101216100	WDA9V001C0000000－03	140521101216100700f
沁水县	237	中村镇下川村腰掌	140521101216101	WDA9V001C0000000－04	140521101216101070 0c
沁水县	238	中村镇东川村梨树底	140521101217103	WDA9V001B0000000	1405211012171036n02d
沁水县	239	中村镇山辿岩村山辿岩	140521101219000	WDA81401F0000000	1405211012190000 7005
沁水县	240	郑庄镇郑庄村张沟	140521102200101	WDA810012w100000	1405211022001016n028
沁水县	241	嘉峰镇武安村	140521104202000	WDA8100127200000	140521104202000 0700m
沁水县	242	嘉峰镇尉迟村	140521104203000	WDA8100128200000	140521104203000 0700f
沁水县	243	嘉峰镇嘉峰村	140521104204000	WDA8100127200000	140521104204000 0700H
沁水县	244	嘉峰镇磨掌村新村	140521104210101	WDA81001211DB000－01	1405211042101015N00N
沁水县	245	嘉峰镇秦庄村	140521104211000	WDA81001211DB000－02	140521104211000 0700z
沁水县	246	嘉峰镇殷庄村	140521104212000	WDA81001211DB000－03	140521104212000 0700r
沁水县	247	嘉峰镇刘庄村	140521104213000	WDA8100126200000	1405211042130000 7007
沁水县	248	嘉峰镇卧虎庄村	140521104219000	WDA81001211BB000－01	140521104219000 0700h
沁水县	249	嘉峰镇柿沟村	140521104220000	WDA81001211BB000－02	140521104220000 0700a
沁水县	250	嘉峰镇李庄村下河口	140521104221101	WDA81001221CB000－01	140521104221000 0700w
沁水县	251	嘉峰镇潘河村下潘河	140521104223100	WDA81001221CB000－02	1405211042231006n00B
沁水县	252	嘉峰镇潘河村中潘河	140521104223101	WDA81001221CB000－03	1405211042231016n00F
沁水县	253	嘉峰镇潘河村上潘河	140521104223102	WDA81001221CB000－04	1405211042231026n00x
沁水县	254	郑村镇夏荷村	140521105205000	WDA81001251EB000－01	140521105205000 0700C
沁水县	255	郑村镇侯村村	140521105206000	WDA81001251EB000－02	1405211052060006n01M
沁水县	256	郑村镇湘峪村	140521105208000	WDA81001211EBC00－01	1405211052080006n01W

续表 3-4

县区	序号	行政区划名称	行政区划代码	小流域名称	控制断面代码
沁水县	257	郑村镇半峪村	140521105209000	WDA81001211EBC00 －02	1405211052090006n01G
沁水县	258	郑村镇轩底村	140521105216000	WDA81001211EBA00	1405211052160005N003
沁水县	259	张村乡张村村	140521202205000	WDA81001211GB000	1405212022050006n01z
沁水县	260	张村乡张村村下河	140521202205109	WDA81001221GB000	140521202205000700K
沁水县	261	苏庄乡苏庄村	140521203200000	WDA81001261pA000 －01	1405212032000006n01p
沁水县	262	苏庄乡苏庄村苏庄	140521203200114	WDA81001261pA000 －02	1405212032001145o007
沁水县	263	苏庄乡西古堆村八亩地	140521203201105	WDA81001241pA000	1405212032011056n01t
沁水县	264	胡底乡老坟沟村坡跟前	140521204209100	WDA81001211ABK00 －01	1405212042091005N004
沁水县	265	胡底乡老坟沟村德兴号	140521204209101	WDA81001211ABK00 －02	1405212042091016n00f
沁水县	266	胡底乡樊庄村樊庄	140521204211000	WDA81001211ABK00 －03	1405212042110006n007
沁水县	267	胡底乡王回村王回	140521204213000	WDA81001221ABK00 －01	1405212042130006n00m
沁水县	268	胡底乡玉溪村玉溪	140521204214000	WDA81001221ABK00 －02	1405212042140006n00q
沁水县	269	胡底乡玉溪村新庄上	140521204214102	WDA81001221ABK00 －03	1405212042141026n00u
沁水县	270	固县乡南河底村尧庄	140521205208101	WDA81001221ABG00	1405212052080006n002
沁水县	271	十里乡河北村	140521206201000	WDA81001261ABF00	1405212062010006n010
沁水县	272	十里乡南峪村	140521206212000	WDA81001231nA000	1405212062120006n013
沁水县	273	十里乡孝良村	140521206215000	WDA81001221nA000	1405212062150006n01a
沁水县	274	樊村河乡卫村都坡沟	140521200201105	WDA81201GA000000	1405212002011055N00s
沁水县	275	樊村河乡赵寨村哈马口	140521200204101	WDA81201GD000000	1405212002041015N00a
沁水县	276	柿庄镇柿庄村南村	140521106211100	WDA81001211ABB00 －01	1405211062111005N00T
沁水县	277	柿庄镇峪里村贤房村	140521106205101	WDA81001211ABB00 －02	1405211062051015N012
沁水县	278	端氏镇端氏村河北	140521103200102	WDA810012H1AB000	1405211032001025N008
沁水县	279	郑庄镇河头村河头	140521102201000	WDA810012D1vA000	140521102201000007009
沁水县	280	土沃乡后马元村	140521201215000	WDA8140700000000	1405212012151005N00e
高平市	281	安河村	140581104218000	WDA81101EA000000	1405811042180005P045
高平市	282	张壁村	140581101227000	WDA81103E0000000	1405811012270007t01K
高平市	283	北陈村	140581003224000	WDA81101GD000000	1405810032240005P049
高平市	284	北诗午村	140581105203000	WDA81101IF000000	1405811052030005P06V
高平市	285	毕家院村	140581202202000	WDA81101IH000000	1405812022020005P00C
高平市	286	官庄村	140581106216000	WDA8110B00000000	1405811062160007t018
高平市	287	石咀头村	140581101221000	WDA8110B00000000	1405811012210007t01v
高平市	288	牛家庄村	140581106212000	WDA8110D00000000	1405811062120007t01t

续表 3-4

县区	序号	行政区划名称	行政区划代码	小流域名称	控制断面代码
高平市	289	边家沟村	140581001203000	WDA81105D0000000	1405810012030005P06Q
高平市	290	程家河村	140581201213000	WDA81101IC000000	1405812012130005P04e
高平市	291	德义庄村	140581109218000	WDA8110400000000	1405811902180005P06N
高平市	292	杜寨村	140581108214000	WDA81102GC000000	1405811082140005P04m
高平市	293	尹家沟	140581108214100	WDA81102GC000001	1405811082141007t00f
高平市	294	峰儿背	140581108215101	WDA81102GC000002	1405811082151015P00L
高平市	295	北常庄村	140581108216000	WDA81102GC000003	1405811082160007t007
高平市	296	韩家庄	140581108217101	WDA81102GC000004	1405811082171017t00h
高平市	297	疙旦村	140581102206000	WDA81104D0000000	1405811022060005P04s
高平市	298	徘南村	140581102219000	WDA81104D0000001	1405811022190005P00b
高平市	299	南河村村	140581102221000	WDA81104D0000002	1405811022210007t00R
高平市	300	勾要村	140581101232000	WDA81104E0000000	1405811012320007t014
高平市	301	西山村	140581104206000	WDA81104E0000001	1405811042060007t01F
高平市	302	郭家沟村	140581104207000	WDA81104E0000002	1405811042070007t01d
高平市	303	巩村村	140581106205000	WDA81107G0000000	1405811062050005P04w
高平市	304	古寨村	140581107210000	WDA81101GB000000	1405811072100005P04A
高平市	305	金章背村	140581107214000	WDA81101LB000000	1405811072140007t00D
高平市	306	河底村	140581108222000	WDA81101GCA00000	1405811082220005P04L
高平市	307	建南村	140581201202000	WDA81101IC000000	1405812012020005P06M
高平市	308	南坪村	140581105231000	WDA81101ID000000	1405811052310007t01n
高平市	309	南村村	140581105232000	WDA81101ID000000	1405811052320005P00z
高平市	310	焦河村	140581106206000	WDA8110D00000000	1405811062060005P04T
高平市	311	酒务村	140581101235000	WDA81105E0000000	1405811012350005P04Z
高平市	312	口则村	140581103204000	WDA81102DB000000	1405811032040005P053
高平市	313	洼深村	140581103215000	WDA81102DB000001	1405811032150005P005
高平市	314	洼里村	140581103218000	WDA81102DB000002	1405811032180005P008
高平市	315	黄叶河村	140581103214000	WDA81102DB000003	1405811032140007t00w
高平市	316	许家村	140581103210000	WDA81102DB000004	1405811032100007t012
高平市	317	李家河村	140581201214000	WDA81101IC000000	1405812012140005P057
高平市	318	柳树底村	140581108224000	WDA81101GCA00000	1405811082240005P05b
高平市	319	南河村	140581104228000	WDA81101E0000000	1405811022210005P05f
高平市	320	王家村	140581104230000	WDA81101E0000001	1405811042300007t01z

续表 3-4

县区	序号	行政区划名称	行政区划代码	小流域名称	控制断面代码
高平市	321	西坡村	140581104231000	WDA81101E0000002	140581104231000 7t01D
高平市	322	刘家庙村	140581104232000	WDA81101E0000003	140581104232000 5P002
高平市	323	三甲南村	140581102201000	WDA81103D0000000	140581102201000 5P05k
高平市	324	三甲北村	140581102202000	WDA81103D0000001	140581102202000 5P00h
高平市	325	沙院村	140581104222000	WDA81101EA000000	140581104222000 5P05n
高平市	326	王家河村	140581104210000	WDA81101EB000000	140581104210000 5P05y
高平市	327	郭佛陀村	140581104216000	WDA81101EB000001	140581104216000 7t01b
高平市	328	吴庄村	140581108223000	WDA81101GCA00000	140581108223000 5P05G
高平市	329	下董峰村	140581203216000	WDA81101GA000000	140581203216000 5P05J
高平市	330	窑则头村	140581203218000	WDA81101GA000001	140581203218000 5P00P
高平市	331	大坡沟村	140581203210000	WDA81104G0000000	140581203210000 5P00Q
高平市	332	上马游村	140581203209000	WDA81104G0000001	140581203209000 5P00U
高平市	333	下马游村	140581203208000	WDA81104G0000000	140581203208000 5P06P
高平市	334	里沟村	140581203227000	WDA81102G0000000	140581203227000 7t01h
高平市	335	永安村	140581107206000	WDA81102GB000000	140581107206000 5P00G
高平市	336	下玉井村	140581003213000	WDA81101GD000000	140581003213000 5P05U
高平市	337	上玉井村	140581003212000	WDA81101GD000001	140581003212000 5P00I
高平市	338	南陈村	140581003225000	WDA81106G0000000	140581003225000 7t00O
高平市	339	小西沟村	140581103229000	WDA81101D0000000	140581103229000 5P065
高平市	340	小会沟村	140581109236000	WDA8110100000000	140581109236000 7t002
高平市	341	河泊村	140581109240000	WDA8110100000000	140581109240000 7t00n
高平市	342	后沟	140581109240100	WDA8110100000000	140581109240100 7t00q
高平市	343	草芳村	140581109238000	WDA8110100000000	140581109238000 5P019
高平市	344	鹿宿村	140581109239000	WDA8110100000000	140581109239000 7t00K
高平市	345	南峪村	140581109243000	WDA81101A0000000	140581109243000 7t01r
高平市	346	拌沟村	140581109229000	WDA81102B0000000	140581109229000 7t005
高平市	347	西阳村	140581109203000	WDA8110500000000	140581109203000 5P002
高平市	348	新庄村	140581106207000	WDA8110D00000000	140581106207000 5P066
高平市	349	邢村村	140581102210000	WDA81104D0000000	140581102210000 5P06i
高平市	350	北庄村	140581102208000	WDA81104D0000000	140581102208000 5P00m
高平市	351	云南村	140581101226000	WDA81105E0000000	140581101226000 5P06o
高平市	352	云东村	140581101225000	WDA81105E0000001	140581101225000 5P00X

续表 3-4

县区	序号	行政区划名称	行政区划代码	小流域名称	控制断面代码
高平市	353	河东村	140581101225100	WDA81105E0000002	1405811012251005P010
高平市	354	曹家村	140581201219000	WDA81101IC000000	1405812012190005P00q
高平市	355	冯庄村	140581201208000	WDA81101ICA00000	1405812012080005P00s
高平市	356	中村村	140581103228000	WDA81101D0000000	1405811032280005P06G
高平市	357	小河西村	140581103230000	WDA81101D0000000	1405811032300005P05Y
高平市	358	申家村	140581103233000	WDA81101D0000001	1405811032330007t00Z
高平市	359	西许家	140581103232100	WDA81101D0000002	1405811032321007t00H
高平市	360	赵庄村	140581109234000	WDA8110200000000	1405811092340007t005
高平市	361	什善村	140581109237000	WDA8110200000000	1405811092370005P016
高平市	362	谷口村	140581003220000	WDA8110800000000	1405810032200005P04G
高平市	363	大西沟村	140581108205000	WDA81104GC000000	1405811082050007t00a
陵川县	364	西石门村	140524206215000	WCF11202DC000000	1405242062150000707J
陵川县	365	后沟村	140524207214000	WCF11201A0000000－01	1405242072140000702a
陵川县	366	蒲水村	140524212206000	WDA81101I0000000－01	1405242122060000704k
陵川县	367	沙场村	140524209203000	WCF1142200000000－01	1405242092030000704K
陵川县	368	瓦窑上村	140524206222000	WCF11201B0000000	1405242062220000705C
陵川县	369	德义村	140524212222000	WDA81102I0000000－01	1405242122220000701h
陵川县	370	赤叶河村	140524209205000	WCF11421B0000000－01	14052420920500007018
陵川县	371	杨家河村	140524212211000	WDA81101IA000000－01	1405242122110000706W
陵川县	372	马圈村	140524207209000	WCF1120100000000－01	1405242072090000703p
陵川县	373	簸箕掌村	140524100208000	WDA81101IE000000－01	14052410020800007012
陵川县	374	双底村	140524206204000	WCF11203C0000000	14052420620400007050
陵川县	375	西闸水村	140524206224000	WCF11201BA000000	1405242062240000706i
陵川县	376	六泉村	140524209200000	WCF1142200000000－02	1405242092000000703b
陵川县	377	双头泉村	140524204214000	WCF11001B0000000	14052420421400007053
陵川县	378	大路沟村	140524207210000	WCF1120100000000－02	1405242072100000701d
陵川县	379	寺洼	140524209207108	WCF1142500000000－01	1405242092071080705f
陵川县	380	岭常村	140524100210000	WDA81102IE000000－01	1405241002100000702T
陵川县	381	石家坡村	140524209201000	WCF1142100000000	1405242092010000704W
陵川县	382	炉家村	140524100211000	WDA81101IE000000－02	1405241002110000703k
陵川县	383	琵琶河村	140524204216000	WCF11201F0000000	1405242042160000703Y
陵川县	384	武家湾村	140524206201000	WCF1120800000000	1405242062010000705U

续表 3-4

县区	序号	行政区划名称	行政区划代码	小流域名称	控制断面代码
陵川县	385	小义井村	140524101224000	WDA81104I0000000 – 01	140524101224000706K
陵川县	386	西庄上村	140524207208000	WCF1120100000000 – 03	1405242072080000706 5
陵川县	387	桥蒋村	140524212201000	WCF10141A0000000	140524212201000704s
陵川县	388	北马村	140524102227000	WDA81104IE000000 – 01	140524102227000700G
陵川县	389	东街村	140524104202000	WCF1141100000000	1405241042020000704 3
陵川县	390	掌里村	140524207202000	WCF1120300000000	140524207202000707b
陵川县	391	土窑	140524209204104	WCF11421B0000000 – 02	140524209204104705y
陵川县	392	南马村	140524102231000	WDA81104IE000000 – 02	140524102231000703E
陵川县	393	北四渠村	140524100200000	WDA81101QE000000	140524100200000700N
陵川县	394	安乐庄村	140524101233000	WDA81102IC000000	140524101233000700w
陵川县	395	三泉村	140524103219000	WDA81101IJ000000	140524103219000704E
陵川县	396	库头村	140524105206000	WDA81101IB000000 – 01	140524105206000702F
陵川县	397	阎家沟村	140524105207000	WDA81101IB000000 – 02	140524105207000706Q
陵川县	398	北冶村	140524105211000	WDA81101IB000000 – 03	140524105211000700S
陵川县	399	泉头村	140524105212000	WDA81101IB000000 – 04	140524105212000704y
陵川县	400	岭北底村	140524105213000	WDA81101IB000000 – 05	140524105213000702P
陵川县	401	平居村	140524105217000	WDA81103I0000000 – 01	140524105217000704e
陵川县	402	凤凰村	140524204203000	WCF11202D0000000	140524204203000701H
陵川县	403	潘家掌村	140524207204000	WCF1120200000000	140524207204000703R
陵川县	404	西崖	140524207223103	WCF11311C0000000 – 01	140524207223103706f
陵川县	405	马武寨村	140524207224000	WCF1131100000000	140524207224000703s
陵川县	406	南掌	140524209234102	WCF11411F0000000 – 01	140524209234005070 3K
陵川县	407	东岸上村	140524209236000	WCF11411F0000000 – 02	140524209236000701k
陵川县	408	申家沟村	140524212214000	WDA81101IB000000 – 06	140524212214000704P
陵川县	409	和家脚村	140524212218000	WDA81102I0000000 – 02	140524212218000701V
陵川县	410	金家岭村	140524212224000	WDA81101I0000000 – 02	140524212224000702o
陵川县	411	东瑶泉村	140524102238000	WDA8110DQ0000000	140524102238000701u
陵川县	412	北山村	140524105209000	WDA81101IB000000 – 07	140524105209000700K
陵川县	413	流水沟	140524207218102	WCF11402PG000000 – 01	140524207218102070 1Z
陵川县	414	大河口	140524207223101	WCF11311C0000000 – 02	140524207223104450 01
陵川县	415	东崖	140524207223102	WCF11311C0000000 – 03	140524207223102070 1q
陵川县	416	井坡村	140524100247000	WDA81101QG000000 – 01	140524100247000702s

续表 3-4

县区	序号	行政区划名称	行政区划代码	小流域名称	控制断面代码
陵川县	417	九光村	140524106223000	WDA81101QC000000	1405241062230000702v
陵川县	418	九连窑	140524209207101	WCF1142500000000－02	1405242092071010702z
陵川县	419	咀上	140524209207102	WCF1142500000000－02	1405242092071020702C
陵川县	420	昆山	140524207218100	WCF11401PG000000	1405242072181001D00S
陵川县	421	岭后村	140524105218000	WDA81103I0000000－02	1405241052180000703O
陵川县	422	庄洼	140524207218103	WCF11402PG000000－02	1405242072181030703З
陵川县	423	吕家河村	140524103203000	WDA81101QS000000	1405241032030000707W
陵川县	424	秦家庄村	140524212200000	WDA81102I0000000－03	1405242122000001D00f
陵川县	425	桑树河村	140524105208000	WDA81101IB000000－08	1405241052080000704H
陵川县	426	西街村	140524101202000	WDA81103IC000000	1405241012020000707S
陵川县	427	西掌洼	140524209207103	WCF1142500000000－02	1405242092071030706l
陵川县	428	下石马郊	140524100211100	WDA81101IE000000－03	1405241002111001D00A
陵川县	429	大河口	140524207218101	WCF11402PG000000－03	1405242072181010707n
陵川县	430	圪塔村	140524106213000	WDA81101QG000000－02	1405241062131000707Z
陵川县	431	锡崖沟村	140524207223000	WCF11311C0000000－04	1405242072230000706n
陵川县	432	西沟村	140524100202000	WDA81101IEA00000－01	1405241002020000705X
陵川县	433	河头村	140524100206000	WDA81102IE000000－02	1405241002060000702Z
陵川县	434	河头庄村	140524100209000	WDA81102IE000000－03	1405241002090000702G
陵川县	435	东谷村	140524100231000	WDA81101QG000000－03	1405241002310000701n
陵川县	436	吴水村	140524100234000	WDA81101QG000000－04	1405241002340000705R
陵川县	437	南垛村	140524100236000	WDA81101QG000000－05	1405241002360000703v
陵川县	438	张庄村	140524100240000	WDA81101QF000000	1405241002400000707S
陵川县	439	尉寨村	140524100244000	WDA81101IEA00000－02	1405241002440000705L
陵川县	440	龙泉村	140524100245000	WDA81101QG000000－06	1405241002450000703h
陵川县	441	野川底村	140524101218000	WDA81104I0000000－02	1405241012180000706Z
陵川县	442	西善底	140524104204100	WDA81101I0000000－03	1405241042041000706Z
陵川县	443	神后底	140524104204101	WDA81101I0000000－04	1405241042041010704T
陵川县	444	北召村	140524104219000	WCF1141200000000－01	1405241042190000700W
陵川县	445	塔水河村	140524204212000	WCF1110100000000	1405242042120000705p
陵川县	446	勤泉村	140524204215000	WCF11001BA000000	1405242042150000704v
陵川县	447	岭东村	140524207212000	WCF11201A0000000－02	1405242072120000702X
陵川县	448	汲好水村	140524207219000	WCF11201A0000000－03	1405242072190000702j

续表 3-4

县区	序号	行政区划名称	行政区划代码	小流域名称	控制断面代码
陵川县	449	分水岭村	140524207227000	WCF1120600000000	1405242072270000701E
陵川县	450	下河村	140524209235000	WCF11411F0000000－03	1405242092350000706u
陵川县	451	原庄村	140524212203000	WDA81101IA000000－02	14052421220300007072
陵川县	452	庞家川村	140524212220000	WDA81102I0000000－04	1405242122200000703V
陵川县	453	小西河底	140524100200101	WDA81101IEA00000－03	1405241002001010706H
陵川县	454	周家铺	140524207223104	WCF11311C0000000－05	1405242072231041D010
陵川县	455	古石村	140524206200000	WCF11205D0000000－01	1405242062000000701S
陵川县	456	灵岩寺村	140524206202000	WCF11205D0000000－02	1405242062020000707P
陵川县	457	苏家井村	140524206214000	WCF11201DC000000	1405242062140000705m
陵川县	458	段家庄村	140524206216000	WCF11203DC000000	1405242062160000701A
陵川县	459	高家井上	140524209204100	WCF11421B0000000－03	1405242092041001D00b
陵川县	460	浙水	140524209234104	WCF11411F0000000－04	1405242092341041D00F
陵川县	461	上庄	140524209234101	WCF11411F0000000－04	1405242092341011D00m
陵川县	462	下庄	140524209234100	WCF11411F0000000－04	1405242092341001D00D
陵川县	463	西脚村	140524212221000	WDA81102I0000000－05	1405242122210001D00x
陵川县	464	横水村	140524206209000	WCF11202C0000000	1405242062090001D009
陵川县	465	秦家河村	140524104210000	WDA81101IE000000－04	1405241042100001D00e
陵川县	466	苏家湾	140524104219100	WCF1141200000000－02	1405241042191001D00X
陵川县	467	松庙村	140524207207000	WCF1120100000000－04	1405242072070001D00q
陵川县	468	东上河村	140524207205000	WCF1120100000000－05	1405242072050001D004
陵川县	469	上上河村	140524207206000	WCF1120100000000－05	1405242072060001D00k
陵川县	470	古郊村	140524207200000	WCF1120100000000－06	1405242072000001D00K
晋城城区	471	刘家川村	140502100208000	WDA81101M0000000－01	1405021002080005P00b
晋城城区	472	小车渠村	140502100214000	WDA81101M0000000－02	1405021002140005P00s
晋城城区	473	七岭店村	140502100218000	WDA81101MA000000－01	1405021002180005P00f
晋城城区	474	道头村	140502007201000	WDA81102Y0000000－01	1405020072010005P001
晋城城区	475	东武匠村	140502006205000	WDA81106Y0000000	1405020062050005P009
晋城城区	476	寺底村	140502006207000	WDA81105Y0000000－01	1405020062070005P00n
晋城城区	477	南大街社区	140502001005000	WDA81103Y0000000－01	1405020010050007s00x
晋城城区	478	泰森社区	140502002003000	WDA81102Y0000000－03	1405020020030007s00O
晋城城区	479	景德桥社区	140502002015000	WDA81102Y0000000－04	1405020020150007s028
晋城城区	480	驿后社区	140502003005000	WDA81103Y0000000－02	1405020030050007s01f

续表 3-4

县区	序号	行政区划名称	行政区划代码	小流域名称	控制断面代码
晋城城区	481	东后河社区	140502004003000	WDA81103Y0000000－03	1405020040050007s02u
晋城城区	482	古书院矿社区	140502004004000	WDA81102Y0000000－02	1405020040040007s00j
晋城城区	483	中后河社区	140502004005000	WDA81103Y0000000－04	1405020040030007s02r
晋城城区	484	晓庄社区	140502006001000	WDA81101YC000000－01	1405020060010007s01Q
晋城城区	485	西谢匠社区	140502006002000	WDA81101YC000000－02	1405020060020007s01N
晋城城区	486	上辇社区	140502006005000	WDA81101YC000000－03	1405020060050007s01E
晋城城区	487	下辇社区	140502006006000	WDA81104Y0000000	1405020060060007s010
晋城城区	488	西武匠村	140502006204000	WDA81106Y0000000－01	1405020062040007s00U
晋城城区	489	小白水村	140502006214000	WDA81106Y0000000－02	1405020062140007s022
晋城城区	490	河东社区	140502006215000	WDA81105Y0000000－02	1405020062150007s025
晋城城区	491	西马匠社区	140502007004000	WDA81101YBA00000－01	1405020070040007s02b
晋城城区	492	夏匠村	140502007204000	WDA81101YA000000	1405020072040007s02E
晋城城区	493	坡底村	140502007208000	WDA81101YB000000	1405020072080007s00G
晋城城区	494	小后河社区	140502007212000	WDA81102Y0000000－05	1405020072120007s016
晋城城区	495	冯匠村	140502007213000	WDA81101YB000000－01	1405020072130007s01o
晋城城区	496	苗匠村	140502007215000	WDA81101YB000000－02	1405020072150007s01B
晋城城区	497	郜匠村	140502007216000	WDA81101YB000000－03	1405020072130007s01w
晋城城区	498	岗头村	140502007217000	WDA81101YBA00000－02	1405020072170007s01s
晋城城区	499	叶家河村	140502007220000	WDA81103Y0000000－06	1405020072200007s02B
晋城城区	500	吴家沟村	140502007221000	WDA81103Y0000000－05	1405020072210007s02y
晋城城区	501	牛山村	140502007224000	WDA81102Y0000000－06	1405020072240007s01W
晋城城区	502	二圣头社区	140502008101000	WDA81101YD000000	1405020060000007s01T
晋城城区	503	耿窑社区	140502008105000	WDA81103YE000000－01	1405020081050007s00h
晋城城区	504	金匠社区	140502008106000	WDA81103YE000000－02	1405020081060007s00t
晋城城区	505	司徒村	140502100206000	WDA81101MA000000－02	1405021002060007s00L
晋城城区	506	南石店村	140502100207000	WDA81101M0000000－03	1405021002070007s00z
晋城城区	507	大车渠村	140502100213000	WDA81101M0000000－04	1405021002130007s008
晋城城区	508	窑头村	140502100215000	WDA81101M0000000－05	1405021002150007s01c
晋城城区	509	鸿春村	140502100216000	WDA81101M0000000－06	1405021002160007s00q
晋城城区	510	中河东村	140502100219000	WDA81101MA000000－03	1405021002190007s00n

图 3-1 晋城市山洪灾害一般防治区分布图

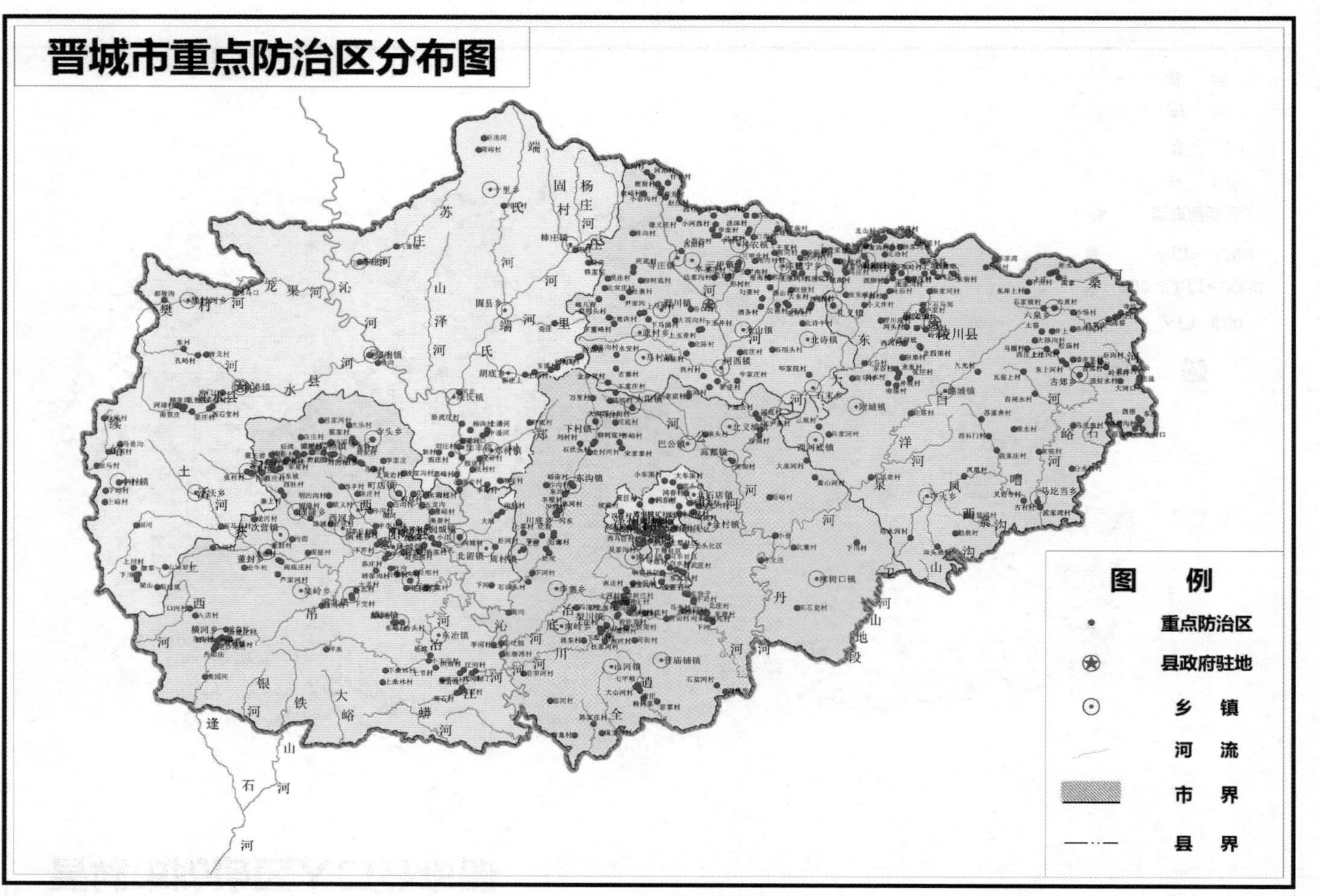

图3-2　晋城市山洪灾害重点防治区分布图

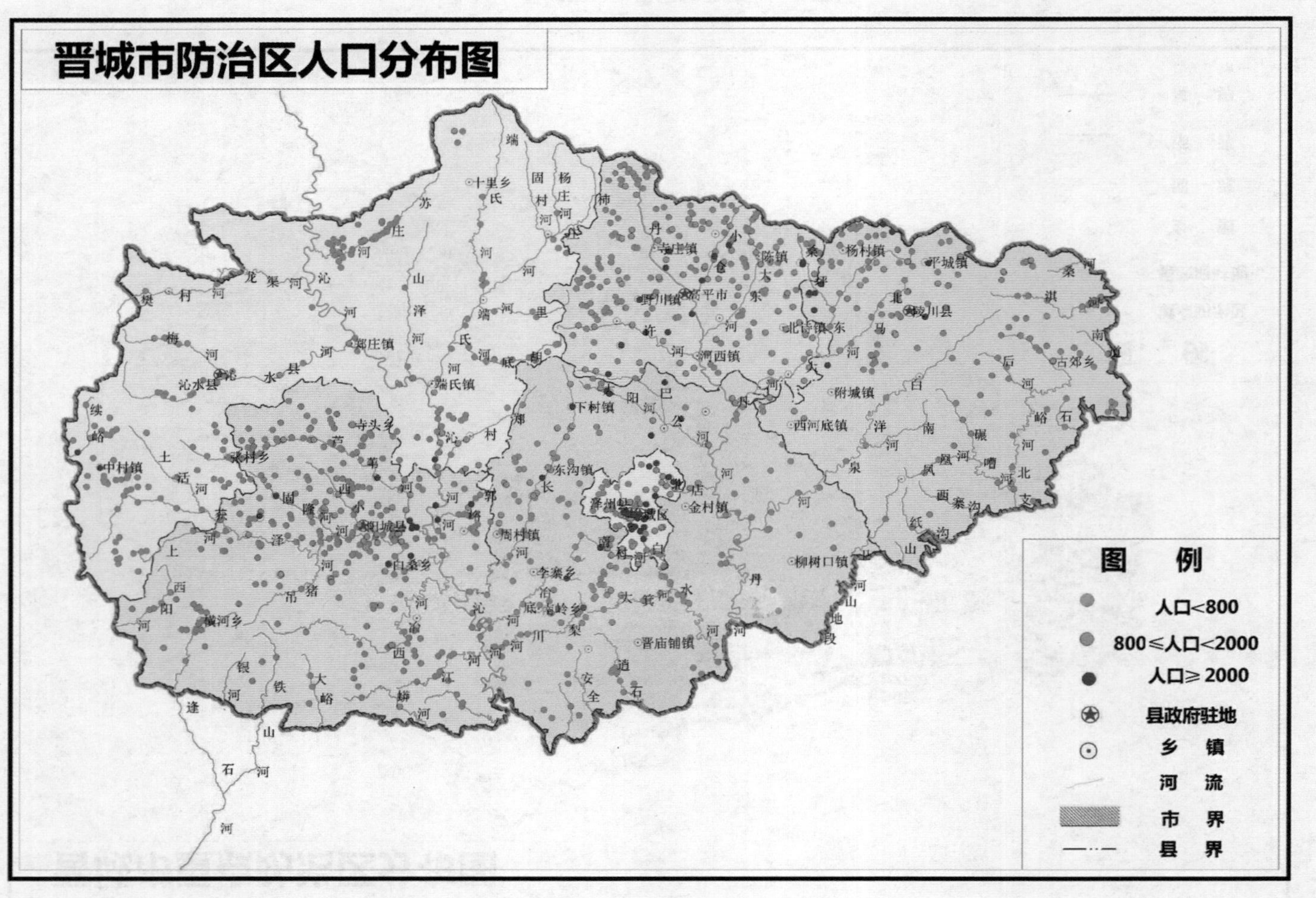

图 3-3　晋城市山洪灾害防治区人口分布图

通过上述部分事例,我们可以看出,晋城的山洪灾害有着许多不同于大面积洪水灾害的特点。

3.5.1 随机突发性

小流域的山洪灾害是由局部地区小范围、短历时、高强度暴雨所形成的,首先这种暴雨的发生有极强的随机性,有的以一个村或一个乡为暴雨中心,有的以一个小流域为暴雨中心,无论发生的空间和时间都没有确定性,难以及时准确预报。其次,降雨历时往往很短,降雨强度又特别大,有的甚至超过100年一遇标准。例如,陵川县2015年7月19日的降雨来势猛、范围大、持续时间长,平均降雨量达到145.2 mm以上,其中:降雨量达150 mm以上的区域分别为古郊乡锡崖沟村341 mm、东上河村289 mm、东庙华村238.5 mm;马圪当乡小磨河336.3 mm、横水村283.7 mm、灵岩寺村276.5 mm、古郊村268.4 mm;六泉乡咀上村182.5 mm;夺火乡夺火村278.1 mm、凤凰村229 mm、圪台河村162.5 mm。降雨量最大的发生在古郊乡马武寨村,降雨量达到484.6 mm,已超历史极值。

3.5.2 频繁性和发生时间的特异性

山西省的暴雨具有一个显著的特点,即大范围的暴雨发生概率低,而小范围暴雨或局部暴雨发生概率相对较高。因此,大范围洪水出现的概率较小。从各山洪易发区近年的资料来看,几乎年年都多次发生山洪灾害,只不过地点不同而已。至于山洪灾害在年内发生的时间,一般皆出现在汛期6~9月,尤以7月上旬至8月下旬的50 d中山洪出现的次数最多,约占全汛期出现次数的74%,这一时期是预防山洪灾害的关键期。

山洪在汛期中一天内出现的时间,还有一个特有的规律,即多发于汛期的午后、傍晚或子夜。这是由于盛夏季节每日午后是全日气温最高的时刻,此时地面空气因受热而膨胀,使气流沿山坡斜面抬升,空气上升失热使水汽凝结形成云雾,因此山洪多发于午后至子夜间。据对山洪时间进行抽样统计,各地35次暴雨洪水中,发生于午后至子夜期间的山洪有31次,占89%,夜间出现山洪给抢险、避险都带来了相当大的困难。

此外,特别需要指出的是山洪灾害的发生,与旱涝年的相关关系往往不密切,有时短历时、高强度的暴雨特征在干旱年却非常明显,干旱和局部洪水在汛期同一地点交错重叠发生。在干旱的情况下,虽有降雨,旱情得不到解除,洪水却同时发生。

3.5.3 地域的特殊性

地理位置上的差异,构成了山洪灾害发生的地域特殊性。在暴雨分布规律上,从全市大尺度地理面积上看,虽说长历时大范围的暴雨各地发生概率存在明显的地域差异,而短历时小范围暴雨各地差异性较小,但就一个局部地区来说,暴雨和山洪的形成,发生的频次,规模与局部自然地理条件关系密切,如处于迎风坡、地面高差较大且迎风面呈喇叭口的地域,当流域出口面对水汽前进的方向,加之流域内地形起伏,都有利于暴雨的发生,形成暴雨中心。

另外,由于小流域是山区局部性暴雨洪水的通道,所以河道沟口边山峪口又是最容易发生山洪灾害的关键地带,成灾损失也往往最为惨重。如1982年沁水河洪灾中受灾最重的是位于本县县城梅河和杏河交汇处。当年8月2日陵川,杏峪河流域突发山洪,洪水直泄县城。又如,1998年7月14日下午,沁水县梅河发生短历时暴雨,山洪到达苏庄后冲走汽车1辆,死亡6人,洪水到达30 km下游的油房水文站洪峰流量达124 m^3/s,后经调查暴雨中心雨量314 mm。

3.5.4 巨大的破坏性

山西省山区地形一般高差较大,河道及沟道坡度也比较陡,在短历时高强度暴雨出现后,产生的洪水来势凶猛、强烈,洪水流速很高,一般洪水的中泓流速皆为6~8 m/s,有时甚至可达10 m/s以上,这样巨大的流速具有强大的冲击力,可以推动巨石沿河滚动,仅30~40 cm的水深就能把涉水的人冲倒,同时它也有极大的破坏力,极易冲溃堤坝,淹没农田,冲垮房舍及沿河的一切建筑物。同时在暴雨沿坡面汇流时,可将坡面大量固体物质、土料随水冲下,形成黄土塌陷、滑坡、泥石流等自然灾害,给当地群众和国家财产造成巨大的经济损失。

第 4 章　暴雨分析

4.1　暴雨分析计算方法

设计洪水根据设计暴雨推求，方法包括流域水文模型法、推理公式法和地区经验公式法三种，其中流域水文模型法包括流域产流计算和流域汇流计算。境内无水文站，采用由设计暴雨推求设计洪水的间接法计算。

具体过程为：在《山西省水文计算手册》各历时点暴雨统计参数等值线图上读取小流域的统计参数，根据参数计算各种历时的设计点雨量，按点面折减系数计算设计面雨量，按设计雨型进行时程分配。

主要包括设计点雨量、设计面雨量、设计暴雨时程分配 3 个步骤。

4.2　地形对暴雨的影响

山区复杂下垫面条件下，其热力和动力作用往往能触发暴雨或使之增强与削弱，成为暴雨过程的重要影响因素。采用间接法进行暴雨计算时，通过暴雨参数等值线来体现地形对暴雨的影响。

4.3　雨量站网

晋城市市区山洪灾害防治非工程措施建设自动雨量站 119 个，简易雨量站 1 054 个。晋城市各分县区自动雨量站统计见表 4-1。

表 4-1　晋城市山洪灾害防治非工程措施建设雨量站分布表

县区	自动雨量站	简易雨量站	县区	自动雨量站	简易雨量站
阳城县	26	281	高平市	11	148
沁水县	18	170	晋城城区	9	90
陵川县	32	177	合计	119	1 054
泽州县	23	188			

4.4　设计点暴雨

4.4.1　暴雨历时和频率确定

根据《山西省山洪灾害分析评价技术大纲》规定，暴雨历时确定为 10 min、60 min、

6 h、24 h 和 3 d 等 5 种。

根据《山洪灾害分析评价要求》规定，确定暴雨频率为 100 年一遇、50 年一遇、20 年一遇、10 年一遇、5 年一遇等 5 种。

4.4.2 设计雨型确定

晋城市位于山西省水文分区的东区，直接采用《山西省水文计算手册》东区主雨日 24 h雨型模板（见表 4-2）为设计雨型。

表 4-2 东区主雨日 24 h 雨型分配表

时程(h)	0 ~ 1	1 ~ 2	2 ~ 3	3 ~ 4	4 ~ 5	5 ~ 6	6 ~ 7	7 ~ 8	8 ~ 9	9 ~ 10	10 ~ 11	11 ~ 12
ΔH 占 S_P 的百分比(%)												
ΔH 占($H_{6\,h}-S_P$)的百分比(%)												26
ΔH 占($H_{24\,h}-H_{6\,h}$)的百分比(%)	3	3	3	5	5	6	5	6	7	11	11	
排位序号	(20)	(22)	(23)	(18)	(17)	(13)	(15)	(14)	(9)	(8)	(7)	(2)
时程(h)	12 ~ 13	13 ~ 14	14 ~ 15	15 ~ 16	16 ~ 17	17 ~ 18	18 ~ 19	19 ~ 20	20 ~ 21	21 ~ 22	22 ~ 23	23 ~ 24
ΔH 占 S_P 的百分比(%)	100											
ΔH 占($H_{6\,h}-S_P$)的百分比(%)		24	22	15	13							
ΔH 占($H_{24\,h}-H_{6\,h}$)的百分比(%)						7	5	7	7	4	3	2
排位序号	(1)	(3)	(4)	(5)	(6)	(10)	(16)	(12)	(11)	(19)	(21)	(24)

4.4.3 设计暴雨参数查算

根据《山西省水文计算手册》中的成果图表和计算方法，获取设计暴雨参数，包括定点暴雨均值 $\overline{H}$ 和变差系数 C_v、偏态系数和变差系数比值 C_s/C_v、模比系数 K_P 和点面折减系数。

4.4.3.1 定点暴雨均值 $\overline{H}$ 和变差系数 C_v

根据小流域面积和暴雨参数等值线分布情况，确定定点，在《山西省水文计算手册》不同历时的“暴雨均值等值线图”和“C_v 等值线图”中查得各定点的暴雨均值 $\overline{H}$ 和变差系数 C_v。

4.4.3.2 偏态系数和变差系数比值 C_s/C_v

根据《山西省水文计算手册》以及《水利水电工程设计洪水计算规范》(SL 44—2006)，C_s/C_v 值采用 3.5。

4.4.3.3 模比系数 K_P

K_P 在《山西省水文计算手册》附表 I - 2 中查得。

4.4.3.4 点面折减系数

点面折减系数根据式(4-1)计算：

$$\eta_P(A,t_b) = \frac{1}{1 + CA^N} \tag{4-1}$$

式中，A 为流域面积，km^2；C、N 为经验参数，因位于山西省水文分区中的东区，选用东区定点定面关系参数查用表，见表 4-3。

表 4-3　东区定点定面关系参数查用表

分区	历时	参数	频率(%)				
			1	2	5	10	20
东区	10 min	C	0.050 2	0.049 5	0.048 1	0.046 9	0.045 0
		N	0.412 4	0.413 5	0.415 5	0.417 3	0.420 4
	60 min	C	0.049 5	0.049 0	0.048 2	0.047 3	0.046 1
		N	0.370 5	0.370 1	0.368 6	0.367 5	0.366 2
	6 h	C	0.022 3	0.021 3	0.020 1	0.018 7	0.016 8
		N	0.422 8	0.425 7	0.426 9	0.430 3	0.435 5
	24 h	C	0.013 2	0.012 7	0.012 6	0.012 2	0.011 7
		N	0.434 5	0.433 4	0.417 8	0.406 2	0.389 4
	3 d	C	0.007 0	0.006 6	0.006 3	0.005 8	0.005 2
		N	0.484 5	0.487 3	0.474 1	0.467 2	0.457 1

4.4.4　时段设计雨量计算

根据式(4-2)及式(4-3)计算设计点雨量。

$$H_P = K_P\overline{H} \tag{4-2}$$

式中，K_P 为设计点雨量模比系数。

$$H_{P,A}^{o}(t_b) = \sum_{i=1}^{n}(c_i H_{P,i}(t_b)) \tag{4-3}$$

式中，c_i 为每个定点各自控制的部分面积占小流域面积 A 的权重；$H_{P,i}(t_b)$ 为每个定点各标准历时 t_b 的设计雨量，mm；$H_{P,A}^{o}(t_b)$ 为同频率、等历时各定点设计雨量在面积 A 上的平均值。

4.5　暴雨点面关系

暴雨点面关系的确定包括定点定面和动点动面等两种方法。动点动面法必须假定流域中心点与设计暴雨中心点重合，流域边界与等值线形状一致。但是由于实际情况并非如此，采用动点动面法计算存在偏差。然而定点定面法在实际应用中可以选择流域所在的定点定面分区，使用过程中精度较高。晋城市采用东区定点定面关系。

设计点暴雨的"点"包含两层含义，一是暴雨统计计算选用的雨量站点，二是指根据计算设计洪水的需要，从流域内选出的具有确定地理位置、依靠暴雨参数等值线图用间接方法计算设计暴雨的地点，两者合称"定点"，选用"定点"的个数，根据流域面积大小参考表 4-4 确定。

表 4-4　定点个数选用表

流域面积(km^2)	<100	100~300	300~500	500~1 000
点数	1~2	2~3	3~4	4~5

计算设计点暴雨的方法有直接法和间接法。

4.5.1　直接法

采用直接法推求设计暴雨时,单站不同历时暴雨的统计参数均值、C_v、C_s/C_v(暴雨C_s/C_v值统一采用3.5),宜采用计算机约束准则适线与专家经验相结合的综合适线方法初定;再利用设计暴雨公式参数约束5种历时频率曲线之间的间距,使之相互间隔合理,不产生相交。

单站某一种历时暴雨统计参数的计算在于寻求"理论"频率曲线与经验频率点据的最佳拟合,经验频率用期望公式计算。特大值经验频率的确定是决定频率曲线上部走向的关键,对单站适线成果会产生较大的影响,因此要充分利用一切可以利用的信息对特大值的重现期进行考证。

单站多种历时暴雨的适线,重点在于协调各频率曲线之间的合理距离;使不同历时的同一统计参数服从"参数—历时"关系的一般规律(见图4-1),即均值随着历时延长而递增,在双对数坐标系中表现为微微上凸、连续、单增的光滑曲线;变差系数C_v随历时变化的规律多数表现为左偏铃形连续光滑曲线,极大值多出现在60 min或6 h处;少数为单调下降曲线。

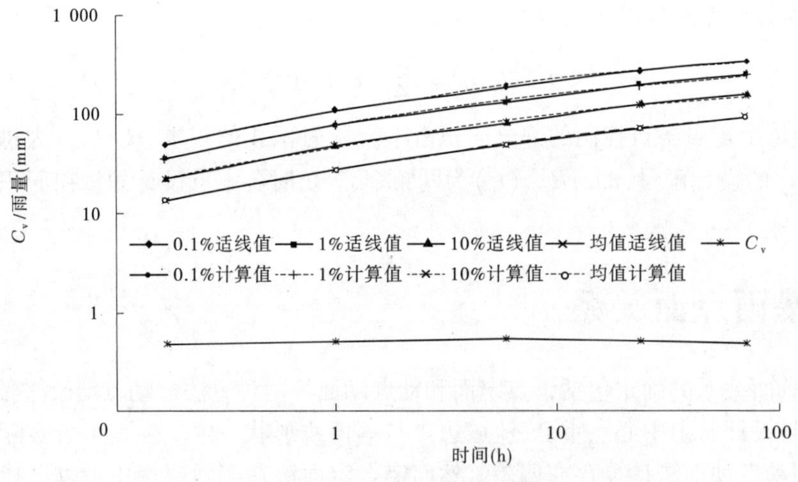

图 4-1　设计暴雨查图结果合理性检查及综合分析图

4.5.2　间接法

(1)等值线查读。间接法推求设计暴雨,首先确定"定点"及设计暴雨历时,然后分别在相应历时暴雨参数等值线图(《山西省水文计算手册》附图15~附图24)查读定点的各

种历时暴雨均值 $\overline{H}$、变差系数 C_v。查图时应该注意以下事项：①当“定点”位于等值线图的低值区（－）或高值区（＋）时，插值应该小于或大于邻近的等值线值，但不得超过一个级差；当“定点”位于马鞍区（无“＋”“－”号标示）时，插值一般应取四条等值线的平均值。②等值线图上标有单站参数值，可作为查图内插时的参考。

（2）合理性检查。为规避查图误差向设计洪水传递，需对查图结果进行合理性检查及综合分析。方法是：首先，在双对数坐标系中绘制不同历时均值 $\overline{H}$、C_v 的历时曲线，检查其是否满足“参数—历时”一般规律，如不满足应对查图结果进行调整；然后，根据调整后的参数，用式(4-4)计算各历时的设计暴雨 H_P，并在双对数坐标系中绘制 H_P 的历时曲线，该曲线亦为微微上凸、连续、单增光滑曲线。

（3）根据经过合理性检查、调整后的参数值，用式(4-4)计算各种历时设计点暴雨：

$$H_P = K_P\overline{H} \tag{4-4}$$

式中，模比系数 K_P 由《山西省水文计算手册》附录表Ⅰ-2 查用。

（4）设计点暴雨均值计算。

$$H_{P,A}^{o}(t_b) = \sum_{i=1}^{n}(c_iH_{P,i}(t_b)) \tag{4-5}$$

式中，$H_{P,A}^{o}(t_b)$ 是同频率、等历时各定点设计雨量在流域面积 A 上的平均值，而非通常意义上流域重（形）心处一个点的设计点雨量，mm；c_i 为每个定点（雨量站）各自控制的部分面积占流域面积 A 的权重；$H_{P,i}(t_b)$ 为每个定点各标准历时 t_b 的设计雨量，mm。

流域地势平坦，所选定点均匀分布时设计点雨量的流域平均值可以用算术平均法计算；否则，改用泰森多边形法计算。

4.5.3　设计暴雨的时—深关系

设计暴雨的时—深关系，又称设计暴雨公式。直接采用《山西省水文计算手册》的三参数幂函数型对数非线性暴雨公式：

$$H_P(t) = \begin{cases} S_P \cdot t \cdot e^{\frac{n_s}{\lambda}(1-t^{\lambda})}, & \lambda \neq 0 \\ S_P \cdot t^{1-n_s}, & \lambda = 0 \end{cases} \tag{4-6}$$

也可进一步变形为：

$$H_P(t) = \begin{cases} S_P \cdot t^{1-n}, \lambda \neq 0 \\ S_P \cdot t^{1-n_s}, \lambda = 0 \end{cases} \quad 0 \leqslant \lambda < 0.12 \tag{4-7}$$

$$n = n_s \frac{t^{\lambda} - 1}{\lambda \ln t} \tag{4-8}$$

式中，n、n_s 分别为双对数坐标系中设计暴雨时—强关系曲线的坡度及 $t=1$ h 时的斜率；S_P 为设计雨力，即 1 h 设计雨量，mm/h；t 为暴雨历时，h；λ 为经验参数，当 $\lambda=0$ 时，式(4-6)退化为对数线性暴雨公式。

暴雨公式的三个参数 S_P、n_s、λ 需要根据同频率各标准历时设计雨量 $H_P(t)$，以残差相对值平方和最小为目标求解，其中 S_P 的查图误差控制在 ±5% 以内，$0 \leq \lambda < 0.12$。当 λ 不被满足时，适当调整查图的均值和 C_v，至 λ 满足约束为止。

求得设计暴雨公式参数后，不同历时设计雨量即可由式(4-6)或式(4-7)与式(4-8)计算求得。

4.6　设计面雨量

根据式(4-9)计算设计面雨量：

$$H_{P,A}(t_b) = \eta_P(A,t_b) \times H^o_{P,A}(t_b) \tag{4-9}$$

式中，$H_{P,A}(t_b)$ 为标准历时为 t_b、设计标准为 P、流域面积为 A 的设计面雨量，mm；$H^o_{P,A}(t_b)$ 为设计点雨量的流域平均值，mm；$\eta_P(A,t_b)$ 为设计暴雨点—面折减系数。

由式(4-10)、式(4-11)计算不同历时的设计面雨量：

$$H_P(t) = \begin{cases} S_P \cdot t^{1-n}, \lambda \neq 0 \\ S_P \cdot t^{1-n_s}, \lambda = 0 \end{cases} \quad 0 \leq \lambda < 0.12 \tag{4-10}$$

$$n = n_s \frac{t^\lambda - 1}{\lambda \ln t} \tag{4-11}$$

式中符号含义同前。

表 4-5 为定点定面关系参数查用表。

4.7　设计暴雨时程分配

推求设计洪水过程线，需要计算设计暴雨的过程，即设计暴雨的时程分布雨型，简称设计时雨型。根据《山西省水文手册》分析，流域面积小于 1 000 km^2，点雨量的时雨型和流域平均雨量的时程分布(面雨量时程雨型)没有明显差异，可用点雨量时雨型代替面雨量时雨型。

点雨量时雨型分为日雨型和逐时雨型。根据主雨日所处降雨过程的前、中、后位置，晋城市为山西省东区，各区日雨型和时雨型“模板”见表 4-6。

表 4-6 列雨型为 $\Delta t = 1$ h 时的基础雨型，当工程控制流域面积较小、汇流时间不足 1 h 时，可将基础雨型细化为 $\Delta t = \frac{1}{2}$h 或 $\Delta t = \frac{1}{4}$h 的派生雨型。派生雨型的构造方法是：把基础雨型中的每个序位 j 离散为 j_1、j_2 两个二级序位或 j_1、j_2、j_3、j_4 四个二级序位，对于 $j = 1$ 的主峰时段，前者的峰值应安排在基础雨型靠近第 2 序位的一边；后者的峰值应安排在靠近基础雨型第 2 序位的 j_2 或 j_3 位置。其他时段的二级序位按雨量大小由大到小进行安排，如图 4-2 所示。

计算主雨日的设计时雨型，应采用暴雨公式计算的时段雨量序位法，亦可采用百分比法；非主雨日的设计时雨型，宜采用百分比法。

表 4-5 定点定面关系参数查用表

历时	参数	均值	频率(%)											
			0.01	0.1	0.2	0.33	0.5	1	2	3.3	5	10	20	25
10 min	C	0.044 1	0.052 4	0.052 0	0.051 4	0.051 5	0.050 7	0.050 2	0.049 5	0.049 2	0.048 1	0.046 9	0.045 0	0.044 4
	N	0.422 7	0.410 5	0.410 2	0.411 4	0.410 2	0.412 0	0.412 4	0.413 5	0.413 7	0.415 5	0.417 3	0.420 4	0.421 3
60 min	C	0.045 6	0.051 2	0.050 6	0.050 4	0.050 4	0.049 9	0.049 5	0.049 0	0.048 7	0.048 2	0.047 3	0.046 1	0.045 7
	N	0.365 2	0.373 9	0.372 3	0.371 8	0.370 9	0.371 0	0.370 5	0.370 1	0.369 3	0.368 6	0.367 5	0.366 2	0.365 6
6 h	C	0.015 6	0.025 4	0.024 2	0.023 7	0.023 7	0.023 0	0.022 3	0.021 3	0.020 9	0.020 1	0.018 7	0.016 8	0.016 1
	N	0.439 8	0.418 8	0.420 1	0.420 6	0.420 6	0.421 6	0.422 8	0.425 7	0.425 1	0.426 9	0.430 3	0.435 5	0.438 1
24 h	C	0.011 6	0.015 1	0.013 7	0.013 5	0.013 5	0.013 3	0.013 2	0.012 7	0.012 8	0.012 6	0.012 2	0.011 7	0.011 5
	N	0.370 4	0.446 0	0.448 5	0.445 0	0.445 0	0.439 6	0.434 5	0.433 4	0.424 3	0.417 8	0.406 2	0.389 4	0.381 9
3 d	C	0.004 7	0.008 8	0.007 7	0.007 5	0.007 5	0.007 3	0.007 0	0.006 6	0.006 6	0.006 3	0.005 8	0.005 2	0.004 9
	N	0.447 2	0.486 2	0.493 4	0.491 2	0.491 2	0.487 7	0.484 5	0.487 3	0.477 9	0.474 1	0.467 2	0.457 1	0.453 3

表 4-6 晋城市设计雨型查用表

第一日

$H_{3\,d}-H_{24\,h}$(%)	36																							
时程(h)	0~1	1~2	2~3	3~4	4~5	5~6	6~7	7~8	8~9	9~10	10~11	11~12	12~13	13~14	14~15	15~16	16~17	17~18	18~19	19~20	20~21	21~22	22~23	23~24
时程分配(%)	2	3	3	4	2	2	1		1		1	2	2	3	2	2	8	24	10	7	6	3	5	7

主雨日

时程(h)	0~1	1~2	2~3	3~4	4~5	5~6	6~7	7~8	8~9	9~10	10~11	11~12	12~13	13~14	14~15	15~16	16~17	17~18	18~19	19~20	20~21	21~22	22~23	23~24
ΔH占S_P的百分比(%)													100											
ΔH占$(H_{6\,h}-S_P)$的百分比(%)												26		24	22	15	13							
ΔH占$(H_{24\,h}-H_{6\,h})$的百分比(%)	3	3	3	5	5	6	5	6	7	11	11							7	5	7	7	4	3	2
排位序号	(20)	(22)	(23)	(18)	(17)	(13)	(15)	(14)	(9)	(8)	(7)	(2)	(1)	(3)	(4)	(5)	(6)	(10)	(16)	(12)	(11)	(19)	(21)	(24)

第三日

$(H_{3\,d}-H_{24\,h})$(%)	64																							
时程(h)	0~1	1~2	2~3	3~4	4~5	5~6	6~7	7~8	8~9	9~10	10~11	11~12	12~13	13~14	14~15	15~16	16~17	17~18	18~19	19~20	20~21	21~22	22~23	23~24
时程分配(%)	5	3	3	3	4	5	4	6	9	18	12	7	3	4	3	3	1	3	2	1				1

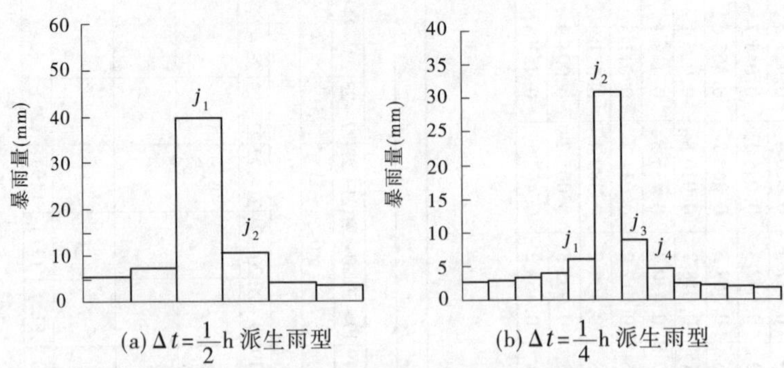

图 4-2　派生雨型示意图

4.7.1　时段雨量序位法

利用暴雨公式(4-12)计算时段雨量：

$$\Delta H_{P,j} = H_P(t_j) - H_P(t_{j-1}),\quad j = 1,2\cdots,\quad t_0 = 0 \tag{4-12}$$

式中，j 为表 4-6 中主雨日时段雨量排位序号，即时段雨量 $\Delta H_{P,i}$ 摆放的序位。逐时段依次用式(4-12)计算出时段雨量，并按序位号依次摆放在相应位置，即得逐时雨型。

4.7.2　百分比法

(1)利用设计暴雨公式及其参数计算不同标准历时的设计暴雨量 $H_{P,1\,\mathrm{h}}$(即设计雨力 S_P)、$H_{P,6\,\mathrm{h}}$、$H_{P,24\,\mathrm{h}}$。

(2)把最大 1 h 雨量 $H_{P,1\,\mathrm{h}}$放在主峰(即 1 号)位置。

(3)主峰前后两侧 6 h 以内的时段雨量 ΔH_j，按设计雨型表(见表 4-6)中查得的百分数 B_j(%)用式(4-13)分配：

$$\Delta H_j = (H_{P,6\,\mathrm{h}} - H_{P,1\,\mathrm{h}}) \times B_j/100,\quad j = 2,3,4,5,6 \tag{4-13}$$

(4)主雨日内其他时段的雨量按式(4-14)分配：

$$\Delta H_j = (H_{P,24\,\mathrm{h}} - H_{P,6\,\mathrm{h}}) \times B_j/100,\quad j = 7,8,\cdots,23,24 \tag{4-14}$$

非主雨日的日雨量按式(4-15)分配：

$$H_{P,i} = (H_{P,3\,\mathrm{d}} - H_{P,24\,\mathrm{h}}) \times B_i/100 \tag{4-15}$$

式中，$H_{P,i}$为非主雨日设计日雨量，mm；B_i 为非主雨日日雨量占非主雨日雨量之和的百分比。

非主雨日的时段雨量按式(4-16)分配：

$$\Delta H_{i,j} = H_{P,i} \times B_j/100,\quad i = 1,2;\quad j = 1,2,\cdots,23,24 \tag{4-16}$$

式中，B_j 为非主雨日的时段雨量占非主雨日雨量的百分比。

4.8　主雨历时与主雨雨量

山区形成洪水的暴雨，一般集中分布在主雨峰及其两侧，而不是暴雨全过程。强度比较小的那些时段的降水，对洪水的形成或制约作用不大。从“造洪”角度来说，可以只考虑制造洪水的主要时段降水，即“造洪雨”或主雨，其历时 t_z 称为“主雨历时”。

本次采用瞬时雨强大于等于 2.5 mm/h 的降水作为主雨。对于实测暴雨而言，可以根据它的面雨量时程分配按此标准统计计算主雨历时和主雨雨量；设计条件下应该借助暴雨公式求解主雨历时 t_z：

$$S_P \frac{1 - n_s t_z^{\lambda}}{t_z^{n}} = 2.5, \quad n = n_s \frac{t_z^{\lambda} - 1}{\lambda \ln t_z} \tag{4-17}$$

式中符号意义同前。

求解主雨历时 t_z 可以采用数值解法，也可以采用图解法。

图解法计算步骤是令：

$$f(t) = \frac{1 - n_s t^{\lambda}}{t^{n}} S_P \tag{4-18}$$

在普通坐标系中绘制 $f(t) \sim t$ 曲线见图 4-3，然后在纵坐标上截取 $f(t) = 2.5$ 得点 A，过 A 点作水平线，交 $f(t) \sim t$ 曲线于 P 点，P 点的横坐标即为主雨历时 t_z。

用式(4-19)计算主雨雨量 $H_P(t_z)$：

$$H_P(t_z) = S_P t_z^{1-n}, \quad n = n_s \frac{t_z^{\lambda} - 1}{\lambda \ln t_z} \tag{4-19}$$

非主雨日的主雨历时及主雨雨量按雨强大于 2.5 mm/h 的标准统计计算。

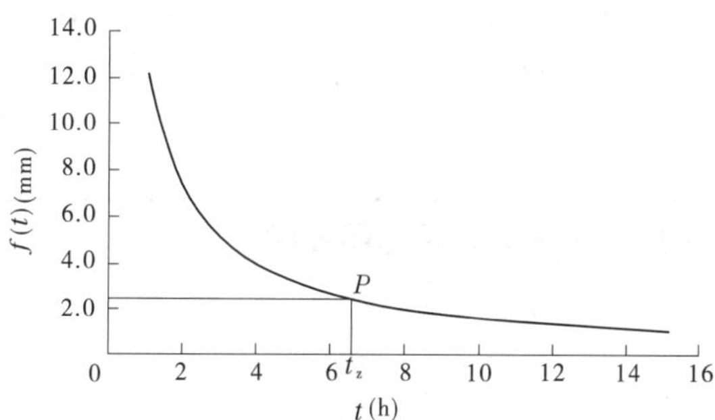

图 4-3　主雨历时图解法示意图

根据分析成果，设计暴雨时程分配要分配到以流域汇流时间为历时的雨型。本次工作考虑到小流域面积较小、汇流时间较短，时程分配的历时选用 6 h 即可基本涵盖汇流时间，对于汇流时间超过 6 h 的小流域历时适当延长。

根据设计雨型和时段设计雨量成果，采用时段雨量序位法对各频率的时段设计雨量进行时程分配，成果见设计暴雨时程分配表(见表 4-7)。

时段雨量序位法利用暴雨公式(4-20)计算时段雨量：

$$\Delta H_{P,j} = H_P(t_j) - H_P(t_{j-1}), \quad j = 1,2\cdots, \quad t_0 = 0 \tag{4-20}$$

式中，j 为表 4-6 中主雨日排位序号，即时段雨量 $\Delta H_{P,i}$ 摆放的序位。

依次用式(4-20)计算出逐时段雨量，并按序位号依次摆放在相应位置，求得逐时段雨型。

4.9　暴雨成果整理

按照《山西省水文计算手册》方法，本次计算的510个村需要先进行小流域划分，小流域设计暴雨参数查图等工作。

(1)计算历时 $P=1\%$、2%、5%、10%、20% 五种不同频率的设计"点"雨量 H。

根据流域面积大小及暴雨参数等值线通过流域的实际情况，按表4-5定点选取原则，选取定点。

从 $t_b=10$ min、60 min、6 h、24 h、3 d 的均值 $\overline{H}$ 和变差系数 C_v 等值线图上分别查得各定点的 $\overline{H}$ 和 C_v 值，填入表4-8，并检查 $\overline{H}$ 和 C_v 历时规律的合理性，如不合理应加以调整。

(2)计算历时 $P=1\%$、2%、5%、10%、20% 五种不同频率的设计面雨量初值 H'。

计算点—面折减系数 $\eta_{1\%}(A,t_b)$，根据不同频率的 H^o 和 $\eta_{1\%}(A,t_b)$，由式(4-9)计算设计面雨量初值 H'。

(3)求解暴雨公式参数，计算设计面雨量。

根据表4-8栏各历时设计面雨量初值 H'(即 $\overline{H}$)，采用多元回归求解参数：$S_{1\%}$，n_s，λ(求解条件是 S_P 的误差控制在 $\pm5\%$ 以内，$0\leqslant\lambda<0.12$。λ 不能满足时，应该调整单站查图值，直至满足约束为止)。

晋城市设计暴雨成果具体计算结果见表4-9，由于篇幅限制，晋城市小流域汇流时间设计暴雨时程分配选取一县一村列举，详见表4-7。绘制了五个不同时段100年一遇暴雨成果等值线图，见图4-4～图4-8。

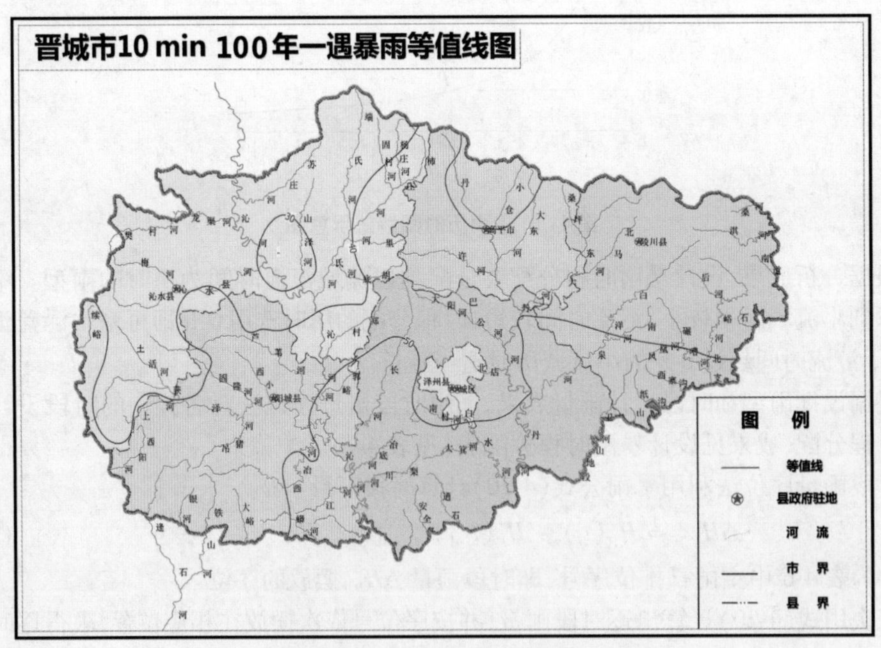

图4-4　晋城市10 min 100年一遇暴雨等值线图

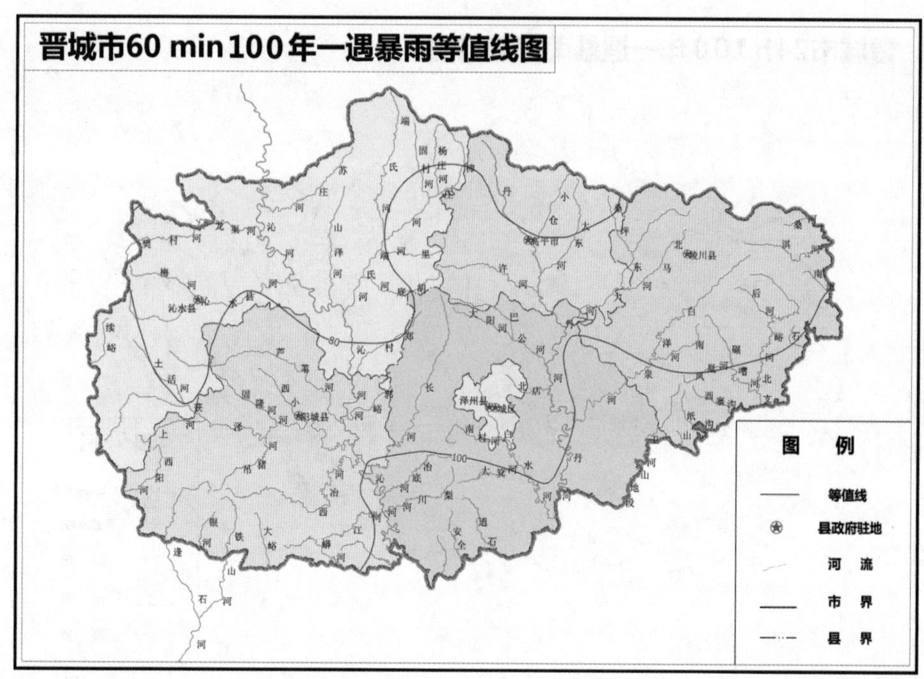

图 4-5　晋城市 60 min 100 年一遇暴雨等值线图

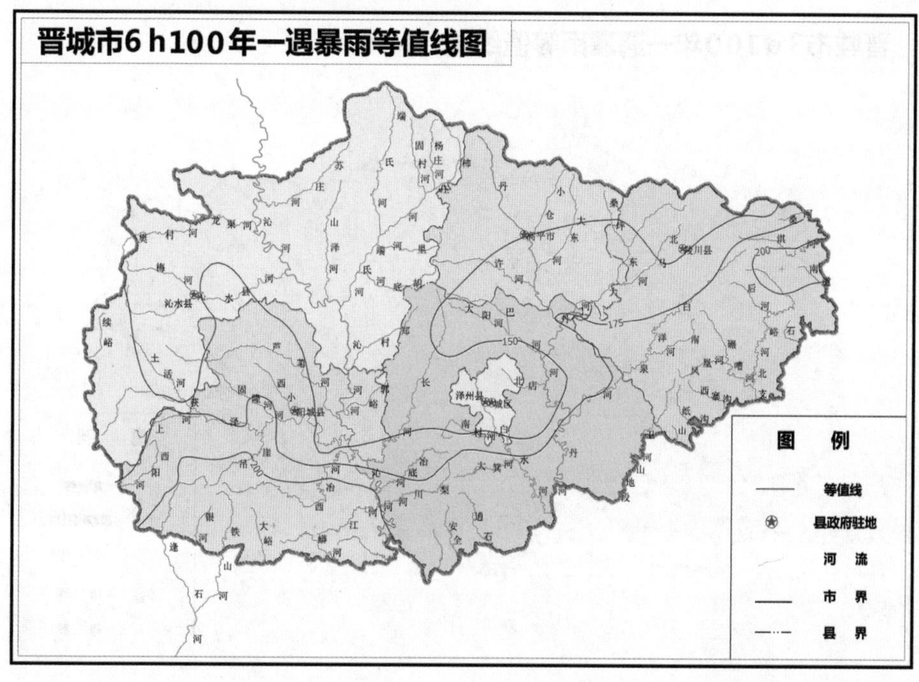

图 4-6　晋城市 6 h 100 年一遇暴雨等值线图

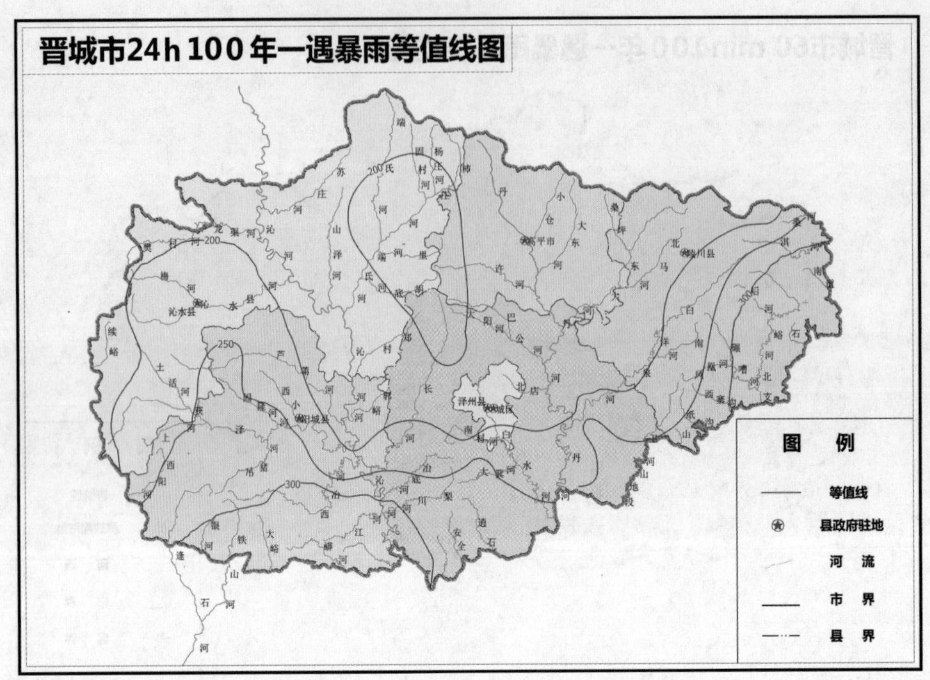

图 4-7 晋城市 24 h 100 年一遇暴雨等值线图

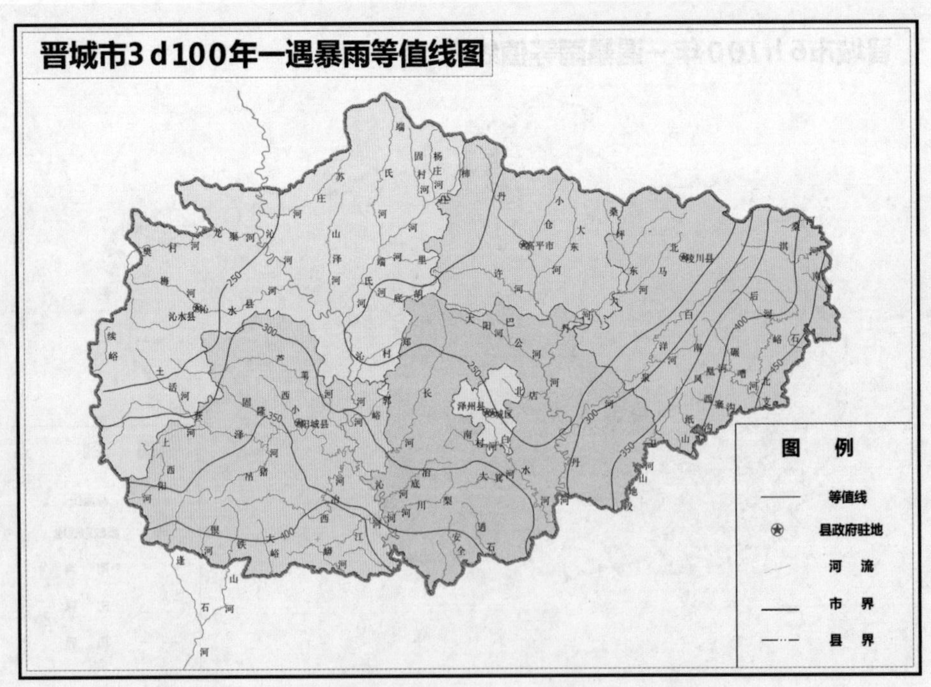

图 4-8 晋城市 3 d 100 年一遇暴雨等值线图

表 4-7　晋城市小流域汇流时间设计暴雨时程分配表

县区	序号	小流域名称	时段长(h)	时段序号	不同重现期的雨量(m^3/s)				
					100 年($Q_{1\%}$)	50 年($Q_{2\%}$)	20 年($Q_{5\%}$)	10 年($Q_{10\%}$)	5 年($Q_{20\%}$)
阳城县	1	白桑村	0.5	1	2.6	2.3	1.9	1.6	1.3
				2	2.8	2.4	2.0	1.7	1.3
				3	2.9	2.6	2.1	1.8	1.4
				4	3.1	2.7	2.2	1.9	1.5
				5	3.3	2.9	2.4	2.0	1.6
				6	8.7	7.6	6.2	5.2	4.1
				7	11.2	9.8	8.0	6.6	5.2
				8	57.9	50.8	41.4	34.1	26.9
				9	16.3	14.4	11.7	9.7	7.6
				10	7.2	6.3	5.2	4.3	3.4
				11	6.2	5.4	4.4	3.7	2.9
				12	5.5	4.8	3.9	3.2	2.6
泽州县	2	冯沟村	0.5	1	11.6	10.2	8.5	7.1	5.7
				2	73.1	63.8	51.4	42.0	32.6
				3	17.7	15.6	12.9	10.8	8.6
				4	7.1	6.3	5.2	4.3	3.5
				5	6.0	5.3	4.4	3.6	2.9
				6	5.2	4.6	3.8	3.1	2.5
				7	4.6	4.1	3.3	2.8	2.2
				8	4.1	3.6	3.0	2.5	2.0
				9	3.7	3.3	2.7	2.2	1.8
				10	3.4	3.0	2.5	2.1	1.6
				11	3.2	2.8	2.3	1.9	1.5
				12	2.1	1.8	1.5	1.2	1.0

续表 4-7

县区	序号	小流域名称	时段长(h)	时段序号	不同重现期的雨量(m^3/s)				
					100 年($Q_{1\%}$)	50 年($Q_{2\%}$)	20 年($Q_{5\%}$)	10 年($Q_{10\%}$)	5 年($Q_{20\%}$)
沁水县	3	龙港镇杏园社区沟门口	1	1	1.8	1.5	1.2	1.0	0.7
				2	1.6	1.4	1.1	0.9	0.6
				3	1.5	1.3	1.0	0.8	0.6
				4	2.1	1.8	1.4	1.1	0.8
				5	2.2	1.9	1.5	1.2	0.9
				6	3.0	2.6	2.1	1.6	1.2
				7	2.6	2.2	1.7	1.4	1.0
				8	2.8	2.4	1.9	1.5	1.1
				9	4.6	4.0	3.1	2.5	1.9
				10	5.2	4.5	3.6	2.9	2.2
				11	6.0	5.2	4.1	3.3	2.5
				12	22.6	19.6	15.6	12.6	9.7
				13	76.8	66.6	53.2	43.0	32.9
				14	14.6	12.6	10.1	8.1	6.2
				15	10.8	9.4	7.4	6.0	4.6
				16	8.6	7.4	5.9	4.7	3.6
				17	7.1	6.1	4.9	3.9	3.0
				18	4.1	3.5	2.8	2.2	1.7
				19	2.4	2.0	1.6	1.3	1.0
				20	3.3	2.9	2.3	1.8	1.4
				21	3.7	3.2	2.5	2.0	1.5
				22	1.9	1.6	1.3	1.0	0.8
				23	1.7	1.5	1.1	0.9	0.7
				24	1.4	1.2	1.0	0.8	0.6
高平市	4	安河村	0.25	1	3.1	2.8	2.4	2.1	1.7
				2	3.5	3.2	2.7	2.3	1.9
				3	4.1	3.7	3.1	2.7	2.2
				4	4.9	4.4	3.7	3.2	2.6
				5	8.0	7.1	6.0	5.2	4.2
				6	48.1	42.0	34.0	27.9	21.8

续表 4-7

县区	序号	小流域名称	时段长(h)	时段序号	不同重现期的雨量(m^3/s)				
					100 年($Q_{1\%}$)	50 年($Q_{2\%}$)	20 年($Q_{5\%}$)	10 年($Q_{10\%}$)	5 年($Q_{20\%}$)
高平市	4	安河村	0.25	7	12.2	10.9	9.1	7.8	6.4
				8	6.0	5.4	4.6	3.9	3.2
				9	2.8	2.5	2.1	1.9	1.5
				10	2.5	2.3	1.9	1.7	1.4
				11	2.3	2.1	1.8	1.5	1.3
				12	2.1	1.9	1.6	1.4	1.2
				13	2.0	1.8	1.5	1.3	1.1
				14	1.8	1.7	1.4	1.2	1.0
				15	1.7	1.6	1.3	1.2	1.0
				16	1.6	1.5	1.3	1.1	0.9
				17	1.5	1.4	1.2	1.0	0.9
				18	1.5	1.3	1.1	1.0	0.8
				19	1.4	1.2	1.1	0.9	0.8
				20	1.3	1.2	1.0	0.9	0.7
				21	1.3	1.1	1.0	0.8	0.7
				22	1.2	1.1	0.9	0.8	0.7
				23	1.1	1.0	0.9	0.8	0.6
				24	1.1	1.0	0.8	0.7	0.6
陵川县	5	西石门村	0.5	1	14.0	12.0	9.0	7.0	6.0
				2	17.0	14.0	12.0	9.0	7.0
				3	65.0	56.0	46.0	38.0	30.0
				4	24.0	20.0	16.0	13.0	10.0
				5	12.0	10.0	8.0	6.0	5.0
				6	10.0	9.0	7.0	5.0	4.0
				7	9.0	8.0	6.0	5.0	4.0
				8	8.0	7.0	6.0	4.0	3.0
				9	8.0	6.0	5.0	4.0	3.0
				10	7.0	6.0	5.0	4.0	3.0
				11	7.0	6.0	4.0	4.0	3.0
				12	6.0	5.0	4.0	3.0	2.0

续表 4-7

县区	序号	小流域名称	时段长(h)	时段序号	不同重现期的雨量(m^3/s)				
					100 年($Q_{1\%}$)	50 年($Q_{2\%}$)	20 年($Q_{5\%}$)	10 年($Q_{10\%}$)	5 年($Q_{20\%}$)
晋城城区	6	刘家川村	0.25	1	3.2	2.9	2.4	2.0	1.6
				2	3.7	3.3	2.7	2.3	1.8
				3	4.2	3.7	3.1	2.6	2.1
				4	5.0	4.4	3.7	3.1	2.5
				5	8.0	7.1	5.9	5.0	4.0
				6	43.7	38.6	31.8	26.5	21.2
				7	12.1	10.7	8.9	7.5	6.0
				8	6.1	5.4	4.5	3.8	3.1
				9	2.9	2.6	2.1	1.8	1.5
				10	2.6	2.3	1.9	1.6	1.3
				11	2.4	2.2	1.8	1.5	1.2
				12	2.2	2.0	1.6	1.4	1.1
				13	2.1	1.8	1.5	1.3	1.0
				14	1.9	1.7	1.4	1.2	1.0
				15	1.8	1.6	1.3	1.1	0.9
				16	1.7	1.5	1.3	1.1	0.9
				17	1.6	1.4	1.2	1.0	0.8
				18	1.5	1.4	1.1	1.0	0.8
				19	1.5	1.3	1.1	0.9	0.7
				20	1.4	1.2	1.0	0.9	0.7
				21	1.3	1.2	1.0	0.8	0.7
				22	1.3	1.1	0.9	0.8	0.6
				23	1.2	1.1	0.9	0.8	0.6
				24	1.2	1.0	0.9	0.7	0.6

表 4-8 晋城市小流域设计暴雨参数查图成果表

县区	序号	小流域名称	定点	水文分区	面积(km^2)	10 min		60 min		6 h		24 h		3 d	
						$\overline{H}$(mm)	C_v	$\overline{H}$(mm)	C_v	$\overline{H}$(mm)	C_v	$\overline{H}$(mm)	C_v	$\overline{H}$(mm)	C_v
阳城县	1	白桑村	白桑村	东区	44.6	16	0.55	31.2	0.54	49.5	0.55	74	0.54	104	0.59
阳城县	2	芹底村北香台	芹底村北香台	东区	0.5	16.1	0.56	31.5	0.54	48	0.54	75	0.52	105	0.56
阳城县	3	淇汭村东头村	淇汭村东头村	东区	2.5	16	0.54	31.8	0.56	49.8	0.55	74.1	0.54	103.4	0.57
阳城县	4	淇汭村杜沟	淇汭村杜沟	东区	1.1	15.6	0.51	31.3	0.55	49.5	0.54	74	0.54	102.3	0.56
阳城县	5	洽村村圪咀村	洽村村圪咀村	东区	1.5	15.9	0.55	32	0.56	50	0.56	74.3	0.55	103.1	0.54
阳城县	6	张庄村	张庄村	东区	19.8	16.1	0.55	31.2	0.54	50	0.55	74.5	0.54	105	0.6
阳城县	7	沟底村	沟底村	东区	7.2	16.1	0.59	32.1	0.52	44.5	0.53	68.4	0.48	94	0.5
阳城县	8	沟底村大端	沟底村大端	东区	4.7	15.6	0.61	32.8	0.53	50	0.61	84	0.57	113.5	0.58
阳城县	9	后河村	后河村	东区	1.8	16.1	0.61	32.5	0.52	44.8	0.54	70.5	0.5	100	0.51
阳城县	10	逯河村	逯河村	东区	17.9	14.5	0.54	30.8	0.6	52.6	0.65	69	0.67	96	0.62
阳城县	11	前凹村下河	前凹村下河	东区	3.1	16	0.57	31.9	0.55	46	0.53	74	0.53	102.5	0.55
阳城县	12	营东村沟西	营东村沟西	东区	24.3	16.2	0.58	32	0.58	45.7	0.54	70.5	0.46	103.5	0.49
阳城县	13	周壁村	周壁村	东区	11.0	13.8	0.56	31	0.56	52.2	0.61	72.5	0.64	100.3	0.61
阳城县	14	柴凹村五龙沟	柴凹村五龙沟	东区	10.3	16	0.56	31	0.54	45.5	0.55	70	0.5	97.8	0.54
阳城县	15	町店村	町店村 1	东区	43.3	14	0.57	31.2	0.57	51	0.62	67.5	0.72	93	0.7
			町店村 2	东区	111.0	13.5	0.62	31	0.63	51.5	0.63	67.5	0.72	92.5	0.7
			町店村 3	东区	140.2	13.5	0.56	30	0.58	52	0.64	69.5	0.65	94.5	0.61
阳城县	16	焦庄村花沟	焦庄村花沟	东区	5.2	15.6	0.56	30.9	0.54	46	0.55	70	0.5	97.2	0.55
阳城县	17	凌家沟村	凌家沟村	东区	8.7	15	0.55	30.8	0.55	46	0.55	69.5	0.52	95	0.54
阳城县	18	上黄岩村	上黄岩村 1	东区	43.3	14	0.57	31.2	0.57	51	0.62	67.5	0.72	93	0.7
			上黄岩村 2	东区	96.4	13.5	0.56	30	0.58	52	0.64	69.5	0.65	94.5	0.61
			上黄岩村 3	东区	111.0	13.5	0.62	31	0.63	51.5	0.63	67.5	0.72	92.5	0.7
阳城县	19	张沟村	张沟村	东区	8.0	16	0.55	31.3	0.54	46.5	0.55	73	0.51	100.5	0.55
阳城县	20	中峪村李家庄	中峪村李家庄	东区	0.3	16.1	0.57	31.5	0.54	44.9	0.55	71	0.49	99	0.52
阳城县	21	蒿峪村	蒿峪村 1	东区	137.0	13.8	0.62	31.3	0.63	51.5	0.63	66.5	0.72	92	0.7
			蒿峪村 2	东区	46.7	13	0.54	29	0.53	47.5	0.62	67.5	0.64	92	0.62
			蒿峪村 3	东区	53.4	13.5	0.55	29.5	0.55	42.5	0.61	69	0.65	92.5	0.6
			蒿峪村 4	东区	93.0	14	0.53	30	0.54	42.5	0.56	69.5	0.55	95	0.55

续表 4-8

县区	序号	小流域名称	定点	水文分区	面积(km^2)	不同历时定点暴雨参数									
						10 min		60 min		6 h		24 h		3 d	
						$\overline{H}$(mm)	C_v	$\overline{H}$(mm)	C_v	$\overline{H}$(mm)	C_v	$\overline{H}$(mm)	C_v	$\overline{H}$(mm)	C_v
阳城县	22	美泉村	美泉村 1	东区	137.0	13.8	0.62	31.3	0.63	51.5	0.63	66.5	0.72	92	0.7
			美泉村 2	东区	46.7	13	0.54	29	0.53	47.5	0.62	67.5	0.64	92	0.62
			美泉村 3	东区	53.4	13.5	0.55	29.5	0.55	42.5	0.61	69	0.65	92.5	0.6
			美泉村 4	东区	98.8	14	0.53	30	0.54	42.5	0.56	69.5	0.55	95	0.55
阳城县	23	上孔寨村	上孔寨村 1	东区	137.0	13.8	0.62	31.3	0.63	51.5	0.63	66.5	0.72	92	0.7
			上孔寨村 2	东区	46.7	13	0.54	29	0.53	47.5	0.62	67.5	0.64	92	0.62
			上孔寨村 3	东区	53.4	13.5	0.55	29.5	0.55	42.5	0.61	69	0.65	92.5	0.6
			上孔寨村 4	东区	112.8	15.6	0.56	30.9	0.54	46	0.55	70	0.5	97.2	0.55
阳城县	24	下孔寨村	下孔寨村 1	东区	137.0	13.8	0.62	31.3	0.63	51.5	0.63	66.5	0.72	92	0.7
			下孔寨村 2	东区	46.7	13	0.54	29	0.53	47.5	0.62	67.5	0.64	92	0.62
			下孔寨村 3	东区	53.4	13.5	0.55	29.5	0.55	42.5	0.61	69	0.65	92.5	0.6
			下孔寨村 4	东区	116.8	15.6	0.56	30.9	0.54	46	0.55	70	0.5	97.2	0.55
阳城县	25	小庄村	小庄村 1	东区	137.0	13.8	0.62	31.3	0.63	51.5	0.63	66.5	0.72	92	0.7
			小庄村 2	东区	46.6	13	0.54	29	0.53	47.5	0.62	67.5	0.64	92	0.62
			小庄村 3	东区	53.5	13.5	0.55	29.5	0.55	42.5	0.61	69	0.65	92.5	0.6
			小庄村 4	东区	115.4	15.6	0.56	30.9	0.54	46	0.55	70	0.5	97.2	0.55
阳城县	26	高石村	高石村	东区	15.1	15.9	0.62	32.7	0.53	62.2	0.67	90.7	0.66	120.3	0.63
阳城县	27	高石村高窑村	高石村高窑村	东区	19.7	16.6	0.62	33.9	0.53	62.3	0.67	90.8	0.66	120.3	0.63
阳城县	28	高石村龙岩底	高石村龙岩底	东区	28.5	16.7	0.62	33.6	0.54	65.7	0.69	92.6	0.67	122.3	0.64
阳城县	29	江河村	江河村	东区	56.4	16.5	0.62	33.5	0.54	64.2	0.68	91.6	0.66	121.7	0.64
阳城县	30	江河村恶门	江河村恶门	东区	33.6	16.6	0.62	33.9	0.54	63.4	0.67	92.1	0.66	122.3	0.64
阳城县	31	江河村洪峪村	江河村洪峪村	东区	13.8	16.5	0.61	34.3	0.53	58.6	0.67	91.2	0.65	121.6	0.63
阳城县	32	江河村戏河村	江河村戏河村	东区	5.8	16.8	0.62	33.9	0.54	64.3	0.67	92.2	0.66	121.3	0.62
阳城县	33	焦坪村潭河村	焦坪村潭河村	东区	2.2	16.7	0.62	33.5	0.54	64.4	0.67	92.1	0.66	121.3	0.62
阳城县	34	东冶镇上节村	东冶镇上节村	东区	15.0	16.5	0.62	33.9	0.53	61.3	0.66	90.3	0.66	119.6	0.61
阳城县	35	小王庄村	小王庄村	东区	20.4	18	0.65	34.5	0.61	65.5	0.67	93	0.7	125	0.65
阳城县	36	小王庄村坂底	小王庄村坂底	东区	168.5	19	0.66	34.5	0.6	63	0.7	83	0.72	113	0.73

续表 4-8

县区	序号	小流域名称	定点	水文分区	面积(km^2)	不同历时定点暴雨参数									
						10 min		60 min		6 h		24 h		3 d	
						$\overline{H}$(mm)	C_v	$\overline{H}$(mm)	C_v	$\overline{H}$(mm)	C_v	$\overline{H}$(mm)	C_v	$\overline{H}$(mm)	C_v
阳城县	37	安牛村	安牛村	东区	11.4	14.3	0.58	31	0.59	54.8	0.69	72.5	0.67	102	0.62
阳城县	38	董封村	董封村 1	东区	78.4	13.2	0.61	29	0.62	44	0.68	65	0.62	92.3	0.62
			董封村 2	东区	84.5	14.2	0.62	31.5	0.63	51.5	0.66	65	0.66	89.5	0.62
			董封村 3	东区	89.5	13.2	0.61	29	0.62	43	0.7	68	0.67	97	0.62
			董封村 4	东区	86.7	14.3	0.58	31	0.59	54.8	0.69	72.5	0.67	102	0.62
阳城县	39	口河村	口河村	东区	15.1	14.3	0.59	31.1	0.6	54.7	0.71	72.8	0.68	101.5	0.63
阳城县	40	龙泉村	龙泉村	东区	28.7	14.3	0.58	31	0.59	55	0.68	74	0.66	104.6	0.62
阳城县	41	龙泉村南底庄村	龙泉村南底庄村	东区	28.0	14.3	0.58	31	0.59	55	0.68	74	0.66	104.6	0.62
阳城县	42	芦家河村	芦家河村	东区	24.3	14.3	0.58	31	0.59	55	0.68	74	0.66	104.6	0.62
阳城县	43	上河村	上河村	东区	34.3	14.6	0.6	31	0.61	54.3	0.71	70	0.67	99.5	0.63
阳城县	44	白沟村	白沟村	东区	1.9	16	0.55	31	0.54	46.5	0.55	70.5	0.5	97.5	0.54
阳城县	45	东关村清林沟	东关村清林沟	东区	3.4	16	0.56	31.2	0.54	46	0.55	70.8	0.5	97.7	0.54
阳城县	46	后则腰村	后则腰村	东区	0.2	14.5	0.54	30.9	0.53	47.6	0.54	71.2	0.53	100.2	0.56
阳城县	47	坪头村	坪头村 1	东区	102.0	14	0.6	32	0.65	52	0.67	66.5	0.63	98.5	0.65
			坪头村 2	东区	96.4	14.2	0.62	31.1	0.63	51.5	0.66	65	0.66	89.5	0.62
			坪头村 3	东区	88.0	14.3	0.59	31.1	0.61	54.7	0.72	72.5	0.67	101	0.63
			坪头村 4	东区	90.2	14.3	0.58	31	0.59	54.8	0.69	72.5	0.67	102	0.62
			坪头村 5	东区	100.2	14.3	0.58	31	0.59	55	0.68	74	0.66	104.6	0.62
			坪头村 6	东区	110.5	14	0.54	30.7	0.55	50	0.6	72.5	0.6	102	0.6
			坪头村 7	东区	91.1	16	0.56	32	0.57	57.5	0.75	78	0.75	100	0.72
阳城县	48	水村	水村村	东区	46.8	13.8	0.54	30.8	0.55	50.2	0.59	70.2	0.55	96.7	0.55
阳城县	49	苏庄村	苏庄村 1	东区	102.0	14	0.6	32	0.65	52	0.67	66.5	0.63	98.5	0.65
			苏庄村 2	东区	96.2	14.2	0.62	31.1	0.63	51.5	0.66	65	0.66	89.5	0.62
			苏庄村 3	东区	88.2	14.3	0.59	31.1	0.61	54.7	0.72	72.5	0.67	101	0.63
			苏庄村 4	东区	90.3	14.3	0.58	31	0.59	54.8	0.69	72.5	0.67	102	0.62
			苏庄村 5	东区	99.9	14.3	0.58	31	0.59	55	0.68	74	0.66	104.6	0.62
			苏庄村 6	东区	110.5	14	0.54	30.7	0.55	50	0.6	72.5	0.6	102	0.6
			苏庄村 7	东区	91.6	16	0.56	32	0.57	57.5	0.75	78	0.75	100	0.72
阳城县	50	下川村河西村	下川村河西村	东区	40.1	12.7	0.53	30.2	0.51	52.7	0.65	71.1	0.63	97.3	0.64

续表 4-8

县区	序号	小流域名称	定点	水文分区	面积（km^2）	不同历时定点暴雨参数									
						10 min		60 min		6 h		24 h		3 d	
						$\overline{H}$(mm)	C_v	$\overline{H}$(mm)	C_v	$\overline{H}$(mm)	C_v	$\overline{H}$(mm)	C_v	$\overline{H}$(mm)	C_v
阳城县	51	下会庆村	下会庆村	东区	1.5	15.8	0.55	31.1	0.53	48.3	0.54	72.3	0.51	100.2	0.55
阳城县	52	下李丘村	下李丘村	东区	41.4	13.8	0.54	30.7	0.54	50.1	0.59	70.4	0.58	95.8	0.6
阳城县	53	下芹村	下芹村	东区	47.7	14.4	0.54	30.6	0.55	50.3	0.6	70.6	0.59	97.3	0.61
阳城县	54	阳高泉村虎庄	阳高泉村虎庄	东区	5.6	14.4	0.54	30.8	0.53	49.6	0.56	72.3	0.54	100.3	0.56
阳城县	55	杨家村	杨家村	东区	0.4	14.4	0.55	31.2	0.53	48.6	0.54	74.1	0.53	100.6	0.55
阳城县	56	杨家村谢沟	杨家村谢沟	东区	0.6	14.4	0.55	31.2	0.53	48.6	0.54	74.1	0.53	100.6	0.55
阳城县	57	张村村烟河	张村村烟河	东区	3.0	14.4	0.54	30.7	0.53	48.9	0.55	71.3	0.54	99.1	0.55
阳城县	58	中李丘村	中李丘村	东区	33.8	14.4	0.54	30.7	0.54	50.1	0.59	70.4	0.58	95.8	0.6
阳城县	59	砖窑沟村	砖窑沟村	东区	1.5	14.4	0.53	30.7	0.54	50.1	0.55	74.1	0.54	104.2	0.56
阳城县	60	固隆村	固隆村	东区	1.5	14	0.57	31.2	0.57	52	0.63	68	0.71	92	0.63
阳城县	61	西壮村	西壮村	东区	3.1	13.1	0.53	30.2	0.51	53.6	0.64	70.3	0.65	95.7	0.61
阳城县	62	泽城村	泽城村	东区	17.7	12.9	0.55	30.4	0.54	51.6	0.63	70.1	0.64	95.8	0.61
阳城县	63	寨上村	寨上村	东区	5.4	13.1	0.53	30.2	0.51	53.6	0.64	70.3	0.64	95.8	0.61
阳城县	64	河北村	河北村	东区	7.3	16.2	0.57	31.2	0.56	54.8	0.64	77.2	0.62	108.6	0.61
阳城县	65	坪泉	坪泉	东区	3.8	16.6	0.58	31.2	0.52	62.3	0.68	82.3	0.66	112.6	0.61
阳城县	66	土孟村	土孟村	东区	1.4	16.2	0.57	31.3	0.53	53.6	0.6	73.9	0.56	105.5	0.6
阳城县	67	下交村	下交村	东区	6.8	16.1	0.57	31.2	0.53	54.8	0.64	77.3	0.59	109.6	0.61
阳城县	68	横河村	横河村	东区	55.9	15.7	0.57	31.1	0.54	55.3	0.71	76.2	0.67	106.3	0.62
阳城县	69	横河村恒升宫	横河村恒升宫	东区	57.0	15	0.57	31.4	0.6	53	0.73	73	0.71	105	0.75
阳城县	70	横河村老沙地村	横河村老沙地村	东区	0.6	14.4	0.57	31.2	0.54	55.6	0.71	76.2	0.67	107.6	0.62
阳城县	71	横河村鸟头村	横河村鸟头村	东区	58.7	15	0.57	31.4	0.6	53	0.73	73	0.71	105	0.75
阳城县	72	横河村外郎庄	横河村外郎庄	东区	60.0	15.1	0.57	31.4	0.6	53	0.73	73	0.71	105	0.75
阳城县	73	横河村西炉坡	横河村西炉坡	东区	56.8	15.8	0.57	31.3	0.54	55.6	0.71	76.2	0.67	107.3	0.62
阳城县	74	三面场村桑园河	三面场村桑园河	东区	89.2	15	0.57	31.7	0.59	56	0.73	73.7	0.73	104	0.75
阳城县	75	受益村	受益村	东区	14.2	15.3	0.57	31.2	0.54	55.9	0.71	75.6	0.67	106.6	0.62
阳城县	76	水头村毕家村	水头村毕家村	东区	25.4	15.3	0.57	31.2	0.54	55.9	0.71	75.6	0.67	106.6	0.62
阳城县	77	水头村新建庄村	水头村新建庄村	东区	0.7	14.4	0.57	31.2	0.54	55.9	0.71	75.6	0.67	106.6	0.62

续表 4-8

县区	序号	小流域名称	定点	水文分区	面积(km^2)	不同历时定点暴雨参数									
						10 min		60 min		6 h		24 h		3 d	
						$\overline{H}$(mm)	C_v	$\overline{H}$(mm)	C_v	$\overline{H}$(mm)	C_v	$\overline{H}$(mm)	C_v	$\overline{H}$(mm)	C_v
阳城县	78	园河村	园河村	东区	59.1	14.2	0.53	31.4	0.57	56	0.73	74	0.7	105	0.7
阳城县	79	入店村	入店村	东区	2.2	14.9	0.58	31.3	0.62	52.5	0.75	72.5	0.73	106	0.75
阳城县	80	东峪村	东峪村	东区	15.3	17	0.57	31.6	0.53	62.5	0.67	89	0.7	108	0.65
阳城县	81	上桑林村	上桑林村	东区	13.0	15.1	0.52	31.5	0.52	62.5	0.72	100	0.73	109	0.7
阳城县	82	台头村	台头村	东区	21.5	15.5	0.58	31.8	0.5	60	0.64	87.5	0.63	116.5	0.64
阳城县	83	西峪村	西峪村	东区	14.8	15.8	0.57	31.7	0.5	60.1	0.64	87	0.63	116.2	0.62
阳城县	84	下桑林村	下桑林村	东区	24.1	15.2	0.52	31.7	0.52	62.5	0.72	100	0.73	109	0.7
阳城县	85	北宜固村	北宜固村	东区	114.0	13.8	0.62	31.3	0.63	51.5	0.63	66.5	0.72	92	0.7
阳城县	86	北宜固村黑洼	北宜固村黑洼	东区	0.1	13.6	0.57	31.4	0.58	51.5	0.63	67.5	0.71	92.5	0.7
阳城县	87	北宜固村后湾	北宜固村后湾	东区	6.2	14.2	0.6	31	0.6	52	0.63	67.5	0.73	93	0.7
阳城县	88	柴庄村	柴庄村	东区	14.3	14.3	0.62	31.5	0.63	52.5	0.62	66	0.73	92	0.7
阳城县	89	川河村	川河村	东区	35.9	14	0.57	31.2	0.57	51	0.62	67.5	0.72	93	0.7
阳城县	90	柴庄村庙岭后	柴庄村庙岭后	东区	23.0	14.3	0.62	31.4	0.63	52.6	0.62	66	0.73	92	0.7
阳城县	91	川河村南沟	川河村南沟	东区	0.1	16.5	0.63	32.8	0.55	64	0.68	92	0.67	117.5	0.7
阳城县	92	贾寨村	贾寨村	东区	24.2	14.5	0.61	31.2	0.64	52	0.63	66	0.73	92	0.7
阳城县	93	贾寨村董王岩	贾寨村董王岩	东区	7.0	14.3	0.6	31.3	0.64	52.5	0.63	66	0.72	92.1	0.7
阳城县	94	贾寨村西河	贾寨村西河	东区	23.5	14.5	0.61	31.2	0.64	52	0.63	66	0.73	92	0.7
阳城县	95	贾寨村下东坡	贾寨村下东坡	东区	77.7	14.3	0.62	31	0.63	53	0.63	66.5	0.71	91.5	0.75
阳城县	96	刘东村	刘东村 1	东区	85.7	14.3	0.62	31	0.63	53	0.63	66.5	0.71	91.5	0.75
			刘东村 2	东区	46.2	13.5	0.56	30	0.58	52	0.64	69.5	0.65	94.5	0.61
			刘东村 3	东区	75.7	13.5	0.55	30.5	0.58	49.5	0.62	69	0.65	93	0.61
阳城县	97	刘西村	刘西村 1	东区	98.0	14.3	0.62	31	0.63	53	0.63	66.5	0.71	91.5	0.75
			刘西村 2	东区	88.9	13.5	0.55	30.3	0.58	51	0.6	73.9	0.65	94	0.6
阳城县	98	吕家河村	吕家河村	东区	22.8	13.2	0.58	31.5	0.54	50	0.62	67	0.72	93	0.7
阳城县	99	吕庄村	吕庄村	东区	3.6	14.3	0.62	31.4	0.63	52.6	0.62	66	0.73	92	0.7
阳城县	100	庙坡村北河村	庙坡村北河村	东区	1.2	14.2	0.53	31.3	0.58	55	0.63	67.5	0.66	93.5	0.73
阳城县	101	芹池村	芹池村 1	东区	99.4	14.3	0.62	31	0.63	53	0.63	66.5	0.71	91.5	0.75
			芹池村 2	东区	76.2	13.5	0.55	30.3	0.58	51	0.6	73.9	0.65	94	0.6

续表 4-8

县区	序号	小流域名称	定点	水文分区	面积 (km^2)	不同历时定点暴雨参数									
						10 min		60 min		6 h		24 h		3 d	
						$\overline{H}$(mm)	C_v	$\overline{H}$(mm)	C_v	$\overline{H}$(mm)	C_v	$\overline{H}$(mm)	C_v	$\overline{H}$(mm)	C_v
阳城县	102	芹池村户门口	芹池村户门口	东区	37.8	15.6	0.57	31.2	0.57	50.5	0.62	66.5	0.7	93	0.75
阳城县	103	羊泉村	羊泉村	东区	92.0	14.3	0.62	31	0.63	53	0.63	66.5	0.71	91.5	0.75
阳城县	104	羊泉村刘庄	羊泉村刘庄	东区	92.9	14.3	0.62	31	0.63	53	0.63	66.5	0.71	91.5	0.75
阳城县	105	阳陵村	阳陵村	东区	132.4	14	0.58	31.2	0.62	53	0.63	66.5	0.73	92.5	0.72
阳城县	106	宜壁村	宜壁村	东区	123.6	14.3	0.58	31.2	0.62	53	0.63	66.5	0.73	92.5	0.72
阳城县	107	原庄村	原庄村	东区	48.6	14.3	0.62	31	0.63	53	0.63	66.5	0.71	91.5	0.75
阳城县	108	润城村	润城村	东区	33.2	16.7	0.58	32	0.65	40	0.5	68.5	0.47	95	0.5
阳城县	109	大乐村	大乐村	东区	10.4	13	0.54	29	0.53	47.5	0.62	67.5	0.64	92	0.62
阳城县	110	霍家村	霍家村	东区	13.9	13	0.54	29	0.53	47.5	0.62	67.5	0.64	92	0.62
阳城县	111	马寨村	马寨村 1	东区	85.4	14.3	0.62	31	0.63	53	0.63	66.5	0.71	91.5	0.75
			马寨村 2	东区	49.5	15.1	0.53	31.3	0.58	55	0.63	67.5	0.66	93.5	0.73
			马寨村 3	东区	77.4	14	0.54	31.5	0.53	48	0.62	67	0.66	93	0.62
阳城县	112	马寨村白寨	马寨村白寨 1	东区	85.4	14.3	0.62	31	0.63	53	0.63	66.5	0.71	91.5	0.75
			马寨村白寨 2	东区	48.8	14.2	0.53	31.3	0.58	55	0.63	67.5	0.66	93.5	0.73
			马寨村白寨 3	东区	77.0	13.2	0.58	31.5	0.54	50	0.62	67	0.72	93	0.7
阳城县	113	寺头村	寺头村	东区	20.9	12.7	0.55	31.7	0.57	47.5	0.61	67.5	0.63	92	0.62
阳城县	114	朱村村	朱村村	东区	16.8	12.9	0.54	31.6	0.57	48	0.62	67	0.65	92.5	0.62
阳城县	115	陕庄村	陕庄村	东区	3.7	13.6	0.51	31.4	0.51	49.1	0.57	69.1	0.56	95	0.57
阳城县	116	孙沟村	孙沟村	东区	4.3	13.1	0.53	30	0.53	51.6	0.62	67.8	0.64	94.4	0.63
阳城县	117	西丰村	西丰村	东区	4.0	13.1	0.54	30	0.53	51.7	0.62	68	0.64	94.5	0.63
阳城县	118	胡凹沟村	胡凹沟村	东区	2.3	13.5	0.53	31.3	0.54	50.5	0.6	68	0.6	100.5	0.62
阳城县	119	台底村	台底村	东区	12.7	13.2	0.54	30	0.56	51.6	0.62	68.1	0.65	94.5	0.64
阳城县	120	献义村	献义村	东区	4.1	13.1	0.54	30	0.53	51.7	0.62	68	0.65	94.5	0.64
泽州县	121	冯沟村	冯沟村	东区	3.6	17	0.6	34.3	0.54	51	0.55	72.5	0.53	98	0.51
泽州县	122	下村村	下村村	东区	28.3	16.2	0.55	33.5	0.52	49.3	0.53	71.5	0.5	89.5	0.48
泽州县	123	万里村	万里村	东区	10.2	16.1	0.54	33.2	0.52	49.5	0.52	72	0.5	90	0.48
泽州县	124	柳树底村	柳树底村	东区	45.4	16.2	0.54	33.8	0.52	49	0.53	70.8	0.49	89	0.48
泽州县	125	石伏头村	石伏头村	东区	50.5	16.2	0.54	33.8	0.52	49	0.53	70.6	0.49	89	0.48
泽州县	126	史村河村	史村河村	东区	56.2	16.2	0.54	33.9	0.52	48.8	0.53	70.5	0.48	88.8	0.48

续表 4-8

县区	序号	小流域名称	定点	水文分区	面积（km^2）	不同历时定点暴雨参数									
						10 min		60 min		6 h		24 h		3 d	
						$\overline{H}$(mm)	C_v	$\overline{H}$(mm)	C_v	$\overline{H}$(mm)	C_v	$\overline{H}$(mm)	C_v	$\overline{H}$(mm)	C_v
泽州县	127	刘村村	刘村村	东区	10.4	16.1	0.55	33.3	0.51	48	0.52	70.5	0.49	89	0.48
泽州县	128	东沟村	东沟村	东区	0.7	17.3	0.61	34.5	0.57	57.5	0.67	80	0.61	101	0.64
泽州县	129	辛壁村	辛壁村	东区	1.3	16.1	0.56	33.4	0.52	46.5	0.52	68	0.48	88.8	0.48
泽州县	130	峪南村	峪南村	东区	122.0	16.2	0.54	33.8	0.52	49	0.52	70	0.47	88.5	0.48
泽州县	131	周村村卫窑	周村村卫窑	东区	6.9	16.5	0.6	33.5	0.53	45	0.54	69	0.5	91	0.5
泽州县	132	上掌村	上掌村	东区	1.8	16.1	0.6	33	0.53	44.9	0.54	69.5	0.49	93	0.49
泽州县	133	苇町村芋沟	苇町村芋沟	东区	11.4	16.1	0.6	33.05	0.53	44.9	0.54	69.5	0.5	92.5	0.49
泽州县	134	下町村东村	下町村东村 1	东区	95.2	16.2	0.54	33.8	0.51	48	0.52	70	0.48	87.8	0.48
			下町村东村 2	东区	46.3	16.2	0.55	34	0.52	48	0.53	68	0.49	88.3	0.48
			下町村东村 3	东区	65.0	16.1	0.56	32.5	0.53	45	0.53	67.8	0.48	88.5	0.49
泽州县	135	下町村圪套	下町村圪套 1	东区	95.2	16.15	0.54	33.8	0.51	48	0.52	70	0.48	87.8	0.48
			下町村圪套 2	东区	45.4	16.2	0.55	34	0.52	48	0.53	68	0.49	88.3	0.48
			下町村圪套 3	东区	64.0	16.1	0.56	32.5	0.53	45	0.53	67.8	0.48	88.5	0.49
泽州县	136	坪上村后河	坪上村后河 1	东区	95.2	16.15	0.54	33.8	0.51	48	0.52	70	0.48	87.8	0.48
			坪上村后河 2	东区	59.6	16.2	0.55	34	0.52	48	0.53	68	0.49	88.3	0.48
			坪上村后河 3	东区	83.6	16.1	0.56	32.5	0.53	45	0.53	67.8	0.48	88.5	0.49
泽州县	137	坪上村圪坨	坪上村圪坨 1	东区	95.2	16.15	0.54	33.8	0.51	48	0.52	70	0.48	87.8	0.48
			坪上村圪坨 2	东区	59.6	16.2	0.55	34	0.52	48	0.53	68	0.49	88.3	0.48
			坪上村圪坨 3	东区	84.3	16.1	0.56	32.5	0.53	45	0.53	67.8	0.48	88.5	0.49
泽州县	138	下河村	下河村 1	东区	95.2	16.15	0.54	33.8	0.51	48	0.52	70	0.48	87.8	0.48
			下河村 2	东区	73.4	16.2	0.55	34	0.52	48	0.53	68	0.49	88.3	0.48
			下河村 3	东区	102.3	16.1	0.56	32.5	0.53	45	0.53	67.8	0.48	88.5	0.49
泽州县	139	石淙头村	石淙头村 1	东区	95.2	16.15	0.54	33.8	0.51	48	0.52	70	0.48	87.8	0.48
			石淙头村 2	东区	73.7	16.2	0.55	34	0.52	48	0.53	68	0.49	88.3	0.48
			石淙头村 3	东区	110.1	16.1	0.56	32.5	0.53	45	0.53	67.8	0.48	88.5	0.49
泽州县	140	上犁川村委会	上犁川村委会	东区	5.5	16.5	0.61	34.1	0.54	50	0.53	79	0.54	105	0.55
泽州县	141	中庄村	中庄村	东区	6.2	16.5	0.61	34.1	0.54	50.1	0.53	79.2	0.55	106	0.55

续表 4-8

县区	序号	小流域名称	定点	水文分区	面积（km^2）	不同历时定点暴雨参数									
						10 min		60 min		6 h		24 h		3 d	
						$\overline{H}$(mm)	C_v	$\overline{H}$(mm)	C_v	$\overline{H}$(mm)	C_v	$\overline{H}$(mm)	C_v	$\overline{H}$(mm)	C_v
泽州县	142	下犁川村	下犁川村	东区	9.7	16.5	0.61	34.1	0.54	50.2	0.54	79.5	0.55	106.5	0.55
泽州县	143	上庄村	上庄村	东区	2.5	16.5	0.61	34.1	0.54	50.3	0.54	79.8	0.55	107	0.55
泽州县	144	坡东村	坡东村	东区	0.3	16.5	0.61	34.1	0.54	50.5	0.54	80	0.55	108	0.55
泽州县	145	下铁南村	下铁南村	东区	5.3	16.5	0.61	34.2	0.55	52.5	0.54	80	0.55	105	0.55
泽州县	146	南河村	南河村	东区	0.3	16.5	0.61	34.1	0.55	51	0.54	74	0.55	106	0.55
泽州县	147	杜家河村	杜家河村	东区	1.3	16.5	0.61	34.1	0.55	51	0.54	74	0.55	106	0.55
泽州县	148	司街村	司街村	东区	0.4	16.6	0.61	34.2	0.55	54	0.54	80	0.55	105	0.54
泽州县	149	大山河村	大山河村	东区	13.5	17.3	0.62	34.5	0.55	57.5	0.62	85	0.58	110	0.54
泽州县	150	大山河村七甲坡	大山河村七甲坡	东区	30.6	16.8	0.62	34.3	0.55	60	0.65	90	0.6	120	0.6
泽州县	151	大山河村南庄	大山河村南庄	东区	44.6	16.8	0.62	34.3	0.55	60	0.65	90	0.6	120	0.6
泽州县	152	大山河村柿树掌	大山河村柿树掌	东区	48.4	16.8	0.62	34.3	0.55	60	0.65	90	0.6	120	0.6
泽州县	153	窑掌村	窑掌村	东区	5.2	17.3	0.63	35	0.56	60	0.62	83.5	0.58	111	0.57
泽州县	154	石盆河村	石盆河村	东区	28.5	17.3	0.62	35	0.56	62	0.62	83	0.59	110	0.55
泽州县	155	石盆河村西禅房	石盆河村西禅房	东区	34.5	16.2	0.62	34.2	0.5	53	0.52	73	0.48	90	0.48
泽州县	156	后峪村	后峪村	东区	18.3	16.8	0.6	34.5	0.56	53	0.58	68	0.51	86	0.48
泽州县	157	大会村小会	大会村小会1	东区	71.1	16.4	0.51	34.1	0.5	51	0.51	72	0.48	89	0.47
			大会村小会2	东区	72.9	16.8	0.53	34.6	0.52	53	0.52	72	0.48	89.5	0.45
			大会村小会3	东区	46.6	16.5	0.53	34.6	0.51	52	0.53	71	0.49	88	0.46
			大会村小会4	东区	51.5	16.8	0.54	34.2	0.52	52	0.52	71	0.49	88	0.47
			大会村小会5	东区	128.5	16.8	0.55	34.6	0.54	53	0.54	70	0.5	87	0.46
			大会村小会6	东区	130.2	16.8	0.58	34.3	0.56	53.5	0.55	69	0.51	86	0.48
			大会村小会7	东区	136.2	16.8	0.58	34.2	0.56	52	0.54	69	0.5	83	0.45

续表 4-8

县区	序号	小流域名称	定点	水文分区	面积(km²)	不同历时定点暴雨参数									
						10 min		60 min		6 h		24 h		3 d	
						$\overline{H}$(mm)	C_v	$\overline{H}$(mm)	C_v	$\overline{H}$(mm)	C_v	$\overline{H}$(mm)	C_v	$\overline{H}$(mm)	C_v
泽州县	158	坂头村寺北庄	坂头村寺北庄1	东区	113.0	16.3	0.58	35.9	0.55	53.5	0.55	70	0.5	87.5	0.46
			坂头村寺北庄2	东区	110.1	16.2	0.5	34.7	0.5	53	0.51	72	0.47	89.7	0.47
			坂头村寺北庄3	东区	83.3	16.3	0.5	35.5	0.5	53.5	0.53	73	0.48	89.5	0.46
			坂头村寺北庄4	东区	98.3	16.4	0.58	35.2	0.56	53.7	0.53	70	0.49	87.5	0.45
			坂头村寺北庄5	东区	141.3	16.6	0.62	35	0.57	55	0.63	71	0.55	90	0.51
			坂头村寺北庄6	东区	86.6	16.3	0.55	35	0.53	51	0.52	70	0.49	85	0.47
			坂头村寺北庄7	东区	66.3	16.7	0.62	34.2	0.58	54.5	0.67	70	0.56	90	0.55
			坂头村寺北庄8	东区	85.7	16.65	0.61	34	0.56	54	0.58	65	0.52	84	0.48
			坂头村寺北庄9	东区	106.1	16.5	0.6	36	0.56	55	0.57	70	0.53	90	0.49
泽州县	159	南街村	南街村1	东区	80.4	16.2	0.5	34.2	0.5	53	0.52	73	0.48	90	0.47
			南街村2	东区	68.7	16.2	0.52	35	0.52	53	0.54	72	0.48	88	0.47
			南街村3	东区	62.2	16.3	0.53	34.3	0.52	53	0.54	72	0.5	90	0.47
泽州县	160	黄三河村	黄三河村	东区	25.5	16.8	0.61	35.5	0.56	54	0.59	65	0.54	83	0.5
泽州县	161	大泉河村	大泉河村	东区	12.6	16.8	0.61	35.5	0.56	54	0.59	65	0.54	83	0.5
泽州县	162	三家店村	三家店村	东区	8.9	16.2	0.53	34.8	0.53	55	0.52	72	0.49	89	0.46
泽州县	163	渠头村	渠头村	东区	6.5	16.6	0.54	34.5	0.58	53	0.53	73	0.48	89	0.46
泽州县	164	大阳四分街村	大阳四分街村	东区	10.9	16.2	0.55	34	0.5	50	0.51	72	0.5	90	0.45
泽州县	165	王家庄村	王家庄村	东区	0.4	16.1	0.53	33.9	0.5	47.5	0.51	72	0.49	89	0.47
泽州县	166	陡坡村	陡坡村	东区	2.2	16.1	0.56	33.5	0.51	47	0.53	70	0.5	90	0.48
泽州县	167	宋家掌村	宋家掌村	东区	0.8	16.2	0.54	34	0.52	49	0.52	72	0.48	87	0.48
泽州县	168	香峪村	香峪村	东区	0.4	16.2	0.54	34	0.52	49	0.52	72	0.48	87	0.48
泽州县	169	河底村	河底村	东区	1.3	16.2	0.54	34	0.52	49	0.52	72	0.48	87	0.48
泽州县	170	陈家庄村委会	陈家庄村委会	东区	10.2	17.4	0.63	34.5	0.56	60	0.63	90	0.63	120	0.6
泽州县	171	道宝河村	道宝河村	东区	2.0	17.4	0.63	34.5	0.56	60	0.63	90	0.63	120	0.6
泽州县	172	青龛村	青龛村	东区	2.4	17.5	0.62	34.5	0.56	60	0.63	90	0.63	120	0.6
泽州县	173	窑河村	窑河村	东区	19.7	17.2	0.63	34.5	0.56	60	0.63	90	0.63	120	0.6
泽州县	174	李河村	李河村	东区	6.3	17.2	0.62	34.5	0.56	61	0.64	89	0.63	120	0.6
泽州县	175	大箕村	大箕村	东区	9.8	17.2	0.61	34.5	0.55	57.5	0.62	85	0.58	110	0.54

续表 4-8

县区	序号	小流域名称	定点	水文分区	面积(km^2)	不同历时定点暴雨参数									
						10 min		60 min		6 h		24 h		3 d	
						$\overline{H}$(mm)	C_v	$\overline{H}$(mm)	C_v	$\overline{H}$(mm)	C_v	$\overline{H}$(mm)	C_v	$\overline{H}$(mm)	C_v
泽州县	176	南河底村	南河底村	东区	1.9	16.8	0.61	34.5	0.55	56	0.57	76	0.54	102	0.52
泽州县	177	槲树庄村	槲树庄村	东区	1.3	16.8	0.61	34.5	0.55	56	0.57	75.5	0.54	102	0.52
泽州县	178	上河村	上河村	东区	1.7	16.8	0.61	34.5	0.55	56	0.57	75.5	0.54	101.5	0.52
泽州县	179	河上村	河上村	东区	1.9	16.8	0.61	34.5	0.55	56	0.57	75.5	0.54	102	0.52
泽州县	180	西三庄村梨树沟	西三庄村梨树沟	东区	0.7	16.8	0.61	34.5	0.54	56	0.56	76	0.54	101.5	0.53
泽州县	181	西三庄村孔窑	西三庄村孔窑	东区	1.4	16.8	0.61	34.5	0.55	56	0.57	76	0.54	101	0.52
泽州县	182	南峪村	南峪村	东区	4.2	16.8	0.61	34.6	0.55	55	0.6	77	0.55	102	0.53
泽州县	183	前圪套村	前圪套村	东区	0.3	16.8	0.61	34.5	0.54	56	0.56	76	0.54	101.5	0.53
泽州县	184	后圪套村	后圪套村	东区	0.8	16.8	0.61	34.5	0.54	56	0.56	76	0.54	101.2	0.53
泽州县	185	申匠村	申匠村	东区	7.2	16.8	0.61	34.6	0.55	55	0.55	76	0.55	101	0.52
泽州县	186	南庄村	南庄村	东区	1.5	16.8	0.61	34.5	0.55	56	0.57	76	0.54	101	0.52
泽州县	187	董家沟村	董家沟村	东区	0.9	16.8	0.61	34.5	0.54	56	0.56	76	0.54	101.2	0.53
泽州县	188	河西村	河西村 1	东区	77.4	16.8	0.55	34.5	0.53	53.5	0.53	72	0.5	86	0.47
			河西村 2	东区	61.1	17	0.57	34.6	0.54	52	0.54	75	0.52	90	0.48
			河西村 3	东区	62.0	17.2	0.6	35	0.57	60	0.58	75	0.54	95	0.48
			河西村 4	东区	105.4	16.5	0.57	34.6	0.56	54.7	0.56	75	0.53	85	0.52
泽州县	189	北庄村	北庄村 1	东区	77.4	16.8	0.55	34.5	0.53	53.5	0.53	72	0.5	86	0.47
			北庄村 2	东区	61.4	17	0.57	34.6	0.54	52	0.54	75	0.52	90	0.48
			北庄村 3	东区	62.0	17.2	0.6	35	0.57	60	0.58	75	0.54	95	0.48
			北庄村 4	东区	106.7	16.5	0.57	34.6	0.56	54.7	0.56	75	0.53	85	0.52
泽州县	190	谷坨村	谷坨村 1	东区	77.4	16.8	0.55	34.5	0.53	53.5	0.53	72	0.5	86	0.47
			谷坨村 2	东区	61.1	17	0.57	34.6	0.54	52	0.54	75	0.52	90	0.48
			谷坨村 3	东区	62.0	17.2	0.6	35	0.57	60	0.58	75	0.54	95	0.48
			谷坨村 4	东区	106.9	16.5	0.57	34.6	0.56	54.7	0.56	75	0.53	85	0.52
泽州县	191	东坡村	东坡村 1	东区	77.4	16.8	0.55	34.5	0.53	53.5	0.53	72	0.5	86	0.47
			东坡村 2	东区	61.4	17	0.57	34.6	0.54	52	0.54	75	0.52	90	0.48
			东坡村 3	东区	62.3	17.2	0.6	35	0.57	60	0.58	75	0.54	95	0.48
			东坡村 4	东区	112.9	16.5	0.57	34.6	0.56	54.7	0.56	75	0.53	85	0.52

续表 4-8

县区	序号	小流域名称	定点	水文分区	面积 (km^2)	不同历时定点暴雨参数									
						10 min		60 min		6 h		24 h		3 d	
						$\overline{H}$(mm)	C_v	$\overline{H}$(mm)	C_v	$\overline{H}$(mm)	C_v	$\overline{H}$(mm)	C_v	$\overline{H}$(mm)	C_v
泽州县	192	东坡村河东	东坡村河东 1	东区	71.1	16.4	0.51	34.1	0.5	51	0.51	72	0.48	89	0.47
			东坡村河东 2	东区	72.9	16.8	0.53	34.6	0.52	53	0.52	72	0.48	89.5	0.45
			东坡村河东 3	东区	46.6	16.5	0.53	34.6	0.51	52	0.53	71	0.49	88	0.46
			东坡村河东 4	东区	51.5	16.8	0.54	34.2	0.52	52	0.52	71	0.49	88	0.47
			东坡村河东 5	东区	128.5	16.8	0.55	34.6	0.54	53	0.54	70	0.5	87	0.46
			东坡村河东 6	东区	132.0	16.8	0.58	34.3	0.56	53.5	0.55	69	0.51	86	0.48
			东坡村河东 7	东区	136.2	16.8	0.58	34.2	0.56	52	0.54	69	0.5	83	0.45
泽州县	193	东坡村下河	东坡村下河 1	东区	95.2	16.15	0.54	33.8	0.51	48	0.52	70	0.48	87.8	0.48
			东坡村下河 2	东区	73.4	16.2	0.55	34	0.52	48	0.53	68	0.49	88.3	0.48
			东坡村下河 3	东区	102.4	16.1	0.56	32.5	0.53	45	0.53	67.8	0.48	88.5	0.49
泽州县	194	干司村	干司村 1	东区	82.2	16.1	0.58	34.2	0.54	50	0.54	68	0.51	90	0.49
			干司村 2	东区	56.2	16.2	0.58	34.7	0.55	55	0.55	69	0.52	89.5	0.49
			干司村 3	东区	81.2	16.2	0.6	34.5	0.55	55	0.56	75	0.54	97.5	0.51
泽州县	195	马韦村	马韦村 1	东区	82.2	16.1	0.58	34.2	0.54	50	0.54	68	0.51	90	0.49
			马韦村 2	东区	56.3	16.2	0.58	34.7	0.55	55	0.55	69	0.52	89.5	0.49
			马韦村 3	东区	81.7	16.2	0.6	34.5	0.55	55	0.56	75	0.54	97.5	0.51
泽州县	196	马韦村东贤子	马韦村东贤子 1	东区	82.2	16.1	0.58	34.2	0.54	50	0.54	68	0.51	90	0.49
			马韦村东贤子 2	东区	48.8	16.2	0.58	34.7	0.55	55	0.55	69	0.52	89.5	0.49
			马韦村东贤子 3	东区	72.5	16.2	0.6	34.5	0.55	55	0.56	75	0.54	97.5	0.51
泽州县	197	马韦村西贤子	马韦村西贤子 1	东区	82.2	16.1	0.58	34.2	0.54	50	0.54	68	0.51	90	0.49
			马韦村西贤子 2	东区	48.8	16.2	0.58	34.7	0.55	55	0.55	69	0.52	89.5	0.49
			马韦村西贤子 3	东区	72.1	16.2	0.6	34.5	0.55	55	0.56	75	0.54	97.5	0.51
泽州县	198	石门村	石门村	东区	72.1	17	0.62	35	0.55	58	0.6	80	0.55	105	0.54
泽州县	199	贾辿村	贾辿村	东区	45.4	17	0.63	34.8	0.55	55	0.58	80	0.55	106	0.55
泽州县	200	东石瓮村	东石瓮村	东区	10.4	17.2	0.62	35	0.57	60	0.63	80	0.6	105	0.6
泽州县	201	下川村	下川村	东区	2.3	17.2	0.63	34.1	0.58	60	0.72	80	0.63	95	0.61
泽州县	202	北寨村	北寨村	东区	38.7	17.3	0.62	34.4	0.57	60	0.64	80	0.57	101	0.6

续表 4-8

县区	序号	小流域名称	定点	水文分区	面积（km^2）	不同历时定点暴雨参数									
						10 min		60 min		6 h		24 h		3 d	
						$\overline{H}$(mm)	C_v	$\overline{H}$(mm)	C_v	$\overline{H}$(mm)	C_v	$\overline{H}$(mm)	C_v	$\overline{H}$(mm)	C_v
泽州县	203	下城公村	下城公村	东区	78.2	16.8	0.53	34.6	0.52	53	0.52	72	0.48	89.5	0.45
泽州县	204	丹河底村	丹河底村	东区	80.3	16.8	0.53	34.6	0.52	53	0.52	72	0.48	89.5	0.45
泽州县	205	北尹寨村	北尹寨村 1	东区	65.2	16.8	0.53	34.6	0.52	53	0.52	72	0.48	89.5	0.45
			北尹寨村 2	东区	123.4	16.8	0.58	34.2	0.56	52	0.54	69	0.5	83	0.45
泽州县	206	岸则村	岸则村 1	东区	65.4	16.8	0.53	34.6	0.52	53	0.52	72	0.48	89.5	0.45
			岸则村 2	东区	133.9	16.8	0.58	34.2	0.56	52	0.54	69	0.5	83	0.45
泽州县	207	川底村	川底村 1	东区	95.2	16.2	0.55	33	0.51	47.5	0.54	71	0.48	88	0.48
			川底村 2	东区	41.5	16.25	0.55	34	0.52	48	0.52	72	0.47	88	0.48
			川底村 3	东区	41.0	16.1	0.58	32.4	0.52	44	0.53	72	0.47	89	0.49
泽州县	208	川底村河东	川底村河东 1	东区	71.1	16.4	0.51	34.1	0.5	51	0.51	72	0.48	89	0.47
			川底村河东 2	东区	72.9	16.8	0.53	34.6	0.52	53	0.52	72	0.48	89.5	0.45
			川底村河东 3	东区	46.6	16.5	0.53	34.6	0.51	52	0.53	71	0.49	88	0.46
			川底村河东 4	东区	51.5	16.8	0.54	34.2	0.52	52	0.52	71	0.49	88	0.47
			川底村河东 5	东区	128.5	16.8	0.55	34.6	0.54	53	0.54	70	0.5	87	0.46
			川底村河东 6	东区	132.0	16.8	0.58	34.3	0.56	53.5	0.55	69	0.51	86	0.48
			川底村河东 7	东区	136.2	16.8	0.58	34.2	0.56	52	0.54	69	0.5	83	0.45
泽州县	209	焦河村	焦河村 1	东区	95.2	16.2	0.55	33	0.51	47.5	0.54	71	0.48	88	0.48
			焦河村 2	东区	40.1	16.25	0.55	34	0.52	48	0.52	72	0.47	88	0.48
			焦河村 3	东区	39.8	16.1	0.58	32.4	0.52	44	0.53	72	0.47	89	0.49
泽州县	210	沙沟村	沙沟村	东区	10.6	16.1	0.55	33	0.51	47	0.53	70	0.47	85	0.48
泽州县	211	西尧村黄河	西尧村黄河 1	东区	95.2	16.1	0.55	33.6	0.52	48	0.52	70.2	0.48	88	0.48
			西尧村黄河 2	东区	39.6	16.08	0.56	32.9	0.52	46	0.53	72.5	0.49	89	0.48
			西尧村黄河 3	东区	57.8	16.1	0.5	33.1	0.53	47.8	0.53	71.8	0.49	88.5	0.49
			西尧村黄河 4	东区	109.3	16.1	0.6	34	0.53	46	0.55	70	0.53	95	0.51
泽州县	212	李河村	李河村 1	东区	111.0	16.1	0.55	33.6	0.52	48	0.52	70.2	0.48	88	0.48
			李河村 2	东区	46.7	16.08	0.55	32.9	0.52	46	0.53	72.5	0.49	89	0.48
			李河村 3	东区	66.9	16.1	0.5	33.1	0.53	47.8	0.53	71.8	0.49	88.5	0.49
			李河村 4	东区	50.2	16.16	0.6	34	0.53	50	0.55	70	0.53	96	0.52
			李河村 5	东区	149.9	16.1	0.61	33.1	0.53	45	0.55	74.5	0.53	103	0.54

续表 4-8

县区	序号	小流域名称	定点	水文分区	面积(km^2)	不同历时定点暴雨参数									
						10 min		60 min		6 h		24 h		3 d	
						$\overline{H}$(mm)	C_v	$\overline{H}$(mm)	C_v	$\overline{H}$(mm)	C_v	$\overline{H}$(mm)	C_v	$\overline{H}$(mm)	C_v
泽州县	213	李河村正圪脑	李河村正圪脑 1	东区	111.0	16.1	0.55	33.6	0.52	48	0.52	70.2	0.48	88	0.48
			李河村正圪脑 2	东区	47.5	16.08	0.55	32.9	0.52	46	0.53	72.5	0.49	89	0.48
			李河村正圪脑 3	东区	66.3	16.1	0.5	33.1	0.53	47.8	0.53	71.8	0.49	88.5	0.49
			李河村正圪脑 4	东区	50.0	16.16	0.6	34	0.53	50	0.55	70	0.53	96	0.52
			李河村正圪脑 5	东区	153.7	16.1	0.61	33.1	0.53	45	0.55	74.5	0.53	103	0.54
泽州县	214	东磨滩村	东磨滩村 1	东区	110.9	16.2	0.54	33.8	0.52	49	0.52	70	0.47	88.5	0.48
			东磨滩村 2	东区	46.6	16.2	0.55	34	0.52	48	0.53	68	0.49	88.3	0.48
			东磨滩村 3	东区	66.9	16.1	0.54	33	0.52	47.5	0.52	68	0.48	88.5	0.49
			东磨滩村 4	东区	61.1	16.15	0.6	34	0.54	49.5	0.55	72	0.53	97.5	0.51
			东磨滩村 5	东区	182.4	16.1	0.61	33.1	0.53	45	0.55	75	0.54	103	0.54
沁水县	215	杏河	龙港镇杏园社区沟门口	东区	10.4	15	0.62	31	0.62	48.5	0.63	65	0.65	89	0.64
沁水县	216	杏河	龙港镇河渚村柳家湾	东区	16.3	15	0.61	31	0.61	49.5	0.62	64	0.62	85	0.62
沁水县	217	杏河	龙港镇河渚村南贾庄	东区	69.4	15	0.61	31.5	0.61	50	0.63	64	0.62	85	0.62
沁水县	218	杏河	龙港镇河渚村北贾庄	东区	69.4	15	0.61	31.5	0.61	50	0.63	64	0.62	85	0.62
沁水县	219	杏河	龙港镇河渚村河渚	东区	53.1	15	0.61	31.5	0.61	50	0.63	64	0.62	85	0.62
沁水县	220	杏河	龙港镇梁庄村	东区	83.4	15	0.61	31.5	0.61	50	0.63	64	0.62	85	0.62
沁水县	221	杏河	龙港镇西石堂村	东区	113.4	15	0.61	32	0.61	50	0.62	65	0.63	86	0.62
沁水县	222	杏河	龙港镇东石堂村	东区	113.4	15	0.61	32	0.61	50	0.62	65	0.63	86	0.62
沁水县	223	梅河	龙港镇青龙村	东区	50.1	14.5	0.61	31	0.6	46	0.64	64	0.63	88	0.62
沁水县	224	梅河	龙港镇王寨村东村	东区	22.1	14.5	0.61	31	0.6	46	0.64	64	0.63	88	0.62
沁水县	225	梅河	龙港镇孔峪村	东区	39.6	14.5	0.61	31	0.6	46	0.64	64	0.63	88	0.62

续表 4-8

县区	序号	小流域名称	定点	水文分区	面积(km^2)	不同历时定点暴雨参数									
						10 min		60 min		6 h		24 h		3 d	
						$\overline{H}$(mm)	C_v	$\overline{H}$(mm)	C_v	$\overline{H}$(mm)	C_v	$\overline{H}$(mm)	C_v	$\overline{H}$(mm)	C_v
沁水县	226	涧河	中村镇中村村涧河	东区	46.0	14	0.61	33	0.62	52.5	0.66	65	0.64	92.5	0.63
沁水县	227	中村	中村镇中村村中村	东区	6.6	14.1	0.61	32.5	0.61	52	0.64	66	0.54	87	0.64
沁水县	228	下峪	中村镇上峪村上峪	东区	3.5	14	0.61	32.5	0.61	53	0.64	64	0.54	88	0.63
沁水县	229	下峪	中村镇下峪村下峪	东区	8.3	14	0.61	32.5	0.61	53	0.64	64	0.54	88	0.63
沁水县	230	中村	中村镇张马村张马	东区	83.8	14.1	0.6	32.3	0.61	52	0.64	64	0.55	85	0.62
沁水县	231	北岭	中村镇北岭村马邑沟	东区	1.4	14	0.6	30.4	0.61	51	0.63	64.9	0.54	84.1	0.53
沁水县	232	阁河	中村镇上阁村	东区	12.7	14	0.6	30.4	0.61	51	0.63	64.9	0.54	84.1	0.53
沁水县	233	松峪	中村镇松峪村松峪	东区	4.5	13.5	0.59	32	0.59	51	0.62	62	0.57	84	0.62
沁水县	234	下川	中村镇下川村下川	东区	6.8	13.9	0.59	33	0.62	53	0.67	67.5	0.65	96	0.64
沁水县	235	下川	中村镇上川村	东区	2.5	13.9	0.59	33	0.62	53	0.67	67.5	0.65	96	0.64
沁水县	236	下川	中村镇下川村梁山	东区	11.3	13.9	0.59	33	0.62	53	0.67	67.5	0.65	96	0.64
沁水县	237	下川	中村镇下川村腰掌	东区	1.2	13.9	0.59	33	0.62	53	0.67	67.5	0.65	96	0.64
沁水县	238	东川	中村镇东川村梨树底	东区	2.3	14.2	0.59	39.3	0.6	54.9	0.7	71.1	0.66	101	0.65
沁水县	239	东川	中村镇山辿岩村山辿岩	东区	1.4	13.9	0.61	33	0.62	53.5	0.7	69	0.66	97	0.66
沁水县	240	张沟	郑庄镇郑庄村张沟	东区	7.5	13	0.54	28	0.54	45	0.61	67	0.64	90	0.58
沁水县	241	沁河	嘉峰镇武安村	东区	6 592.0	13	0.54	28	0.54	45	0.61	67	0.64	90	0.58

续表 4-8

县区	序号	小流域名称	定点	水文分区	面积(km²)	不同历时定点暴雨参数									
						10 min		60 min		6 h		24 h		3 d	
						$\overline{H}$(mm)	C_v	$\overline{H}$(mm)	C_v	$\overline{H}$(mm)	C_v	$\overline{H}$(mm)	C_v	$\overline{H}$(mm)	C_v
沁水县	242	沁河	嘉峰镇尉迟村	东区	6 721.0	13	0.54	28	0.54	45	0.61	67	0.64	90	0.58
沁水县	243	沁河	嘉峰镇嘉峰村	东区	6 592.0	13	0.54	28	0.54	45	0.61	67	0.64	90	0.58
沁水县	244	磨掌	嘉峰镇磨掌村新村	东区	14.8	16.5	0.58	31	0.57	44	0.55	69	0.52	87	0.48
沁水县	245	沁河	嘉峰镇秦庄村	东区	21.1	15	0.57	30	0.56	43	0.55	68	0.53	92	0.51
沁水县	246	沁河	嘉峰镇殷庄村	东区	21.1	15	0.57	30	0.56	43	0.55	68	0.53	92	0.51
沁水县	247	沁河	嘉峰镇刘庄村	东区	6 551.0	13	0.54	28	0.54	45	0.61	67	0.64	90	0.58
沁水县	248	沁河	嘉峰镇卧虎庄村	东区	6 506.0	13	0.54	28	0.54	45	0.61	67	0.64	90	0.58
沁水县	249	柿沟	嘉峰镇柿沟村	东区	12.3	16.5	0.58	31	0.57	42	0.54	68	0.52	88	0.49
沁水县	250	沁河	嘉峰镇李庄村下河口	东区	6 386.0	13	0.54	28	0.54	45	0.61	67	0.64	90	0.58
沁水县	251	潘河	嘉峰镇潘河村下潘河	东区	26.8	16.5	0.58	31	0.57	44	0.55	69	0.52	87	0.48
沁水县	252	潘河	嘉峰镇潘河村中潘河	东区	26.8	16.5	0.58	31	0.57	44	0.55	69	0.52	87	0.48
沁水县	253	潘河	嘉峰镇潘河村上潘河	东区	26.8	16.5	0.58	31	0.57	44	0.55	69	0.52	87	0.48
沁水县	254	郑村河	郑村镇夏荷村	东区	81.8	16.2	0.57	32	0.56	45	0.54	69	0.5	88	0.48
沁水县	255	郑村河	郑村镇侯村村	东区	86.4	16.2	0.57	32	0.56	45	0.54	69	0.5	88	0.48
沁水县	256	峪河	郑村镇湘峪村	东区	14.5	16.3	0.58	32.5	0.57	44	0.54	68	0.49	90	0.48
沁水县	257	峪河	郑村镇半峪村	东区	19.8	16.2	0.58	32	0.57	43	0.53	67	0.48	90	0.48
沁水县	258	轩底	郑村镇轩底村	东区	39.2	16.2	0.57	32.5	0.56	45	0.54	69	0.5	85	0.48
沁水县	259	张村	张村乡张村村	东区	43.1	14.1	0.61	32	0.61	52	0.64	66	0.69	92	0.66
沁水县	260	张村	张村乡张村村下河	东区	43.1	14.1	0.61	32	0.61	52	0.64	66	0.69	92	0.66
沁水县	261	苏庄	苏庄乡苏庄村	东区	103.3	12.5	0.63	29	0.62	44	0.62	68	0.61	90	0.59

续表 4-8

县区	序号	小流域名称	定点	水文分区	面积(km^2)	不同历时定点暴雨参数									
						10 min		60 min		6 h		24 h		3 d	
						$\overline{H}$(mm)	C_v	$\overline{H}$(mm)	C_v	$\overline{H}$(mm)	C_v	$\overline{H}$(mm)	C_v	$\overline{H}$(mm)	C_v
沁水县	262	苏庄	苏庄乡苏庄村苏庄	东区	103.3	12.5	0.63	29	0.62	44	0.62	68	0.61	90	0.59
沁水县	263	苏庄	苏庄乡西古堆村八亩地	东区	56.7	12	0.63	28	0.62	45	0.62	68	0.62	90	0.61
沁水县	264	胡底河	胡底乡老坟沟村坡跟前	东区	2.7	17.3	0.55	33.1	0.54	50	0.53	74	0.52	92.5	0.48
沁水县	265	胡底河	胡底乡老坟沟村德兴号	东区	2.7	17.3	0.55	33.1	0.54	50	0.53	74	0.52	92.5	0.48
沁水县	266	胡底河	胡底乡樊庄村樊庄	东区	17.8	16.9	0.56	33	0.54	48.8	0.53	73.9	0.52	91	0.5
沁水县	267	胡底河	胡底乡王回村王回	东区	29.6	16.9	0.56	33.3	0.55	49.5	0.54	73.3	0.53	92	0.48
沁水县	268	胡底河	胡底乡玉溪村玉溪	东区	36.7	16.8	0.56	32.5	0.55	47.5	0.54	71.5	0.51	90	0.48
沁水县	269	胡底河	胡底乡玉溪村新庄上	东区	36.7	16.8	0.56	32.5	0.55	47.5	0.54	71.5	0.51	90	0.48
沁水县	270	南河底	固县乡南河底村尧庄	东区	19.5	17	0.57	33	0.56	50	0.55	74	0.54	95	0.53
沁水县	271	十里河	十里乡河北村1	东区	75.7	14	0.6	30	0.61	47	0.63	71	0.62	98	0.61
沁水县	272	十里河	十里乡河北村2	东区	27.1	14	0.6	30	0.61	47	0.63	71	0.62	98	0.61
沁水县	273	十里河	十里乡南峪村	东区	4.8	13.5	0.61	29	0.62	47	0.63	70	0.62	99	0.61
沁水县	274	十里河	十里乡孝良村	东区	6.2	13	0.63	29	0.62	48	0.62	69	0.63	98	0.59
沁水县	275	樊村河	樊村河乡卫村都坡沟	东区	7.8	14.1	0.61	32.8	0.62	44	0.63	65.2	0.62	90	0.61
沁水县	276	樊村河	樊村河乡赵寨村哈马口	东区	127.9	14.1	0.61	32.8	0.62	44	0.63	65.2	0.62	90	0.61
沁水县	277	峪里河	柿庄镇柿庄村南村	东区	19.4	16.2	0.57	32	0.57	50	0.58	75	0.56	100	0.5

续表 4-8

县区	序号	小流域名称	定点	水文分区	面积(km^2)	不同历时定点暴雨参数									
						10 min		60 min		6 h		24 h		3 d	
						$\overline{H}$(mm)	C_v	$\overline{H}$(mm)	C_v	$\overline{H}$(mm)	C_v	$\overline{H}$(mm)	C_v	$\overline{H}$(mm)	C_v
沁水县	278	峪里河	柿庄镇峪里村贤房村	东区	12.6	16.2	0.57	32	0.57	50	0.58	75	0.56	100	0.5
沁水县	279	端氏河	端氏镇端氏村河北	东区	781.5	15	0.58	32	0.57	48	0.59	70	0.55	95	0.54
沁水县	280	沁水河	郑庄镇河头村河头	东区	420.1	15	0.61	32	0.61	50	0.62	65	0.63	86	0.62
沁水县	281	土沃河	土沃乡后马元村	东区	141.2	14.2	0.61	32.5	0.61	53	0.68	67	0.67	95	0.66
高平市	282	安河村	安河村	东区	9.0	15	0.57	32	0.52	44	0.47	64	0.46	82	0.43
高平市	283	张壁村	张壁村	东区	3.8	17.9	0.56	35.1	0.53	49	0.48	68	0.48	84.5	0.43
高平市	284	北陈村	北陈村	东区	9.3	16.8	0.46	35	0.47	52	0.48	73	0.48	93	0.46
高平市	285	北诗午村	北诗午村	东区	5.7	15	0.58	32	0.53	47	0.5	65	0.5	85	0.43
高平市	286	毕家院村	毕家院村	东区	15.1	17.3	0.48	34.5	0.48	52.5	0.48	74.5	0.5	92.5	0.46
高平市	287	官庄村	官庄村	东区	16.4	17.5	0.55	34.4	0.51	52	0.49	70.5	0.49	89.5	0.44
高平市	288	牛家庄村	牛家庄村	东区	4.5	17.5	0.55	34.3	0.52	52.5	0.5	70.4	0.48	89.5	0.45
高平市	289	边家沟村	边家沟村	东区	1.6	15	0.48	32	0.47	50	0.49	72	0.48	90	0.46
高平市	290	程家河村	程家河村	东区	2.0	15	0.52	32.5	0.51	44	0.48	62	0.44	82	0.42
高平市	291	德义庄村	德义庄村	东区	3.4	15	0.46	37	0.46	51	0.48	75	0.51	96	0.47
高平市	292	杜寨村	杜寨村	东区	25.4	17	0.53	35	0.52	52	0.52	78	0.52	99	0.47
高平市	293	疙旦村	疙旦村	东区	77.1	15	0.49	34	0.48	47	0.48	70	0.48	83	0.46
高平市	294	勾要村	勾要村	东区	13.0	17.5	0.52	35.2	0.5	50	0.48	70.2	0.48	89.8	0.44
高平市	295	巩村村	巩村村	东区	5.9	15	0.49	33	0.49	51	0.49	71	0.48	89	0.46
高平市	296	古寨村	古寨村	东区	3.8	15	0.53	32	0.51	49	0.51	72	0.51	91	0.47
高平市	297	金章背村	金章背村	东区	1.7	16.8	0.5	36.2	0.5	50.8	0.52	80.2	0.53	100.9	0.48
高平市	298	河底村	河底村	东区	6.5	14.8	0.48	35	0.5	50	0.52	76	0.51	98	0.48
高平市	299	建南村	建南村	东区	1.2	17.3	0.55	34.5	0.52	46	0.48	65	0.45	84	0.43

续表 4-8

县区	序号	小流域名称	定点	水文分区	面积(km^2)	不同历时定点暴雨参数									
						10 min		60 min		6 h		24 h		3 d	
						$\overline{H}$(mm)	C_v	$\overline{H}$(mm)	C_v	$\overline{H}$(mm)	C_v	$\overline{H}$(mm)	C_v	$\overline{H}$(mm)	C_v
高平市	300	南坪村	南坪村	东区	10.0	18	0.58	34.5	0.54	49	0.48	67.5	0.48	85.8	0.43
高平市	301	焦河村	焦河村	东区	3.2	16.2	0.52	35	0.51	52	0.5	72	0.49	90	0.46
高平市	302	酒务村	酒务村	东区	2.8	17.3	0.52	35.2	0.51	51	0.5	71	0.5	89	0.49
高平市	303	口则村	口则村	东区	6.1	17.3	0.5	35	0.49	48	0.48	71	0.46	86	0.44
高平市	304	李家河村	李家河村	东区	2.9	17	0.53	34.5	0.52	47	0.48	64	0.43	83	0.42
高平市	305	柳树底村	柳树底村	东区	13.9	17	0.49	37	0.5	52	0.52	78	0.51	100	0.48
高平市	306	南河村	南河村	东区	13.7	17.3	0.55	34	0.52	48	0.48	69	0.47	84	0.44
高平市	307	三甲南村	三甲南村	东区	71.4	17.3	0.49	36	0.48	49	0.48	72	0.48	85	0.46
高平市	308	沙院村	沙院村	东区	8.5	17	0.57	35	0.52	46	0.48	66	0.45	83	0.43
高平市	309	王家河村	王家河村	东区	4.8	17	0.58	35	0.52	47	0.47	67	0.46	83	0.43
高平市	310	吴庄村	吴庄村	东区	8.9	16.8	0.52	36.7	0.51	51.5	0.49	77.7	0.47	100.1	0.46
高平市	311	下董峰村	下董峰村	东区	13.6	16.2	0.52	35	0.51	52	0.52	76	0.51	97	0.47
高平市	312	大坡沟村	大坡沟村	东区	2.1	17	0.49	35.8	0.48	51	0.49	71.2	0.49	95.5	0.48
高平市	313	下马游村	下马游村	东区	1.8	16.4	0.49	35	0.49	52	0.48	77	0.48	95.7	0.47
高平市	314	里沟村	里沟村	东区	3.4	16.8	0.54	33.8	0.52	50.5	0.52	74.9	0.51	93.5	0.48
高平市	315	永安村	永安村	东区	3.1	16.9	0.51	34.2	0.51	50.8	0.51	74.6	0.51	93	0.48
高平市	316	下玉井村	下玉井村	东区	2.9	16.8	0.48	35	0.49	52	0.48	74.9	0.48	93	0.46
高平市	317	南陈村	南陈村	东区	192.0	17.5	0.47	35.1	0.48	52.8	0.49	74.8	0.5	92.8	0.46
高平市	318	小西沟村	小西沟村	东区	1.1	19.5	0.44	37	0.35	51	0.47	72	0.46	90	0.45
高平市	319	小会沟村	小会沟村	东区	13.1	18	0.47	35	0.48	51	0.52	78	0.51	102	0.48
高平市	320	南峪村	南峪村	东区	11.7	16.5	0.48	35	0.49	50.5	0.53	80.2	0.54	100.5	0.48
高平市	321	拌沟村	拌沟村	东区	5.4	16.8	0.5	36.2	0.5	50.8	0.52	80.2	0.53	100.9	0.48
高平市	322	西阳村	西阳村	东区	76.9	16.6	0.49	36	0.49	51.5	0.5	80	0.54	100	0.48
高平市	323	新庄村	新庄村	东区	7.9	16.2	0.55	35	0.53	53	0.51	72	0.48	90	0.46
高平市	324	邢村村	邢村村	东区	3.1	17	0.47	36	0.47	51	0.48	74	0.51	89	0.44
高平市	325	云南村	云南村	东区	4.2	17.3	0.56	35	0.54	51	0.5	69.7	0.48	87	0.43

续表 4-8

县区	序号	小流域名称	定点	水文分区	面积(km^2)	不同历时定点暴雨参数									
						10 min		60 min		6 h		24 h		3 d	
						$\overline{H}$(mm)	C_v	$\overline{H}$(mm)	C_v	$\overline{H}$(mm)	C_v	$\overline{H}$(mm)	C_v	$\overline{H}$(mm)	C_v
高平市	326	曹家村	曹家村	东区	3.8	18	0.55	34.4	0.52	46	0.46	64.8	0.44	84.3	0.41
高平市	327	冯庄村	冯庄村	东区	2.3	18.2	0.55	34.3	0.51	46	0.47	64.5	0.44	84.8	0.41
高平市	328	中村村	中村村	东区	12.2	17.3	0.44	37	0.45	51	0.47	72	0.46	90	0.45
高平市	329	小河西村	小河西村	东区	5.8	17.3	0.47	37	0.47	51	0.48	74	0.51	90	0.46
高平市	330	赵庄村	赵庄村	东区	23.9	18	0.48	35	0.49	50.5	0.5	77.8	0.53	100	0.48
高平市	331	谷口村	谷口村	东区	2.4	14.8	0.48	33.7	0.48	50	0.48	74	0.52	92	0.46
高平市	332	大西沟村	大西沟村	东区	2.1	17.2	0.46	35.8	0.45	51	0.47	75.2	0.52	94.8	0.46
高平市	333	北庄村	北庄村	东区	2.9	16	0.5	36	0.5	50.37	0.5	72.47	0.5	89.23	0.45
陵川县	334	西石门村	西石门村	东区	23.90	16.0	0.55	32.4	0.55	67.5	0.68	96.4	0.65	123.5	0.63
陵川县	335	后沟村	后沟村	东区	3.79	16.0	0.55	32.0	0.55	62.7	0.76	100.0	0.64	125.1	0.67
陵川县	336	蒲水村	蒲水村	东区	6.70	16.0	0.48	32.0	0.47	45.7	0.50	65.0	0.45	87.8	0.45
陵川县	337	沙场村	沙场村	东区	29.57	16.0	0.49	32.0	0.50	57.6	0.67	90.3	0.64	118.5	0.63
陵川县	338	瓦窑上村	瓦窑上村	东区	12.36	16.0	0.53	32.0	0.52	60.4	0.65	90.5	0.63	116.6	0.60
陵川县	339	德义村	德义村	东区	4.27	16.0	0.49	33.0	0.48	45.6	0.50	65.0	0.45	85.6	0.45
陵川县	340	赤叶河村	赤叶河村	东区	18.25	16.0	0.51	32.0	0.52	58.6	0.68	92.4	0.63	118.4	0.63
陵川县	341	杨家河村	杨家河村	东区	5.70	16.0	0.48	32.9	0.46	44.9	0.50	65.0	0.45	85.0	0.45
陵川县	342	马圈村	马圈村	东区	3.72	16.0	0.53	32.0	0.53	59.4	0.68	92.8	0.63	117.2	0.62
陵川县	343	簸箕掌村	簸箕掌村	东区	22.84	16.0	0.50	32.2	0.49	47.5	0.51	65.0	0.48	89.2	0.45
陵川县	344	双底村	双底村	东区	36.09	16.0	0.55	32.2	0.57	70.0	0.75	100.0	0.66	127.3	0.66
陵川县	345	西闸水村	西闸水村	东区	13.75	16.0	0.55	32.0	0.54	64.1	0.67	94.3	0.64	120.6	0.62
陵川县	346	六泉村	六泉村	东区	21.46	16.0	0.49	32.0	0.50	57.6	0.67	90.3	0.64	118.5	0.63
陵川县	347	双头泉村	双头泉村	东区	13.39	16.0	0.60	33.8	0.60	63.1	0.75	90.8	0.65	114.1	0.66
陵川县	348	大路沟村	大路沟村	东区	0.42	16.0	0.53	32.0	0.53	59.4	0.68	92.8	0.63	117.2	0.62
陵川县	349	寺洼	寺洼	东区	106.03	16.0	0.53	32.0	0.53	61.3	0.76	100.0	0.67	129.2	0.69
陵川县	350	岭常村	岭常村	东区	5.79	16.0	0.52	32.3	0.50	48.7	0.52	65.0	0.50	90.1	0.45
陵川县	351	石家坡村	石家坡村	东区	9.42	16.0	0.49	32.0	0.50	56.8	0.63	85.7	0.62	113.7	0.59

续表 4-8

县区	序号	小流域名称	定点	水文分区	面积 (km^2)	不同历时定点暴雨参数									
						10 min		60 min		6 h		24 h		3 d	
						$\overline{H}$(mm)	C_v	$\overline{H}$(mm)	C_v	$\overline{H}$(mm)	C_v	$\overline{H}$(mm)	C_v	$\overline{H}$(mm)	C_v
陵川县	352	炉家村	炉家村	东区	5.79	16.0	0.50	32.2	0.49	47.5	0.51	65.0	0.48	89.2	0.45
陵川县	353	琵琶河村	琵琶河村	东区	9.54	16.0	0.60	33.4	0.59	65.0	0.75	93.5	0.65	117.5	0.66
陵川县	354	武家湾村	武家湾村	东区	409.18	16.0	0.60	33.1	0.60	70.0	0.76	100.0	0.67	130.5	0.67
陵川县	355	小义井村	小义井村	东区	97.13	16.0	0.53	33.9	0.51	47.0	0.50	65.0	0.46	86.0	0.45
陵川县	356	西庄上村	西庄上村	东区	8.67	16.0	0.53	32.0	0.53	59.4	0.68	92.8	0.63	117.2	0.62
陵川县	357	桥蒋村	桥蒋村	东区	0.68	16.0	0.47	33.5	0.45	44.8	0.50	65.0	0.45	85.0	0.44
陵川县	358	北马村	北马村	东区	85.07	16.0	0.60	33.3	0.54	50.6	0.54	65.0	0.50	85.0	0.45
陵川县	359	东街村	东街村	东区	4.40	16.0	0.48	32.0	0.46	46.8	0.52	65.0	0.48	91.6	0.45
陵川县	360	掌里村	掌里村	东区	2.74	16.0	0.55	32.0	0.55	62.6	0.75	100.0	0.64	120.7	0.66
陵川县	361	土窑	土窑	东区	3.68	16.0	0.51	32.0	0.52	58.6	0.68	92.4	0.63	118.4	0.63
陵川县	362	南马村	南马村	东区	75.23	16.0	0.60	33.3	0.54	50.6	0.54	65.0	0.50	85.0	0.45
陵川县	363	北四渠村	北四渠村	东区	0.71	16.0	0.55	32.2	0.52	52.9	0.57	72.4	0.55	99.7	0.48
陵川县	364	安乐庄村	安乐庄村	东区	24.55	16.0	0.55	34.2	0.52	47.6	0.50	65.0	0.46	85.0	0.45
陵川县	365	三泉村	三泉村	东区	1.08	16.0	0.60	33.6	0.56	52.1	0.57	69.3	0.50	85.0	0.45
陵川县	366	库头村	库头村	东区	0.08	16.0	0.49	34.1	0.48	44.9	0.50	65.0	0.45	85.0	0.45
陵川县	367	阎家沟村	阎家沟村	东区	0.08	16.0	0.49	34.1	0.48	44.9	0.50	65.0	0.45	85.0	0.45
陵川县	368	北冶村	北冶村	东区	7.51	16.0	0.49	34.1	0.48	44.9	0.50	65.0	0.45	85.0	0.45
陵川县	369	泉头村	泉头村	东区	6.26	16.0	0.49	34.1	0.48	44.9	0.50	65.0	0.45	85.0	0.45
陵川县	370	岭北底村	岭北底村	东区	0.54	16.0	0.49	34.1	0.48	44.9	0.50	65.0	0.45	85.0	0.45
陵川县	371	平居村	平居村	东区	75.20	16.0	0.50	33.8	0.50	46.1	0.50	65.0	0.45	85.0	0.45
陵川县	372	凤凰村	凤凰村	东区	29.70	16.0	0.60	32.9	0.58	68.2	0.70	98.8	0.65	123.6	0.65
陵川县	373	潘家掌村	潘家掌村	东区	4.02	16.0	0.54	32.0	0.54	60.7	0.70	97.2	0.63	119.2	0.64
陵川县	374	西崖	西崖	东区	5.00	16.0	0.55	32.0	0.58	69.0	0.76	100.0	0.64	130.6	0.68
陵川县	375	马武寨村	马武寨村	东区	0.24	16.0	0.55	32.0	0.58	67.8	0.76	100.0	0.65	125.7	0.66
陵川县	376	南掌	南掌	东区	21.27	16.0	0.48	32.0	0.49	56.4	0.66	87.3	0.64	117.3	0.62
陵川县	377	东岸上村	东岸上村	东区	1.06	16.0	0.48	32.0	0.49	56.4	0.66	87.3	0.64	117.3	0.62

续表 4-8

县区	序号	小流域名称	定点	水文分区	面积（km^2）	不同历时定点暴雨参数									
						10 min		60 min		6 h		24 h		3 d	
						$\overline{H}$(mm)	C_v	$\overline{H}$(mm)	C_v	$\overline{H}$(mm)	C_v	$\overline{H}$(mm)	C_v	$\overline{H}$(mm)	C_v
陵川县	378	申家沟村	申家沟村	东区	0.27	16.0	0.49	34.1	0.48	44.9	0.50	65.0	0.45	85.0	0.45
陵川县	379	和家脚村	和家脚村	东区	32.49	16.0	0.49	33.0	0.48	45.6	0.50	65.0	0.45	85.6	0.45
陵川县	380	金家岭村	金家岭村	东区	5.55	16.0	0.48	32.0	0.47	45.7	0.50	65.0	0.45	87.8	0.45
陵川县	381	东瑶泉村	东瑶泉村	东区	5.79	16.0	0.60	33.3	0.58	54.0	0.65	73.7	0.55	90.8	0.55
陵川县	382	北山村	北山村	东区	0.08	16.0	0.49	34.1	0.48	44.9	0.50	65.0	0.45	85.0	0.45
陵川县	383	流水沟	流水沟	东区	0.35	16.3	0.57	31.5	0.58	65.0	0.77	103.0	0.65	134.0	0.68
陵川县	384	大河口	大河口	东区	2.09	16.3	0.57	31.5	0.58	65.0	0.77	103.0	0.65	134.0	0.68
陵川县	385	东崖	东崖	东区	5.10	16.0	0.55	32.0	0.58	69.0	0.76	100.0	0.64	130.6	0.68
陵川县	386	井坡村	井坡村	东区	1.26	16.0	0.60	32.7	0.53	52.5	0.57	70.0	0.55	93.8	0.47
陵川县	387	九光村	九光村	东区	14.05	16.0	0.54	32.0	0.52	60.6	0.63	87.6	0.61	114.8	0.58
陵川县	388	咀上	咀上	东区	105.73	16.0	0.53	32.0	0.53	61.3	0.76	100.0	0.67	129.2	0.69
陵川县	389	昆山	昆山	东区	11.64	16.3	0.57	31.5	0.58	65.0	0.77	103.0	0.65	134.0	0.68
陵川县	390	岭后村	岭后村	东区	75.23	16.0	0.50	33.8	0.50	46.1	0.50	65.0	0.45	85.0	0.45
陵川县	391	庄洼	庄洼	东区	0.36	16.3	0.57	31.5	0.58	65.0	0.77	103.0	0.65	134.0	0.68
陵川县	392	吕家河村	吕家河村	东区	0.41	16.0	0.60	33.4	0.56	52.1	0.58	69.5	0.50	85.0	0.45
陵川县	393	秦家庄村	秦家庄村	东区	8.60	16.0	0.48	33.0	0.47	45.0	0.50	65.0	0.45	86.0	0.45
陵川县	394	桑树河村	桑树河村	东区	0.08	16.0	0.49	34.1	0.48	44.9	0.50	65.0	0.45	85.0	0.45
陵川县	395	西街村	西街村	东区	2.24	16.0	0.55	34.1	0.52	48.2	0.50	65.0	0.48	85.7	0.45
陵川县	396	下石马郊	下石马郊	东区	5.70	16.0	0.49	32.0	0.48	48.0	0.52	65.0	0.48	91.0	0.45
陵川县	397	大河口	大河口	东区	0.36	16.0	0.57	31.0	0.60	70.0	0.78	105.0	0.65	135.0	0.68
陵川县	398	圪塔村	圪塔村	东区	15.50	16.7	0.57	32.1	0.56	53.8	0.57	80.0	0.53	108.5	0.47
陵川县	399	锡崖沟村	锡崖沟村	东区	10.24	16.0	0.55	32.0	0.58	69.0	0.76	100.0	0.64	130.6	0.68
陵川县	400	西沟村	西沟村	东区	1.36	16.0	0.55	32.4	0.51	49.7	0.54	65.0	0.50	92.4	0.45
陵川县	401	河头村	河头村	东区	5.79	16.0	0.52	32.3	0.50	48.7	0.52	65.0	0.50	90.1	0.45
陵川县	402	河头庄村	河头庄村	东区	5.79	16.0	0.52	32.3	0.50	48.7	0.52	65.0	0.50	90.1	0.45
陵川县	403	东谷村	东谷村	东区	5.79	16.0	0.60	32.7	0.53	52.5	0.57	70.0	0.55	93.8	0.47
陵川县	404	吴水村	吴水村	东区	0.65	16.0	0.60	32.7	0.53	52.5	0.57	70.0	0.55	93.8	0.47

续表 4-8

县区	序号	小流域名称	定点	水文分区	面积(km^2)	不同历时定点暴雨参数									
						10 min		60 min		6 h		24 h		3 d	
						$\overline{H}$(mm)	C_v	$\overline{H}$(mm)	C_v	$\overline{H}$(mm)	C_v	$\overline{H}$(mm)	C_v	$\overline{H}$(mm)	C_v
陵川县	405	南垛村	南垛村	东区	0.75	16.0	0.60	32.7	0.53	52.5	0.57	70.0	0.55	93.8	0.47
陵川县	406	张庄村	张庄村	东区	5.79	16.0	0.55	32.5	0.53	52.7	0.57	71.1	0.55	96.7	0.48
陵川县	407	尉寨村	尉寨村	东区	5.79	16.0	0.55	32.4	0.51	49.7	0.54	65.0	0.50	92.4	0.45
陵川县	408	龙泉村	龙泉村	东区	5.79	16.0	0.60	32.7	0.53	52.5	0.57	70.0	0.55	93.8	0.47
陵川县	409	野川底村	野川底村	东区	0.29	16.0	0.53	33.9	0.51	47.0	0.50	65.0	0.46	86.0	0.45
陵川县	410	西善底	西善底	东区	1.60	16.0	0.48	32.0	0.47	45.7	0.50	65.0	0.45	87.8	0.45
陵川县	411	神后底	神后底	东区	0.23	16.0	0.48	32.0	0.47	45.7	0.50	65.0	0.45	87.8	0.45
陵川县	412	北召村	北召村	东区	46.86	16.0	0.48	32.0	0.47	49.8	0.55	72.8	0.55	99.1	0.50
陵川县	413	塔水河村	塔水河村	东区	19.54	16.0	0.60	33.8	0.60	59.7	0.75	85.5	0.65	106.5	0.65
陵川县	414	勤泉村	勤泉村	东区	3.00	16.0	0.60	33.7	0.60	65.6	0.75	94.6	0.66	118.3	0.66
陵川县	415	岭东村	岭东村	东区	7.20	16.0	0.55	32.0	0.55	62.7	0.76	100.0	0.64	125.1	0.67
陵川县	416	汲好水村	汲好水村	东区	15.13	16.0	0.55	32.0	0.55	62.7	0.76	100.0	0.64	125.1	0.67
陵川县	417	分水岭村	分水岭村	东区	0.30	16.0	0.60	32.2	0.59	70.0	0.75	100.0	0.66	129.1	0.66
陵川县	418	下河村	下河村	东区	3.97	16.0	0.48	32.0	0.49	56.4	0.66	87.3	0.64	117.3	0.62
陵川县	419	原庄村	原庄村	东区	0.79	16.0	0.48	32.9	0.46	44.9	0.50	65.0	0.45	85.0	0.45
陵川县	420	庞家川村	庞家川村	东区	33.30	16.0	0.49	33.0	0.48	45.6	0.50	65.0	0.45	85.6	0.45
陵川县	421	小西河底	小西河底	东区	5.79	16.0	0.55	32.4	0.51	49.7	0.54	65.0	0.50	92.4	0.45
陵川县	422	周家铺	周家铺	东区	1.80	16.0	0.57	31.0	0.60	70.0	0.78	105.0	0.65	135.0	0.68
陵川县	423	古石村	古石村	东区	138.55	16.0	0.60	33.0	0.60	70.0	0.75	100.0	0.66	129.9	0.66
陵川县	424	灵岩寺村	灵岩寺村	东区	133.83	16.0	0.60	33.0	0.60	70.0	0.75	100.0	0.66	129.9	0.66
陵川县	425	苏家井村	苏家井村	东区	8.31	16.0	0.55	32.1	0.54	64.7	0.65	92.0	0.63	119.4	0.60
陵川县	426	段家庄村	段家庄村	东区	37.40	16.0	0.60	32.5	0.57	70.0	0.70	100.0	0.66	127.0	0.66
陵川县	427	高家井上	高家井上	东区	6.60	16.0	0.50	32.0	0.52	57.0	0.66	89.0	0.63	116.0	0.61
陵川县	428	浙水	浙水	东区	21.39	16.8	0.48	30.7	0.48	57.0	0.63	85.0	0.61	114.0	0.60
陵川县	429	西脚村	西脚村	东区	46.90	16.0	0.48	33.0	0.47	45.0	0.50	65.0	0.45	86.0	0.45
陵川县	430	横水村	横水村	东区	23.00	16.0	0.56	32.0	0.56	67.0	0.68	97.0	0.65	124.0	0.65

续表 4-8

县区	序号	小流域名称	定点	水文分区	面积（km^2）	不同历时定点暴雨参数									
						10 min		60 min		6 h		24 h		3 d	
						$\overline{H}$(mm)	C_v	$\overline{H}$(mm)	C_v	$\overline{H}$(mm)	C_v	$\overline{H}$(mm)	C_v	$\overline{H}$(mm)	C_v
陵川县	431	秦家河村	秦家河村	东区	0.95	16.0	0.48	32.0	0.48	48.0	0.52	65.0	0.47	90.0	0.45
陵川县	432	苏家湾	苏家湾	东区	5.70	16.7	0.52	32.1	0.53	53.8	0.63	80.0	0.60	108.5	0.57
陵川县	433	松庙村	松庙村	东区	54.88	15.5	0.52	30.0	0.54	58.0	0.68	93.0	0.61	117.0	0.62
陵川县	434	上上河村	上上河村	东区	20.56	16.6	0.55	31.3	0.56	61.0	0.71	97.0	0.63	117.0	0.63
陵川县	435	古郊村	古郊村	东区	33.83	16.7	0.60	31.5	0.60	61.0	0.70	97.0	0.60	117.0	0.60
晋城城区	436	刘家川村	北石店河 6	东区	24.9	16	0.51	30	0.5	45.2	0.5	60	0.49	80	0.48
晋城城区	437	小车渠村	北石店河 1	东区	3.1	16	0.51	30	0.5	43.8	0.5	58.6	0.49	79.8	0.48
晋城城区	438	七岭店村	北石店河 8	东区	6.6	15.8	0.5	28.6	0.5	43.5	0.49	57	0.48	78	0.47
晋城城区	439	道头村	道头沟 1	东区	1.6	16	0.51	25	0.5	50	0.49	55	0.47	80	0.46
晋城城区	440	东武匠村	东武匠沟 1	东区	1.0	16.4	0.51	31.8	0.5	52.3	0.49	68.4	0.48	86.4	0.47
晋城城区	441	寺底村	白水河 2	东区	121.3	16	0.51	30.1	0.5	47.8	0.5	61.4	0.48	81.6	0.46
晋城城区	442	南大街社区	东河 2	东区	8.9	16	0.5	28.8	0.5	40.3	0.49	52.8	0.48	76.3	0.47
晋城城区	443	泰森社区	泰森社区 1	东区	25.2	16	0.5	30	0.5	42.1	0.49	52.8	0.48	76.8	0.48
晋城城区	444	景德桥社区	书院河 2	东区	42.6	16	0.5	30	0.5	43.6	0.49	53.6	0.48	76.4	0.48
晋城城区	445	驿后社区	东河 3	东区	11.5	16	0.5	30	0.5	43.8	0.49	56.4	0.48	78.6	0.48
晋城城区	446	东后河社区	东河 1	东区	6.7	16	0.5	30	0.5	43.8	0.49	56.4	0.48	76.3	0.47
晋城城区	447	古书院矿	书院河 2	东区	7.5	16	0.5	30	0.5	43.2	0.49	56.3	0.49	76.4	0.48
晋城城区	448	中后河社区	东河 1	东区	6.7	16	0.5	30	0.5	43.8	0.49	56.4	0.48	76.3	0.47
晋城城区	449	晓庄社区	晓庄 1	东区	2.3	15.8	0.5	28.6	0.49	41.7	0.49	54.3	0.48	72.6	0.47
晋城城区	450	西谢匠社区	西谢匠 1	东区	3.6	15.8	0.5	28.8	0.49	42.6	0.48	53.8	0.48	72.6	0.47
晋城城区	451	上辇社区	上辇 1	东区	10.8	15.8	0.5	30	0.5	43.6	0.49	59	0.48	78.4	0.47
晋城城区	452	下辇社区	下辇 1	东区	11.6	16	0.5	30	0.49	43	0.48	61	0.47	72	0.46
晋城城区	453	西武匠村	白水河 4	东区	83.0	15.6	0.5	29	0.49	41	0.48	57	0.47	71	0.46
			西武匠 1	东区	100.8	16	0.5	30	0.49	43	0.48	59	0.47	73	0.47
晋城城区	454	小白水村	白水河 3	东区	88.7	15.6	0.5	28	0.49	40	0.48	51	0.47	67	0.46
			小白水 1	东区	94.6	16	0.5	29	0.49	41	0.48	53	0.47	69	0.47

续表 4-8

县区	序号	小流域名称	定点	水文分区	面积(km^2)	不同历时定点暴雨参数									
						10 min		60 min		6 h		24 h		3 d	
						$\overline{H}$(mm)	C_v	$\overline{H}$(mm)	C_v	$\overline{H}$(mm)	C_v	$\overline{H}$(mm)	C_v	$\overline{H}$(mm)	C_v
晋城城区	455	河东社区	白水河 1	东区	111.1	16	0.51	28.6	0.5	48.3	0.49	58.6	0.48	79.4	0.47
晋城城区	456	西马匠社区	西马匠 1	东区	14.3	16	0.5	28.3	0.5	46.4	0.49	56.2	0.48	78.6	0.47
晋城城区	457	夏匠村	西河 1	东区	12.8	16	0.5	28.7	0.5	43.1	0.49	54.3	0.48	78.6	0.48
晋城城区	458	坡底村	坡底 1	东区	1.3	16	0.5	30	0.49	43	0.48	60	0.47	73	0.46
晋城城区	459	小后河社区	西河 2	东区	34.9	16	0.5	30	0.49	43	0.48	60	0.47	73	0.46
晋城城区	460	苗匠村	苗匠 1	东区	13.5	16	0.5	28.3	0.5	43.2	0.49	53.4	0.48	78.3	0.47
晋城城区	461	冯匠村	苗匠 1	东区	13.5	16	0.5	28.3	0.5	43.2	0.49	53.4	0.48	78.3	0.47
晋城城区	462	郜匠村	苗匠 1	东区	13.5	16	0.5	28.3	0.5	43.2	0.49	53.4	0.48	78.3	0.47
晋城城区	463	岗头村	岗头 1	东区	14.3	16	0.5	30	0.49	44	0.48	60	0.47	73	0.46
晋城城区	464	叶家河村	叶家河 1	东区	1.8	16	0.5	26.3	0.49	41.8	0.49	52.2	0.48	72.6	0.47
晋城城区	465	吴家沟村	叶家河 1	东区	1.8	16	0.5	26.3	0.49	41.8	0.49	52.2	0.48	72.6	0.47
晋城城区	466	牛山村	书院河 1	东区	4.1	15.8	0.5	28.6	0.5	41.3	0.49	53.6	0.48	73.2	0.47
晋城城区	467	二圣头社区	二圣头 1	东区	2.9	16	0.5	27.4	0.5	40.7	0.49	52.4	0.48	73.8	0.47
晋城城区	468	耿窑社区	南村河 1	东区	57.8	16	0.5	30	0.49	41.3	0.48	56.7	0.48	73.4	0.47
晋城城区	469	金匠社区	南村河 2	东区	2.0	16	0.5	28.4	0.49	41.3	0.48	51.4	0.47	70.4	0.46
晋城城区	470	司徒村	北石店河 9	东区	9.3	16	0.5	29.2	0.49	43.8	0.49	58.6	0.48	79	0.47
晋城城区	471	南石店村	北石店河 5	东区	21.2	16	0.5	30	0.49	47	0.48	63	0.47	75	0.46
晋城城区	472	大车渠村	北石店河 2	东区	6.4	16	0.5	30	0.49	47	0.48	63	0.47	77	0.46
晋城城区	473	窑头村	北石店河 3	东区	11.4	16	0.5	30	0.49	49	0.48	63	0.47	78	0.46
晋城城区	474	鸿春村	北石店河 4	东区	16.5	16	0.5	28.6	0.49	42.3	0.49	55.7	0.48	78.6	0.48
晋城城区	475	中河东村	北石店河 7	东区	6.6	16	0.5	30	0.49	49	0.48	63	0.47	78	0.46

表 4-9　晋城市设计暴雨成果表

县区	序号	村落名称	历时	均值 $\overline{H}$ (mm)	变差系数 C_v	C_s/C_v	不同重现期的雨量(mm)				
							100 年($H_{1\%}$)	50 年($H_{2\%}$)	20 年($H_{5\%}$)	10 年($H_{10\%}$)	5 年($H_{20\%}$)
阳城县	1	白桑村	10 min	16	0.55	3.5	47.0	41.1	33.3	27.4	21.5
			60 min	31.2	0.54	3.5	91.0	79.7	64.7	53.3	41.8
			6 h	49.5	0.55	3.5	145.5	127.3	103.2	84.8	66.4
			24 h	74	0.54	3.5	214.1	187.7	152.7	126.0	99.0
			3 d	104	0.59	3.5	327.3	283.9	226.7	183.6	140.7
阳城县	2	芪底村北香台	10 min	16.1	0.56	3.5	48.2	42.1	34.0	27.8	21.6
			60 min	31.5	0.54	3.5	91.1	79.9	65.0	53.6	42.1
			6 h	48	0.54	3.5	140.6	123.1	99.8	82.2	64.3
			24 h	75	0.52	3.5	211.9	186.3	152.3	126.3	100.0
			3 d	105	0.56	3.5	315.8	275.5	222.2	181.8	141.2
阳城县	3	淇汭村东头村	10 min	16	0.54	3.5	46.5	40.8	33.1	27.3	21.4
			60 min	31.8	0.56	3.5	95.6	83.4	67.3	55.1	42.8
			6 h	49.8	0.55	3.5	147.5	128.9	104.3	85.6	66.8
			24 h	74.1	0.54	3.5	216.1	189.2	153.7	126.6	99.2
			3 d	103.4	0.57	3.5	315.7	274.9	221.0	180.2	139.4
阳城县	4	淇汭村杜沟	10 min	15.6	0.51	3.5	43.4	38.2	31.4	26.1	20.7
			60 min	31.3	0.55	3.5	92.7	81.0	65.6	53.8	42.0
			6 h	49.5	0.54	3.5	144.3	126.4	102.6	84.6	66.3
			24 h	74	0.54	3.5	214.1	187.7	152.7	126.0	99.0
			3 d	102.3	0.56	3.5	307.6	268.4	216.5	177.1	137.6
阳城县	5	洽村村圪嘴村	10 min	15.9	0.55	3.5	46.7	40.9	33.1	27.3	21.3
			60 min	32	0.56	3.5	96.2	84.0	67.7	55.4	43.0
			6 h	50	0.56	3.5	150.4	131.2	105.8	86.6	67.3
			24 h	74.3	0.55	3.5	220.0	192.4	155.7	127.8	99.7
			3 d	103.1	0.54	3.5	300.6	263.3	213.8	176.1	138.1
阳城县	6	张庄村	10 min	16.1	0.55	3.5	47.4	41.4	33.6	27.6	21.5
			60 min	31.2	0.54	3.5	91.0	79.7	64.7	53.3	41.8
			6 h	50	0.55	3.5	147.6	129.1	104.5	85.9	67.1
			24 h	74.5	0.54	3.5	217.2	190.3	154.5	127.3	99.8
			3 d	105	0.6	3.5	332.9	288.5	230.0	185.9	142.2

续表 4-9

县区	序号	村落名称	历时	均值 $\overline{H}$ (mm)	变差系数 C_v	C_s/C_v	不同重现期的雨量(mm)				
							100 年($H_{1\%}$)	50 年($H_{2\%}$)	20 年($H_{5\%}$)	10 年($H_{10\%}$)	5 年($H_{20\%}$)
阳城县	7	沟底村	10 min	16.1	0.59	3.5	50.5	43.8	35.0	28.4	21.8
			60 min	32.1	0.52	3.5	90.6	79.6	65.1	54.0	42.7
			6 h	44.5	0.53	3.5	127.7	112.1	91.3	75.5	59.5
			24 h	68.4	0.48	3.5	179.6	159.4	132.4	111.5	90.0
			3 d	94	0.5	3.5	255.1	225.5	185.9	155.5	124.4
阳城县	8	沟底村大端	10 min	15.6	0.61	3.5	50.6	43.7	34.7	27.9	21.2
			60 min	32.8	0.53	3.5	93.4	82.1	67.0	55.4	43.8
			6 h	50	0.61	3.5	160.9	139.1	110.6	89.1	67.8
			24 h	84	0.57	3.5	256.5	223.4	179.5	146.4	113.2
			3 d	113.5	0.58	3.5	351.8	305.8	245.0	199.1	153.3
阳城县	9	后河村	10 min	16.1	0.61	3.5	51.9	44.9	35.7	28.7	21.9
			60 min	32.5	0.52	3.5	92.3	81.1	66.2	54.9	43.3
			6 h	44.8	0.54	3.5	130.6	114.4	92.9	76.5	60.0
			24 h	70.5	0.5	3.5	192.9	170.3	140.2	117.1	93.5
			3 d	100	0.51	3.5	275.8	243.3	199.9	166.6	132.8
阳城县	10	逯河村	10 min	14.5	0.54	3.5	41.9	36.8	29.9	24.7	19.4
			60 min	30.8	0.6	3.5	98.4	85.2	67.8	54.7	41.7
			6 h	52.6	0.65	3.5	180.5	154.9	121.3	96.2	71.8
			24 h	69	0.67	3.5	243.5	208.1	161.9	127.7	94.3
			3 d	96	0.62	3.5	315.7	272.3	215.3	172.6	130.5
阳城县	11	前凹村下河	10 min	16	0.57	3.5	48.9	42.5	34.2	27.9	21.6
			60 min	31.9	0.55	3.5	94.9	82.9	67.0	55.0	42.8
			6 h	46	0.53	3.5	132.0	115.9	94.4	78.0	61.5
			24 h	74	0.53	3.5	212.3	186.3	151.8	125.5	98.8
			3 d	102.5	0.55	3.5	303.5	265.4	214.7	176.3	137.6
阳城县	12	营东村沟西	10 min	16.2	0.58	3.5	50.2	43.6	35.0	28.4	21.9
			60 min	32	0.58	3.5	99.2	86.2	69.1	56.1	43.2
			6 h	45.7	0.54	3.5	133.2	116.7	94.8	78.1	61.2
			24 h	70.5	0.46	3.5	180.6	160.8	134.2	113.6	92.4
			3 d	103.5	0.49	3.5	278.6	246.5	203.6	170.6	136.8

续表 4-9

县区	序号	村落名称	历时	均值 $\overline{H}$ (mm)	变差系数 C_v	C_s/C_v	不同重现期的雨量(mm)				
							100 年($H_{1\%}$)	50 年($H_{2\%}$)	20 年($H_{5\%}$)	10 年($H_{10\%}$)	5 年($H_{20\%}$)
阳城县	13	周壁村	10 min	13.8	0.56	3.5	41.2	36.0	29.1	23.8	18.5
			60 min	31	0.56	3.5	93.2	81.3	65.6	53.7	41.7
			6 h	52.2	0.61	3.5	168.7	145.8	115.8	93.2	70.8
			24 h	72.5	0.64	3.5	243.6	209.5	164.9	131.5	98.7
			3 d	100.3	0.61	3.5	324.6	280.6	222.6	179.1	136.1
阳城县	14	柴凹村五龙沟	10 min	16	0.56	3.5	48.3	42.2	34.0	27.8	21.5
			60 min	31	0.54	3.5	90.1	79.0	64.2	52.9	41.5
			6 h	45.5	0.55	3.5	133.7	117.0	94.8	78.0	61.0
			24 h	70	0.5	3.5	190.0	167.9	138.4	115.8	92.7
			3 d	97.8	0.54	3.5	282.9	248.1	201.8	166.5	130.8
阳城县	15	町店村	10 min	14	0.57	3.5	42.7	37.2	29.9	24.4	18.9
			60 min	31.2	0.57	3.5	95.3	83.0	66.7	54.4	42.1
			6 h	51	0.62	3.5	167.7	144.7	114.4	91.7	69.3
			24 h	67.5	0.72	3.5	254.8	215.9	165.3	128.1	92.5
			3 d	93	0.7	3.5	341.9	290.6	224.0	174.8	127.3
			10 min	13.5	0.62	3.5	44.4	38.3	30.3	24.3	18.3
			60 min	31	0.63	3.5	103.4	89.0	70.2	56.1	42.2
			6 h	51.5	0.63	3.5	171.8	147.9	116.6	93.1	70.1
			24 h	67.5	0.72	3.5	254.8	215.9	165.3	128.1	92.5
			3 d	92.5	0.7	3.5	340.0	289.1	222.8	173.9	126.6
			10 min	13.5	0.56	3.5	40.3	35.2	28.4	23.3	18.1
			60 min	30	0.58	3.5	93.0	80.8	64.8	52.6	40.5
			6 h	52	0.64	3.5	150.4	131.9	107.3	88.5	69.6
			24 h	69.5	0.65	3.5	238.5	204.6	160.2	127.2	94.8
			3 d	94.5	0.61	3.5	304.5	263.3	209.2	168.5	128.2
阳城县	16	焦庄村花沟	10 min	15.6	0.56	3.5	46.5	40.6	32.8	26.8	20.9
			60 min	30.9	0.54	3.5	90.2	79.0	64.1	52.8	41.4
			6 h	46	0.55	3.5	135.4	118.4	96.0	78.9	61.7
			24 h	70	0.5	3.5	191.5	169.1	139.2	116.2	92.8
			3 d	97.2	0.55	3.5	285.6	249.9	202.6	166.6	130.3

续表 4-9

县区	序号	村落名称	历时	均值 $\overline{H}$ (mm)	变差系数 C_v	C_s/C_v	不同重现期的雨量(mm)				
							100 年($H_{1\%}$)	50 年($H_{2\%}$)	20 年($H_{5\%}$)	10 年($H_{10\%}$)	5 年($H_{20\%}$)
阳城县	17	凌家沟村	10 min	15	0.55	3.5	44.4	38.8	31.4	25.8	20.1
			60 min	30.8	0.55	3.5	90.4	79.1	64.1	52.7	41.2
			6 h	46	0.55	3.5	135.8	118.8	96.2	79.0	61.7
			24 h	69.5	0.52	3.5	194.8	171.5	140.4	116.7	92.5
			3 d	95	0.54	3.5	277.0	242.6	197.0	162.3	127.2
阳城县	18	上黄岩村	10 min	14	0.57	3.5	42.7	37.2	29.9	24.4	18.9
			60 min	31.2	0.57	3.5	95.3	83.0	66.7	54.4	42.1
			6 h	51	0.62	3.5	167.7	144.7	114.4	91.7	69.3
			24 h	67.5	0.72	3.5	254.8	215.9	165.3	128.1	92.5
			3 d	93	0.7	3.5	341.9	290.6	224.0	174.8	127.3
			10 min	13.5	0.56	3.5	40.3	35.2	28.4	23.3	18.1
			60 min	30	0.58	3.5	93.0	80.8	64.8	52.6	40.5
			6 h	52	0.64	3.5	174.7	150.3	118.3	94.3	70.8
			24 h	69.5	0.65	3.5	238.5	204.6	160.2	127.2	94.8
			3 d	94.5	0.61	3.5	304.0	263.0	209.0	168.4	128.2
			10 min	13.5	0.62	3.5	44.4	38.3	30.3	24.3	18.3
			60 min	31	0.63	3.5	103.4	89.0	70.2	56.1	42.2
			6 h	51.5	0.63	3.5	171.8	147.9	116.6	93.1	70.1
			24 h	67.5	0.72	3.5	254.8	215.9	165.3	128.1	92.5
			3 d	92.5	0.7	3.5	340.0	289.1	222.8	173.9	126.6
阳城县	19	张沟村	10 min	16	0.55	3.5	47.6	41.6	33.7	27.6	21.5
			60 min	31.3	0.54	3.5	91.4	80.0	64.9	53.5	41.9
			6 h	46.5	0.55	3.5	137.5	120.2	97.3	79.9	62.4
			24 h	73	0.51	3.5	203.0	178.9	146.7	122.1	97.0
			3 d	100.5	0.55	3.5	297.6	260.2	210.5	172.8	134.9
阳城县	20	中峪村 李家庄	10 min	16.1	0.57	3.5	49.2	42.8	34.4	28.0	21.6
			60 min	31.5	0.54	3.5	91.4	80.1	65.1	53.7	42.2
			6 h	44.9	0.55	3.5	131.9	115.5	93.6	77.0	60.2
			24 h	71	0.49	3.5	191.1	169.1	139.7	117.0	93.9
			3 d	99	0.52	3.5	279.7	246.0	201.1	166.8	131.9

续表 4-9

县区	序号	村落名称	历时	均值 $\overline{H}$ (mm)	变差系数 C_v	C_s/C_v	不同重现期的雨量(mm)				
							100年($H_{1\%}$)	50年($H_{2\%}$)	20年($H_{5\%}$)	10年($H_{10\%}$)	5年($H_{20\%}$)
阳城县	21	蒿峪村	10 min	13.8	0.62	3.5	45.4	39.1	31.0	24.8	18.8
			60 min	31.3	0.63	3.5	104.4	89.9	70.9	56.6	42.6
			6 h	51.5	0.63	3.5	171.8	147.9	116.6	93.1	70.1
			24 h	66.5	0.72	3.5	251.0	212.7	162.9	126.2	91.1
			3 d	92	0.7	3.5	338.2	287.5	221.6	172.9	126.0
			10 min	13	0.54	3.5	37.9	33.2	27.0	22.2	17.4
			60 min	29	0.53	3.5	83.2	73.1	59.5	49.2	38.7
			6 h	47.5	0.62	3.5	156.2	134.7	106.5	85.4	64.6
			24 h	67.5	0.64	3.5	228.4	196.3	154.2	122.8	92.0
			3 d	92	0.62	3.5	302.5	260.9	206.3	165.4	125.0
			10 min	13.5	0.55	3.5	40.0	34.9	28.3	23.2	18.1
			60 min	29.5	0.55	3.5	87.4	76.4	61.8	50.7	39.6
			6 h	42.5	0.61	3.5	137.7	119.0	94.4	76.0	57.7
			24 h	69	0.65	3.5	236.8	203.1	159.1	126.2	94.1
			3 d	92.5	0.6	3.5	295.4	255.8	203.6	164.3	125.3
			10 min	14	0.53	3.5	40.2	35.3	28.7	23.7	18.7
			60 min	30	0.54	3.5	87.5	76.6	62.2	51.2	40.2
			6 h	42.5	0.56	3.5	127.8	111.5	89.9	73.6	57.2
			24 h	69.5	0.55	3.5	205.8	179.9	145.6	119.5	93.3
			3 d	95	0.55	3.5	281.3	245.9	199.0	163.4	127.5
阳城县	22	美泉村	10 min	13.8	0.62	3.5	45.4	39.1	31.0	24.8	18.8
			60 min	31.3	0.63	3.5	104.4	89.9	70.9	56.6	42.6
			6 h	51.5	0.63	3.5	170.8	147.1	115.9	92.6	69.7
			24 h	66.5	0.72	3.5	251.0	212.7	162.9	126.2	91.1
			3 d	92	0.7	3.5	338.2	287.5	221.6	172.9	126.0
			10 min	13	0.54	3.5	37.9	33.2	27.0	22.2	17.4
			60 min	29	0.53	3.5	83.2	73.1	59.5	49.2	38.7
			6 h	47.5	0.62	3.5	156.2	134.7	106.5	85.4	64.6
			24 h	67.5	0.64	3.5	228.4	196.3	154.2	122.8	92.0
			3 d	92	0.62	3.5	302.5	260.9	206.3	165.4	125.0

续表 4-9

县区	序号	村落名称	历时	均值 $\overline{H}$ (mm)	变差系数 C_v	C_s/C_v	不同重现期的雨量(mm)				
							100 年($H_{1\%}$)	50 年($H_{2\%}$)	20 年($H_{5\%}$)	10 年($H_{10\%}$)	5 年($H_{20\%}$)
阳城县	22	美泉村	10 min	13.5	0.55	3.5	40.0	34.9	28.3	23.2	18.1
			60 min	29.5	0.55	3.5	87.4	76.4	61.8	50.7	39.6
			6 h	42.5	0.61	3.5	137.7	119.0	94.4	76.0	57.7
			24 h	69	0.65	3.5	236.8	203.1	159.1	126.2	94.1
			3 d	92.5	0.6	3.5	295.4	255.8	203.6	164.3	125.3
			10 min	14	0.53	3.5	40.2	35.3	28.7	23.7	18.7
			60 min	30	0.54	3.5	87.5	76.6	62.2	51.2	40.2
			6 h	42.5	0.56	3.5	127.8	111.5	89.9	73.6	57.2
			24 h	69.5	0.55	3.5	205.8	179.9	145.6	119.5	93.3
			3 d	95	0.55	3.5	281.3	245.9	199.0	163.4	127.5
阳城县	23	上孔寨村	10 min	13.8	0.62	3.5	45.4	39.1	31.0	24.8	18.8
			60 min	31.3	0.63	3.5	104.4	89.9	70.9	56.6	42.6
			6 h	51.5	0.63	3.5	171.8	147.9	116.6	93.1	70.1
			24 h	66.5	0.72	3.5	251.0	212.7	162.9	126.2	91.1
			3 d	92	0.7	3.5	338.2	287.5	221.6	172.9	126.0
			10 min	13	0.54	3.5	37.9	33.2	27.0	22.2	17.4
			60 min	29	0.53	3.5	83.2	73.1	59.5	49.2	38.7
			6 h	47.5	0.62	3.5	156.2	134.7	106.5	85.4	64.6
			24 h	67.5	0.64	3.5	228.4	196.3	154.2	122.8	92.0
			3 d	92	0.62	3.5	302.5	260.9	206.3	165.4	125.0
			10 min	13.5	0.55	3.5	40.0	34.9	28.3	23.2	18.1
			60 min	29.5	0.55	3.5	87.4	76.4	61.8	50.7	39.6
			6 h	42.5	0.61	3.5	137.7	119.0	94.4	76.0	57.7
			24 h	69	0.65	3.5	236.8	203.1	159.1	126.2	94.1
			3 d	92.5	0.6	3.5	295.4	255.8	203.6	164.3	125.3
			10 min	15.6	0.56	3.5	46.5	40.6	32.8	26.8	20.9
			60 min	30.9	0.54	3.5	90.2	79.0	64.1	52.8	41.4
			6 h	46	0.55	3.5	135.4	118.4	96.0	78.9	61.7
			24 h	70	0.5	3.5	191.5	169.1	139.2	116.2	92.8
			3 d	97.2	0.55	3.5	285.6	249.9	202.6	166.6	130.3

续表 4-9

县区	序号	村落名称	历时	均值 $\overline{H}$ (mm)	变差系数 C_v	C_s/C_v	不同重现期的雨量(mm)				
							100 年($H_{1\%}$)	50 年($H_{2\%}$)	20 年($H_{5\%}$)	10 年($H_{10\%}$)	5 年($H_{20\%}$)
阳城县	24	下孔寨村	10 min	13.8	0.62	3.5	45.4	39.1	31.0	24.8	18.8
			60 min	31.3	0.63	3.5	104.4	89.9	70.9	56.6	42.6
			6 h	51.5	0.63	3.5	171.8	147.9	116.6	93.1	70.1
			24 h	66.5	0.72	3.5	251.0	212.7	162.9	126.2	91.1
			3 d	92	0.7	3.5	338.2	287.5	221.6	172.9	126.0
			10 min	13	0.54	3.5	37.9	33.2	27.0	22.2	17.4
			60 min	29	0.53	3.5	83.2	73.1	59.5	49.2	38.7
			6 h	47.5	0.62	3.5	156.2	134.7	106.5	85.4	64.6
			24 h	67.5	0.64	3.5	228.4	196.3	154.2	122.8	92.0
			3 d	92	0.62	3.5	302.5	260.9	206.3	165.4	125.0
			10 min	13.5	0.55	3.5	40.0	34.9	28.3	23.2	18.1
			60 min	29.5	0.55	3.5	87.4	76.4	61.8	50.7	39.6
			6 h	42.5	0.61	3.5	137.7	119.0	94.4	76.0	57.7
			24 h	69	0.65	3.5	236.8	203.1	159.1	126.2	94.1
			3 d	92.5	0.6	3.5	295.4	255.8	203.6	164.3	125.3
			10 min	15.6	0.56	3.5	46.5	40.6	32.8	26.8	20.9
			60 min	30.9	0.54	3.5	90.2	79.0	64.1	52.8	41.4
			6 h	46	0.55	3.5	135.4	118.4	96.0	78.9	61.7
			24 h	70	0.5	3.5	191.5	169.1	139.2	116.2	92.8
			3 d	97.2	0.55	3.5	285.6	249.9	202.6	166.6	130.3
阳城县	25	小庄村	10 min	13.8	0.62	3.5	45.4	39.1	31.0	24.8	18.8
			60 min	31.3	0.63	3.5	104.4	89.9	70.9	56.6	42.6
			6 h	51.5	0.63	3.5	171.8	147.9	116.6	93.1	70.1
			24 h	66.5	0.72	3.5	251.0	212.7	162.9	126.2	91.1
			3 d	92	0.7	3.5	338.2	287.5	221.6	172.9	126.0
			10 min	13	0.54	3.5	37.9	33.2	27.0	22.2	17.4
			60 min	29	0.53	3.5	83.2	73.1	59.5	49.2	38.7
			6 h	47.5	0.62	3.5	156.2	134.7	106.5	85.4	64.6
			24 h	67.5	0.64	3.5	228.4	196.3	154.2	122.8	92.0
			3 d	92	0.62	3.5	302.5	260.9	206.3	165.4	125.0

续表 4-9

县区	序号	村落名称	历时	均值 $\overline{H}$ (mm)	变差系数 C_v	C_s/C_v	不同重现期的雨量(mm)				
							100 年($H_{1\%}$)	50 年($H_{2\%}$)	20 年($H_{5\%}$)	10 年($H_{10\%}$)	5 年($H_{20\%}$)
阳城县	25	小庄村	10 min	13.5	0.55	3.5	40.0	34.9	28.3	23.2	18.1
			60 min	29.5	0.55	3.5	87.4	76.4	61.8	50.7	39.6
			6 h	42.5	0.61	3.5	137.7	119.0	94.4	76.0	57.7
			24 h	69	0.65	3.5	236.8	203.1	159.1	126.2	94.1
			3 d	92.5	0.6	3.5	295.4	255.8	203.6	164.3	125.3
			10 min	15.6	0.56	3.5	46.5	40.6	32.8	26.8	20.9
			60 min	30.9	0.54	3.5	90.2	79.0	64.1	52.8	41.4
			6 h	46	0.55	3.5	135.4	118.4	96.0	78.9	61.7
			24 h	70	0.5	3.5	191.5	169.1	139.2	116.2	92.8
			3 d	97.2	0.55	3.5	286.5	250.7	203.2	167.1	130.7
阳城县	26	高石村	10 min	15.9	0.62	3.5	52.3	45.1	35.7	28.6	21.6
			60 min	32.7	0.53	3.5	94.3	82.7	67.3	55.6	43.7
			6 h	62.2	0.67	3.5	219.5	187.6	146.0	115.1	85.0
			24 h	90.7	0.66	3.5	315.7	270.3	211.0	166.9	123.8
			3 d	120.3	0.63	3.5	401.3	345.5	272.3	217.6	163.7
阳城县	27	高石村 高窑村	10 min	16.6	0.62	3.5	54.6	47.1	37.2	29.8	22.6
			60 min	33.9	0.53	3.5	97.6	85.6	69.7	57.6	45.3
			6 h	62.3	0.67	3.5	219.9	187.9	146.2	115.3	85.1
			24 h	90.8	0.66	3.5	316.0	270.6	211.2	167.1	124.0
			3 d	120.3	0.63	3.5	401.3	345.5	272.3	217.6	163.7
阳城县	28	高石村 龙岩底	10 min	16.7	0.62	3.5	54.9	47.4	37.5	30.0	22.7
			60 min	33.6	0.54	3.5	98.0	85.8	69.7	57.4	45.0
			6 h	65.7	0.69	3.5	238.3	202.9	156.9	122.8	89.9
			24 h	92.6	0.67	3.5	326.8	279.3	217.3	171.3	126.5
			3 d	122.3	0.64	3.5	413.8	355.7	279.4	222.5	166.6
阳城县	29	江河村	10 min	16.5	0.62	3.5	54.3	46.8	37.0	29.7	22.4
			60 min	33.5	0.54	3.5	97.7	85.6	69.5	57.2	44.9
			6 h	64.2	0.68	3.5	229.7	196.0	152.0	119.4	87.8
			24 h	91.6	0.66	3.5	318.8	273.0	213.1	168.5	125.1
			3 d	121.7	0.64	3.5	411.8	353.9	278.0	221.4	165.8

续表 4-9

县区	序号	村落名称	历时	均值 $\overline{H}$ (mm)	变差系数 C_v	C_s/C_v	不同重现期的雨量(mm)				
							100年($H_{1\%}$)	50年($H_{2\%}$)	20年($H_{5\%}$)	10年($H_{10\%}$)	5年($H_{20\%}$)
阳城县	30	江河村恶门	10 min	16.6	0.62	3.5	54.6	47.1	37.2	29.8	22.6
			60 min	33.9	0.54	3.5	98.1	86.0	69.9	57.7	45.3
			6 h	63.4	0.67	3.5	223.7	191.2	148.8	117.3	86.6
			24 h	92.1	0.66	3.5	320.5	274.5	214.2	169.5	125.8
			3 d	122.3	0.64	3.5	413.8	355.7	279.4	222.5	166.6
阳城县	31	江河村洪峪村	10 min	16.5	0.61	3.5	53.5	46.2	36.7	29.5	22.4
			60 min	34.3	0.53	3.5	98.5	86.4	70.4	58.2	45.8
			6 h	58.6	0.67	3.5	206.8	176.7	137.5	108.4	80.1
			24 h	91.2	0.65	3.5	313.0	268.5	210.3	166.9	124.4
			3 d	121.6	0.63	3.5	405.7	349.3	275.3	219.9	165.5
阳城县	32	江河村戏河村	10 min	16.8	0.62	3.5	55.2	47.7	37.7	30.2	22.8
			60 min	33.9	0.54	3.5	98.1	86.0	69.9	57.7	45.3
			6 h	64.3	0.67	3.5	226.9	193.9	150.9	119.0	87.9
			24 h	92.2	0.66	3.5	320.9	274.8	214.5	169.6	125.9
			3 d	121.3	0.62	3.5	398.9	344.1	272.0	218.1	164.9
阳城县	33	焦坪村潭河村	10 min	16.7	0.62	3.5	54.9	47.4	37.5	30.0	22.7
			60 min	33.5	0.54	3.5	96.9	85.0	69.1	57.0	44.8
			6 h	64.4	0.67	3.5	227.3	194.2	151.1	119.1	88.0
			24 h	92.1	0.66	3.5	320.5	274.5	214.2	169.5	125.8
			3 d	121.3	0.62	3.5	398.9	344.1	272.0	218.1	164.9
阳城县	34	东冶镇上节村	10 min	16.5	0.62	3.5	53.9	46.6	36.9	29.6	22.4
			60 min	33.9	0.53	3.5	97.3	85.4	69.6	57.5	45.3
			6 h	61.3	0.66	3.5	213.3	182.7	142.6	112.8	83.7
			24 h	90.3	0.66	3.5	312.1	267.5	209.1	165.7	123.2
			3 d	119.6	0.61	3.5	387.6	335.0	265.7	213.7	162.3
阳城县	35	小王庄村	10 min	18	0.65	3.5	61.8	53.0	41.5	32.9	24.6
			60 min	34.5	0.61	3.5	111.8	96.6	76.7	61.7	46.8
			6 h	65.5	0.67	3.5	231.1	197.6	153.7	121.2	89.5
			24 h	93	0.7	3.5	341.9	290.6	224.0	174.8	127.3
			3 d	125	0.65	3.5	429.0	368.0	288.2	228.7	170.5

续表 4-9

县区	序号	村落名称	历时	均值 $\overline{H}$ (mm)	变差系数 C_v	C_s/C_v	不同重现期的雨量(mm)				
							100 年($H_{1\%}$)	50 年($H_{2\%}$)	20 年($H_{5\%}$)	10 年($H_{10\%}$)	5 年($H_{20\%}$)
阳城县	36	小王庄村坂底	10 min	19	0.66	3.5	66.1	56.6	44.2	35.0	25.9
			60 min	34.5	0.6	3.5	110.2	95.4	75.9	61.3	46.8
			6 h	63	0.7	3.5	231.6	196.9	151.7	118.4	86.3
			24 h	83	0.72	3.5	313.3	265.4	203.3	157.6	113.7
			3 d	113	0.73	3.5	432.2	365.5	279.0	215.6	154.9
阳城县	37	安牛村	10 min	14.3	0.58	3.5	44.3	38.5	30.9	25.1	19.3
			60 min	31	0.59	3.5	97.5	84.6	67.6	54.7	41.9
			6 h	54.8	0.69	3.5	198.8	169.3	130.9	102.5	75.0
			24 h	72.5	0.67	3.5	255.9	218.7	170.1	134.1	99.1
			3 d	102	0.62	3.5	336.4	290.0	229.2	183.6	138.7
阳城县	38	董封村	10 min	13.2	0.61	3.5	42.8	37.0	29.3	23.6	17.9
			60 min	29	0.62	3.5	95.4	82.3	65.0	52.1	39.4
			6 h	44	0.68	3.5	156.3	133.5	103.7	81.6	60.2
			24 h	65	0.62	3.5	213.7	184.4	145.8	116.9	88.3
			3 d	92.3	0.62	3.5	301.3	260.1	206.0	165.5	125.4
			10 min	14.2	0.62	3.5	46.4	40.0	31.7	25.5	19.3
			60 min	31.5	0.63	3.5	96.1	82.8	65.3	52.3	39.4
			6 h	51.5	0.66	3.5	179.2	153.5	119.8	94.8	70.3
			24 h	65	0.66	3.5	224.7	192.5	150.5	119.3	88.7
			3 d	89.5	0.62	3.5	294.3	253.9	200.7	160.9	121.6
			10 min	13.2	0.61	3.5	42.5	36.7	29.2	23.5	17.9
			60 min	29	0.62	3.5	95.4	82.3	65.0	52.1	39.4
			6 h	43	0.7	3.5	158.1	134.4	103.6	80.8	58.9
			24 h	68	0.67	3.5	238.3	203.9	158.9	125.5	92.9
			3 d	97	0.62	3.5	319.9	275.8	218.0	174.6	131.9
			10 min	14.3	0.58	3.5	44.3	38.5	30.9	25.1	19.3
			60 min	31	0.59	3.5	97.5	84.6	67.6	54.7	41.9
			6 h	54.8	0.69	3.5	198.8	169.3	130.9	102.5	75.0
			24 h	72.5	0.67	3.5	255.9	218.7	170.1	134.1	99.1
			3 d	102	0.62	3.5	336.4	290.0	229.2	183.6	138.7

续表 4-9

县区	序号	村落名称	历时	均值 $\overline{H}$ (mm)	变差系数 C_v	C_s/C_v	不同重现期的雨量(mm)				
							100年($H_{1\%}$)	50年($H_{2\%}$)	20年($H_{5\%}$)	10年($H_{10\%}$)	5年($H_{20\%}$)
阳城县	39	口河村	10 min	14.3	0.59	3.5	45.0	39.0	31.2	25.2	19.3
			60 min	31.1	0.6	3.5	99.8	86.3	68.6	55.3	42.2
			6 h	54.7	0.71	3.5	204.6	173.5	133.2	103.5	74.9
			24 h	72.8	0.68	3.5	258.7	220.9	171.6	135.0	99.5
			3 d	101.5	0.63	3.5	336.2	289.7	228.7	183.0	138.0
阳城县	40	龙泉村	10 min	14.3	0.58	3.5	44.0	38.3	30.7	25.0	19.3
			60 min	31	0.59	3.5	96.8	84.1	67.2	54.5	41.9
			6 h	55	0.68	3.5	196.8	167.9	130.2	102.3	75.2
			24 h	74	0.66	3.5	255.8	219.2	171.4	135.8	101.0
			3 d	104.6	0.62	3.5	343.8	296.6	234.5	188.0	142.1
阳城县	41	龙泉村南底庄村	10 min	14.3	0.58	3.5	44.0	38.3	30.7	25.0	19.3
			60 min	31	0.59	3.5	96.8	84.1	67.2	54.5	41.9
			6 h	55	0.68	3.5	196.8	167.9	130.2	102.3	75.2
			24 h	74	0.66	3.5	255.8	219.2	171.4	135.8	101.0
			3 d	104.6	0.62	3.5	343.8	296.6	234.5	188.0	142.1
阳城县	42	芦家河村	10 min	14.3	0.58	3.5	44.0	38.3	30.7	25.0	19.3
			60 min	31	0.59	3.5	96.8	84.1	67.2	54.5	41.9
			6 h	55	0.68	3.5	196.8	167.9	130.2	102.3	75.2
			24 h	74	0.66	3.5	255.8	219.2	171.4	135.8	101.0
			3 d	104.6	0.62	3.5	343.8	296.6	234.5	188.0	142.1
阳城县	43	上河村	10 min	14.6	0.6	3.5	46.5	40.3	32.1	25.9	19.8
			60 min	31	0.61	3.5	100.2	86.6	68.7	55.3	42.1
			6 h	54.3	0.71	3.5	201.0	170.7	131.3	102.3	74.4
			24 h	70	0.67	3.5	246.3	210.6	164.0	129.4	95.6
			3 d	99.5	0.63	3.5	329.6	284.0	224.2	179.4	135.3
阳城县	44	白沟村	10 min	16	0.55	3.5	47.5	41.5	33.6	27.6	21.5
			60 min	31	0.54	3.5	90.4	79.2	64.3	53.0	41.5
			6 h	46.5	0.55	3.5	136.6	119.6	96.9	79.7	62.3
			24 h	70.5	0.5	3.5	192.9	170.3	140.2	117.1	93.5
			3 d	97.5	0.54	3.5	284.3	249.0	202.2	166.5	130.6

续表 4-9

县区	序号	村落名称	历时	均值 $\overline{H}$ (mm)	变差系数 C_v	C_s/C_v	不同重现期的雨量(mm)				
							100 年($H_{1\%}$)	50 年($H_{2\%}$)	20 年($H_{5\%}$)	10 年($H_{10\%}$)	5 年($H_{20\%}$)
阳城县	45	东关村清林沟	10 min	16	0.56	3.5	47.7	41.7	33.7	27.6	21.5
			60 min	31.2	0.54	3.5	90.7	79.5	64.6	53.2	41.8
			6 h	46	0.55	3.5	135.2	118.3	95.9	78.8	61.7
			24 h	70.8	0.5	3.5	193.4	170.8	140.6	117.5	93.8
			3 d	97.7	0.54	3.5	282.6	247.8	201.6	166.3	130.7
阳城县	46	后则腰村	10 min	14.5	0.54	3.5	42.3	37.0	30.1	24.8	19.4
			60 min	30.9	0.53	3.5	88.7	77.8	63.4	52.4	41.3
			6 h	47.6	0.54	3.5	138.8	121.6	98.7	81.3	63.8
			24 h	71.2	0.53	3.5	204.4	179.4	146.1	120.8	95.1
			3 d	100.2	0.56	3.5	301.3	262.9	212.0	173.5	134.8
阳城县	47	坪头村	10 min	14	0.6	3.5	51.7	44.8	35.7	28.8	22.0
			60 min	32	0.65	3.5	109.8	94.2	67.7	55.4	43.0
			6 h	52	0.67	3.5	183.5	156.8	122.0	96.2	71.1
			24 h	66.5	0.63	3.5	221.8	191.0	150.5	120.3	90.5
			3 d	98.5	0.65	3.5	338.1	290.0	227.1	180.2	134.4
			10 min	14.2	0.62	3.5	47.3	40.9	32.4	26.0	19.7
			60 min	31.1	0.63	3.5	103.0	88.8	71.0	56.8	42.8
			6 h	51.5	0.66	3.5	179.2	153.5	119.8	94.8	70.3
			24 h	65	0.66	3.5	224.7	192.5	150.5	119.3	88.7
			3 d	89.5	0.62	3.5	290.9	251.3	200.7	160.9	121.6
			10 min	14.3	0.59	3.5	45.6	39.6	31.6	25.6	19.6
			60 min	31.1	0.61	3.5	100.1	86.5	68.8	55.4	42.2
			6 h	54.7	0.72	3.5	205.1	173.9	133.4	103.6	74.9
			24 h	72.5	0.67	3.5	256.9	219.5	170.6	134.3	99.1
			3 d	101	0.63	3.5	334.5	288.3	227.6	182.1	137.4
			10 min	14.3	0.58	3.5	44.3	38.5	30.9	25.1	19.3
			60 min	31	0.59	3.5	97.5	84.6	67.6	54.7	41.9
			6 h	54.8	0.69	3.5	198.8	169.3	130.9	102.5	75.0
			24 h	72.5	0.67	3.5	255.9	218.7	170.1	134.1	99.1
			3 d	102	0.62	3.5	336.4	290.0	229.2	183.6	138.7

续表 4-9

县区	序号	村落名称	历时	均值 $\overline{H}$ (mm)	变差系数 C_v	C_s/C_v	不同重现期的雨量(mm)				
							100年($H_{1\%}$)	50年($H_{2\%}$)	20年($H_{5\%}$)	10年($H_{10\%}$)	5年($H_{20\%}$)
阳城县	47	坪头村	10 min	14.3	0.58	3.5	44.0	38.3	30.7	25.0	19.3
			60 min	31	0.59	3.5	96.8	84.1	67.2	54.5	41.9
			6 h	55	0.68	3.5	196.8	167.9	130.2	102.3	75.2
			24 h	74	0.66	3.5	255.8	219.2	171.4	135.8	101.0
			3 d	104.6	0.62	3.5	343.8	296.6	234.5	188.0	142.1
			10 min	14	0.54	3.5	40.8	35.8	29.0	23.9	18.8
			60 min	30.7	0.55	3.5	90.9	79.5	64.3	52.8	41.2
			6 h	50	0.6	3.5	159.7	138.3	110.0	88.8	67.8
			24 h	72.5	0.6	3.5	231.5	200.5	159.6	128.8	98.2
			3 d	102	0.6	3.5	325.7	282.0	224.5	181.2	138.2
			10 min	16	0.56	3.5	48.1	42.0	33.9	27.7	21.5
			60 min	32	0.57	3.5	97.7	85.1	68.4	55.8	43.1
			6 h	57.5	0.75	3.5	225.7	190.2	144.3	110.7	78.8
			24 h	78	0.75	3.5	306.2	258.0	195.7	150.2	106.9
			3 d	100	0.72	3.5	377.5	319.8	244.9	189.8	137.0
阳城县	48	水村	10 min	13.8	0.54	3.5	40.2	35.2	28.6	23.6	18.5
			60 min	30.8	0.55	3.5	91.2	79.7	64.5	53.0	41.3
			6 h	50.2	0.59	3.5	158.0	137.0	109.4	88.6	67.9
			24 h	70.2	0.55	3.5	207.9	181.7	147.1	120.7	94.2
			3 d	96.7	0.55	3.5	286.4	250.3	202.6	166.3	129.8
阳城县	49	苏庄村	10 min	14	0.6	3.5	46.3	40.1	31.9	25.8	19.6
			60 min	32	0.65	3.5	96.2	84.0	67.7	55.4	43.0
			6 h	52	0.67	3.5	183.5	156.8	122.0	96.2	71.1
			24 h	66.5	0.63	3.5	221.8	191.0	150.5	120.3	90.5
			3 d	98.5	0.65	3.5	338.1	290.0	227.1	180.2	134.4
			10 min	14.2	0.62	3.5	47.3	40.9	32.4	26.0	19.7
			60 min	31.1	0.63	3.5	103.0	88.8	70.1	56.1	42.3
			6 h	51.5	0.66	3.5	179.2	153.5	119.8	94.8	70.3
			24 h	65	0.66	3.5	224.7	192.5	150.5	119.3	88.7
			3 d	89.5	0.62	3.5	294.3	253.9	200.7	160.9	121.6

续表 4-9

县区	序号	村落名称	历时	均值 $\overline{H}$（mm）	变差系数 C_v	C_s/C_v	不同重现期的雨量（mm）				
							100 年（$H_{1\%}$）	50 年（$H_{2\%}$）	20 年（$H_{5\%}$）	10 年（$H_{10\%}$）	5 年（$H_{20\%}$）
阳城县	49	芬庄村	10 min	14.3	0.59	3.5	45.6	39.6	31.6	25.6	19.6
			60 min	31.1	0.61	3.5	100.1	86.5	68.8	55.4	42.2
			6 h	54.7	0.72	3.5	205.1	173.9	133.4	103.6	74.9
			24 h	72.5	0.67	3.5	256.9	219.5	170.6	134.3	99.1
			3 d	101	0.63	3.5	334.5	288.3	227.6	182.1	137.4
			10 min	14.3	0.58	3.5	44.3	38.5	30.9	25.1	19.3
			60 min	31	0.59	3.5	97.5	84.6	67.6	54.7	41.9
			6 h	54.8	0.69	3.5	198.8	169.3	130.9	102.5	75.0
			24 h	72.5	0.67	3.5	255.9	218.7	170.1	134.1	99.1
			3 d	102	0.62	3.5	337.8	291.1	229.8	183.9	138.7
			10 min	14.3	0.58	3.5	44.0	38.3	30.7	25.0	19.3
			60 min	31	0.59	3.5	96.8	84.1	67.2	54.5	41.9
			6 h	55	0.68	3.5	196.8	167.9	130.2	102.3	75.2
			24 h	74	0.66	3.5	255.8	219.2	171.4	135.8	101.0
			3 d	104.6	0.62	3.5	343.8	296.6	234.5	188.0	142.1
			10 min	14	0.54	3.5	40.8	35.8	29.0	23.9	18.8
			60 min	30.7	0.55	3.5	90.9	79.5	64.3	52.8	41.2
			6 h	50	0.6	3.5	159.7	138.3	110.0	88.8	67.8
			24 h	72.5	0.6	3.5	231.5	200.5	159.6	128.8	98.2
			3 d	102	0.6	3.5	325.7	282.0	224.5	181.2	138.2
			10 min	16	0.56	3.5	48.1	42.0	33.9	27.7	21.5
			60 min	32	0.57	3.5	97.7	85.1	68.4	55.8	43.1
			6 h	57.5	0.75	3.5	225.7	190.2	144.3	110.7	78.8
			24 h	78	0.75	3.5	306.2	258.0	195.7	150.2	106.9
			3 d	100	0.72	3.5	377.5	319.8	244.9	189.8	137.0
阳城县	50	下川村 河西村	10 min	12.7	0.53	3.5	37.0	32.5	26.5	21.9	17.2
			60 min	30.2	0.51	3.5	84.0	74.0	60.7	50.5	40.1
			6 h	52.7	0.65	3.5	180.9	155.1	121.5	96.4	71.9
			24 h	71.1	0.63	3.5	237.2	204.2	161.0	128.6	96.8
			3 d	97.3	0.64	3.5	329.3	283.0	222.3	177.0	132.6

续表 4-9

县区	序号	村落名称	历时	均值 $\overline{H}$ (mm)	变差系数 C_v	C_s/C_v	不同重现期的雨量(mm)				
							100 年($H_{1\%}$)	50 年($H_{2\%}$)	20 年($H_{5\%}$)	10 年($H_{10\%}$)	5 年($H_{20\%}$)
阳城县	51	下会庆村	10 min	15.8	0.55	3.5	46.8	40.9	33.1	27.2	21.2
			60 min	31.1	0.53	3.5	89.3	78.3	63.8	52.8	41.6
			6 h	48.3	0.54	3.5	140.8	123.4	100.2	82.5	64.7
			24 h	72.3	0.51	3.5	201.0	177.1	145.3	120.9	96.1
			3 d	100.2	0.55	3.5	296.7	259.4	209.9	172.3	134.5
阳城县	52	下李丘村	10 min	13.8	0.54	3.5	40.2	35.2	28.6	23.6	18.5
			60 min	30.7	0.54	3.5	89.5	78.4	63.7	52.4	41.1
			6 h	50.1	0.59	3.5	157.6	136.8	109.2	88.4	67.8
			24 h	70.4	0.58	3.5	218.2	189.7	152.0	123.5	95.1
			3 d	95.8	0.6	3.5	305.9	264.9	210.8	170.2	129.8
阳城县	53	下芹村	10 min	14.4	0.54	3.5	42.0	36.8	29.9	24.6	19.3
			60 min	30.6	0.55	3.5	90.6	79.2	64.1	52.6	41.1
			6 h	50.3	0.6	3.5	160.6	139.1	110.7	89.3	68.2
			24 h	70.6	0.59	3.5	222.2	192.7	153.9	124.6	95.5
			3 d	97.3	0.61	3.5	315.3	272.5	216.2	173.9	132.1
阳城县	54	阳高泉村虎庄	10 min	14.4	0.54	3.5	42.0	36.8	29.9	24.6	19.3
			60 min	30.8	0.53	3.5	88.4	77.6	63.2	52.2	41.2
			6 h	49.6	0.56	3.5	149.2	130.1	105.0	85.9	66.7
			24 h	72.3	0.54	3.5	210.8	184.7	149.9	123.5	96.8
			3 d	100.3	0.56	3.5	301.6	263.2	212.3	173.6	134.9
阳城县	55	杨家村	10 min	14.4	0.55	3.5	48.6	42.4	34.3	28.1	21.9
			60 min	31.2	0.53	3.5	89.6	78.6	64.0	52.9	41.7
			6 h	48.6	0.54	3.5	141.7	124.1	100.8	83.0	65.1
			24 h	74.1	0.53	3.5	212.7	186.7	152.1	125.7	99.0
			3 d	100.6	0.55	3.5	296.1	259.0	209.9	172.5	134.9
阳城县	56	杨家村谢沟	10 min	14.4	0.55	3.5	48.6	42.4	34.3	28.1	21.9
			60 min	31.2	0.53	3.5	89.6	78.6	64.0	52.9	41.7
			6 h	48.6	0.54	3.5	141.7	124.1	100.8	83.0	65.1
			24 h	74.1	0.53	3.5	212.7	186.7	152.1	125.7	99.0
			3 d	100.6	0.55	3.5	296.1	259.0	209.9	172.5	134.9

续表 4-9

县区	序号	村落名称	历时	均值 $\overline{H}$ (mm)	变差系数 C_v	C_s/C_v	不同重现期的雨量(mm)				
							100 年($H_{1\%}$)	50 年($H_{2\%}$)	20 年($H_{5\%}$)	10 年($H_{10\%}$)	5 年($H_{20\%}$)
阳城县	57	张村村烟河	10 min	14.4	0.54	3.5	42.0	36.8	29.9	24.6	19.3
			60 min	30.7	0.53	3.5	88.1	77.3	63.0	52.1	41.0
			6 h	48.9	0.55	3.5	144.8	126.6	102.4	84.1	65.6
			24 h	71.3	0.54	3.5	207.9	182.1	147.9	121.8	95.5
			3 d	99.1	0.55	3.5	293.5	256.6	207.6	170.4	133.0
阳城县	58	中李丘村	10 min	14.4	0.54	3.5	42.0	36.8	29.9	24.6	19.3
			60 min	30.7	0.54	3.5	89.5	78.4	63.7	52.4	41.1
			6 h	50.1	0.59	3.5	157.6	136.8	109.2	88.4	67.8
			24 h	70.4	0.58	3.5	218.2	189.7	152.0	123.5	95.1
			3 d	95.8	0.6	3.5	305.9	264.9	210.8	170.2	129.8
阳城县	59	砖窑沟村	10 min	14.4	0.53	3.5	41.3	36.3	29.6	24.4	19.2
			60 min	30.7	0.54	3.5	89.5	78.4	63.7	52.4	41.1
			6 h	50.1	0.55	3.5	148.4	129.7	105.0	86.2	67.2
			24 h	74.1	0.54	3.5	216.1	189.2	153.7	126.6	99.2
			3 d	104.2	0.56	3.5	313.4	273.4	220.5	180.4	140.2
阳城县	60	固隆村	10 min	14	0.57	3.5	42.7	37.2	29.9	24.4	18.9
			60 min	31.2	0.57	3.5	95.3	83.0	66.7	54.4	42.1
			6 h	52	0.63	3.5	173.5	149.4	117.7	94.1	70.8
			24 h	68	0.71	3.5	253.3	215.0	165.2	128.5	93.1
			3 d	92	0.63	3.5	306.9	264.2	208.3	166.4	125.2
阳城县	61	西壮村	10 min	13.1	0.53	3.5	37.6	33.0	26.9	22.2	17.5
			60 min	30.2	0.51	3.5	84.0	74.0	60.7	50.5	40.1
			6 h	53.6	0.64	3.5	181.4	155.9	122.5	97.5	73.0
			24 h	70.3	0.65	3.5	241.3	207.0	162.1	128.6	95.9
			3 d	95.7	0.61	3.5	310.1	268.0	212.6	171.0	129.9
阳城县	62	泽城村	10 min	12.9	0.55	3.5	38.2	33.4	27.0	22.2	17.3
			60 min	30.4	0.54	3.5	88.6	77.6	63.0	51.9	40.7
			6 h	51.6	0.63	3.5	172.1	148.2	116.8	93.3	70.2
			24 h	70.1	0.64	3.5	237.2	203.9	160.1	127.5	95.5
			3 d	95.8	0.61	3.5	310.5	268.3	212.8	171.2	130.0

续表 4-9

县区	序号	村落名称	历时	均值 $\overline{H}$ (mm)	变差系数 C_v	C_s/C_v	不同重现期的雨量(mm)				
							100 年($H_{1\%}$)	50 年($H_{2\%}$)	20 年($H_{5\%}$)	10 年($H_{10\%}$)	5 年($H_{20\%}$)
阳城县	63	寨上村	10 min	13.1	0.53	3.5	37.6	33.0	26.9	22.2	17.5
			60 min	30.2	0.51	3.5	84.0	74.0	60.7	50.5	40.1
			6 h	53.6	0.64	3.5	181.4	155.9	122.5	97.5	73.0
			24 h	70.3	0.64	3.5	237.9	204.4	160.6	127.9	95.8
			3 d	95.8	0.61	3.5	310.5	268.3	212.8	171.2	130.0
阳城县	64	河北村	10 min	16.2	0.57	3.5	49.5	43.1	34.6	28.2	21.8
			60 min	31.2	0.56	3.5	93.8	81.9	66.0	54.0	42.0
			6 h	54.8	0.64	3.5	185.4	159.4	125.2	99.7	74.7
			24 h	77.2	0.62	3.5	253.9	219.0	173.1	138.8	104.9
			3 d	108.6	0.61	3.5	352.0	304.2	241.3	194.1	147.4
阳城县	65	坪泉	10 min	16.6	0.58	3.5	51.5	44.7	35.8	29.1	22.4
			60 min	31.2	0.52	3.5	88.1	77.5	63.4	52.6	41.6
			6 h	62.3	0.68	3.5	222.9	190.2	147.5	115.9	85.2
			24 h	82.3	0.66	3.5	286.4	245.3	191.4	151.4	112.4
			3 d	112.6	0.61	3.5	364.9	315.4	250.2	201.2	152.8
阳城县	66	土孟村	10 min	16.2	0.57	3.5	49.2	42.8	34.5	28.2	21.8
			60 min	31.3	0.53	3.5	89.8	78.9	64.2	53.1	41.8
			6 h	53.6	0.6	3.5	171.2	148.2	118.0	95.2	72.6
			24 h	73.9	0.56	3.5	222.2	193.9	156.4	127.9	99.4
			3 d	105.5	0.6	3.5	336.9	291.7	232.2	187.4	143.0
阳城县	67	下交村	10 min	16.1	0.57	3.5	48.9	42.6	34.3	28.0	21.7
			60 min	31.2	0.53	3.5	89.6	78.6	64.0	52.9	41.7
			6 h	54.8	0.64	3.5	185.4	159.4	125.2	99.7	74.7
			24 h	77.3	0.59	3.5	243.2	211.0	168.5	136.5	104.6
			3 d	109.6	0.61	3.5	355.2	307.0	243.5	195.9	148.7
阳城县	68	横河村	10 min	15.7	0.57	3.5	47.9	41.7	33.6	27.4	21.2
			60 min	31.1	0.54	3.5	90.7	79.4	64.5	53.1	41.7
			6 h	55.3	0.71	3.5	206.0	174.8	134.3	104.5	75.7
			24 h	76.2	0.67	3.5	268.9	229.8	178.8	141.0	104.1
			3 d	106.3	0.62	3.5	349.5	301.5	238.4	191.1	144.5

续表 4-9

县区	序号	村落名称	历时	均值 $\overline{H}$ (mm)	变差系数 C_v	C_s/C_v	不同重现期的雨量(mm)				
							100 年($H_{1\%}$)	50 年($H_{2\%}$)	20 年($H_{5\%}$)	10 年($H_{10\%}$)	5 年($H_{20\%}$)
阳城县	69	横河村恒升宫	10 min	15	0.57	3.5	45.8	39.9	32.1	26.1	20.2
			60 min	31.4	0.6	3.5	100.3	86.8	69.1	55.8	42.6
			6 h	53	0.73	3.5	202.7	171.4	130.9	101.1	72.6
			24 h	73	0.71	3.5	272.0	230.8	177.3	137.9	100.0
			3 d	105	0.75	3.5	412.1	347.3	263.5	202.2	143.9
阳城县	70	横河村老沙地村	10 min	14.4	0.57	3.5	47.9	41.7	33.6	27.4	21.2
			60 min	31.2	0.54	3.5	91.0	79.7	64.7	53.3	41.8
			6 h	55.6	0.71	3.5	207.1	175.8	135.0	105.0	76.2
			24 h	76.2	0.67	3.5	268.9	229.8	178.8	141.0	104.1
			3 d	107.6	0.62	3.5	353.8	305.2	241.3	193.5	146.2
阳城县	71	横河村鸟头村	10 min	15	0.57	3.5	45.8	39.9	32.1	26.1	20.2
			60 min	31.4	0.6	3.5	100.3	86.8	69.1	55.8	42.6
			6 h	53	0.73	3.5	202.7	171.4	130.9	101.1	72.6
			24 h	73	0.71	3.5	272.0	230.8	177.3	137.9	100.0
			3 d	105	0.75	3.5	412.1	347.3	263.5	202.2	143.9
阳城县	72	横河村外郎庄	10 min	15.1	0.57	3.5	47.5	41.2	32.9	26.7	20.4
			60 min	31.4	0.6	3.5	100.3	86.8	69.1	55.8	42.6
			6 h	53	0.73	3.5	202.7	171.4	130.9	101.1	72.6
			24 h	73	0.71	3.5	272.0	230.8	177.3	137.9	100.0
			3 d	105	0.75	3.5	412.1	347.3	263.5	202.2	143.9
阳城县	73	横河村西炉坡	10 min	15.8	0.57	3.5	48.2	42.0	33.8	27.5	21.3
			60 min	31.3	0.54	3.5	91.3	79.9	64.9	53.5	41.9
			6 h	55.6	0.71	3.5	207.1	175.8	135.0	105.0	76.2
			24 h	76.2	0.67	3.5	268.9	229.8	178.8	141.0	104.1
			3 d	107.3	0.62	3.5	352.8	304.3	240.7	192.9	145.8
阳城县	74	三面场村桑园河	10 min	15	0.57	3.5	45.8	39.9	32.1	26.1	20.2
			60 min	31.7	0.59	3.5	99.7	86.5	69.1	56.0	42.9
			6 h	56	0.73	3.5	214.2	181.1	138.3	106.8	76.7
			24 h	73.7	0.73	3.5	281.9	238.4	182.0	140.6	101.0
			3 d	104	0.75	3.5	408.2	344.0	261.0	200.3	142.5

续表 4-9

县区	序号	村落名称	历时	均值 $\overline{H}$ (mm)	变差系数 C_v	C_s/C_v	不同重现期的雨量(mm)				
							100 年($H_{1\%}$)	50 年($H_{2\%}$)	20 年($H_{5\%}$)	10 年($H_{10\%}$)	5 年($H_{20\%}$)
阳城县	75	受益村	10 min	15.3	0.57	3.5	46.7	40.7	32.7	26.7	20.6
			60 min	31.2	0.54	3.5	91.0	79.7	64.7	53.3	41.8
			6 h	55.9	0.71	3.5	208.3	176.7	135.8	105.6	76.6
			24 h	75.6	0.67	3.5	266.8	228.0	177.4	139.9	103.3
			3 d	106.6	0.62	3.5	350.5	302.4	239.1	191.7	144.9
阳城县	76	水头村 毕家村	10 min	15.3	0.57	3.5	46.7	40.7	32.7	26.7	20.6
			60 min	31.2	0.54	3.5	91.0	79.7	64.7	53.3	41.8
			6 h	55.9	0.71	3.5	208.3	176.7	135.8	105.6	76.6
			24 h	75.6	0.67	3.5	266.8	228.0	177.4	139.9	103.3
			3 d	100.6	0.62	3.5	330.8	285.3	225.6	180.9	136.7
阳城县	77	水头村 新建庄村	10 min	14.4	0.57	3.5	46.7	40.7	32.7	26.7	20.6
			60 min	31.2	0.54	3.5	91.0	79.7	64.7	53.3	41.8
			6 h	55.9	0.71	3.5	208.3	176.7	135.8	105.6	76.6
			24 h	75.6	0.67	3.5	266.8	228.0	177.4	139.9	103.3
			3 d	106.6	0.62	3.5	350.5	302.4	239.1	191.7	144.9
阳城县	78	园河村	10 min	14.2	0.53	3.5	43.1	37.8	30.8	25.4	20.0
			60 min	31.4	0.57	3.5	95.9	83.5	67.1	54.7	42.3
			6 h	56	0.73	3.5	214.2	181.1	138.3	106.8	76.7
			24 h	74	0.7	3.5	272.0	231.3	178.2	139.1	101.3
			3 d	105	0.7	3.5	386.0	328.1	252.9	197.4	143.8
阳城县	79	入店村	10 min	14.9	0.58	3.5	46.2	40.1	32.2	26.1	20.1
			60 min	31.3	0.62	3.5	102.9	88.8	70.2	56.3	42.5
			6 h	52.5	0.75	3.5	206.1	173.6	131.7	101.1	71.9
			24 h	72.5	0.73	3.5	277.3	234.5	179.0	138.3	99.4
			3 d	106	0.75	3.5	416.1	350.6	266.0	204.1	145.3
阳城县	80	东峪村	10 min	17	0.57	3.5	48.2	42.0	33.8	27.5	21.3
			60 min	31.6	0.53	3.5	90.7	79.6	64.9	53.6	42.2
			6 h	62.5	0.67	3.5	220.6	188.5	146.7	115.6	85.4
			24 h	89	0.7	3.5	327.2	278.1	214.3	167.3	121.9
			3 d	108	0.65	3.5	370.7	318.0	249.0	197.6	147.3

续表 4-9

县区	序号	村落名称	历时	均值 $\overline{H}$ (mm)	变差系数 C_v	C_s/C_v	不同重现期的雨量(mm)				
							100 年($H_{1\%}$)	50 年($H_{2\%}$)	20 年($H_{5\%}$)	10 年($H_{10\%}$)	5 年($H_{20\%}$)
阳城县	81	上桑林村	10 min	15.1	0.52	3.5	42.7	37.5	30.7	25.4	20.1
			60 min	31.5	0.52	3.5	89.0	78.3	64.0	53.1	42.0
			6 h	62.5	0.72	3.5	235.9	199.9	153.1	118.7	85.6
			24 h	100	0.73	3.5	382.5	323.4	246.9	190.8	137.0
			3 d	109	0.7	3.5	400.7	340.6	262.5	204.9	149.2
阳城县	82	台头村	10 min	15.5	0.58	3.5	48.0	41.8	33.5	27.2	20.9
			60 min	31.8	0.5	3.5	87.0	76.8	63.2	52.8	42.2
			6 h	60	0.64	3.5	203.0	174.5	137.1	109.2	81.8
			24 h	87.5	0.63	3.5	291.9	251.3	198.1	158.3	119.1
			3 d	116.5	0.64	3.5	394.2	338.8	266.2	211.9	158.7
阳城县	83	西峪村	10 min	15.8	0.57	3.5	48.2	42.0	33.8	27.5	21.3
			60 min	31.7	0.5	3.5	86.7	76.6	63.0	52.6	42.0
			6 h	60.1	0.64	3.5	203.4	174.8	137.3	109.3	81.9
			24 h	87	0.63	3.5	290.2	249.9	196.9	157.4	118.4
			3 d	116.2	0.62	3.5	382.1	329.6	260.6	208.9	157.9
阳城县	84	下桑林村	10 min	15.2	0.52	3.5	42.9	37.8	30.9	25.6	20.3
			60 min	31.7	0.52	3.5	89.6	78.8	64.4	53.4	42.3
			6 h	62.5	0.72	3.5	235.9	199.9	153.1	118.7	85.6
			24 h	100	0.73	3.5	382.5	323.4	246.9	190.8	137.0
			3 d	109	0.7	3.5	400.7	340.6	262.5	204.9	149.2
阳城县	85	北宜固村	10 min	13.8	0.62	3.5	45.7	39.4	31.2	25.0	18.9
			60 min	31.3	0.63	3.5	104.4	89.9	70.9	56.6	42.6
			6 h	51.5	0.63	3.5	171.8	147.9	116.6	93.1	70.1
			24 h	66.5	0.72	3.5	251.0	212.7	162.9	126.2	91.1
			3 d	92	0.7	3.5	338.2	287.5	221.6	172.9	126.0
阳城县	86	北宜固村黑洼	10 min	13.6	0.57	3.5	41.5	36.2	29.1	23.7	18.3
			60 min	31.4	0.58	3.5	97.3	84.6	67.8	55.1	42.4
			6 h	51.5	0.63	3.5	171.8	147.9	116.6	93.1	70.1
			24 h	67.5	0.71	3.5	251.5	213.4	163.9	127.5	92.5
			3 d	92.5	0.7	3.5	340.0	289.1	222.8	173.9	126.6

续表 4-9

县区	序号	村落名称	历时	均值 $\overline{H}$ (mm)	变差系数 C_v	C_s/C_v	不同重现期的雨量(mm)				
							100 年($H_{1\%}$)	50 年($H_{2\%}$)	20 年($H_{5\%}$)	10 年($H_{10\%}$)	5 年($H_{20\%}$)
阳城县	87	北宜固村后湾	10 min	14.2	0.6	3.5	45.3	39.3	31.3	25.2	19.2
			60 min	31	0.6	3.5	99.0	85.7	68.2	55.1	42.0
			6 h	52	0.63	3.5	173.5	149.4	117.7	94.1	70.8
			24 h	67.5	0.73	3.5	258.2	218.3	166.7	128.8	92.5
			3 d	93	0.7	3.5	341.9	290.6	224.0	174.8	127.3
阳城县	88	柴庄村	10 min	14.3	0.62	3.5	47.0	40.6	32.1	25.7	19.4
			60 min	31.5	0.63	3.5	105.1	90.5	71.3	57.0	42.9
			6 h	52.5	0.62	3.5	172.6	148.9	117.7	94.4	71.4
			24 h	66	0.73	3.5	252.4	213.5	163.0	125.9	90.4
			3 d	92	0.7	3.5	338.2	287.5	221.6	172.9	126.0
阳城县	89	川河村	10 min	14	0.57	3.5	47.0	40.6	32.1	25.7	19.4
			60 min	31.2	0.57	3.5	104.7	90.2	71.1	56.8	42.7
			6 h	51	0.62	3.5	173.0	149.2	118.0	94.6	71.5
			24 h	67.5	0.72	3.5	252.4	213.5	163.0	125.9	90.4
			3 d	93	0.7	3.5	338.2	287.5	221.6	172.9	126.0
阳城县	90	柴庄村庙岭后	10 min	14.3	0.62	3.5	42.7	37.2	29.9	24.4	18.9
			60 min	31.4	0.63	3.5	95.3	83.0	66.7	54.4	42.1
			6 h	52.6	0.62	3.5	167.7	144.7	114.4	91.7	69.3
			24 h	66	0.73	3.5	254.8	215.9	165.3	128.1	92.5
			3 d	92	0.7	3.5	341.9	290.6	224.0	174.8	127.3
阳城县	91	川河村南沟	10 min	16.5	0.63	3.5	55.0	47.4	37.4	29.8	22.5
			60 min	32.8	0.55	3.5	97.1	84.9	68.7	56.4	44.0
			6 h	64	0.68	3.5	229.0	195.4	151.5	119.0	87.5
			24 h	92	0.67	3.5	324.7	277.5	215.9	170.2	125.7
			3 d	117.5	0.7	3.5	431.9	367.2	283.0	220.8	160.9
阳城县	92	贾寨村	10 min	14.5	0.61	3.5	47.0	40.6	32.2	25.9	19.7
			60 min	31.2	0.64	3.5	105.6	90.7	71.3	56.8	42.5
			6 h	52	0.63	3.5	173.5	149.4	117.7	94.1	70.8
			24 h	66	0.73	3.5	252.4	213.5	163.0	125.9	90.4
			3 d	92	0.7	3.5	338.2	287.5	221.6	172.9	126.0

续表 4-9

县区	序号	村落名称	历时	均值 $\overline{H}$ (mm)	变差系数 C_v	C_s/C_v	不同重现期的雨量(mm)				
							100 年($H_{1\%}$)	50 年($H_{2\%}$)	20 年($H_{5\%}$)	10 年($H_{10\%}$)	5 年($H_{20\%}$)
阳城县	93	贾寨村董王岩	10 min	14.3	0.6	3.5	45.7	39.5	25.4	19.4	19.4
			60 min	31.3	0.64	3.5	105.9	91.0	56.9	42.6	42.6
			6 h	52.5	0.63	3.5	175.1	150.8	95.0	71.4	71.4
			24 h	66	0.72	3.5	249.2	211.1	125.3	90.4	90.4
			3 d	92.1	0.7	3.5	338.6	287.8	173.1	126.1	126.1
阳城县	94	贾寨村西河	10 min	14.5	0.61	3.5	47.0	40.6	32.2	25.9	19.7
			60 min	31.2	0.64	3.5	105.6	90.7	71.3	56.8	42.5
			6 h	52	0.63	3.5	173.5	149.4	117.7	94.1	70.8
			24 h	66	0.73	3.5	252.4	213.5	163.0	125.9	90.4
			3 d	92	0.7	3.5	338.2	287.5	221.6	172.9	126.0
阳城县	95	贾寨村下东坡	10 min	14.3	0.62	3.5	47.0	40.6	32.1	25.7	19.4
			60 min	31	0.63	3.5	103.4	89.0	70.2	56.1	42.2
			6 h	53	0.63	3.5	176.8	152.2	120.0	95.9	72.1
			24 h	66.5	0.71	3.5	247.7	210.2	161.5	125.6	91.1
			3 d	91.5	0.75	3.5	359.1	302.6	229.6	176.2	125.4
阳城县	96	刘东村	10 min	14.3	0.62	3.5	47.0	40.6	32.1	25.7	19.4
			60 min	31	0.63	3.5	103.4	89.0	70.2	56.1	42.2
			6 h	53	0.63	3.5	176.8	152.2	120.0	95.9	72.1
			24 h	66.5	0.71	3.5	248.5	210.9	162.0	126.0	91.4
			3 d	91.5	0.75	3.5	359.1	302.6	229.6	176.2	125.4
			10 min	13.5	0.56	3.5	40.3	35.2	28.4	23.3	18.1
			60 min	30	0.58	3.5	93.0	80.8	64.8	52.6	40.5
			6 h	52	0.64	3.5	174.7	150.3	118.3	94.3	70.8
			24 h	69.5	0.65	3.5	238.5	204.6	160.2	127.2	94.8
			3 d	94.5	0.61	3.5	304.0	263.0	209.0	168.4	128.2
			10 min	13.5	0.55	3.5	40.0	34.9	28.3	23.2	18.1
			60 min	30.5	0.58	3.5	93.8	81.6	65.5	53.3	41.1
			6 h	49.5	0.62	3.5	162.8	140.4	111.0	89.0	67.3
			24 h	69	0.65	3.5	236.8	203.1	159.1	126.2	94.1
			3 d	93	0.61	3.5	301.4	260.5	206.6	166.2	126.2

续表 4-9

县区	序号	村落名称	历时	均值 $\overline{H}$ (mm)	变差系数 C_v	C_s/C_v	不同重现期的雨量(mm)				
							100 年($H_{1\%}$)	50 年($H_{2\%}$)	20 年($H_{5\%}$)	10 年($H_{10\%}$)	5 年($H_{20\%}$)
阳城县	97	刘西村	10 min	14.3	0.62	3.5	47.0	40.6	32.1	25.7	19.4
			60 min	31	0.63	3.5	103.4	89.0	70.2	56.1	42.2
			6 h	53	0.63	3.5	176.8	152.2	120.0	95.9	72.1
			24 h	66.5	0.71	3.5	247.7	210.2	161.5	125.6	91.1
			3 d	91.5	0.75	3.5	359.1	302.6	229.6	176.2	125.4
			10 min	13.5	0.55	3.5	40.0	34.9	28.3	23.2	18.1
			60 min	30.3	0.58	3.5	93.2	81.1	65.1	53.0	40.9
			6 h	51	0.6	3.5	162.9	141.0	112.2	90.6	69.1
			24 h	73.9	0.65	3.5	253.6	217.6	170.4	135.2	100.8
			3 d	94	0.6	3.5	300.2	259.9	206.9	167.0	127.4
阳城县	98	吕家河村	10 min	13.2	0.58	3.5	40.9	35.6	28.5	23.2	17.8
			60 min	31.5	0.54	3.5	91.8	80.5	65.3	53.8	42.2
			6 h	50	0.62	3.5	164.4	141.8	112.1	89.9	68.0
			24 h	67	0.72	3.5	252.9	214.3	164.1	127.2	91.8
			3 d	93	0.7	3.5	341.9	290.6	224.0	174.8	127.3
阳城县	99	吕庄村	10 min	14.3	0.62	3.5	47.0	40.6	32.1	25.7	19.4
			60 min	31.4	0.63	3.5	104.7	90.2	71.1	56.8	42.7
			6 h	52.6	0.62	3.5	173.0	149.2	118.0	94.6	71.5
			24 h	66	0.73	3.5	252.4	213.5	163.0	125.9	90.4
			3 d	92	0.7	3.5	338.2	287.5	221.6	172.9	126.0
阳城县	100	庙坡村 北河村	10 min	14.2	0.53	3.5	43.3	38.0	31.0	25.6	20.2
			60 min	31.3	0.58	3.5	97.0	84.3	67.6	54.9	42.3
			6 h	55	0.63	3.5	183.5	158.0	124.5	99.5	74.9
			24 h	67.5	0.66	3.5	234.9	201.2	157.0	124.2	92.2
			3 d	93.5	0.73	3.5	357.6	302.4	230.9	178.4	128.1
阳城县	101	芹池村	10 min	14.3	0.62	3.5	47.0	40.6	32.1	25.7	19.4
			60 min	31	0.63	3.5	103.4	89.0	70.2	56.1	42.2
			6 h	53	0.63	3.5	176.8	152.2	120.0	95.9	72.1
			24 h	66.5	0.71	3.5	247.7	210.2	161.5	125.6	91.1
			3 d	91.5	0.75	3.5	359.1	302.6	229.6	176.2	125.4

续表 4-9

县区	序号	村落名称	历时	均值 $\overline{H}$ (mm)	变差系数 C_v	C_s/C_v	不同重现期的雨量(mm)				
							100 年($H_{1\%}$)	50 年($H_{2\%}$)	20 年($H_{5\%}$)	10 年($H_{10\%}$)	5 年($H_{20\%}$)
阳城县	101	芹池村	10 min	13.5	0.55	3.5	40.0	34.9	28.3	23.2	18.1
			60 min	30.3	0.58	3.5	93.2	81.1	65.1	53.0	40.9
			6 h	51	0.6	3.5	162.9	141.0	112.2	90.6	69.1
			24 h	73.9	0.65	3.5	253.6	217.6	170.4	135.2	100.8
			3 d	94	0.6	3.5	300.2	259.9	206.9	167.0	127.4
阳城县	102	芹池村户门口	10 min	15.6	0.57	3.5	47.6	41.5	33.3	27.2	21.0
			60 min	31.2	0.57	3.5	95.3	83.0	66.7	54.4	42.1
			6 h	50.5	0.62	3.5	166.2	143.4	113.4	90.9	68.7
			24 h	66.5	0.7	3.5	244.5	207.8	160.2	125.0	91.1
			3 d	93	0.75	3.5	365.0	307.6	233.4	179.1	127.4
阳城县	103	羊泉村	10 min	14.3	0.62	3.5	47.0	40.6	32.1	25.7	19.4
			60 min	31	0.63	3.5	103.4	89.0	70.2	56.1	42.2
			6 h	53	0.63	3.5	176.8	152.2	120.0	95.9	72.1
			24 h	66.5	0.71	3.5	247.7	210.2	161.5	125.6	91.1
			3 d	91.5	0.75	3.5	359.1	302.6	229.6	176.2	125.4
阳城县	104	羊泉村刘庄	10 min	14.3	0.62	3.5	47.0	40.6	32.1	25.7	19.4
			60 min	31	0.63	3.5	103.4	89.0	70.2	56.1	42.2
			6 h	53	0.63	3.5	176.8	152.2	120.0	95.9	72.1
			24 h	66.5	0.71	3.5	247.7	210.2	161.5	125.6	91.1
			3 d	91.5	0.75	3.5	359.1	302.6	229.6	176.2	125.4
阳城县	105	阳陵村	10 min	14	0.58	3.5	47.0	40.6	32.1	25.7	19.4
			60 min	31.2	0.62	3.5	103.4	89.0	70.2	56.1	42.2
			6 h	53	0.63	3.5	176.8	152.2	120.0	95.9	72.1
			24 h	66.5	0.73	3.5	247.7	210.2	161.5	125.6	91.1
			3 d	92.5	0.72	3.5	359.1	302.6	229.6	176.2	125.4
阳城县	106	宜壁村	10 min	14.3	0.58	3.5	44.3	38.5	30.9	25.1	19.3
			60 min	31.2	0.62	3.5	102.6	88.5	70.0	56.1	42.4
			6 h	53	0.63	3.5	176.8	152.2	120.0	95.9	72.1
			24 h	66.5	0.73	3.5	254.4	215.1	164.2	126.9	91.1
			3 d	92.5	0.72	3.5	349.2	295.8	226.5	175.6	126.7

续表 4-9

县区	序号	村落名称	历时	均值 $\overline{H}$ (mm)	变差系数 C_v	C_s/C_v	不同重现期的雨量(mm)				
							100 年($H_{1\%}$)	50 年($H_{2\%}$)	20 年($H_{5\%}$)	10 年($H_{10\%}$)	5 年($H_{20\%}$)
阳城县	107	原庄村	10 min	14.3	0.62	3.5	47.0	40.6	32.1	25.7	19.4
			60 min	31	0.63	3.5	103.4	89.0	70.2	56.1	42.2
			6 h	53	0.63	3.5	176.8	152.2	120.0	95.9	72.1
			24 h	66.5	0.71	3.5	247.7	210.2	161.5	125.6	91.1
			3 d	91.5	0.75	3.5	359.1	302.6	229.6	176.2	125.4
阳城县	108	润城村	10 min	16.7	0.58	3.5	51.8	45.0	36.0	29.3	22.6
			60 min	32	0.65	3.5	109.8	94.2	73.8	58.5	43.7
			6 h	40	0.5	3.5	109.4	96.6	79.5	66.4	53.0
			24 h	68.5	0.47	3.5	178.4	158.5	131.8	111.2	90.0
			3 d	95	0.5	3.5	259.9	229.5	188.9	157.7	125.9
阳城县	109	大乐村	10 min	13	0.54	3.5	37.9	33.2	27.0	22.2	17.4
			60 min	29	0.53	3.5	83.2	73.1	59.5	49.2	38.7
			6 h	47.5	0.62	3.5	156.2	134.7	106.5	85.4	64.6
			24 h	67.5	0.64	3.5	228.4	196.3	154.2	122.8	92.0
			3 d	92	0.62	3.5	302.5	260.9	206.3	165.4	125.0
阳城县	110	霍家村	10 min	13	0.54	3.5	37.9	33.2	27.0	22.2	17.4
			60 min	29	0.53	3.5	83.2	73.1	59.5	49.2	38.7
			6 h	47.5	0.62	3.5	156.2	134.7	106.5	85.4	64.6
			24 h	67.5	0.64	3.5	228.4	196.3	154.2	122.8	92.0
			3 d	92	0.62	3.5	302.5	260.9	206.3	165.4	125.0
阳城县	111	马寨村	10 min	14.3	0.62	3.5	47.0	40.6	32.1	25.7	19.4
			60 min	31	0.63	3.5	103.4	89.0	70.2	56.1	42.2
			6 h	53	0.63	3.5	176.8	152.2	120.0	95.9	72.1
			24 h	66.5	0.71	3.5	247.7	210.2	161.5	125.6	91.1
			3 d	91.5	0.75	3.5	359.1	302.6	229.6	176.2	125.4
			10 min	15.1	0.53	3.5	43.3	38.0	31.0	25.6	20.2
			60 min	31.3	0.58	3.5	97.0	84.3	67.6	54.9	42.3
			6 h	55	0.63	3.5	183.5	158.0	124.5	99.5	74.9
			24 h	67.5	0.66	3.5	234.9	201.2	157.0	124.2	92.2
			3 d	93.5	0.73	3.5	357.6	302.4	230.9	178.4	128.1

续表 4-9

县区	序号	村落名称	历时	均值 $\overline{H}$ (mm)	变差系数 C_v	C_s/C_v	不同重现期的雨量(mm)				
							100 年($H_{1\%}$)	50 年($H_{2\%}$)	20 年($H_{5\%}$)	10 年($H_{10\%}$)	5 年($H_{20\%}$)
阳城县	111	马寨村	10 min	14	0.54	3.5	40.8	35.8	29.0	23.9	18.8
			60 min	31.5	0.53	3.5	90.4	79.4	64.7	53.4	42.1
			6 h	48	0.62	3.5	157.8	136.1	107.7	86.3	65.2
			24 h	67	0.66	3.5	233.2	199.7	155.9	123.3	91.5
			3 d	93	0.62	3.5	305.8	263.8	208.6	167.2	126.4
阳城县	112	马寨村白寨	10 min	14.3	0.62	3.5	47.0	40.6	32.1	25.7	19.4
			60 min	31	0.63	3.5	103.4	89.0	70.2	56.1	42.2
			6 h	53	0.63	3.5	176.8	152.2	120.0	95.9	72.1
			24 h	66.5	0.71	3.5	247.7	210.2	161.5	125.6	91.1
			3 d	91.5	0.75	3.5	359.1	302.6	229.6	176.2	125.4
			10 min	14.2	0.53	3.5	43.3	38.0	31.0	25.6	20.2
			60 min	31.3	0.58	3.5	97.0	84.3	67.6	54.9	42.3
			6 h	55	0.63	3.5	183.5	158.0	124.5	99.5	74.9
			24 h	67.5	0.66	3.5	234.9	201.2	157.0	124.2	92.2
			3 d	93.5	0.73	3.5	357.6	302.4	230.9	178.4	128.1
			10 min	13.2	0.58	3.5	40.9	35.6	28.5	23.2	17.8
			60 min	31.5	0.54	3.5	91.8	80.5	65.3	53.8	42.2
			6 h	50	0.62	3.5	164.4	141.8	112.1	89.9	68.0
			24 h	67	0.72	3.5	252.9	214.3	164.1	127.2	91.8
			3 d	93	0.7	3.5	341.9	290.6	224.0	174.8	127.3
阳城县	113	寺头村	10 min	12.7	0.55	3.5	37.6	32.9	26.6	21.8	17.0
			60 min	31.7	0.57	3.5	96.8	84.3	67.8	55.2	42.7
			6 h	47.5	0.61	3.5	153.9	133.0	105.5	84.9	64.5
			24 h	67.5	0.63	3.5	225.2	193.9	152.8	122.1	91.9
			3 d	92	0.62	3.5	293.8	254.4	202.5	163.4	124.7
阳城县	114	朱村村	10 min	12.9	0.54	3.5	37.6	32.9	26.8	22.0	17.3
			60 min	31.6	0.57	3.5	96.5	84.0	67.5	55.1	42.6
			6 h	48	0.62	3.5	157.8	136.1	107.7	86.3	65.2
			24 h	67	0.65	3.5	229.9	197.2	154.5	122.6	91.4
			3 d	92.5	0.62	3.5	302.5	260.9	206.3	165.4	125.0

续表 4-9

县区	序号	村落名称	历时	均值 $\overline{H}$ (mm)	变差系数 C_v	C_s/C_v	不同重现期的雨量(mm)				
							100 年($H_{1\%}$)	50 年($H_{2\%}$)	20 年($H_{5\%}$)	10 年($H_{10\%}$)	5 年($H_{20\%}$)
阳城县	115	陕庄村	10 min	13.6	0.51	3.5	37.8	33.3	27.3	22.7	18.1
			60 min	31.4	0.51	3.5	87.3	76.9	63.1	52.5	41.7
			6 h	49.1	0.57	3.5	149.9	130.6	104.9	85.6	66.2
			24 h	69.1	0.56	3.5	207.8	181.3	146.2	119.6	93.0
			3 d	95	0.57	3.5	290.1	252.6	203.1	165.6	128.0
阳城县	116	孙沟村	10 min	13.1	0.53	3.5	37.6	33.0	26.9	22.2	17.5
			60 min	30	0.53	3.5	86.1	75.6	61.6	50.9	40.1
			6 h	51.6	0.62	3.5	169.7	146.4	115.7	92.8	70.1
			24 h	67.8	0.64	3.5	229.4	197.2	154.9	123.3	92.4
			3 d	94.4	0.63	3.5	314.9	271.1	213.7	170.7	128.5
阳城县	117	西丰村	10 min	13.1	0.54	3.5	38.2	33.5	27.2	22.4	17.5
			60 min	30	0.53	3.5	86.1	75.6	61.6	50.9	40.1
			6 h	51.7	0.62	3.5	170.0	146.6	116.0	93.0	70.3
			24 h	68	0.64	3.5	230.1	197.7	155.4	123.7	92.7
			3 d	94.5	0.63	3.5	315.2	271.4	213.9	170.9	128.6
阳城县	118	胡凹沟村	10 min	13.5	0.53	3.5	38.8	34.0	27.7	22.9	18.0
			60 min	31.3	0.54	3.5	91.3	79.9	64.9	53.5	41.9
			6 h	50.5	0.6	3.5	161.3	139.6	111.1	89.7	68.4
			24 h	68	0.6	3.5	217.2	188.0	149.7	120.8	92.1
			3 d	100.5	0.62	3.5	330.5	285.1	225.4	180.7	136.6
阳城县	119	台底村	10 min	13.2	0.54	3.5	38.5	33.7	27.4	22.5	17.7
			60 min	30	0.56	3.5	90.2	78.7	63.5	51.9	40.4
			6 h	51.6	0.62	3.5	169.7	146.4	115.7	92.8	70.1
			24 h	68.1	0.65	3.5	233.7	200.5	157.0	124.6	92.9
			3 d	94.5	0.64	3.5	319.8	274.8	215.9	171.9	128.8
阳城县	120	献义村	10 min	13.1	0.54	3.5	38.2	33.5	27.2	22.4	17.5
			60 min	30	0.53	3.5	86.1	75.6	61.6	50.9	40.1
			6 h	51.7	0.62	3.5	170.0	146.6	116.0	93.0	70.3
			24 h	68	0.65	3.5	233.4	200.2	156.8	124.4	92.8
			3 d	94.5	0.64	3.5	319.8	274.8	215.9	171.9	128.8

续表 4-9

县区	序号	村落名称	历时	均值 $\overline{H}$ (mm)	变差系数 C_v	C_s/C_v	不同重现期的雨量(mm)				
							100 年($H_{1\%}$)	50 年($H_{2\%}$)	20 年($H_{5\%}$)	10 年($H_{10\%}$)	5 年($H_{20\%}$)
泽州县	121	冯沟村	10 min	17	0.6	3.5	54.3	47.0	37.4	30.2	23.0
			60 min	34.3	0.54	3.5	100.0	87.6	71.1	58.6	45.9
			6 h	51	0.55	3.5	151.0	132.0	106.8	87.7	68.5
			24 h	72.5	0.53	3.5	208.1	182.6	148.8	123.0	96.9
			3 d	98	0.51	3.5	272.5	240.1	197.0	163.9	130.3
泽州县	122	下村村	10 min	16.2	0.55	3.5	47.8	41.8	33.8	27.8	21.7
			60 min	33.5	0.52	3.5	94.3	83.0	67.9	56.3	44.6
			6 h	49.3	0.53	3.5	140.4	123.3	100.7	83.3	65.8
			24 h	71.5	0.5	3.5	194.0	171.5	141.4	118.3	94.7
			3 d	89.5	0.48	3.5	235.0	208.6	173.2	145.9	117.8
泽州县	123	万里村	10 min	16.1	0.54	3.5	47.0	41.2	33.4	27.6	21.6
			60 min	33.2	0.52	3.5	93.8	82.5	67.4	55.9	44.2
			6 h	49.5	0.52	3.5	139.9	123.0	100.5	83.4	66.0
			24 h	72	0.5	3.5	197.0	173.9	143.2	119.5	95.5
			3 d	90	0.48	3.5	236.4	209.8	174.2	146.7	118.5
泽州县	124	柳树底村	10 min	16.2	0.54	3.5	46.9	41.1	33.4	27.6	21.7
			60 min	33.8	0.52	3.5	94.7	83.4	68.3	56.7	45.0
			6 h	49	0.53	3.5	140.2	123.1	100.4	83.0	65.4
			24 h	70.8	0.49	3.5	190.6	168.6	139.3	116.7	93.6
			3 d	89	0.48	3.5	233.7	207.4	172.2	145.0	117.1
泽州县	125	石伏头村	10 min	16.2	0.54	3.5	46.9	41.1	33.5	27.6	21.7
			60 min	33.8	0.52	3.5	94.8	83.4	68.3	27.6	45.0
			6 h	49	0.53	3.5	140.2	123.1	100.4	27.6	65.4
			24 h	70.6	0.49	3.5	188.5	166.9	138.1	27.6	93.2
			3 d	89	0.48	3.5	233.7	207.4	172.2	27.6	117.1
泽州县	126	史村河村	10 min	16.2	0.54	3.5	47.1	41.3	33.6	27.7	21.7
			60 min	33.9	0.52	3.5	94.9	83.5	68.4	56.8	45.1
			6 h	48.8	0.53	3.5	139.6	122.6	99.9	82.7	65.2
			24 h	70.5	0.48	3.5	186.7	165.5	137.2	115.3	92.9
			3 d	88.8	0.48	3.5	233.2	207.0	171.8	144.7	116.9

续表 4-9

县区	序号	村落名称	历时	均值 $\overline{H}$ (mm)	变差系数 C_v	C_s/C_v	不同重现期的雨量(mm)				
							100年($H_{1\%}$)	50年($H_{2\%}$)	20年($H_{5\%}$)	10年($H_{10\%}$)	5年($H_{20\%}$)
泽州县	127	刘村村	10 min	16.1	0.55	3.5	47.5	41.6	33.7	27.7	21.6
			60 min	33.3	0.51	3.5	92.6	81.6	66.9	55.7	44.3
			6 h	48	0.52	3.5	134.5	118.4	97.0	80.6	63.9
			24 h	70.5	0.49	3.5	188.2	166.7	137.9	115.8	93.1
			3 d	89	0.48	3.5	234.9	208.3	172.8	145.4	117.2
泽州县	128	东沟村	10 min	17.3	0.61	3.5	56.1	48.5	38.4	30.9	23.5
			60 min	34.5	0.57	3.5	105.3	91.7	73.7	60.1	46.5
			6 h	57.5	0.67	3.5	202.9	173.4	134.9	106.4	78.6
			24 h	80	0.61	3.5	259.3	224.1	177.7	143.0	108.6
			3 d	101	0.64	3.5	341.8	293.7	230.7	183.7	137.6
泽州县	129	辛壁村	10 min	16.1	0.56	3.5	47.7	41.7	33.7	27.7	21.6
			60 min	33.4	0.52	3.5	94.2	82.9	67.7	56.2	44.4
			6 h	46.5	0.52	3.5	132.0	116.0	94.7	78.5	62.0
			24 h	68	0.48	3.5	181.3	160.6	132.9	111.6	89.7
			3 d	88.8	0.48	3.5	235.1	208.5	172.8	145.3	117.1
泽州县	130	峪南村	10 min	16.2	0.54	3.5	47.2	41.4	33.6	27.7	21.7
			60 min	33.8	0.52	3.5	95.2	83.7	68.5	56.9	45.0
			6 h	49	0.52	3.5	138.4	121.7	99.5	82.5	65.3
			24 h	70	0.47	3.5	182.3	162.0	134.7	113.7	92.0
			3 d	88.5	0.48	3.5	232.4	206.3	171.3	144.2	116.5
泽州县	131	周村村卫窑	10 min	16.5	0.6	3.5	52.7	45.6	36.3	29.3	22.4
			60 min	33.5	0.53	3.5	96.2	84.4	68.8	56.8	44.8
			6 h	45	0.54	3.5	131.2	114.9	93.3	76.9	60.3
			24 h	69	0.5	3.5	188.8	166.7	137.2	114.6	91.5
			3 d	91	0.5	3.5	247.0	218.3	180.0	150.5	120.5
泽州县	132	上掌村	10 min	16.1	0.6	3.5	51.3	44.4	35.4	28.6	21.8
			60 min	33	0.53	3.5	94.0	82.6	67.4	55.8	44.0
			6 h	44.9	0.54	3.5	130.9	114.7	93.1	76.7	60.1
			24 h	69.5	0.49	3.5	188.0	166.2	137.2	114.8	92.0
			3 d	93	0.49	3.5	251.6	222.5	183.5	153.6	123.1

续表 4-9

县区	序号	村落名称	历时	均值 $\overline{H}$ (mm)	变差系数 C_v	C_s/C_v	不同重现期的雨量(mm)				
							100 年($H_{1\%}$)	50 年($H_{2\%}$)	20 年($H_{5\%}$)	10 年($H_{10\%}$)	5 年($H_{20\%}$)
泽州县	133	苇町村芋沟	10 min	16.1	0.6	3.5	47.5	41.6	33.7	27.7	21.7
			60 min	33.05	0.53	3.5	94.0	82.7	67.7	56.2	44.5
			6 h	44.9	0.54	3.5	133.2	117.1	95.7	79.3	62.7
			24 h	69.5	0.5	3.5	182.7	162.0	134.2	112.8	90.8
			3 d	92.5	0.49	3.5	233.4	207.0	171.5	144.2	116.2
泽州县	134	下町村东村	10 min	16.2	0.55	3.5	51.3	44.5	35.4	28.6	21.8
			60 min	33.4	0.52	3.5	94.1	82.7	67.5	55.9	44.1
			6 h	47	0.53	3.5	130.9	114.7	93.1	76.7	60.1
			24 h	68.6	0.48	3.5	188.6	166.7	137.5	115.0	92.0
			3 d	88.2	0.48	3.5	249.8	220.9	182.4	152.7	122.4
泽州县	135	下町村圪套	10 min	16.2	0.55	3.5	47.8	18.2	33.8	19.2	21.7
			60 min	33.4	0.52	3.5	94.0	82.7	67.7	56.2	44.5
			6 h	47	0.53	3.5	133.2	117.1	95.7	79.3	62.7
			24 h	68.6	0.48	3.5	182.7	162.0	134.2	112.8	90.8
			3 d	88.2	0.48	3.5	233.4	207.0	171.5	144.2	116.2
泽州县	136	坪上村后河	10 min	16.2	0.55	3.5	47.6	41.7	33.7	27.7	21.7
			60 min	33.4	0.52	3.5	94.0	82.7	67.7	56.2	44.5
			6 h	47	0.53	3.5	133.0	116.9	95.5	79.2	62.6
			24 h	68.6	0.48	3.5	182.5	161.7	134.0	112.6	90.6
			3 d	88.2	0.48	3.5	233.7	207.2	171.7	144.3	116.2
泽州县	137	坪上村圪坨	10 min	16.2	0.55	3.5	47.6	41.7	33.7	27.7	21.7
			60 min	33.4	0.52	3.5	94.0	82.7	67.7	56.2	44.5
			6 h	47	0.53	3.5	133.0	116.9	95.5	79.2	62.6
			24 h	68.6	0.48	3.5	182.5	161.7	134.0	112.6	90.6
			3 d	88.2	0.48	3.5	233.7	207.2	171.7	144.3	116.2
泽州县	138	下河村	10 min	16.2	0.55	3.5	47.7	41.7	33.8	27.7	21.7
			60 min	33.4	0.52	3.5	94.0	82.7	67.6	56.1	44.4
			6 h	47	0.53	3.5	132.9	116.8	95.4	79.1	62.5
			24 h	68.6	0.48	3.5	181.5	160.9	133.2	111.9	90.1
			3 d	88.2	0.48	3.5	233.9	207.3	171.8	144.4	116.3

续表 4-9

县区	序号	村落名称	历时	均值 $\overline{H}$ (mm)	变差系数 C_v	C_s/C_v	不同重现期的雨量(mm)				
							100 年($H_{1\%}$)	50 年($H_{2\%}$)	20 年($H_{5\%}$)	10 年($H_{10\%}$)	5 年($H_{20\%}$)
泽州县	139	石淙头村	10 min	16.2	0.55	3.5	47.7	41.7	33.8	27.7	21.7
			60 min	33.3	0.52	3.5	94.0	82.7	67.6	56.1	44.4
			6 h	47	0.53	3.5	132.8	116.7	95.3	79.0	62.4
			24 h	68.6	0.48	3.5	181.4	160.8	133.2	111.9	90.1
			3 d	88.2	0.48	3.5	233.9	207.4	171.8	144.4	116.3
泽州县	140	上犁川村委会	10 min	16.5	0.61	3.5	53.5	46.2	36.7	29.5	22.4
			60 min	34.1	0.54	3.5	99.4	87.1	70.7	58.2	45.7
			6 h	50	0.53	3.5	143.5	126.0	102.6	84.8	66.8
			24 h	79	0.54	3.5	231.4	202.6	164.3	135.2	105.9
			3 d	105	0.55	3.5	308.5	270.0	218.9	180.0	140.8
泽州县	141	中庄村	10 min	16.5	0.61	3.5	53.5	46.2	36.7	29.5	22.4
			60 min	34.1	0.54	3.5	99.4	87.1	70.7	58.2	45.7
			6 h	50.1	0.53	3.5	144.3	126.6	103.0	85.1	67.0
			24 h	79.2	0.55	3.5	232.7	203.7	165.1	135.7	106.2
			3 d	106	0.55	3.5	312.0	272.9	221.2	181.8	142.2
泽州县	142	下犁川村	10 min	16.5	0.61	3.5	53.5	46.2	36.7	29.5	22.4
			60 min	34.1	0.54	3.5	99.4	87.1	70.7	58.2	45.7
			6 h	50.2	0.54	3.5	145.2	127.3	103.6	85.5	67.2
			24 h	79.5	0.55	3.5	234.3	205.0	166.0	136.4	106.6
			3 d	106.5	0.55	3.5	313.9	274.6	222.4	182.8	142.9
泽州县	143	上庄村	10 min	16.5	0.61	3.5	53.5	46.2	36.7	29.5	22.4
			60 min	34.1	0.54	3.5	99.4	87.1	70.7	58.2	45.7
			6 h	50.3	0.54	3.5	146.0	127.9	104.0	85.7	67.3
			24 h	79.8	0.55	3.5	236.0	206.3	167.0	137.1	107.1
			3 d	107	0.55	3.5	315.9	276.3	223.7	183.8	143.6
泽州县	144	坡东村	10 min	16.5	0.61	3.5	53.5	46.2	36.7	29.5	22.4
			60 min	34.1	0.54	3.5	99.4	87.1	70.7	58.2	45.7
			6 h	50.5	0.54	3.5	147.2	129.0	104.7	86.3	67.6
			24 h	80	0.55	3.5	236.9	207.1	167.6	137.6	107.4
			3 d	108	0.55	3.5	319.8	279.6	226.3	185.7	145.0

续表 4-9

县区	序号	村落名称	历时	均值 $\overline{H}$ (mm)	变差系数 C_v	C_s/C_v	不同重现期的雨量(mm)				
							100 年($H_{1\%}$)	50 年($H_{2\%}$)	20 年($H_{5\%}$)	10 年($H_{10\%}$)	5 年($H_{20\%}$)
泽州县	145	下铁南村	10 min	16.5	0.61	3.5	53.3	46.1	36.6	29.5	22.4
			60 min	34.2	0.55	3.5	100.5	87.9	71.3	58.6	45.9
			6 h	52.5	0.54	3.5	151.9	133.2	108.3	89.4	70.2
			24 h	80	0.55	3.5	235.1	205.7	166.7	137.1	107.3
			3 d	105	0.55	3.5	308.5	270.0	218.9	180.0	140.8
泽州县	146	南河村	10 min	16.5	0.61	3.5	53.5	46.2	36.7	29.5	22.4
			60 min	34.1	0.55	3.5	100.2	87.7	71.1	58.4	45.7
			6 h	51	0.54	3.5	147.5	129.4	105.2	86.8	68.2
			24 h	74	0.55	3.5	218.5	191.1	154.7	127.1	99.3
			3 d	106	0.55	3.5	311.5	272.6	220.9	181.7	142.1
泽州县	147	杜家河村	10 min	16.5	0.61	3.5	53.5	46.2	36.7	29.5	22.4
			60 min	34.1	0.55	3.5	100.2	87.7	71.1	58.4	45.7
			6 h	51	0.54	3.5	147.5	129.4	105.2	86.8	68.2
			24 h	74	0.55	3.5	218.5	191.1	154.7	127.1	99.3
			3 d	106	0.55	3.5	311.5	272.6	220.9	181.7	142.1
泽州县	148	司街村	10 min	16.6	0.61	3.5	53.5	46.3	36.7	29.6	22.5
			60 min	34.2	0.55	3.5	101.0	88.3	71.5	58.7	45.9
			6 h	54	0.54	3.5	157.0	137.5	111.7	92.1	72.3
			24 h	80	0.55	3.5	236.9	207.1	167.6	137.6	107.4
			3 d	105	0.54	3.5	306.2	268.2	217.7	179.3	140.6
泽州县	149	大山河村	10 min	17.3	0.62	3.5	56.9	49.1	38.8	31.1	23.5
			60 min	34.5	0.55	3.5	102.2	89.3	72.3	59.3	46.3
			6 h	57.5	0.62	3.5	189.1	163.1	129.0	103.4	78.2
			24 h	85	0.58	3.5	261.5	227.5	182.6	148.6	114.7
			3 d	110	0.54	3.5	320.7	280.9	228.1	187.9	147.3
泽州县	150	大山河村七甲坡	10 min	16.8	0.62	3.5	55.2	47.7	37.7	30.2	22.8
			60 min	34.3	0.55	3.5	101.6	88.8	71.9	59.0	46.0
			6 h	60	0.65	3.5	205.9	176.6	138.3	109.8	81.8
			24 h	90	0.6	3.5	287.4	248.9	198.1	159.9	122.0
			3 d	120	0.6	3.5	383.2	331.8	264.1	213.2	162.6

续表 4-9

县区	序号	村落名称	历时	均值 $\overline{H}$ (mm)	变差系数 C_v	C_s/C_v	不同重现期的雨量(mm)				
							100 年($H_{1\%}$)	50 年($H_{2\%}$)	20 年($H_{5\%}$)	10 年($H_{10\%}$)	5 年($H_{20\%}$)
泽州县	151	大山河村南庄	10 min	16.8	0.62	3.5	55.2	47.7	37.7	30.2	22.8
			60 min	34.3	0.55	3.5	101.6	88.8	71.9	59.0	46.0
			6 h	60	0.65	3.5	205.9	176.6	138.3	109.8	81.8
			24 h	90	0.6	3.5	287.4	248.9	198.1	159.9	122.0
			3 d	120	0.6	3.5	383.2	331.8	264.1	213.2	162.6
泽州县	152	大山河村柿树掌	10 min	16.8	0.62	3.5	55.2	47.7	37.7	30.2	22.8
			60 min	34.3	0.55	3.5	101.6	88.8	71.9	59.0	46.0
			6 h	60	0.65	3.5	205.9	176.6	138.3	109.8	81.8
			24 h	90	0.6	3.5	287.4	248.9	198.1	159.9	122.0
			3 d	120	0.6	3.5	383.2	331.8	264.1	213.2	162.6
泽州县	153	窑掌村	10 min	17.3	0.63	3.5	57.7	49.7	39.2	31.3	23.5
			60 min	35	0.56	3.5	105.3	91.8	74.1	60.6	47.1
			6 h	60	0.62	3.5	197.3	170.2	134.6	107.9	81.5
			24 h	83.5	0.58	3.5	256.9	223.5	179.4	146.0	112.7
			3 d	111	0.57	3.5	338.9	295.1	237.3	193.4	149.6
泽州县	154	石盆河村	10 min	17.3	0.62	3.5	56.9	49.1	38.8	31.1	23.5
			60 min	35	0.56	3.5	105.3	91.8	74.1	60.6	47.1
			6 h	62	0.62	3.5	203.9	175.9	139.1	111.5	84.3
			24 h	83	0.59	3.5	261.2	226.6	180.9	146.5	112.3
			3 d	110	0.55	3.5	325.8	284.8	230.4	189.2	147.7
泽州县	155	石盆河村西禅房	10 min	16.2	0.62	3.5	44.3	39.1	32.2	26.9	21.5
			60 min	34.2	0.5	3.5	93.6	82.6	68.0	56.8	45.3
			6 h	53	0.52	3.5	148.6	130.8	107.1	89.0	70.5
			24 h	73	0.48	3.5	193.3	171.4	142.0	119.4	96.2
			3 d	90	0.48	3.5	234.4	208.3	173.2	146.1	118.3
泽州县	156	后峪村	10 min	16.8	0.6	3.5	53.7	46.5	37.0	29.8	22.8
			60 min	34.5	0.56	3.5	103.8	90.5	73.0	59.7	46.4
			6 h	53	0.58	3.5	163.1	141.9	113.8	92.7	71.5
			24 h	68	0.51	3.5	189.1	166.6	136.7	113.7	90.4
			3 d	86	0.48	3.5	225.8	200.5	166.4	140.2	113.2

续表 4-9

县区	序号	村落名称	历时	均值 $\overline{H}$ (mm)	变差系数 C_v	C_s/C_v	不同重现期的雨量(mm)				
							100 年($H_{1\%}$)	50 年($H_{2\%}$)	20 年($H_{5\%}$)	10 年($H_{10\%}$)	5 年($H_{20\%}$)
泽州县	157	大会村小会	10 min	16.7	0.55	3.5	49.8	43.5	35.2	28.8	22.5
			60 min	34.4	0.53	3.5	99.5	87.2	70.9	58.5	46.0
			6 h	52.4	0.53	3.5	151.4	132.8	108.1	89.2	70.6
			24 h	70.6	0.49	3.5	190.6	168.5	138.9	116.1	92.9
			3 d	87.2	0.46	3.5	222.5	198.0	165.1	139.7	113.5
泽州县	158	坂头村寺北庄	10 min	16.4	0.57	3.5	50.5	43.9	35.2	28.7	22.1
			60 min	35.1	0.55	3.5	103.2	90.3	73.2	60.1	47.1
			6 h	53.7	0.57	3.5	163.1	142.1	114.3	93.3	72.3
			24 h	70.1	0.51	3.5	195.0	171.9	141.0	117.3	93.3
			3 d	88.1	0.48	3.5	234.3	207.7	172.0	144.5	116.3
泽州县	159	南街村	10 min	16.2	0.52	3.5	45.5	40.1	32.8	27.2	21.6
			60 min	34.5	0.51	3.5	96.3	84.8	69.5	57.8	45.9
			6 h	53	0.53	3.5	151.9	133.3	108.6	89.8	70.8
			24 h	72.3	0.49	3.5	193.5	171.4	141.7	118.9	95.6
			3 d	89.3	0.47	3.5	232.7	206.7	171.9	145.1	117.4
泽州县	160	黄三河村	10 min	16.8	0.61	3.5	54.4	47.1	37.3	30.0	22.8
			60 min	35.5	0.56	3.5	106.8	93.1	75.1	61.5	47.8
			6 h	54	0.59	3.5	169.9	147.4	117.7	95.3	73.1
			24 h	65	0.54	3.5	188.0	164.9	134.1	110.6	87.0
			3 d	83	0.5	3.5	62.9	55.6	45.7	38.2	30.5
泽州县	161	大泉河村	10 min	16.8	0.61	3.5	54.4	47.1	37.3	30.0	22.8
			60 min	35.5	0.56	3.5	106.8	93.1	75.1	61.5	47.8
			6 h	54	0.59	3.5	169.9	147.4	117.7	95.3	73.1
			24 h	65	0.54	3.5	188.0	164.9	134.1	110.6	87.0
			3 d	83	0.5	3.5	227.1	200.5	165.0	137.8	110.0
泽州县	162	三家店村	10 min	16.2	0.53	3.5	46.5	40.8	33.2	27.5	21.6
			60 min	34.8	0.53	3.5	99.9	87.7	71.4	59.0	46.5
			6 h	55	0.52	3.5	155.4	136.7	111.7	92.6	73.3
			24 h	72	0.49	3.5	193.8	171.5	141.6	118.7	95.2
			3 d	89	0.46	3.5	226.0	201.5	168.4	142.8	116.4

续表 4-9

县区	序号	村落名称	历时	均值 $\overline{H}$ (mm)	变差系数 C_v	C_s/C_v	不同重现期的雨量(mm)				
							100 年($H_{1\%}$)	50 年($H_{2\%}$)	20 年($H_{5\%}$)	10 年($H_{10\%}$)	5 年($H_{20\%}$)
泽州县	163	渠头村	10 min	16.6	0.54	3.5	48.4	42.4	34.4	28.4	22.2
			60 min	34.5	0.58	3.5	106.1	92.3	74.1	60.3	46.5
			6 h	53	0.53	3.5	152.1	133.5	108.8	89.9	70.8
			24 h	73	0.48	3.5	193.3	171.4	142.0	119.4	96.2
			3 d	89	0.46	3.5	227.9	202.9	169.4	143.4	116.6
泽州县	164	大阳四分街村	10 min	16.2	0.55	3.5	48.0	41.9	33.9	27.9	21.7
			60 min	34	0.5	3.5	93.0	82.1	67.6	56.5	45.1
			6 h	50	0.51	3.5	139.0	122.5	100.5	83.6	66.5
			24 h	72	0.5	3.5	197.0	173.9	143.2	119.5	95.5
			3 d	90	0.45	3.5	226.6	202.2	169.4	143.9	117.5
泽州县	165	王家庄村	10 min	16.1	0.53	3.5	46.2	40.6	33.0	27.3	21.5
			60 min	33.9	0.5	3.5	92.8	81.9	67.4	56.3	44.9
			6 h	47.5	0.51	3.5	132.1	116.4	95.5	79.4	63.1
			24 h	72	0.49	3.5	193.8	171.5	141.6	118.7	95.2
			3 d	89	0.47	3.5	231.8	205.9	171.3	144.5	117.0
泽州县	166	陡坡村	10 min	16.1	0.56	3.5	48.4	42.2	34.1	27.9	21.7
			60 min	33.5	0.51	3.5	93.1	82.1	67.3	56.0	44.5
			6 h	47	0.53	3.5	133.8	117.6	96.0	79.4	62.7
			24 h	70	0.5	3.5	191.5	169.1	139.2	116.2	92.8
			3 d	90	0.48	3.5	238.3	211.3	175.1	147.2	118.6
泽州县	167	宋家掌村	10 min	16.2	0.54	3.5	47.2	41.4	33.6	27.7	21.7
			60 min	34	0.52	3.5	96.1	84.5	69.1	57.3	45.3
			6 h	49	0.52	3.5	138.4	121.7	99.5	82.5	65.3
			24 h	72	0.48	3.5	190.7	169.0	140.1	117.8	94.9
			3 d	87	0.48	3.5	228.5	202.8	168.4	141.8	114.5
泽州县	168	香峪村	10 min	16.2	0.54	3.5	47.2	41.4	33.6	27.7	21.7
			60 min	34	0.52	3.5	96.1	84.5	69.1	57.3	45.3
			6 h	49	0.52	3.5	138.4	121.7	99.5	82.5	65.3
			24 h	72	0.48	3.5	190.7	169.0	140.1	117.8	94.9
			3 d	87	0.48	3.5	228.5	202.8	168.4	141.8	114.5

续表 4-9

县区	序号	村落名称	历时	均值 $\overline{H}$ (mm)	变差系数 C_v	C_s/C_v	不同重现期的雨量(mm)				
							100 年($H_{1\%}$)	50 年($H_{2\%}$)	20 年($H_{5\%}$)	10 年($H_{10\%}$)	5 年($H_{20\%}$)
泽州县	169	河底村	10 min	16.2	0.54	3.5	47.2	41.4	33.6	27.7	21.7
			60 min	34	0.52	3.5	96.1	84.5	69.1	57.3	45.3
			6 h	49	0.52	3.5	138.4	121.7	99.5	82.5	65.3
			24 h	72	0.48	3.5	190.7	169.0	140.1	117.8	94.9
			3 d	87	0.48	3.5	228.5	202.8	168.4	141.8	114.5
泽州县	170	陈家庄村委会	10 min	17.4	0.63	3.5	58.0	50.0	39.4	31.5	23.7
			60 min	34.5	0.56	3.5	103.8	90.5	73.0	59.7	46.4
			6 h	60	0.63	3.5	200.2	172.3	135.8	108.5	81.7
			24 h	90	0.63	3.5	300.2	258.5	203.7	162.8	122.5
			3 d	120	0.6	3.5	383.2	331.8	264.1	213.2	162.6
泽州县	171	道宝河村	10 min	17.4	0.63	3.5	58.0	50.0	39.4	31.5	23.7
			60 min	34.5	0.56	3.5	103.8	90.5	73.0	59.7	46.4
			6 h	60	0.63	3.5	200.2	172.3	135.8	108.5	81.7
			24 h	90	0.63	3.5	300.2	258.5	203.7	162.8	122.5
			3 d	120	0.6	3.5	383.2	331.8	264.1	213.2	162.6
泽州县	172	青龛村	10 min	17.5	0.62	3.5	57.5	49.6	39.2	31.5	23.8
			60 min	34.5	0.56	3.5	103.8	90.5	73.0	59.7	46.4
			6 h	60	0.63	3.5	200.2	172.3	135.8	108.5	81.7
			24 h	90	0.63	3.5	300.2	258.5	203.7	162.8	122.5
			3 d	120	0.6	3.5	383.2	331.8	264.1	213.2	162.6
泽州县	173	窑河村	10 min	17.2	0.63	3.5	57.4	49.4	38.9	31.1	23.4
			60 min	34.5	0.56	3.5	103.8	90.5	73.0	59.7	46.4
			6 h	60	0.63	3.5	200.2	172.3	135.8	108.5	81.7
			24 h	90	0.63	3.5	300.2	258.5	203.7	162.8	122.5
			3 d	120	0.6	3.5	383.2	331.8	264.1	213.2	162.6
泽州县	174	李河村	10 min	17.2	0.62	3.5	56.6	48.8	38.6	30.9	23.4
			60 min	34.5	0.56	3.5	103.8	90.5	73.0	59.7	46.4
			6 h	61	0.64	3.5	205.0	176.3	138.7	110.7	83.1
			24 h	89	0.63	3.5	297.4	256.0	201.7	161.1	121.1
			3 d	120	0.6	3.5	383.2	331.8	264.1	213.2	162.6

续表 4-9

县区	序号	村落名称	历时	均值 $\overline{H}$ (mm)	变差系数 C_v	C_s/C_v	不同重现期的雨量(mm)				
							100年($H_{1\%}$)	50年($H_{2\%}$)	20年($H_{5\%}$)	10年($H_{10\%}$)	5年($H_{20\%}$)
泽州县	175	大箕村	10 min	17.2	0.61	3.5	55.3	47.9	38.0	30.6	23.3
			60 min	34.5	0.55	3.5	102.2	89.3	72.3	59.3	46.3
			6 h	57.5	0.62	3.5	189.1	163.1	129.0	103.4	78.2
			24 h	85	0.58	3.5	261.5	227.5	182.6	148.6	114.7
			3 d	110	0.54	3.5	320.7	280.9	228.1	187.9	147.3
泽州县	176	南河底村	10 min	16.8	0.61	3.5	54.4	47.1	37.3	30.0	22.8
			60 min	34.5	0.55	3.5	102.2	89.3	72.3	59.3	46.3
			6 h	56	0.57	3.5	171.0	148.9	119.7	97.6	75.5
			24 h	76	0.54	3.5	221.6	194.1	157.6	129.8	101.8
			3 d	102	0.52	3.5	288.2	253.4	207.2	171.8	135.9
泽州县	177	槲树庄村	10 min	16.8	0.61	3.5	54.4	47.1	37.3	30.0	22.8
			60 min	34.5	0.55	3.5	102.2	89.3	72.3	59.3	46.3
			6 h	56	0.57	3.5	171.0	148.9	119.7	97.6	75.5
			24 h	75.5	0.54	3.5	220.1	192.8	156.6	129.0	101.1
			3 d	102	0.52	3.5	288.2	253.4	207.2	171.8	135.9
泽州县	178	上河村	10 min	16.8	0.61	3.5	54.4	47.1	37.3	30.0	22.8
			60 min	34.5	0.55	3.5	102.2	89.3	72.3	59.3	46.3
			6 h	56	0.57	3.5	171.0	148.9	119.7	97.6	75.5
			24 h	75.5	0.54	3.5	220.1	192.8	156.6	129.0	101.1
			3 d	101.5	0.52	3.5	286.8	252.2	206.2	171.0	135.3
泽州县	179	河上村	10 min	16.8	0.61	3.5	54.4	47.1	37.3	30.0	22.8
			60 min	34.5	0.55	3.5	102.2	89.3	72.3	59.3	46.3
			6 h	56	0.57	3.5	171.0	148.9	119.7	97.6	75.5
			24 h	75.5	0.54	3.5	220.1	192.8	156.6	129.0	101.1
			3 d	102	0.52	3.5	288.2	253.4	207.2	171.8	135.9
泽州县	180	西三庄村梨树沟	10 min	16.8	0.61	3.5	54.4	47.1	37.3	30.0	22.8
			60 min	34.5	0.54	3.5	100.6	88.1	71.5	58.9	46.2
			6 h	56	0.56	3.5	168.4	146.9	118.5	97.0	75.3
			24 h	76	0.54	3.5	221.6	194.1	157.6	129.8	101.8
			3 d	101.5	0.53	3.5	289.1	253.9	207.2	171.6	135.5

续表 4-9

县区	序号	村落名称	历时	均值 $\overline{H}$ (mm)	变差系数 C_v	C_s/C_v	不同重现期的雨量(mm)				
							100 年($H_{1\%}$)	50 年($H_{2\%}$)	20 年($H_{5\%}$)	10 年($H_{10\%}$)	5 年($H_{20\%}$)
泽州县	181	西三庄村孔窑	10 min	16.8	0.61	3.5	54.4	47.1	37.3	30.0	22.8
			60 min	34.5	0.55	3.5	102.2	89.3	72.3	59.3	46.3
			6 h	56	0.57	3.5	171.0	148.9	119.7	97.6	75.5
			24 h	76	0.54	3.5	221.6	194.1	157.6	129.8	101.8
			3 d	101	0.52	3.5	285.4	250.9	205.1	170.1	134.6
泽州县	182	南峪村	10 min	16.8	0.61	3.5	54.0	46.8	37.1	29.9	22.8
			60 min	34.6	0.55	3.5	101.7	89.0	72.1	59.3	46.4
			6 h	55	0.6	3.5	175.6	152.1	121.0	97.7	74.5
			24 h	77	0.55	3.5	228.0	199.3	161.3	132.4	103.4
			3 d	102	0.53	3.5	292.8	257.0	209.3	173.0	136.3
泽州县	183	前圪套村	10 min	16.8	0.61	3.5	54.4	47.1	37.3	30.0	22.8
			60 min	34.5	0.54	3.5	100.6	88.1	71.5	58.9	46.2
			6 h	56	0.56	3.5	168.4	146.9	118.5	97.0	75.3
			24 h	76	0.54	3.5	221.6	194.1	157.6	129.8	101.8
			3 d	101.5	0.53	3.5	289.1	253.9	207.2	171.6	135.5
泽州县	184	后圪套村	10 min	16.8	0.61	3.5	54.4	47.1	37.3	30.0	22.8
			60 min	34.5	0.54	3.5	100.6	88.1	71.5	58.9	46.2
			6 h	56	0.56	3.5	168.4	146.9	118.5	97.0	75.3
			24 h	76	0.54	3.5	221.6	194.1	157.6	129.8	101.8
			3 d	101.2	0.53	3.5	288.2	253.2	206.6	171.1	135.1
泽州县	185	申匠村	10 min	16.8	0.61	3.5	54.0	46.8	37.1	29.9	22.8
			60 min	34.6	0.55	3.5	102.5	89.6	72.5	59.5	46.4
			6 h	55	0.55	3.5	162.9	142.4	115.2	94.6	73.8
			24 h	76	0.55	3.5	223.3	195.4	158.4	130.3	101.9
			3 d	101	0.52	3.5	285.4	250.9	205.1	170.1	134.6
泽州县	186	南庄村	10 min	16.8	0.61	3.5	54.4	47.1	37.3	30.0	22.8
			60 min	34.5	0.55	3.5	102.2	89.3	72.3	59.3	46.3
			6 h	56	0.57	3.5	171.0	148.9	119.7	97.6	75.5
			24 h	76	0.54	3.5	221.6	194.1	157.6	129.8	101.8
			3 d	101	0.52	3.5	285.4	250.9	205.1	170.1	134.6

续表 4-9

县区	序号	村落名称	历时	均值 $\overline{H}$ (mm)	变差系数 C_v	C_s/C_v	不同重现期的雨量(mm)				
							100年($H_{1\%}$)	50年($H_{2\%}$)	20年($H_{5\%}$)	10年($H_{10\%}$)	5年($H_{20\%}$)
泽州县	187	董家沟村	10 min	16.8	0.61	3.5	54.4	47.1	37.3	30.0	22.8
			60 min	34.5	0.54	3.5	100.6	88.1	71.5	58.9	46.2
			6 h	56	0.56	3.5	168.4	146.9	118.5	97.0	75.3
			24 h	76	0.54	3.5	221.6	194.1	157.6	129.8	101.8
			3 d	101.2	0.53	3.5	288.2	253.2	206.6	171.1	135.1
泽州县	188	河西村	10 min	16.9	0.57	3.5	51.4	102.7	163.5	210.1	237.6
			60 min	34.7	0.55	3.5	102.7	89.8	142.8	184.7	210.2
			6 h	55.1	0.55	3.5	163.5	72.6	115.5	150.9	173.6
			24 h	74.3	0.52	3.5	210.1	59.6	94.7	125.1	145.4
			3 d	89	0.49	3.5	237.6	46.5	73.8	99.0	116.7
泽州县	189	北庄村	10 min	16.9	0.57	3.5	51.4	44.8	36.0	29.3	22.7
			60 min	34.7	0.55	3.5	102.7	89.8	72.6	59.6	46.5
			6 h	55.1	0.55	3.5	163.5	142.8	115.4	94.7	73.8
			24 h	74.3	0.52	3.5	210.1	184.7	150.9	125.1	99.0
			3 d	89	0.49	3.5	237.6	210.2	173.6	145.4	116.7
泽州县	190	谷坨村	10 min	16.9	0.57	3.5	51.4	44.8	36.0	29.3	22.7
			60 min	34.7	0.55	3.5	102.7	89.8	72.6	59.6	46.5
			6 h	55.1	0.55	3.5	163.5	142.8	115.5	94.7	73.8
			24 h	74.3	0.52	3.5	210.1	184.7	150.9	125.1	99.0
			3 d	89	0.49	3.5	237.6	210.2	173.6	145.4	116.6
泽州县	191	东坡村	10 min	16.9	0.57	3.5	51.4	44.8	36.0	29.3	22.8
			60 min	34.7	0.55	3.5	102.8	89.8	72.7	59.6	46.5
			6 h	55.1	0.55	3.5	163.6	142.9	115.5	94.7	73.8
			24 h	74.3	0.52	3.5	210.2	184.8	151.0	125.2	99.0
			3 d	89	0.49	3.5	237.7	210.2	173.6	145.4	116.6
泽州县	192	东坡村河东	10 min	16.7	0.55	3.5	49.8	43.5	35.2	28.8	22.5
			60 min	34.4	0.53	3.5	99.3	87.1	70.8	58.4	45.9
			6 h	52.4	0.53	3.5	149.3	130.9	106.6	88.0	69.2
			24 h	70.6	0.49	3.5	190.6	168.5	138.9	116.1	92.9
			3 d	87.2	0.46	3.5	222.5	198.0	165.2	139.7	113.5

续表 4-9

县区	序号	村落名称	历时	均值 $\overline{H}$ (mm)	变差系数 C_v	C_s/C_v	不同重现期的雨量(mm)				
							100 年($H_{1\%}$)	50 年($H_{2\%}$)	20 年($H_{5\%}$)	10 年($H_{10\%}$)	5 年($H_{20\%}$)
泽州县	193	东坡村下河	10 min	16.2	0.55	3.5	47.7	41.7	33.8	27.7	21.7
			60 min	33.4	0.52	3.5	94.0	82.7	67.6	56.1	44.4
			6 h	47	0.53	3.5	132.9	116.8	95.4	79.1	62.5
			24 h	68.6	0.48	3.5	182.3	161.6	133.8	112.4	90.5
			3 d	88.2	0.48	3.5	233.9	207.3	171.8	144.4	116.3
泽州县	194	干司村	10 min	16.2	0.59	3.5	50.5	43.9	35.1	28.4	21.8
			60 min	34.5	0.55	3.5	101.3	88.6	71.8	59.0	46.2
			6 h	53.3	0.55	3.5	156.9	137.2	111.1	91.3	71.3
			24 h	70.7	0.52	3.5	200.9	176.6	144.2	119.5	94.5
			3 d	92.3	0.5	3.5	252.6	223.1	183.8	153.6	122.7
泽州县	195	马韦村	10 min	16.2	0.59	3.5	50.5	43.9	35.1	28.4	21.8
			60 min	34.5	0.55	3.5	101.3	88.6	71.8	59.0	46.2
			6 h	53.3	0.55	3.5	157.0	137.3	111.1	91.3	71.3
			24 h	70.7	0.52	3.5	200.9	176.6	144.3	119.5	94.5
			3 d	92.3	0.5	3.5	252.6	223.2	183.8	153.6	122.8
泽州县	196	马韦村东贤子	10 min	16.2	0.59	3.5	50.5	43.9	35.1	28.4	21.8
			60 min	34.5	0.55	3.5	101.2	88.6	71.8	59.0	46.2
			6 h	53.3	0.55	3.5	156.4	136.8	110.8	91.0	71.1
			24 h	70.7	0.52	3.5	200.4	176.2	143.9	119.3	94.3
			3 d	92.3	0.5	3.5	252.2	222.8	183.5	153.4	122.6
泽州县	197	马韦村西贤子	10 min	16.2	0.59	3.5	50.5	43.8	35.1	28.4	21.8
			60 min	34.5	0.55	3.5	101.2	88.6	71.8	59.0	46.2
			6 h	53.3	0.55	3.5	156.4	136.8	110.8	91.0	71.1
			24 h	70.7	0.52	3.5	200.4	176.2	143.9	119.3	94.3
			3 d	92.3	0.5	3.5	251.7	222.3	183.2	153.1	122.4
泽州县	198	石门村	10 min	17	0.62	3.5	55.9	48.2	38.1	30.6	23.1
			60 min	35	0.55	3.5	103.6	90.6	73.3	60.2	47.0
			6 h	58	0.6	3.5	183.9	159.3	127.0	102.7	78.5
			24 h	80	0.55	3.5	236.9	207.1	167.6	137.6	107.4
			3 d	105	0.54	3.5	306.2	268.2	217.7	179.3	140.6

续表 4-9

县区	序号	村落名称	历时	均值 $\overline{H}$ (mm)	变差系数 C_v	C_s/C_v	不同重现期的雨量(mm)				
							100 年($H_{1\%}$)	50 年($H_{2\%}$)	20 年($H_{5\%}$)	10 年($H_{10\%}$)	5 年($H_{20\%}$)
泽州县	199	贾辿村	10 min	17	0.63	3.5	56.7	48.8	38.5	30.7	23.1
			60 min	34.8	0.55	3.5	103.1	90.1	72.9	59.8	46.7
			6 h	55	0.58	3.5	170.5	148.2	118.7	96.5	74.3
			24 h	80	0.55	3.5	236.9	207.1	167.6	137.6	107.4
			3 d	106	0.55	3.5	311.5	272.6	220.9	181.7	142.1
泽州县	200	东石瓮村	10 min	17.2	0.62	3.5	56.6	48.8	38.6	30.9	23.4
			60 min	35	0.57	3.5	106.9	93.1	74.8	61.0	47.2
			6 h	60	0.63	3.5	200.2	172.3	135.8	108.5	81.7
			24 h	80	0.6	3.5	255.5	221.2	176.1	142.1	108.4
			3 d	105	0.6	3.5	335.3	290.3	231.1	186.5	142.3
泽州县	201	下川村	10 min	17.2	0.63	3.5	57.4	49.4	38.9	31.1	23.4
			60 min	34.1	0.58	3.5	105.7	91.9	73.6	59.8	46.0
			6 h	60	0.72	3.5	226.5	191.9	146.9	113.9	82.2
			24 h	80	0.63	3.5	266.9	229.8	181.1	144.7	108.9
			3 d	95	0.61	3.5	307.9	266.1	211.1	169.8	128.9
泽州县	202	北寨村	10 min	17.3	0.62	3.5	56.9	49.1	38.8	31.1	23.5
			60 min	34.4	0.57	3.5	105.0	91.5	73.5	59.9	46.4
			6 h	60	0.64	3.5	203.0	174.5	137.1	109.2	81.8
			24 h	80	0.57	3.5	244.3	212.7	171.0	139.4	107.8
			3 d	101	0.6	3.5	322.6	279.3	222.3	179.4	136.9
泽州县	203	下城公村	10 min	16.8	0.53	3.5	47.8	42.0	34.3	28.4	22.4
			60 min	34.6	0.52	3.5	97.8	86.0	70.3	58.3	46.1
			6 h	53	0.52	3.5	148.6	130.8	107.1	89.0	70.5
			24 h	72	0.48	3.5	190.7	169.0	140.1	117.8	94.9
			3 d	89.5	0.45	3.5	225.4	201.1	168.4	143.1	116.9
泽州县	204	丹河底村	10 min	16.8	0.53	3.5	47.8	42.0	34.3	28.4	22.4
			60 min	34.6	0.52	3.5	97.8	86.0	70.3	58.3	46.1
			6 h	53	0.52	3.5	148.6	130.8	107.1	89.0	70.5
			24 h	72	0.48	3.5	190.7	169.0	140.1	117.8	94.9
			3 d	89.5	0.45	3.5	225.4	201.1	168.4	143.1	116.9

续表 4-9

县区	序号	村落名称	历时	均值 $\overline{H}$ (mm)	变差系数 C_v	C_s/C_v	不同重现期的雨量(mm)				
							100 年($H_{1\%}$)	50 年($H_{2\%}$)	20 年($H_{5\%}$)	10 年($H_{10\%}$)	5 年($H_{20\%}$)
泽州县	205	北尹寨村	10 min	16.8	0.56	3.5	50.6	44.1	35.6	29.1	22.6
			60 min	34.4	0.54	3.5	100.6	88.0	71.4	58.8	46.0
			6 h	52.5	0.53	3.5	150.6	132.1	107.6	88.9	70.0
			24 h	70.5	0.49	3.5	189.4	167.5	138.2	115.7	92.7
			3 d	86.3	0.45	3.5	214.7	191.5	160.4	136.3	111.3
泽州县	206	岸则村	10 min	16.8	0.56	3.5	50.7	44.2	35.6	29.1	22.6
			60 min	34.4	0.54	3.5	100.7	88.1	71.4	58.8	46.0
			6 h	52.5	0.53	3.5	150.6	132.1	107.6	88.9	69.9
			24 h	70.5	0.49	3.5	189.4	167.5	138.2	115.6	92.6
			3 d	86.3	0.45	3.5	214.4	191.3	160.2	136.1	111.2
泽州县	207	川底村	10 min	16.2	0.56	3.5	48.4	42.2	34.1	27.9	21.8
			60 min	33.1	0.51	3.5	92.4	81.4	66.7	55.4	44.0
			6 h	46.5	0.53	3.5	134.8	118.2	96.3	79.5	62.6
			24 h	71.7	0.47	3.5	187.8	166.6	138.3	116.5	94.1
			3 d	88.3	0.48	3.5	234.5	207.8	172.1	144.6	116.4
泽州县	208	川底村河东	10 min	16.7	0.55	3.5	49.8	43.5	35.2	28.8	22.5
			60 min	34.4	0.53	3.5	99.3	87.1	70.8	58.5	46.0
			6 h	52.4	0.53	3.5	151.4	132.8	108.1	89.2	70.2
			24 h	70.6	0.49	3.5	190.6	168.5	138.9	116.1	92.9
			3 d	87.2	0.46	3.5	222.5	198.0	165.2	139.7	113.5
泽州县	209	焦河村	10 min	16.2	0.56	3.5	48.4	42.2	34.1	27.9	21.8
			60 min	33.1	0.52	3.5	92.4	81.3	66.7	55.4	44.0
			6 h	46.5	0.53	3.5	134.8	118.3	96.3	79.5	62.6
			24 h	71.7	0.47	3.5	187.8	166.7	138.3	116.5	94.1
			3 d	88.3	0.48	3.5	234.5	207.8	172.1	144.6	116.4
泽州县	210	沙沟村	10 min	16.1	0.55	3.5	47.7	41.7	33.7	27.7	21.6
			60 min	33	0.51	3.5	91.8	80.9	66.3	55.2	43.9
			6 h	47	0.53	3.5	133.8	117.6	96.0	79.4	62.7
			24 h	70	0.47	3.5	182.3	162.0	134.7	113.7	92.0
			3 d	85	0.48	3.5	223.2	198.1	164.5	138.5	111.9

续表 4-9

县区	序号	村落名称	历时	均值 $\overline{H}$ (mm)	变差系数 C_v	C_s/C_v	不同重现期的雨量(mm)				
							100年($H_{1\%}$)	50年($H_{2\%}$)	20年($H_{5\%}$)	10年($H_{10\%}$)	5年($H_{20\%}$)
泽州县	211	西尧村黄河	10 min	16.1	0.55	3.5	48.4	42.2	42.2	27.8	21.6
			60 min	33.4	0.53	3.5	95.3	83.7	83.7	56.6	44.8
			6 h	47	0.53	3.5	135.4	118.8	118.8	79.8	62.8
			24 h	71.1	0.5	3.5	193.3	170.7	170.7	117.3	93.7
			3 d	90.1	0.49	3.5	244.7	216.4	216.4	149.7	120.0
泽州县	212	李河村	10 min	16.1	0.56	3.5	49.1	34.4	34.4	28.0	21.7
			60 min	33.3	0.53	3.5	94.6	67.9	67.9	56.2	44.4
			6 h	47.4	0.54	3.5	135.9	96.9	96.9	79.9	62.8
			24 h	71.8	0.5	3.5	198.9	144.2	144.2	120.2	95.8
			3 d	92.9	0.5	3.5	261.3	189.1	189.1	157.5	125.4
泽州县	213	李河村正圪脑	10 min	16.1	0.56	3.5	49.1	42.8	34.4	28.0	21.7
			60 min	33.3	0.53	3.5	94.6	83.1	67.9	56.2	44.4
			6 h	47.4	0.54	3.5	135.9	119.1	96.8	79.9	62.7
			24 h	71.8	0.5	3.5	199.1	175.6	144.3	120.3	95.8
			3 d	92.9	0.5	3.5	261.7	230.7	189.3	157.7	125.5
泽州县	214	东磨滩村	10 min	16.2	0.57	3.5	49.6	43.2	34.6	28.2	21.8
			60 min	33.6	0.53	3.5	95.3	83.7	68.3	56.6	44.7
			6 h	47.8	0.53	3.5	136.8	119.9	97.5	80.4	63.1
			24 h	70.6	0.5	3.5	198.5	175.0	143.7	119.7	95.2
			3 d	93.2	0.5	3.5	264.6	233.2	191.3	159.2	126.6
沁水县	215	龙港镇杏园社区沟门口	10 min	15	0.62	3.5	34.7	30.1	24.0	19.4	14.8
			60 min	31	0.62	3.5	76.8	66.6	53.2	43.0	32.9
			6 h	48.5	0.63	3.5	140.5	121.7	97.0	78.4	59.9
			24 h	65	0.65	3.5	192.3	166.3	132.2	106.5	81.0
			3 d	89	0.64	3.5	261.3	226.2	180.2	145.6	111.0
沁水县	216	龙港镇河渚村柳家湾	10 min	15	0.61	3.5	34.7	30.1	24.0	19.4	14.8
			60 min	31	0.61	3.5	76.8	66.6	53.2	43.0	32.9
			6 h	49.5	0.62	3.5	140.5	121.7	97.0	78.4	59.9
			24 h	64	0.62	3.5	192.3	166.3	132.2	106.5	81.0
			3 d	85	0.62	3.5	261.3	226.2	180.2	145.6	111.0

续表 4-9

县区	序号	村落名称	历时	均值 $\overline{H}$ (mm)	变差系数 C_v	C_s/C_v	不同重现期的雨量(mm)				
							100 年($H_{1\%}$)	50 年($H_{2\%}$)	20 年($H_{5\%}$)	10 年($H_{10\%}$)	5 年($H_{20\%}$)
沁水县	217	龙港镇河渚村南贾庄	10 min	15	0.61	3.5	34.7	30.1	24.0	19.4	14.8
			60 min	31.5	0.61	3.5	76.8	66.6	53.2	43.0	32.9
			6 h	50	0.63	3.5	140.5	121.7	97.0	78.4	59.9
			24 h	64	0.62	3.5	192.3	166.3	132.2	106.5	81.0
			3 d	85	0.62	3.5	261.3	226.2	180.2	145.6	111.0
沁水县	218	龙港镇河渚村北贾庄	10 min	15	0.61	3.5	34.7	30.1	24.0	19.4	14.8
			60 min	31.5	0.61	3.5	76.8	66.6	53.2	43.0	32.9
			6 h	50	0.63	3.5	140.5	121.7	97.0	78.4	59.9
			24 h	64	0.62	3.5	192.3	166.3	132.2	106.5	81.0
			3 d	85	0.62	3.5	261.3	226.2	180.2	145.6	111.0
沁水县	219	龙港镇河渚村河渚	10 min	15	0.61	3.5	34.7	30.1	24.0	19.4	14.8
			60 min	31.5	0.61	3.5	76.8	66.6	53.2	43.0	32.9
			6 h	50	0.63	3.5	140.5	121.7	97.0	78.4	59.9
			24 h	64	0.62	3.5	192.3	166.3	132.2	106.5	81.0
			3 d	85	0.62	3.5	261.3	226.2	180.2	145.6	111.0
沁水县	220	龙港镇梁庄村	10 min	15	0.61	3.5	34.7	30.1	24.0	19.4	14.8
			60 min	31.5	0.61	3.5	76.8	66.6	53.2	43.0	32.9
			6 h	50	0.63	3.5	140.5	121.7	97.0	78.4	59.9
			24 h	64	0.62	3.5	192.3	166.3	132.2	106.5	81.0
			3 d	85	0.62	3.5	261.3	226.2	180.2	145.6	111.0
沁水县	221	龙港镇西石堂村	10 min	15	0.61	3.5	34.7	30.1	24.0	19.4	14.8
			60 min	32	0.61	3.5	76.8	66.6	53.2	43.0	32.9
			6 h	50	0.62	3.5	140.5	121.7	97.0	78.4	59.9
			24 h	65	0.63	3.5	192.3	166.3	132.2	106.5	81.0
			3 d	86	0.62	3.5	261.3	226.2	180.2	145.6	111.0
沁水县	222	龙港镇东石堂村	10 min	15	0.61	3.5	34.7	30.1	24.0	19.4	14.8
			60 min	32	0.61	3.5	76.8	66.6	53.2	43.0	32.9
			6 h	50	0.62	3.5	140.5	121.7	97.0	78.4	59.9
			24 h	65	0.63	3.5	192.3	166.3	132.2	106.5	81.0
			3 d	86	0.62	3.5	261.3	226.2	180.2	145.6	111.0

续表 4-9

县区	序号	村落名称	历时	均值 $\overline{H}$ (mm)	变差系数 C_v	C_s/C_v	不同重现期的雨量(mm)				
							100 年($H_{1\%}$)	50 年($H_{2\%}$)	20 年($H_{5\%}$)	10 年($H_{10\%}$)	5 年($H_{20\%}$)
沁水县	223	龙港镇青龙村	10 min	14.5	0.61	3.5	36.3	31.5	25.1	20.3	15.6
			60 min	31	0.6	3.5	77.3	66.9	53.3	43.0	32.8
			6 h	46	0.64	3.5	139.7	120.8	95.9	77.1	58.6
			24 h	64	0.63	3.5	194.4	167.8	132.8	106.5	80.6
			3 d	88	0.62	3.5	273.5	236.5	188.0	151.5	115.2
沁水县	224	龙港镇王寨村东村	10 min	14.5	0.61	3.5	36.3	31.5	25.1	20.3	15.6
			60 min	31	0.6	3.5	77.3	66.9	53.3	43.0	32.8
			6 h	46	0.64	3.5	139.7	120.8	95.9	77.1	58.6
			24 h	64	0.63	3.5	194.4	167.8	132.8	106.5	80.6
			3 d	88	0.62	3.5	273.5	236.5	188.0	151.5	115.2
沁水县	225	龙港镇孔峪村	10 min	14.5	0.61	3.5	36.3	31.5	25.1	20.3	15.6
			60 min	31	0.6	3.5	77.3	66.9	53.3	43.0	32.8
			6 h	46	0.64	3.5	139.7	120.8	95.9	77.1	58.6
			24 h	64	0.63	3.5	194.4	167.8	132.8	106.5	80.6
			3 d	88	0.62	3.5	273.5	236.5	188.0	151.5	115.2
沁水县	226	中村镇中村村涧河	10 min	14	0.61	3.5	37.1	32.2	25.6	20.7	15.9
			60 min	33	0.62	3.5	85.6	73.8	58.4	46.8	35.4
			6 h	52.5	0.66	3.5	157.6	135.7	106.9	85.3	64.1
			24 h	65	0.64	3.5	209.7	180.6	142.3	113.6	85.4
			3 d	92.5	0.63	3.5	295.4	254.8	201.6	161.7	122.2
沁水县	227	中村镇中村村中村	10 min	14.1	0.61	3.5	34.7	30.2	24.2	19.7	15.2
			60 min	32.5	0.61	3.5	77.4	66.9	53.0	42.6	32.3
			6 h	52	0.64	3.5	137.9	119.4	95.2	76.9	58.7
			24 h	66	0.54	3.5	178.6	156.5	127.3	104.8	82.3
			3 d	87	0.64	3.5	263.7	228.1	181.3	146.1	111.2
沁水县	228	中村镇上峪村上峪	10 min	14	0.61	3.5	42.6	36.9	29.3	23.7	18.1
			60 min	32.5	0.61	3.5	94.1	81.3	64.5	51.9	39.4
			6 h	53	0.64	3.5	165.5	142.7	112.6	90.2	68.0
			24 h	64	0.54	3.5	211.9	182.3	143.3	114.2	85.6
			3 d	88	0.63	3.5	244.5	214.8	175.3	145.1	114.5

续表 4-9

县区	序号	村落名称	历时	均值 $\overline{H}$ (mm)	变差系数 C_v	C_s/C_v	不同重现期的雨量(mm)				
							100 年($H_{1\%}$)	50 年($H_{2\%}$)	20 年($H_{5\%}$)	10 年($H_{10\%}$)	5 年($H_{20\%}$)
沁水县	229	中村镇下峪村下峪	10 min	14	0.61	3.5	42.6	36.9	29.3	23.7	18.1
			60 min	32.5	0.61	3.5	94.1	81.3	64.5	51.9	39.4
			6 h	53	0.64	3.5	165.5	142.7	112.6	90.2	68.0
			24 h	64	0.54	3.5	211.9	182.3	143.3	114.2	85.6
			3 d	88	0.63	3.5	244.5	214.8	175.3	145.1	114.5
沁水县	230	中村镇张马村张马	10 min	14.1	0.6	3.5	34.7	30.2	24.2	19.7	15.2
			60 min	32.3	0.61	3.5	77.4	66.9	53.0	42.6	32.3
			6 h	52	0.64	3.5	137.9	119.4	95.2	76.9	58.7
			24 h	64	0.55	3.5	178.6	156.5	127.3	104.8	82.3
			3 d	85	0.62	3.5	263.7	228.1	181.3	146.1	111.2
沁水县	231	中村镇北岭村马邑沟	10 min	14	0.6	3.5	41.6	36.1	28.9	23.4	18.0
			60 min	30.4	0.61	3.5	87.2	75.2	59.5	47.7	36.1
			6 h	51	0.63	3.5	147.3	127.6	101.4	81.9	62.4
			24 h	64.9	0.54	3.5	185.5	162.6	131.9	108.7	85.2
			3 d	84.1	0.53	3.5	233.1	204.8	167.1	138.3	109.2
沁水县	232	中村镇上阁村	10 min	14	0.6	3.5	39.5	34.3	27.4	22.2	17.1
			60 min	30.4	0.61	3.5	85.9	74.1	58.6	47.0	35.5
			6 h	51	0.63	3.5	148.4	128.5	102.2	82.5	62.8
			24 h	64.9	0.54	3.5	187.2	164.1	133.2	109.8	86.0
			3 d	84.1	0.53	3.5	235.7	207.2	169.1	140.0	110.5
沁水县	233	中村镇松峪村松峪	10 min	13.5	0.59	3.5	40.9	35.6	28.5	23.2	17.9
			60 min	32	0.59	3.5	87.4	75.7	60.3	48.8	37.2
			6 h	51	0.62	3.5	146.7	127.2	101.4	82.0	62.7
			24 h	62	0.57	3.5	179.2	156.1	125.4	102.3	79.1
			3 d	84	0.62	3.5	270.1	233.2	184.7	148.4	112.4
沁水县	234	中村镇下川村下川	10 min	13.9	0.59	3.5	38.5	33.5	26.8	21.8	16.8
			60 min	33	0.62	3.5	87.1	75.2	59.6	47.8	36.2
			6 h	53	0.67	3.5	166.3	142.5	111.2	88.0	65.2
			24 h	67.5	0.65	3.5	239.7	203.9	157.0	122.5	89.2
			3 d	96	0.64	3.5	313.9	270.2	212.9	170.0	127.8

续表 4-9

县区	序号	村落名称	历时	均值 $\overline{H}$ (mm)	变差系数 C_v	C_s/C_v	不同重现期的雨量(mm)				
							100年($H_{1\%}$)	50年($H_{2\%}$)	20年($H_{5\%}$)	10年($H_{10\%}$)	5年($H_{20\%}$)
沁水县	235	中村镇上川村	10 min	13.9	0.59	3.5	38.5	33.5	26.8	21.8	16.8
			60 min	33	0.62	3.5	87.1	75.2	59.6	47.8	36.2
			6 h	53	0.67	3.5	166.3	142.5	111.2	88.0	65.2
			24 h	67.5	0.65	3.5	239.7	203.9	157.0	122.5	89.2
			3 d	96	0.64	3.5	313.9	270.2	212.9	170.0	127.8
沁水县	236	中村镇下川村梁山	10 min	13.9	0.59	3.5	38.5	33.5	26.8	21.8	16.8
			60 min	33	0.62	3.5	87.1	75.2	59.6	47.8	36.2
			6 h	53	0.67	3.5	166.3	142.5	111.2	88.0	65.2
			24 h	67.5	0.65	3.5	239.7	203.9	157.0	122.5	89.2
			3 d	96	0.64	3.5	313.9	270.2	212.9	170.0	127.8
沁水县	237	中村镇下川村腰掌	10 min	13.9	0.59	3.5	38.5	33.5	26.8	21.8	16.8
			60 min	33	0.62	3.5	87.1	75.2	59.6	47.8	36.2
			6 h	53	0.67	3.5	166.3	142.5	111.2	88.0	65.2
			24 h	67.5	0.65	3.5	239.7	203.9	157.0	122.5	89.2
			3 d	96	0.64	3.5	313.9	270.2	212.9	170.0	127.8
沁水县	238	中村镇东川村梨树底	10 min	14.2	0.59	3.5	38.1	33.0	26.4	21.3	16.3
			60 min	39.3	0.6	3.5	89.2	76.7	60.4	48.2	36.1
			6 h	54.9	0.7	3.5	170.0	145.6	113.7	89.9	66.6
			24 h	71.1	0.66	3.5	236.3	202.4	157.9	124.8	92.6
			3 d	101	0.65	3.5	327.0	280.4	219.5	174.1	129.6
沁水县	239	中村镇山辿岩村山辿岩	10 min	13.9	0.61	3.5	38.1	33.0	26.4	21.3	16.3
			60 min	33	0.62	3.5	89.2	76.7	60.4	48.2	36.1
			6 h	53.5	0.7	3.5	170.0	145.6	113.7	89.9	66.6
			24 h	69	0.66	3.5	236.3	202.4	157.9	124.8	92.6
			3 d	97	0.66	3.5	327.0	280.4	219.5	174.1	129.6
沁水县	240	郑庄镇郑庄村张沟	10 min	13	0.54	3.5	34.2	24.2	30.0	20.2	15.9
			60 min	28	0.54	3.5	72.8	51.2	63.7	42.4	33.1
			6 h	45	0.61	3.5	140.9	105.6	122.3	79.1	60.6
			24 h	67	0.64	3.5	218.4	181.2	187.7	117.4	87.9
			3 d	90	0.58	3.5	273.9	242.8	238.3	155.6	120.0

续表 4-9

县区	序号	村落名称	历时	均值 $\overline{H}$ (mm)	变差系数 C_v	C_s/C_v	不同重现期的雨量(mm)				
							100 年($H_{1\%}$)	50 年($H_{2\%}$)	20 年($H_{5\%}$)	10 年($H_{10\%}$)	5 年($H_{20\%}$)
沁水县	241	嘉峰镇武安村	10 min	13	0.54	3.5	18.9	16.4	13.1	10.7	8.2
			60 min	28	0.54	3.5	45.4	39.6	31.8	25.9	20.0
			6 h	45	0.61	3.5	94.8	82.7	66.9	54.8	42.6
			24 h	67	0.64	3.5	149.4	130.5	106.6	87.9	68.8
			3 d	90	0.58	3.5	203.3	178.5	148.2	124.1	99.0
沁水县	242	嘉峰镇尉迟村	10 min	13	0.54	3.5	18.9	16.4	13.1	10.7	8.2
			60 min	28	0.54	3.5	45.4	39.6	31.8	25.9	20.0
			6 h	45	0.61	3.5	94.8	82.7	66.9	54.8	42.6
			24 h	67	0.64	3.5	149.4	130.5	106.6	87.9	68.8
			3 d	90	0.58	3.5	203.3	178.5	148.2	124.1	99.0
沁水县	243	嘉峰镇嘉峰村	10 min	13	0.54	3.5	18.9	16.4	13.1	10.7	8.2
			60 min	28	0.54	3.5	45.4	39.6	31.8	25.9	20.0
			6 h	45	0.61	3.5	94.8	82.7	66.9	54.8	42.6
			24 h	67	0.64	3.5	149.4	130.5	106.6	87.9	68.8
			3 d	90	0.58	3.5	203.3	178.5	148.2	124.1	99.0
沁水县	244	嘉峰镇磨掌村新村	10 min	16.5	0.58	3.5	40.4	35.3	28.4	23.2	18.1
			60 min	31	0.57	3.5	74.1	64.7	52.3	42.9	33.5
			6 h	44	0.55	3.5	126.5	110.9	90.0	74.2	58.2
			24 h	69	0.52	3.5	181.9	159.9	130.5	108.1	85.4
			3 d	87	0.48	3.5	249.2	219.9	180.7	150.7	120.1
沁水县	245	嘉峰镇秦庄村	10 min	15	0.57	3.5	39.7	34.6	27.9	22.9	17.8
			60 min	30	0.56	3.5	73.1	63.9	51.7	42.4	33.0
			6 h	43	0.55	3.5	125.3	109.9	89.3	73.6	57.8
			24 h	68	0.53	3.5	180.9	159.0	129.9	107.6	85.1
			3 d	92	0.51	3.5	248.2	219.0	180.1	150.3	119.8
沁水县	246	嘉峰镇殷庄村	10 min	15	0.57	3.5	39.7	34.6	27.9	22.9	17.8
			60 min	30	0.56	3.5	73.1	63.9	51.7	42.4	33.0
			6 h	43	0.55	3.5	125.3	109.9	89.3	73.6	57.8
			24 h	68	0.53	3.5	180.9	159.0	129.9	107.6	85.1
			3 d	92	0.51	3.5	248.2	219.0	180.1	150.3	119.8

续表 4-9

县区	序号	村落名称	历时	均值 $\overline{H}$ (mm)	变差系数 C_v	C_s/C_v	不同重现期的雨量(mm)				
							100 年($H_{1\%}$)	50 年($H_{2\%}$)	20 年($H_{5\%}$)	10 年($H_{10\%}$)	5 年($H_{20\%}$)
沁水县	247	嘉峰镇刘庄村	10 min	13	0.54	3.5	18.9	16.4	13.1	10.7	8.2
			60 min	28	0.54	3.5	45.4	39.6	31.8	25.9	20.0
			6 h	45	0.61	3.5	94.8	82.7	66.9	54.8	42.6
			24 h	67	0.64	3.5	149.4	130.5	106.6	87.9	68.8
			3 d	90	0.58	3.5	203.3	178.5	148.2	124.1	99.0
沁水县	248	嘉峰镇卧虎庄村	10 min	13	0.54	3.5	18.9	16.4	13.1	10.7	8.2
			60 min	28	0.54	3.5	45.4	39.6	31.8	25.9	20.0
			6 h	45	0.61	3.5	94.8	82.7	66.9	54.8	42.6
			24 h	67	0.64	3.5	149.4	130.5	106.6	87.9	68.8
			3 d	90	0.58	3.5	203.3	178.5	148.2	124.1	99.0
沁水县	249	嘉峰镇柿沟村	10 min	16.5	0.58	3.5	45.9	40.0	32.1	26.1	20.2
			60 min	31	0.57	3.5	76.8	67.0	54.1	44.3	34.5
			6 h	42	0.54	3.5	124.7	109.4	89.0	73.4	57.7
			24 h	68	0.52	3.5	177.9	156.7	128.4	106.8	84.8
			3 d	88	0.49	3.5	231.4	205.0	169.6	142.4	114.5
沁水县	250	嘉峰镇李庄村下河口	10 min	13	0.54	3.5	18.9	16.4	13.1	10.7	8.2
			60 min	28	0.54	3.5	45.4	39.6	31.8	25.9	20.0
			6 h	45	0.61	3.5	94.8	82.7	66.9	54.8	42.6
			24 h	67	0.64	3.5	149.4	130.5	106.6	87.9	68.8
			3 d	90	0.58	3.5	203.3	178.5	148.2	124.1	99.0
沁水县	251	嘉峰镇潘河村下潘河	10 min	16.5	0.58	3.5	43.2	37.6	30.3	24.7	19.1
			60 min	31	0.57	3.5	75.9	66.2	53.4	43.7	33.9
			6 h	44	0.55	3.5	126.1	110.5	89.8	74.1	58.2
			24 h	69	0.52	3.5	179.6	158.3	129.8	108.1	85.9
			3 d	87	0.48	3.5	222.3	197.4	164.1	138.4	111.9
沁水县	252	嘉峰镇潘河村中潘河	10 min	16.5	0.58	3.5	43.2	37.6	30.3	24.7	19.1
			60 min	31	0.57	3.5	75.9	66.2	53.4	43.7	33.9
			6 h	44	0.55	3.5	126.1	110.5	89.8	74.1	58.2
			24 h	69	0.52	3.5	179.6	158.3	129.8	108.1	85.9
			3 d	87	0.48	3.5	222.3	197.4	164.1	138.4	111.9

续表 4-9

县区	序号	村落名称	历时	均值 $\overline{H}$ (mm)	变差系数 C_v	C_s/C_v	不同重现期的雨量(mm)				
							100 年($H_{1\%}$)	50 年($H_{2\%}$)	20 年($H_{5\%}$)	10 年($H_{10\%}$)	5 年($H_{20\%}$)
沁水县	253	嘉峰镇潘河村上潘河	10 min	16.5	0.58	3.5	43.2	37.6	30.3	24.7	19.1
			60 min	31	0.57	3.5	75.9	66.2	53.4	43.7	33.9
			6 h	44	0.55	3.5	126.1	110.5	89.8	74.1	58.2
			24 h	69	0.52	3.5	179.6	158.3	129.8	108.1	85.9
			3 d	87	0.48	3.5	222.3	197.4	164.1	138.4	111.9
沁水县	254	郑村镇夏荷村	10 min	16.2	0.57	3.5	38.2	33.3	26.9	22.0	17.1
			60 min	32	0.56	3.5	71.5	62.5	50.7	41.6	32.5
			6 h	45	0.54	3.5	121.0	106.4	87.0	72.2	57.1
			24 h	69	0.5	3.5	168.3	149.2	123.5	103.7	83.5
			3 d	88	0.48	3.5	219.4	195.1	162.6	137.4	111.5
沁水县	255	郑村镇侯村村	10 min	16.2	0.57	3.5	38.2	33.3	26.9	22.0	17.1
			60 min	32	0.56	3.5	71.5	62.5	50.7	41.6	32.5
			6 h	45	0.54	3.5	121.0	106.4	87.0	72.2	57.1
			24 h	69	0.5	3.5	168.3	149.2	123.5	103.7	83.5
			3 d	88	0.48	3.5	219.4	195.1	162.6	137.4	111.5
沁水县	256	郑村镇湘峪村	10 min	16.3	0.58	3.5	43.4	37.8	30.4	24.7	19.1
			60 min	32.5	0.57	3.5	78.4	68.4	55.2	45.1	35.1
			6 h	44	0.54	3.5	126.5	111.1	90.6	75.0	59.2
			24 h	68	0.49	3.5	168.1	149.1	123.4	103.8	83.6
			3 d	90	0.48	3.5	230.5	204.7	170.1	143.4	116.0
沁水县	257	郑村镇半峪村	10 min	16.2	0.58	3.5	43.4	37.8	30.4	24.7	19.1
			60 min	32	0.57	3.5	78.4	68.4	55.2	45.1	35.1
			6 h	43	0.53	3.5	126.5	111.1	90.6	75.0	59.2
			24 h	67	0.48	3.5	168.1	149.1	123.4	103.8	83.6
			3 d	90	0.48	3.5	230.5	204.7	170.1	143.4	116.0
沁水县	258	郑村镇轩底村	10 min	16.2	0.57	3.5	40.6	35.4	28.6	23.4	18.2
			60 min	32.5	0.56	3.5	75.4	65.9	53.4	43.8	34.2
			6 h	45	0.54	3.5	125.6	110.4	90.1	74.7	59.0
			24 h	69	0.5	3.5	171.5	151.8	125.5	105.2	84.4
			3 d	85	0.48	3.5	215.3	191.3	159.2	134.4	108.8

续表 4-9

县区	序号	村落名称	历时	均值 $\overline{H}$ (mm)	变差系数 C_v	C_s/C_v	不同重现期的雨量(mm)				
							100 年($H_{1\%}$)	50 年($H_{2\%}$)	20 年($H_{5\%}$)	10 年($H_{10\%}$)	5 年($H_{20\%}$)
沁水县	259	张村乡张村村	10 min	14.1	0.61	3.5	36.5	31.6	25.2	20.3	15.5
			60 min	32	0.61	3.5	82.7	71.7	57.1	46.2	35.3
			6 h	52	0.64	3.5	156.8	135.2	106.7	85.4	64.4
			24 h	66	0.69	3.5	222.9	190.4	147.9	116.4	85.7
			3 d	92	0.66	3.5	305.5	262.1	205.5	163.2	121.7
沁水县	260	张村乡张村村下河	10 min	14.1	0.61	3.5	36.5	31.6	25.2	20.3	15.5
			60 min	32	0.61	3.5	82.7	71.7	57.1	46.2	35.3
			6 h	52	0.64	3.5	156.8	135.2	106.7	85.4	64.4
			24 h	66	0.69	3.5	222.9	190.4	147.9	116.4	85.7
			3 d	92	0.66	3.5	305.5	262.1	205.5	163.2	121.7
沁水县	261	苏庄乡苏庄村	10 min	12.5	0.63	3.5	31.4	27.1	21.4	17.2	13.0
			60 min	29	0.62	3.5	69.0	59.7	47.4	38.2	29.0
			6 h	44	0.62	3.5	131.6	114.1	90.9	73.4	56.1
			24 h	68	0.61	3.5	194.4	168.7	134.8	109.1	83.6
			3 d	90	0.59	3.5	264.6	230.2	185.0	150.8	116.4
沁水县	262	苏庄乡苏庄村苏庄	10 min	12.5	0.63	3.5	31.4	27.1	21.4	17.2	13.0
			60 min	29	0.62	3.5	69.0	59.7	47.4	38.2	29.0
			6 h	44	0.62	3.5	131.6	114.1	90.9	73.4	56.1
			24 h	68	0.61	3.5	194.4	168.7	134.8	109.1	83.6
			3 d	90	0.59	3.5	264.6	230.2	185.0	150.8	116.4
沁水县	263	苏庄乡西古堆村八亩地	10 min	12	0.63	3.5	31.4	27.1	21.4	17.2	13.0
			60 min	28	0.62	3.5	69.0	59.7	47.4	38.2	29.0
			6 h	45	0.62	3.5	131.6	114.1	90.9	73.4	56.1
			24 h	68	0.62	3.5	194.4	168.7	134.8	109.1	83.6
			3 d	90	0.61	3.5	264.6	230.2	185.0	150.8	116.4
沁水县	264	胡底乡老坟沟村坡跟前	10 min	17.3	0.55	3.5	40.5	35.4	28.7	23.6	18.4
			60 min	33.1	0.54	3.5	75.6	66.2	53.7	44.3	34.7
			6 h	50	0.53	3.5	128.7	113.2	92.4	76.6	60.6
			24 h	74	0.52	3.5	181.6	160.4	132.2	110.5	88.3
			3 d	92.5	0.48	3.5	227.2	201.9	168.0	141.9	114.9

续表 4-9

县区	序号	村落名称	历时	均值 $\overline{H}$ (mm)	变差系数 C_v	C_s/C_v	不同重现期的雨量(mm)				
							100 年($H_{1\%}$)	50 年($H_{2\%}$)	20 年($H_{5\%}$)	10 年($H_{10\%}$)	5 年($H_{20\%}$)
沁水县	265	胡底乡老坟沟村德兴号	10 min	17.3	0.55	3.5	40.5	35.4	28.7	23.6	18.4
			60 min	33.1	0.54	3.5	75.6	66.2	53.7	44.3	34.7
			6 h	50	0.53	3.5	128.7	113.2	92.4	76.6	60.6
			24 h	74	0.52	3.5	181.6	160.4	132.2	110.5	88.3
			3 d	92.5	0.48	3.5	227.2	201.9	168.0	141.9	114.9
沁水县	266	胡底乡樊庄村樊庄	10 min	16.9	0.56	3.5	40.5	35.4	28.7	23.6	18.4
			60 min	33	0.54	3.5	75.6	66.2	53.7	44.3	34.7
			6 h	48.8	0.53	3.5	128.7	113.2	92.4	76.6	60.6
			24 h	73.9	0.52	3.5	181.6	160.4	132.2	110.5	88.3
			3 d	91	0.5	3.5	227.2	201.9	168.0	141.9	114.9
沁水县	267	胡底乡王回村王回	10 min	16.9	0.56	3.5	40.5	35.4	28.7	23.6	18.4
			60 min	33.3	0.55	3.5	75.6	66.2	53.7	44.3	34.7
			6 h	49.5	0.54	3.5	128.7	113.2	92.4	76.6	60.6
			24 h	73.3	0.53	3.5	181.6	160.4	132.2	110.5	88.3
			3 d	92	0.48	3.5	227.2	201.9	168.0	141.9	114.9
沁水县	268	胡底乡玉溪村玉溪	10 min	16.8	0.56	3.5	40.5	35.4	28.7	23.6	18.4
			60 min	32.5	0.55	3.5	75.6	66.2	53.7	44.3	34.7
			6 h	47.5	0.54	3.5	128.7	113.2	92.4	76.6	60.6
			24 h	71.5	0.51	3.5	181.6	160.4	132.2	110.5	88.3
			3 d	90	0.48	3.5	227.2	201.9	168.0	141.9	114.9
沁水县	269	胡底乡玉溪村新庄上	10 min	16.8	0.56	3.5	40.5	35.4	28.7	23.6	18.4
			60 min	32.5	0.55	3.5	75.6	66.2	53.7	44.3	34.7
			6 h	47.5	0.54	3.5	128.7	113.2	92.4	76.6	60.6
			24 h	71.5	0.51	3.5	181.6	160.4	132.2	110.5	88.3
			3 d	90	0.48	3.5	227.2	201.9	168.0	141.9	114.9
沁水县	270	固县乡南河底村尧庄	10 min	17	0.57	3.5	44.4	38.7	31.2	25.5	19.8
			60 min	33	0.56	3.5	82.6	72.2	58.4	48.0	37.5
			6 h	50	0.55	3.5	141.6	124.1	100.7	83.0	65.1
			24 h	74	0.54	3.5	202.0	177.4	144.4	119.3	94.0
			3 d	95	0.53	3.5	264.2	232.2	189.7	157.2	124.2

续表 4-9

县区	序号	村落名称	历时	均值 $\overline{H}$ (mm)	变差系数 C_v	C_s/C_v	不同重现期的雨量(mm)				
							100 年($H_{1\%}$)	50 年($H_{2\%}$)	20 年($H_{5\%}$)	10 年($H_{10\%}$)	5 年($H_{20\%}$)
沁水县	271	十里乡河北村	10 min	14	0.6	3.5	33.5	29.1	23.3	18.9	14.5
			60 min	30	0.61	3.5	73.0	63.2	50.3	40.6	31.0
			6 h	47	0.63	3.5	139.6	120.8	96.0	77.4	58.9
			24 h	71	0.62	3.5	208.8	180.7	143.8	116.0	88.4
			3 d	98	0.61	3.5	297.2	257.6	205.6	166.4	127.3
沁水县	272	十里乡南峪村	10 min	13.5	0.61	3.5	33.5	29.1	23.3	18.9	14.5
			60 min	29	0.62	3.5	73.0	63.2	50.3	40.6	31.0
			6 h	47	0.63	3.5	139.6	120.8	96.0	77.4	58.9
			24 h	70	0.62	3.5	208.8	180.7	143.8	116.0	88.4
			3 d	99	0.61	3.5	297.2	257.6	205.6	166.4	127.3
沁水县	273	十里乡孝良村	10 min	13	0.63	3.5	33.5	29.1	23.3	18.9	14.5
			60 min	29	0.62	3.5	73.0	63.2	50.3	40.6	31.0
			6 h	48	0.62	3.5	139.6	120.8	96.0	77.4	58.9
			24 h	69	0.63	3.5	208.8	180.7	143.8	116.0	88.4
			3 d	98	0.59	3.5	297.2	257.6	205.6	166.4	127.3
沁水县	274	樊村河乡卫村都坡沟	10 min	14.1	0.61	3.5	34.4	29.8	23.7	19.2	14.7
			60 min	32.8	0.62	3.5	74.8	64.7	51.4	41.4	31.5
			6 h	44	0.63	3.5	135.8	117.4	93.3	75.1	57.1
			24 h	65.2	0.62	3.5	186.5	161.5	128.7	103.9	79.2
			3 d	90	0.61	3.5	271.7	235.5	188.1	152.3	116.6
沁水县	275	樊村河乡赵寨村哈马口	10 min	14.1	0.61	3.5	34.4	29.8	23.7	19.2	14.7
			60 min	32.8	0.62	3.5	74.8	64.7	51.4	41.4	31.5
			6 h	44	0.63	3.5	135.8	117.4	93.3	75.1	57.1
			24 h	65.2	0.62	3.5	186.5	161.5	128.7	103.9	79.2
			3 d	90	0.61	3.5	271.7	235.5	188.1	152.3	116.6
沁水县	276	柿庄镇柿庄村南村	10 min	16.2	0.57	3.5	42.6	37.1	30.0	24.5	19.1
			60 min	32	0.57	3.5	83.1	72.4	58.3	47.6	36.9
			6 h	50	0.58	3.5	147.2	128.4	103.4	84.5	65.5
			24 h	75	0.56	3.5	213.1	186.3	150.5	123.4	96.1
			3 d	100	0.5	3.5	265.8	235.0	193.9	162.3	130.0

续表 4-9

县区	序号	村落名称	历时	均值 $\overline{H}$ (mm)	变差系数 C_v	C_s/C_v	不同重现期的雨量(mm)				
							100 年($H_{1\%}$)	50 年($H_{2\%}$)	20 年($H_{5\%}$)	10 年($H_{10\%}$)	5 年($H_{20\%}$)
沁水县	277	柿庄镇峪里村贤房村	10 min	16.2	0.57	3.5	42.6	37.1	30.0	24.5	19.1
			60 min	32	0.57	3.5	83.1	72.4	58.3	47.6	36.9
			6 h	50	0.58	3.5	147.2	128.4	103.4	84.5	65.5
			24 h	75	0.56	3.5	213.1	186.3	150.5	123.4	96.1
			3 d	100	0.5	3.5	265.8	235.0	193.9	162.3	130.0
沁水县	278	端氏镇端氏村河北	10 min	15	0.58	3.5	26.4	23.0	23.0	15.2	11.9
			60 min	32	0.57	3.5	59.5	51.9	51.9	34.3	26.7
			6 h	48	0.59	3.5	113.8	99.7	99.7	66.8	52.4
			24 d	70	0.55	3.5	165.1	145.5	145.5	99.9	79.5
			3 d	95	0.54	3.5	235.5	207.5	207.5	143.6	114.7
沁水县	279	郑庄镇河头村河头	10 min	15	0.61	3.5	28.9	25.0	20.0	16.2	12.4
			60 min	32	0.61	3.5	65.7	57.0	45.5	36.9	28.3
			6 h	50	0.62	3.5	126.9	109.9	87.7	70.8	54.1
			24 h	65	0.63	3.5	185.6	160.3	127.3	102.4	77.6
			3 d	86	0.62	3.5	273.2	235.4	186.8	150.0	113.4
沁水县	280	土沃乡后马元村	10 min	14.2	0.61	3.5	31.9	27.7	22.1	17.9	13.7
			60 min	32.5	0.61	3.5	75.8	65.5	52.0	41.8	31.8
			6 h	53	0.68	3.5	144.1	124.3	98.3	78.8	59.5
			24 h	67	0.67	3.5	197.1	169.9	134.5	107.8	81.3
			3 d	95	0.66	3.5	284.9	245.4	194.3	155.7	117.4
高平市	281	安河村	10 min	15	0.57	3.5	41.8	36.4	29.4	24.0	18.6
			60 min	32	0.52	3.5	74.2	65.4	53.7	44.8	35.6
			6 h	44	0.47	3.5	117.2	104.2	86.7	73.2	59.4
			24 h	64	0.46	3.5	152.9	136.4	114.2	97.0	79.1
			3 d	82	0.43	3.5	195.6	175.4	148.2	127.0	104.8
高平市	282	张壁村	10 min	17.9	0.56	3.5	50.6	44.1	35.6	29.2	22.7
			60 min	35.1	0.53	3.5	86.7	76.3	62.5	52.0	41.2
			6 h	49	0.48	3.5	133.1	118.0	97.6	82.0	65.9
			24 h	68	0.48	3.5	170.9	151.9	126.2	106.4	86.0
			3 d	84.5	0.43	3.5	202.9	181.9	153.6	131.5	108.5

续表 4-9

县区	序号	村落名称	历时	均值 $\overline{H}$（mm）	变差系数 C_v	C_s/C_v	不同重现期的雨量（mm）				
							100 年（$H_{1\%}$）	50 年（$H_{2\%}$）	20 年（$H_{5\%}$）	10 年（$H_{10\%}$）	5 年（$H_{20\%}$）
高平市	283	北陈村	10 min	16.8	0.46	3.5	38.8	34.5	28.9	24.5	20.0
			60 min	35	0.47	3.5	78.4	69.7	58.1	49.1	39.9
			6 h	52	0.48	3.5	135.6	120.5	100.1	84.4	68.3
			24 h	73	0.48	3.5	183.7	163.1	135.4	114.0	92.1
			3 d	93	0.46	3.5	233.4	208.0	173.8	147.4	120.1
高平市	284	北诗午村	10 min	15	0.58	3.5	42.9	37.3	29.9	24.4	18.8
			60 min	32	0.53	3.5	79.6	70.0	57.1	47.4	37.4
			6 h	47	0.5	3.5	129.1	114.1	94.1	78.7	62.9
			24 h	65	0.5	3.5	169.4	149.7	123.4	103.3	82.6
			3 d	85	0.43	3.5	203.5	182.5	154.1	132.0	109.0
高平市	285	毕家院村	10 min	17.3	0.48	3.5	40.2	35.7	29.6	25.0	20.2
			60 min	34.5	0.48	3.5	77.4	68.8	57.3	48.4	39.2
			6 h	52.5	0.48	3.5	134.9	119.7	99.4	83.7	67.6
			24 h	74.5	0.5	3.5	192.4	170.2	140.5	117.7	94.3
			3 d	92.5	0.46	3.5	230.9	205.8	172.1	146.0	119.0
高平市	286	官庄村	10 min	17.5	0.55	3.5	45.1	39.5	32.0	26.3	20.6
			60 min	34.4	0.51	3.5	81.9	72.3	59.5	49.7	39.7
			6 h	52	0.49	3.5	133.6	118.5	98.1	82.5	66.5
			24 h	70.5	0.49	3.5	180.0	159.6	132.1	111.0	89.3
			3 d	89.5	0.44	3.5	215.7	193.1	162.6	139.0	114.3
高平市	287	牛家庄村	10 min	17.5	0.55	3.5	47.7	41.7	33.8	27.8	21.8
			60 min	34.3	0.52	3.5	87.7	77.2	63.2	52.5	41.6
			6 h	52.5	0.5	3.5	140.1	123.9	102.2	85.6	68.5
			24 h	70.4	0.48	3.5	180.6	160.2	133.0	111.9	90.2
			3 d	89.5	0.45	3.5	222.2	198.4	166.3	141.4	115.7
高平市	288	边家沟村	10 min	15	0.48	3.5	37.8	33.5	27.9	23.5	19.0
			60 min	32	0.47	3.5	76.7	68.0	56.5	47.6	38.4
			6 h	50	0.49	3.5	134.5	119.3	98.9	83.2	67.1
			24 h	72	0.48	3.5	185.7	164.6	136.3	114.6	92.3
			3 d	90	0.46	3.5	228.5	203.5	169.9	144.0	117.1

续表 4-9

县区	序号	村落名称	历时	均值 $\overline{H}$ (mm)	变差系数 C_v	C_s/C_v	不同重现期的雨量(mm)				
							100 年($H_{1\%}$)	50 年($H_{2\%}$)	20 年($H_{5\%}$)	10 年($H_{10\%}$)	5 年($H_{20\%}$)
高平市	289	程家河村	10 min	15	0.52	3.5	40.8	35.9	29.4	24.4	19.3
			60 min	32.5	0.51	3.5	77.8	68.7	56.4	47.0	37.5
			6 h	44	0.48	3.5	121.5	107.9	89.5	75.3	60.8
			24 h	62	0.44	3.5	146.1	130.8	109.9	93.8	77.0
			3 d	82	0.42	3.5	194.2	174.5	147.8	126.9	105.2
高平市	290	德义庄村	10 min	15	0.46	3.5	36.6	32.6	27.3	23.2	18.9
			60 min	37	0.46	3.5	78.5	70.0	58.5	49.6	40.4
			6 h	51	0.48	3.5	142.0	126.0	104.6	88.1	71.2
			24 h	75	0.51	3.5	196.1	173.0	142.0	118.3	94.2
			3 d	96	0.47	3.5	246.9	219.5	182.7	154.3	125.0
高平市	291	杜寨村	10 min	17	0.53	3.5	41.6	36.6	29.9	24.8	19.6
			60 min	35	0.52	3.5	80.6	71.0	58.2	48.4	38.5
			6 h	52	0.52	3.5	141.9	125.1	102.7	85.5	68.0
			24 h	78	0.52	3.5	204.7	180.5	147.9	123.1	97.8
			3 d	99	0.47	3.5	249.5	222.0	185.1	156.6	127.2
高平市	292	疙旦村	10 min	15	0.49	3.5	31.9	28.3	23.4	19.7	15.9
			60 min	34	0.48	3.5	65.9	58.6	48.7	41.1	33.4
			6 h	47	0.48	3.5	117.7	104.8	87.3	73.9	60.0
			24 h	70	0.48	3.5	164.9	146.7	122.3	103.4	83.9
			3 d	83	0.46	3.5	201.0	179.4	150.5	128.1	104.8
高平市	293	勾要村	10 min	17.5	0.52	3.5	44.0	38.7	31.7	26.4	20.9
			60 min	35.2	0.5	3.5	80.6	71.3	58.9	49.4	39.7
			6 h	50	0.48	3.5	131.0	116.3	96.6	81.4	65.7
			24 h	70.2	0.48	3.5	174.5	155.1	128.8	108.6	87.8
			3 d	89.8	0.44	3.5	217.0	194.3	163.6	139.7	114.9
高平市	294	巩村村	10 min	15	0.49	3.5	37.0	32.8	27.2	22.8	18.4
			60 min	33	0.49	3.5	77.9	69.0	57.1	47.9	38.5
			6 h	51	0.49	3.5	135.9	120.5	99.8	83.8	67.5
			24 h	71	0.48	3.5	180.1	159.9	132.6	111.7	90.1
			3 d	89	0.46	3.5	224.2	199.8	166.9	141.5	115.2

续表 4-9

县区	序号	村落名称	历时	均值 $\overline{H}$ (mm)	变差系数 C_v	C_s/C_v	不同重现期的雨量(mm)				
							100 年($H_{1\%}$)	50 年($H_{2\%}$)	20 年($H_{5\%}$)	10 年($H_{10\%}$)	5 年($H_{20\%}$)
高平市	295	古寨村	10 min	15	0.53	3.5	40.2	35.3	28.8	23.9	18.9
			60 min	32	0.51	3.5	78.6	69.3	56.9	47.4	37.7
			6 h	49	0.51	3.5	136.8	120.8	99.3	82.9	66.1
			24 h	72	0.51	3.5	192.1	169.4	139.0	115.8	92.1
			3 d	91	0.47	3.5	233.9	207.9	173.1	146.2	118.4
高平市	296	金章背村	10 min	16.8	0.5	3.5	44.4	39.2	32.3	27.0	21.6
			60 min	36.2	0.5	3.5	85.5	75.5	62.1	51.8	41.4
			6 h	50.8	0.52	3.5	150.6	132.7	108.7	90.3	71.7
			24 h	80.2	0.53	3.5	218.7	192.1	156.4	129.3	101.9
			3 d	100.9	0.48	3.5	264.8	234.9	194.7	163.8	132.1
高平市	297	河底村	10 min	14.8	0.48	3.5	36.3	32.3	26.8	22.6	18.3
			60 min	35	0.5	3.5	79.6	70.3	57.9	48.3	38.7
			6 h	50	0.52	3.5	144.9	127.6	104.7	87.1	69.3
			24 h	76	0.51	3.5	198.7	175.3	143.9	119.9	95.4
			3 d	98	0.48	3.5	255.1	226.4	187.8	158.1	127.6
高平市	298	建南村	10 min	17.3	0.57	3.5	49.8	43.5	35.3	29.0	22.7
			60 min	34.5	0.52	3.5	85.4	75.2	61.6	51.1	40.6
			6 h	46	0.47	3.5	127.4	113.1	93.8	78.9	63.6
			24 h	65	0.46	3.5	156.5	139.7	117.1	99.5	81.4
			3 d	84	0.43	3.5	202.8	181.8	153.4	131.3	108.3
高平市	299	南坪村	10 min	18	0.58	3.5	50.3	43.7	35.1	28.6	22.0
			60 min	34.5	0.54	3.5	84.7	74.5	60.9	50.5	39.9
			6 h	49	0.48	3.5	129.7	115.0	95.2	79.9	64.3
			24 h	67.5	0.48	3.5	168.3	149.5	124.4	105.0	85.1
			3 d	85.8	0.43	3.5	204.4	183.4	154.9	132.7	109.6
高平市	300	焦河村	10 min	16.2	0.52	3.5	43.0	37.9	31.0	25.8	20.4
			60 min	35	0.51	3.5	86.0	75.8	62.3	51.9	41.4
			6 h	52	0.5	3.5	143.7	127.1	104.7	87.6	70.1
			24 h	72	0.49	3.5	186.1	164.8	136.2	114.2	91.8
			3 d	90	0.46	3.5	227.7	202.9	169.4	143.6	116.9

续表 4-9

县区	序号	村落名称	历时	均值 $\overline{H}$ (mm)	变差系数 C_v	C_s/C_v	不同重现期的雨量(mm)				
							100 年($H_{1\%}$)	50 年($H_{2\%}$)	20 年($H_{5\%}$)	10 年($H_{10\%}$)	5 年($H_{20\%}$)
高平市	301	酒务村	10 min	17.3	0.52	3.5	46.1	40.6	33.2	27.6	21.9
			60 min	35.2	0.51	3.5	86.6	76.4	62.8	52.4	41.8
			6 h	51	0.5	3.5	141.6	125.2	103.1	86.2	68.9
			24 h	71	0.5	3.5	186.4	164.8	135.7	113.4	90.7
			3 d	89	0.49	3.5	236.8	209.7	173.3	145.3	116.7
高平市	302	口则村	10 min	17.3	0.5	3.5	43.7	38.7	31.9	26.7	21.4
			60 min	35	0.49	3.5	79.8	70.7	58.5	49.1	39.5
			6 h	48	0.48	3.5	129.3	114.9	95.5	80.5	65.1
			24 h	71	0.46	3.5	171.7	153.0	127.9	108.4	88.3
			3 d	86	0.44	3.5	209.4	187.4	157.7	134.6	110.6
高平市	303	李家河	10 min	17	0.53	3.5	46.2	40.6	33.1	27.4	21.6
			60 min	34.5	0.52	3.5	84.9	74.7	61.2	50.9	40.4
			6 h	47	0.48	3.5	127.4	113.1	93.8	79.0	63.7
			24 h	64	0.43	3.5	148.8	133.5	112.7	96.5	79.7
			3 d	83	0.42	3.5	196.2	176.3	149.3	128.3	106.3
高平市	304	柳树底村	10 min	17	0.49	3.5	40.7	36.1	29.9	25.1	20.3
			60 min	37	0.5	3.5	83.2	73.5	60.5	50.6	40.4
			6 h	52	0.52	3.5	146.5	129.2	106.1	88.4	70.4
			24 h	78	0.51	3.5	202.6	178.8	146.8	122.4	97.5
			3 d	100	0.48	3.5	258.3	229.3	190.4	160.4	129.6
高平市	305	南河村	10 min	17.3	0.55	3.5	45.5	39.8	32.3	26.5	20.8
			60 min	34	0.52	3.5	79.6	70.3	57.7	48.1	38.3
			6 h	48	0.48	3.5	126.3	112.2	93.1	78.4	63.2
			24 h	69	0.47	3.5	168.1	149.6	124.8	105.6	85.9
			3 d	84	0.44	3.5	202.9	181.6	152.9	130.6	107.5
高平市	306	三甲南村	10 min	17.3	0.49	3.5	36.9	32.7	27.1	22.8	18.4
			60 min	36	0.48	3.5	71.1	63.2	52.6	44.4	36.0
			6 h	49	0.48	3.5	122.2	108.7	90.7	76.7	62.3
			24 h	72	0.48	3.5	170.6	151.9	126.5	106.9	86.8
			3 d	85	0.46	3.5	206.3	184.1	154.4	131.3	107.4

续表 4-9

县区	序号	村落名称	历时	均值 $\overline{H}$ (mm)	变差系数 C_v	C_s/C_v	不同重现期的雨量(mm)				
							100年($H_{1\%}$)	50年($H_{2\%}$)	20年($H_{5\%}$)	10年($H_{10\%}$)	5年($H_{20\%}$)
高平市	307	沙院村	10 min	17	0.57	3.5	47.5	41.4	33.4	27.2	21.1
			60 min	35	0.52	3.5	81.8	72.1	59.0	49.1	38.9
			6 h	46	0.48	3.5	124.1	110.3	91.6	77.3	62.5
			24 h	66	0.45	3.5	155.6	139.1	116.6	99.3	81.2
			3 d	83	0.43	3.5	198.1	177.6	150.0	128.6	106.1
高平市	308	王家河村	10 min	17	0.58	3.5	49.3	42.9	34.4	28.0	21.6
			60 min	35	0.52	3.5	83.2	73.4	60.2	50.1	39.8
			6 h	47	0.47	3.5	126.4	112.4	93.5	79.0	64.0
			24 h	67	0.46	3.5	161.6	144.1	120.5	102.3	83.3
			3 d	83	0.43	3.5	199.0	178.4	150.6	129.0	106.5
高平市	309	吴庄村	10 min	16.8	0.52	3.5	43.3	38.2	31.3	26.0	20.6
			60 min	36.7	0.51	3.5	84.0	74.2	61.0	50.9	40.7
			6 h	51.5	0.49	3.5	141.3	125.2	103.6	87.0	70.0
			24 h	77.7	0.47	3.5	189.3	168.5	140.3	118.7	96.3
			3 d	100.1	0.46	3.5	251.3	224.0	187.2	158.7	129.3
高平市	310	下董峰村	10 min	16.2	0.52	3.5	40.5	35.7	29.3	24.3	19.4
			60 min	35	0.51	3.5	82.0	72.3	59.4	49.4	39.3
			6 h	52	0.52	3.5	143.9	127.0	104.3	86.9	69.2
			24 h	76	0.51	3.5	199.2	175.8	144.4	120.3	95.8
			3 d	97	0.47	3.5	246.5	219.3	182.7	154.5	125.3
高平市	311	大坡沟村	10 min	17	0.49	3.5	43.6	38.6	31.9	26.8	21.6
			60 min	35.8	0.48	3.5	84.3	74.7	61.9	52.0	41.9
			6 h	51	0.49	3.5	140.0	124.0	102.7	86.3	69.5
			24 h	71.2	0.49	3.5	184.3	163.1	134.7	112.9	90.6
			3 d	95.5	0.48	3.5	250.4	222.1	184.2	155.0	125.0
高平市	312	下马游村	10 min	16.4	0.49	3.5	42.4	37.5	31.0	26.0	20.9
			60 min	35	0.49	3.5	82.9	73.4	60.8	51.1	41.1
			6 h	52	0.48	3.5	142.2	126.1	104.6	87.9	70.9
			24 h	77	0.48	3.5	195.3	173.3	143.8	121.0	97.7
			3 d	95.7	0.47	3.5	246.9	219.5	182.6	154.2	124.9

续表 4-9

县区	序号	村落名称	历时	均值 $\overline{H}$ (mm)	变差系数 C_v	C_s/C_v	不同重现期的雨量(mm)				
							100 年($H_{1\%}$)	50 年($H_{2\%}$)	20 年($H_{5\%}$)	10 年($H_{10\%}$)	5 年($H_{20\%}$)
高平市	313	里沟村	10 min	16.8	0.54	3.5	45.8	40.2	32.7	27.0	21.2
			60 min	33.8	0.52	3.5	85.0	74.7	61.1	50.7	40.1
			6 h	50.5	0.52	3.5	143.3	126.2	103.5	86.1	68.4
			24 h	74.9	0.51	3.5	200.1	176.5	144.8	120.6	95.9
			3 d	93.5	0.48	3.5	244.5	216.9	179.9	151.4	122.1
高平市	314	永安村	10 min	16.9	0.51	3.5	44.2	39.0	32.0	26.7	21.3
			60 min	34.2	0.51	3.5	84.0	74.1	60.9	50.8	40.5
			6 h	50.8	0.51	3.5	143.0	126.2	103.7	86.4	68.8
			24 h	74.6	0.51	3.5	198.9	175.4	144.0	120.0	95.5
			3 d	93	0.48	3.5	243.3	215.9	179.0	150.7	121.5
高平市	315	下玉井村	10 min	16.8	0.48	3.5	42.1	37.3	31.0	26.1	21.0
			60 min	35	0.49	3.5	82.6	73.2	60.7	51.0	41.1
			6 h	52	0.48	3.5	140.4	124.6	103.3	86.9	70.0
			24 h	74.9	0.48	3.5	189.8	168.5	139.8	117.7	95.1
			3 d	93	0.46	3.5	235.4	209.7	175.2	148.4	120.8
高平市	316	南陈村	10 min	17.5	0.47	3.5	39.6	35.2	29.4	24.8	20.2
			60 min	35.1	0.48	3.5	78.2	69.5	57.8	48.8	39.5
			6 h	52.8	0.49	3.5	136.9	121.4	100.6	84.5	68.1
			24 h	74.8	0.5	3.5	192.7	170.5	140.7	117.8	94.4
			3 d	92.8	0.46	3.5	231.1	206.0	172.3	146.2	119.2
高平市	317	小西沟村	10 min	19.5	0.44	3.5	45.5	40.8	34.5	29.6	24.5
			60 min	37	0.35	3.5	76.0	68.8	58.9	51.1	42.8
			6 h	51	0.47	3.5	125.7	113.1	96.0	82.4	68.2
			24 h	72	0.46	3.5	184.1	163.3	135.4	113.9	91.8
			3 d	90	0.45	3.5	225.0	200.8	168.2	143.0	116.9
高平市	318	小会沟村	10 min	18	0.47	3.5	41.4	36.9	30.8	26.1	21.2
			60 min	35	0.48	3.5	79.2	70.2	58.1	48.8	39.2
			6 h	51	0.52	3.5	140.0	123.7	101.7	84.9	67.8
			24 h	78	0.51	3.5	205.4	181.1	148.6	123.7	98.4
			3 d	102	0.48	3.5	263.7	234.1	194.3	163.7	132.2

续表 4-9

县区	序号	村落名称	历时	均值 $\overline{H}$ (mm)	变差系数 C_v	C_s/C_v	不同重现期的雨量(mm)				
							100 年($H_{1\%}$)	50 年($H_{2\%}$)	20 年($H_{5\%}$)	10 年($H_{10\%}$)	5 年($H_{20\%}$)
高平市	319	南峪村	10 min	16.5	0.48	3.5	39.1	34.8	28.9	24.4	19.7
			60 min	35	0.49	3.5	78.5	69.4	57.3	48.0	38.5
			6 h	56.5	0.53	3.5	144.9	127.5	104.4	86.7	68.8
			24 h	80.2	0.54	3.5	219.2	192.2	156.2	128.8	101.1
			3 d	100.5	0.48	3.5	260.1	230.9	191.7	161.5	130.4
高平市	320	拌沟村	10 min	16.8	0.5	3.5	42.8	37.8	31.2	26.1	20.9
			60 min	36.2	0.5	3.5	83.1	73.4	60.5	50.5	40.4
			6 h	50.8	0.52	3.5	147.9	130.3	106.8	88.9	70.6
			24 h	80.2	0.53	3.5	216.5	190.2	155.1	128.3	101.2
			3 d	100.9	0.48	3.5	263.0	233.4	193.6	163.0	131.5
高平市	321	西阳村	10 min	16.6	0.49	3.5	33.8	29.9	24.8	20.9	16.9
			60 min	36	0.49	3.5	68.9	61.2	50.9	43.0	34.9
			6 h	51.5	0.5	3.5	130.6	115.7	95.7	80.4	64.7
			24 h	80	0.54	3.5	202.9	178.7	146.3	121.6	96.4
			3 d	100	0.48	3.5	245.3	218.4	182.5	154.7	125.9
高平市	322	新庄村	10 min	16.2	0.55	3.5	43.4	38.0	30.8	25.4	19.9
			60 min	35	0.53	3.5	87.6	76.9	62.8	52.0	41.0
			6 h	53	0.51	3.5	144.8	127.8	105.1	87.8	70.1
			24 h	72	0.48	3.5	182.1	161.7	134.1	113.0	91.2
			3 d	90	0.46	3.5	226.2	201.6	168.4	142.8	116.3
高平市	323	邢村村	10 min	17	0.47	3.5	41.9	37.3	31.1	26.2	21.3
			60 min	36	0.47	3.5	80.7	71.9	60.0	50.7	41.2
			6 h	51	0.48	3.5	139.2	123.6	102.5	86.3	69.6
			24 h	74	0.51	3.5	195.5	172.5	141.6	118.1	94.0
			3 d	89	0.44	3.5	217.7	194.8	163.8	139.8	114.8
高平市	324	云南村	10 min	17.3	0.56	3.5	48.5	42.3	34.2	28.0	21.8
			60 min	35	0.54	3.5	89.3	78.4	64.0	52.9	41.7
			6 h	51	0.5	3.5	140.5	124.1	102.3	85.5	68.3
			24 h	69.7	0.48	3.5	176.6	156.8	130.2	109.6	88.6
			3 d	87	0.43	3.5	208.8	187.2	158.0	135.3	111.7

续表 4-9

县区	序号	村落名称	历时	均值 $\overline{H}$ (mm)	变差系数 C_v	C_s/C_v	不同重现期的雨量(mm)				
							100 年($H_{1\%}$)	50 年($H_{2\%}$)	20 年($H_{5\%}$)	10 年($H_{10\%}$)	5 年($H_{20\%}$)
高平市	325	曹家村	10 min	18	0.55	3.5	50.2	43.9	35.6	29.2	22.9
			60 min	34.4	0.52	3.5	82.7	73.0	60.0	50.0	39.9
			6 h	46	0.46	3.5	121.8	108.5	90.4	76.5	62.1
			24 h	64.8	0.44	3.5	151.7	135.9	114.4	97.8	80.5
			3 d	84.3	0.41	3.5	195.5	176.0	149.7	129.1	107.5
高平市	326	冯庄村	10 min	18.2	0.55	3.5	51.3	44.9	36.4	29.9	23.4
			60 min	34.3	0.51	3.5	83.9	74.0	60.8	50.7	40.4
			6 h	46	0.47	3.5	123.0	109.4	91.1	77.0	62.4
			24 h	64.5	0.44	3.5	152.8	136.7	115.0	98.1	80.6
			3 d	84.8	0.41	3.5	197.2	177.6	150.9	130.1	108.3
高平市	327	中村村	10 min	17.3	0.44	3.5	38.3	34.3	28.9	24.7	20.4
			60 min	37	0.45	3.5	77.6	69.3	58.1	49.4	40.4
			6 h	51	0.47	3.5	132.0	117.6	98.2	83.3	67.8
			24 h	72	0.46	3.5	173.3	154.5	129.1	109.4	89.1
			3 d	90	0.45	3.5	221.4	197.8	165.9	141.2	115.6
高平市	328	小河西村	10 min	17.3	0.47	3.5	41.9	37.2	31.0	26.2	21.3
			60 min	37	0.47	3.5	80.7	71.9	60.0	50.7	41.2
			6 h	51	0.48	3.5	138.7	123.1	102.2	86.0	69.4
			24 h	74	0.51	3.5	193.7	170.9	140.4	117.1	93.3
			3 d	90	0.46	3.5	226.8	202.1	168.8	143.1	116.5
高平市	329	赵庄村	10 min	18	0.48	3.5	41.0	36.4	30.3	25.5	20.6
			60 min	35	0.49	3.5	76.0	67.4	55.9	47.1	38.1
			6 h	50.5	0.5	3.5	135.4	119.8	98.8	82.7	66.3
			24 h	77.8	0.53	3.5	206.2	181.5	148.5	123.2	97.6
			3 d	100	0.48	3.5	256.4	227.7	189.2	159.5	129.0
高平市	330	谷口村	10 min	14.8	0.48	3.5	37.5	33.3	27.6	23.2	18.7
			60 min	33.7	0.48	3.5	76.5	68.0	56.6	47.8	38.8
			6 h	50	0.48	3.5	138.0	122.3	101.3	85.1	68.6
			24 h	74	0.52	3.5	198.5	174.8	143.1	119.0	94.4
			3 d	92	0.46	3.5	233.1	207.7	173.4	146.9	119.6

续表 4-9

县区	序号	村落名称	历时	均值 $\overline{H}$ (mm)	变差系数 C_v	C_s/C_v	不同重现期的雨量(mm)				
							100 年($H_{1\%}$)	50 年($H_{2\%}$)	20 年($H_{5\%}$)	10 年($H_{10\%}$)	5 年($H_{20\%}$)
高平市	331	大西沟村	10 min	17.2	0.46	3.5	42.1	37.5	31.4	26.6	21.7
			60 min	35.8	0.45	3.5	78.6	70.3	59.0	50.2	41.1
			6 h	51	0.47	3.5	137.6	122.4	101.8	86.0	69.6
			24 h	75.2	0.52	3.5	202.6	178.4	145.9	121.2	96.1
			3 d	94.8	0.46	3.5	240.4	214.1	178.8	151.5	123.3
高平市	332	北庄村 疙旦村	10 min	16	0.5	3.5	42.0	37.0	30.0	25.0	20.0
			60 min	36	0.5	3.5	84.0	75.0	61.0	51.0	41.0
			6 h	50.37	0.5	3.5	144.0	127.0	105.0	88.0	70.0
			24 h	72.47	0.5	3.5	189.0	167.0	137.0	115.0	92.0
			3 d	89.23	0.45	3.5	211.0	187.0	154.0	129.0	103.0
陵川县	333	西石门村	10 min	16	0.55	3.5	43.0	37.0	31.0	25.0	20.0
			60 min	32.4	0.55	3.5	84.0	74.0	60.0	50.0	39.0
			6 h	67.5	0.68	3.5	138.0	121.0	99.0	82.0	65.0
			24 h	96.4	0.65	3.5	175.0	154.0	127.0	105.0	84.0
			3 d	123.5	0.63	3.5	191.0	170.0	140.0	117.0	94.0
陵川县	334	后沟村	10 min	16	0.55	3.5	43.0	37.0	31.0	25.0	20.0
			60 min	32	0.55	3.5	84.0	74.0	60.0	50.0	39.0
			6 h	62.7	0.76	3.5	138.0	121.0	99.0	82.0	65.0
			24 h	100	0.64	3.5	175.0	154.0	127.0	105.0	84.0
			3 d	125.1	0.67	3.5	191.0	170.0	140.0	117.0	94.0
陵川县	335	蒲水村	10 min	16	0.48	3.5	43.0	37.0	31.0	25.0	20.0
			60 min	32	0.47	3.5	84.0	74.0	60.0	50.0	39.0
			6 h	45.7	0.5	3.5	138.0	121.0	99.0	82.0	65.0
			24 h	65	0.45	3.5	175.0	154.0	127.0	105.0	84.0
			3 d	87.8	0.45	3.5	191.0	170.0	140.0	117.0	94.0
陵川县	336	沙场村	10 min	16	0.49	3.5	43.0	37.0	31.0	25.0	20.0
			60 min	32	0.5	3.5	84.0	74.0	60.0	50.0	39.0
			6 h	57.6	0.67	3.5	138.0	121.0	99.0	82.0	65.0
			24 h	90.3	0.64	3.5	175.0	154.0	127.0	105.0	84.0
			3 d	118.5	0.63	3.5	191.0	170.0	140.0	117.0	94.0

续表 4-9

县区	序号	村落名称	历时	均值 $\overline{H}$ (mm)	变差系数 C_v	C_s/C_v	不同重现期的雨量(mm)				
							100 年($H_{1\%}$)	50 年($H_{2\%}$)	20 年($H_{5\%}$)	10 年($H_{10\%}$)	5 年($H_{20\%}$)
陵川县	337	瓦窑上村	10 min	16	0.53	3.5	43.0	37.0	31.0	25.0	20.0
			60 min	32	0.52	3.5	84.0	74.0	60.0	50.0	39.0
			6 h	60.4	0.65	3.5	138.0	121.0	99.0	82.0	65.0
			24 h	90.5	0.63	3.5	175.0	154.0	127.0	105.0	84.0
			3 d	116.6	0.6	3.5	191.0	170.0	140.0	117.0	94.0
陵川县	338	德义村	10 min	16	0.49	3.5	43.0	37.0	31.0	25.0	20.0
			60 min	33	0.48	3.5	84.0	74.0	60.0	50.0	39.0
			6 h	45.6	0.5	3.5	138.0	121.0	99.0	82.0	65.0
			24 h	65	0.45	3.5	175.0	154.0	127.0	105.0	84.0
			3 d	85.6	0.45	3.5	191.0	170.0	140.0	117.0	94.0
陵川县	339	赤叶河村	10 min	16	0.51	3.5	43.0	37.0	31.0	25.0	20.0
			60 min	32	0.52	3.5	84.0	74.0	60.0	50.0	39.0
			6 h	58.6	0.68	3.5	138.0	121.0	99.0	82.0	65.0
			24 h	92.4	0.63	3.5	175.0	154.0	127.0	105.0	84.0
			3 d	118.4	0.63	3.5	191.0	170.0	140.0	117.0	94.0
陵川县	340	杨家河村	10 min	16	0.48	3.5	43.0	37.0	31.0	25.0	20.0
			60 min	32.9	0.46	3.5	84.0	74.0	60.0	50.0	39.0
			6 h	44.9	0.5	3.5	138.0	121.0	99.0	82.0	65.0
			24 h	65	0.45	3.5	175.0	154.0	127.0	105.0	84.0
			3 d	85	0.45	3.5	191.0	170.0	140.0	117.0	94.0
陵川县	341	马圈村	10 min	16	0.53	3.5	43.0	37.0	31.0	25.0	20.0
			60 min	32	0.53	3.5	84.0	74.0	60.0	50.0	39.0
			6 h	59.4	0.68	3.5	138.0	121.0	99.0	82.0	65.0
			24 h	92.8	0.63	3.5	175.0	154.0	127.0	105.0	84.0
			3 d	117.2	0.62	3.5	191.0	170.0	140.0	117.0	94.0
陵川县	342	簸箕掌村	10 min	16	0.5	3.5	43.0	37.0	31.0	25.0	20.0
			60 min	32.2	0.49	3.5	84.0	74.0	60.0	50.0	39.0
			6 h	47.5	0.51	3.5	138.0	121.0	99.0	82.0	65.0
			24 h	65	0.48	3.5	175.0	154.0	127.0	105.0	84.0
			3 d	89.2	0.45	3.5	191.0	170.0	140.0	117.0	94.0

续表 4-9

县区	序号	村落名称	历时	均值 $\overline{H}$（mm）	变差系数 C_v	C_s/C_v	不同重现期的雨量（mm）				
							100年（$H_{1\%}$）	50年（$H_{2\%}$）	20年（$H_{5\%}$）	10年（$H_{10\%}$）	5年（$H_{20\%}$）
陵川县	343	双底村	10 min	16	0.55	3.5	43.0	37.0	31.0	25.0	20.0
			60 min	32.2	0.57	3.5	84.0	74.0	60.0	50.0	39.0
			6 h	70	0.75	3.5	138.0	121.0	99.0	82.0	65.0
			24 h	100	0.66	3.5	175.0	154.0	127.0	105.0	84.0
			3 d	127.3	0.66	3.5	191.0	170.0	140.0	117.0	94.0
陵川县	344	西闸水村	10 min	16	0.55	3.5	43.0	37.0	31.0	25.0	20.0
			60 min	32	0.54	3.5	84.0	74.0	60.0	50.0	39.0
			6 h	64.1	0.67	3.5	138.0	121.0	99.0	82.0	65.0
			24 h	94.3	0.64	3.5	175.0	154.0	127.0	105.0	84.0
			3 d	120.6	0.62	3.5	191.0	170.0	140.0	117.0	94.0
陵川县	345	六泉村	10 min	16	0.49	3.5	43.0	37.0	31.0	25.0	20.0
			60 min	32	0.5	3.5	84.0	74.0	60.0	50.0	39.0
			6 h	57.6	0.67	3.5	138.0	121.0	99.0	82.0	65.0
			24 h	90.3	0.64	3.5	175.0	154.0	127.0	105.0	84.0
			3 d	118.5	0.63	3.5	191.0	170.0	140.0	117.0	94.0
陵川县	346	双头泉村	10 min	16	0.6	3.5	43.0	37.0	31.0	25.0	20.0
			60 min	33.8	0.6	3.5	84.0	74.0	60.0	50.0	39.0
			6 h	63.1	0.75	3.5	138.0	121.0	99.0	82.0	65.0
			24 h	90.8	0.65	3.5	175.0	154.0	127.0	105.0	84.0
			3 d	114.1	0.66	3.5	191.0	170.0	140.0	117.0	94.0
陵川县	347	大路沟村	10 min	16	0.53	3.5	43.0	37.0	31.0	25.0	20.0
			60 min	32	0.53	3.5	84.0	74.0	60.0	50.0	39.0
			6 h	59.4	0.68	3.5	138.0	121.0	99.0	82.0	65.0
			24 h	92.8	0.63	3.5	175.0	154.0	127.0	105.0	84.0
			3 d	117.2	0.62	3.5	191.0	170.0	140.0	117.0	94.0
陵川县	348	寺洼	10 min	16	0.53	3.5	43.0	37.0	31.0	25.0	20.0
			60 min	32	0.53	3.5	84.0	74.0	60.0	50.0	39.0
			6 h	61.3	0.76	3.5	138.0	121.0	99.0	82.0	65.0
			24 h	100	0.67	3.5	175.0	154.0	127.0	105.0	84.0
			3 d	129.2	0.69	3.5	191.0	170.0	140.0	117.0	94.0

续表 4-9

县区	序号	村落名称	历时	均值 $\overline{H}$ (mm)	变差系数 C_v	C_s/C_v	不同重现期的雨量(mm)				
							100 年($H_{1\%}$)	50 年($H_{2\%}$)	20 年($H_{5\%}$)	10 年($H_{10\%}$)	5 年($H_{20\%}$)
陵川县	349	岭常村	10 min	16	0.52	3.5	43.0	37.0	31.0	25.0	20.0
			60 min	32.3	0.5	3.5	84.0	74.0	60.0	50.0	39.0
			6 h	48.7	0.52	3.5	138.0	121.0	99.0	82.0	65.0
			24 h	65	0.5	3.5	175.0	154.0	127.0	105.0	84.0
			3 d	90.1	0.45	3.5	191.0	170.0	140.0	117.0	94.0
陵川县	350	石家坡村	10 min	16	0.49	3.5	43.0	37.0	31.0	25.0	20.0
			60 min	32	0.5	3.5	84.0	74.0	60.0	50.0	39.0
			6 h	56.8	0.63	3.5	138.0	121.0	99.0	82.0	65.0
			24 h	85.7	0.62	3.5	175.0	154.0	127.0	105.0	84.0
			3 d	113.7	0.59	3.5	191.0	170.0	140.0	117.0	94.0
陵川县	351	炉家村	10 min	16	0.5	3.5	43.0	37.0	31.0	25.0	20.0
			60 min	32.2	0.49	3.5	84.0	74.0	60.0	50.0	39.0
			6 h	47.5	0.51	3.5	138.0	121.0	99.0	82.0	65.0
			24 h	65	0.48	3.5	175.0	154.0	127.0	105.0	84.0
			3 d	89.2	0.45	3.5	191.0	170.0	140.0	117.0	94.0
陵川县	352	琵琶河村	10 min	16	0.6	3.5	43.0	37.0	31.0	25.0	20.0
			60 min	33.4	0.59	3.5	84.0	74.0	60.0	50.0	39.0
			6 h	65	0.75	3.5	138.0	121.0	99.0	82.0	65.0
			24 h	93.5	0.65	3.5	175.0	154.0	127.0	105.0	84.0
			3 d	117.5	0.66	3.5	191.0	170.0	140.0	117.0	94.0
陵川县	353	武家湾村	10 min	16	0.6	3.5	43.0	37.0	31.0	25.0	20.0
			60 min	33.1	0.6	3.5	84.0	74.0	60.0	50.0	39.0
			6 h	70	0.76	3.5	138.0	121.0	99.0	82.0	65.0
			24 h	100	0.67	3.5	175.0	154.0	127.0	105.0	84.0
			3 d	130.5	0.67	3.5	191.0	170.0	140.0	117.0	94.0
陵川县	354	小义井村	10 min	16	0.53	3.5	43.0	37.0	31.0	25.0	20.0
			60 min	33.9	0.51	3.5	84.0	74.0	60.0	50.0	39.0
			6 h	47	0.5	3.5	138.0	121.0	99.0	82.0	65.0
			24 h	65	0.46	3.5	175.0	154.0	127.0	105.0	84.0
			3 d	86	0.45	3.5	191.0	170.0	140.0	117.0	94.0

续表 4-9

县区	序号	村落名称	历时	均值 $\overline{H}$ (mm)	变差系数 C_v	C_s/C_v	不同重现期的雨量(mm)				
							100 年($H_{1\%}$)	50 年($H_{2\%}$)	20 年($H_{5\%}$)	10 年($H_{10\%}$)	5 年($H_{20\%}$)
陵川县	355	西庄上村	10 min	16	0.53	3.5	43.0	37.0	31.0	25.0	20.0
			60 min	32	0.53	3.5	84.0	74.0	60.0	50.0	39.0
			6 h	59.4	0.68	3.5	138.0	121.0	99.0	82.0	65.0
			24 h	92.8	0.63	3.5	175.0	154.0	127.0	105.0	84.0
			3 d	117.2	0.62	3.5	191.0	170.0	140.0	117.0	94.0
陵川县	356	桥蒋村	10 min	16	0.47	3.5	43.0	37.0	31.0	25.0	20.0
			60 min	33.5	0.45	3.5	84.0	74.0	60.0	50.0	39.0
			6 h	44.8	0.5	3.5	138.0	121.0	99.0	82.0	65.0
			24 h	65	0.45	3.5	175.0	154.0	127.0	105.0	84.0
			3 d	85	0.44	3.5	191.0	170.0	140.0	117.0	94.0
陵川县	357	北马村	10 min	16	0.6	3.5	43.0	37.0	31.0	25.0	20.0
			60 min	33.3	0.54	3.5	84.0	74.0	60.0	50.0	39.0
			6 h	50.6	0.54	3.5	138.0	121.0	99.0	82.0	65.0
			24 h	65	0.5	3.5	175.0	154.0	127.0	105.0	84.0
			3 d	85	0.45	3.5	191.0	170.0	140.0	117.0	94.0
陵川县	358	东街村	10 min	16	0.48	3.5	43.0	37.0	31.0	25.0	20.0
			60 min	32	0.46	3.5	84.0	74.0	60.0	50.0	39.0
			6 h	46.8	0.52	3.5	138.0	121.0	99.0	82.0	65.0
			24 h	65	0.48	3.5	175.0	154.0	127.0	105.0	84.0
			3 d	91.6	0.45	3.5	191.0	170.0	140.0	117.0	94.0
陵川县	359	掌里村	10 min	16	0.55	3.5	43.0	37.0	31.0	25.0	20.0
			60 min	32	0.55	3.5	84.0	74.0	60.0	50.0	39.0
			6 h	62.6	0.75	3.5	138.0	121.0	99.0	82.0	65.0
			24 h	100	0.64	3.5	175.0	154.0	127.0	105.0	84.0
			3 d	120.7	0.66	3.5	191.0	170.0	140.0	117.0	94.0
陵川县	360	土窑	10 min	16	0.51	3.5	37.0	33.0	27.0	23.0	18.0
			60 min	32	0.52	3.5	74.0	65.0	54.0	45.0	36.0
			6 h	58.6	0.68	3.5	124.0	110.0	91.0	76.0	61.0
			24 h	92.4	0.63	3.5	163.0	145.0	120.0	101.0	82.0
			3 d	118.4	0.63	3.5	185.0	164.0	138.0	116.0	95.0

续表 4-9

县区	序号	村落名称	历时	均值 $\overline{H}$ (mm)	变差系数 C_v	C_s/C_v	不同重现期的雨量(mm)				
							100 年($H_{1\%}$)	50 年($H_{2\%}$)	20 年($H_{5\%}$)	10 年($H_{10\%}$)	5 年($H_{20\%}$)
陵川县	361	南马村	10 min	16	0.6	3.5	43.0	37.0	31.0	25.0	20.0
			60 min	33.3	0.54	3.5	84.0	74.0	60.0	50.0	39.0
			6 h	50.6	0.54	3.5	138.0	121.0	99.0	82.0	65.0
			24 h	65	0.5	3.5	175.0	154.0	127.0	105.0	84.0
			3 d	85	0.45	3.5	191.0	170.0	140.0	117.0	94.0
陵川县	362	北四渠村	10 min	16	0.55	3.5	44.0	39.0	32.0	26.0	21.0
			60 min	32.2	0.52	3.5	86.0	75.0	62.0	51.0	40.0
			6 h	52.9	0.57	3.5	144.0	126.0	103.0	85.0	67.0
			24 h	72.4	0.55	3.5	190.0	167.0	137.0	114.0	91.0
			3 d	99.7	0.48	3.5	219.0	194.0	159.0	134.0	108.0
陵川县	363	安乐庄村	10 min	16	0.55	3.5	43.0	37.0	31.0	25.0	20.0
			60 min	34.2	0.52	3.5	84.0	74.0	60.0	50.0	39.0
			6 h	47.6	0.5	3.5	138.0	121.0	99.0	82.0	65.0
			24 h	65	0.46	3.5	175.0	154.0	127.0	105.0	84.0
			3 d	85	0.45	3.5	191.0	170.0	140.0	117.0	94.0
陵川县	364	三泉村	10 min	16	0.6	3.5	43.0	37.0	31.0	25.0	20.0
			60 min	33.6	0.56	3.5	84.0	74.0	60.0	50.0	39.0
			6 h	52.1	0.57	3.5	138.0	121.0	99.0	82.0	65.0
			24 h	69.3	0.5	3.5	175.0	154.0	127.0	105.0	84.0
			3 d	85	0.45	3.5	191.0	170.0	140.0	117.0	94.0
陵川县	365	库头村	10 min	16	0.49	3.5	43.0	37.0	31.0	25.0	20.0
			60 min	34.1	0.48	3.5	84.0	74.0	60.0	50.0	39.0
			6 h	44.9	0.5	3.5	138.0	121.0	99.0	82.0	65.0
			24 h	65	0.45	3.5	175.0	154.0	127.0	105.0	84.0
			3 d	85	0.45	3.5	191.0	170.0	140.0	117.0	94.0
陵川县	366	阎家沟村	10 min	16	0.49	3.5	43.0	37.0	31.0	25.0	20.0
			60 min	34.1	0.48	3.5	84.0	74.0	60.0	50.0	39.0
			6 h	44.9	0.5	3.5	138.0	121.0	99.0	82.0	65.0
			24 h	65	0.45	3.5	175.0	154.0	127.0	105.0	84.0
			3 d	85	0.45	3.5	191.0	170.0	140.0	117.0	94.0

续表 4-9

县区	序号	村落名称	历时	均值 $\overline{H}$ (mm)	变差系数 C_v	C_s/C_v	不同重现期的雨量(mm)				
							100年($H_{1\%}$)	50年($H_{2\%}$)	20年($H_{5\%}$)	10年($H_{10\%}$)	5年($H_{20\%}$)
陵川县	367	北冶村	10 min	16	0.49	3.5	43.0	37.0	31.0	25.0	20.0
			60 min	34.1	0.48	3.5	84.0	74.0	60.0	50.0	39.0
			6 h	44.9	0.5	3.5	138.0	121.0	99.0	82.0	65.0
			24 h	65	0.45	3.5	175.0	154.0	127.0	105.0	84.0
			3 d	85	0.45	3.5	191.0	170.0	140.0	117.0	94.0
陵川县	368	泉头村	10 min	16	0.49	3.5	43.0	37.0	31.0	25.0	20.0
			60 min	34.1	0.48	3.5	84.0	74.0	60.0	50.0	39.0
			6 h	44.9	0.5	3.5	138.0	121.0	99.0	82.0	65.0
			24 h	65	0.45	3.5	175.0	154.0	127.0	105.0	84.0
			3 d	85	0.45	3.5	191.0	170.0	140.0	117.0	94.0
陵川县	369	岭北底村	10 min	16	0.49	3.5	43.0	37.0	31.0	25.0	20.0
			60 min	34.1	0.48	3.5	84.0	74.0	60.0	50.0	39.0
			6 h	44.9	0.5	3.5	138.0	121.0	99.0	82.0	65.0
			24 h	65	0.45	3.5	175.0	154.0	127.0	105.0	84.0
			3 d	85	0.45	3.5	191.0	170.0	140.0	117.0	94.0
陵川县	370	平居村	10 min	16	0.5	3.5	43.0	37.0	31.0	25.0	20.0
			60 min	33.8	0.5	3.5	84.0	74.0	60.0	50.0	39.0
			6 h	46.1	0.5	3.5	138.0	121.0	99.0	82.0	65.0
			24 h	65	0.45	3.5	175.0	154.0	127.0	105.0	84.0
			3 d	85	0.45	3.5	191.0	170.0	140.0	117.0	94.0
陵川县	371	凤凰村	10 min	16	0.6	3.5	43.0	37.0	31.0	25.0	20.0
			60 min	32.9	0.58	3.5	84.0	74.0	60.0	50.0	39.0
			6 h	68.2	0.7	3.5	138.0	121.0	99.0	82.0	65.0
			24 h	98.8	0.65	3.5	175.0	154.0	127.0	105.0	84.0
			3 d	123.6	0.65	3.5	191.0	170.0	140.0	117.0	94.0
陵川县	372	潘家掌村	10 min	16	0.54	3.5	43.0	37.0	31.0	25.0	20.0
			60 min	32	0.54	3.5	84.0	74.0	60.0	50.0	39.0
			6 h	60.7	0.7	3.5	138.0	121.0	99.0	82.0	65.0
			24 h	97.2	0.63	3.5	175.0	154.0	127.0	105.0	84.0
			3 d	119.2	0.64	3.5	191.0	170.0	140.0	117.0	94.0

续表 4-9

县区	序号	村落名称	历时	均值 H（mm）	变差系数 C_v	C_s/C_v	不同重现期的雨量(mm)				
							100 年（$H_{1\%}$）	50 年（$H_{2\%}$）	20 年（$H_{5\%}$）	10 年（$H_{10\%}$）	5 年（$H_{20\%}$）
陵川县	373	西崖	10 min	16	0.55	3.5	43.0	37.0	31.0	25.0	20.0
			60 min	32	0.58	3.5	84.0	74.0	60.0	50.0	39.0
			6 h	69	0.76	3.5	138.0	121.0	99.0	82.0	65.0
			24 h	100	0.64	3.5	175.0	154.0	127.0	105.0	84.0
			3 d	130.6	0.68	3.5	191.0	170.0	140.0	117.0	94.0
陵川县	374	马武寨村	10 min	16	0.55	3.5	43.0	37.0	31.0	25.0	20.0
			60 min	32	0.58	3.5	84.0	74.0	60.0	50.0	39.0
			6 h	67.8	0.76	3.5	138.0	121.0	99.0	82.0	65.0
			24 h	100	0.65	3.5	175.0	154.0	127.0	105.0	84.0
			3 d	125.7	0.66	3.5	191.0	170.0	140.0	117.0	94.0
陵川县	375	南掌	10 min	16	0.48	3.5	43.0	37.0	31.0	25.0	20.0
			60 min	32	0.49	3.5	84.0	74.0	60.0	50.0	39.0
			6 h	56.4	0.66	3.5	138.0	121.0	99.0	82.0	65.0
			24 h	87.3	0.64	3.5	175.0	154.0	127.0	105.0	84.0
			3 d	117.3	0.62	3.5	191.0	170.0	140.0	117.0	94.0
陵川县	376	东岸上村	10 min	16	0.48	3.5	43.0	37.0	31.0	25.0	20.0
			60 min	32	0.49	3.5	84.0	74.0	60.0	50.0	39.0
			6 h	56.4	0.66	3.5	138.0	121.0	99.0	82.0	65.0
			24 h	87.3	0.64	3.5	175.0	154.0	127.0	105.0	84.0
			3 d	117.3	0.62	3.5	191.0	170.0	140.0	117.0	94.0
陵川县	377	中家沟村	10 min	16	0.49	3.5	43.0	37.0	31.0	25.0	20.0
			60 min	34.1	0.48	3.5	84.0	74.0	60.0	50.0	39.0
			6 h	44.9	0.5	3.5	138.0	121.0	99.0	82.0	65.0
			24 h	65	0.45	3.5	175.0	154.0	127.0	105.0	84.0
			3 d	85	0.45	3.5	191.0	170.0	140.0	117.0	94.0
陵川县	378	和家脚村	10 min	16	0.49	3.5	43.0	37.0	31.0	25.0	20.0
			60 min	33	0.48	3.5	84.0	74.0	60.0	50.0	39.0
			6 h	45.6	0.5	3.5	138.0	121.0	99.0	82.0	65.0
			24 h	65	0.45	3.5	175.0	154.0	127.0	105.0	84.0
			3 d	85.6	0.45	3.5	191.0	170.0	140.0	117.0	94.0

续表 4-9

县区	序号	村落名称	历时	均值 $\overline{H}$ (mm)	变差系数 C_v	C_s/C_v	不同重现期的雨量(mm)				
							100 年($H_{1\%}$)	50 年($H_{2\%}$)	20 年($H_{5\%}$)	10 年($H_{10\%}$)	5 年($H_{20\%}$)
陵川县	379	金家岭村	10 min	16	0.48	3.5	43.0	37.0	31.0	25.0	20.0
			60 min	32	0.47	3.5	84.0	74.0	60.0	50.0	39.0
			6 h	45.7	0.5	3.5	138.0	121.0	99.0	82.0	65.0
			24 h	65	0.45	3.5	175.0	154.0	127.0	105.0	84.0
			3 d	87.8	0.45	3.5	191.0	170.0	140.0	117.0	94.0
陵川县	380	东瑶泉村	10 min	16	0.6	3.5	43.0	37.0	31.0	25.0	20.0
			60 min	33.3	0.58	3.5	84.0	74.0	60.0	50.0	39.0
			6 h	54	0.65	3.5	138.0	121.0	99.0	82.0	65.0
			24 h	73.7	0.55	3.5	175.0	154.0	127.0	105.0	84.0
			3 d	90.8	0.55	3.5	191.0	170.0	140.0	117.0	94.0
陵川县	381	北山村	10 min	16	0.49	3.5	43.0	37.0	31.0	25.0	20.0
			60 min	34.1	0.48	3.5	84.0	74.0	60.0	50.0	39.0
			6 h	44.9	0.5	3.5	138.0	121.0	99.0	82.0	65.0
			24 h	65	0.45	3.5	175.0	154.0	127.0	105.0	84.0
			3 d	85	0.45	3.5	191.0	170.0	140.0	117.0	94.0
陵川县	382	流水沟	10 min	16.3	0.57	3.5	46.0	40.0	33.0	27.0	21.0
			60 min	31.5	0.58	3.5	104.0	90.0	71.0	57.0	43.0
			6 h	65	0.77	3.5	219.0	187.0	146.0	115.0	84.0
			24 h	103	0.65	3.5	367.0	314.0	244.0	192.0	142.0
			3 d	134	0.68	3.5	477.0	407.0	316.0	248.0	183.0
陵川县	383	大河口	10 min	16.3	0.57	3.5	46.0	40.0	33.0	27.0	21.0
			60 min	31.5	0.58	3.5	104.0	90.0	71.0	57.0	43.0
			6 h	65	0.77	3.5	219.0	187.0	146.0	115.0	84.0
			24 h	103	0.65	3.5	367.0	314.0	244.0	192.0	142.0
			3 d	134	0.68	3.5	477.0	407.0	316.0	248.0	183.0
陵川县	384	东崖	10 min	16	0.55	3.5	43.0	37.0	31.0	25.0	20.0
			60 min	32	0.58	3.5	84.0	74.0	60.0	50.0	39.0
			6 h	69	0.76	3.5	138.0	121.0	99.0	82.0	65.0
			24 h	100	0.64	3.5	175.0	154.0	127.0	105.0	84.0
			3 d	130.6	0.68	3.5	191.0	170.0	140.0	117.0	94.0

续表 4-9

县区	序号	村落名称	历时	均值 $\overline{H}$ (mm)	变差系数 C_v	C_s/C_v	不同重现期的雨量(mm)				
							100 年($H_{1\%}$)	50 年($H_{2\%}$)	20 年($H_{5\%}$)	10 年($H_{10\%}$)	5 年($H_{20\%}$)
陵川县	385	井坡村	10 min	16	0.6	3.5	43.0	37.0	31.0	25.0	20.0
			60 min	32.7	0.53	3.5	84.0	74.0	60.0	50.0	39.0
			6 h	52.5	0.57	3.5	138.0	121.0	99.0	82.0	65.0
			24 h	70	0.55	3.5	175.0	154.0	127.0	105.0	84.0
			3 d	93.8	0.47	3.5	191.0	170.0	140.0	117.0	94.0
陵川县	386	九光村	10 min	16	0.54	3.5	43.0	37.0	31.0	25.0	20.0
			60 min	32	0.52	3.5	84.0	74.0	60.0	50.0	39.0
			6 h	60.6	0.63	3.5	138.0	121.0	99.0	82.0	65.0
			24 h	87.6	0.61	3.5	175.0	154.0	127.0	105.0	84.0
			3 d	114.8	0.58	3.5	191.0	170.0	140.0	117.0	94.0
陵川县	387	九连窑	10 min	16	0.53	3.5	43.0	37.0	31.0	25.0	20.0
			60 min	32	0.53	3.5	84.0	74.0	60.0	50.0	39.0
			6 h	61.3	0.76	3.5	138.0	121.0	99.0	82.0	65.0
			24 h	100	0.67	3.5	175.0	154.0	127.0	105.0	84.0
			3 d	129.2	0.69	3.5	191.0	170.0	140.0	117.0	94.0
陵川县	388	咀上	10 min	16	0.53	3.5	43.0	37.0	31.0	25.0	20.0
			60 min	32	0.53	3.5	84.0	74.0	60.0	50.0	39.0
			6 h	61.3	0.76	3.5	138.0	121.0	99.0	82.0	65.0
			24 h	100	0.67	3.5	175.0	154.0	127.0	105.0	84.0
			3 d	129.2	0.69	3.5	191.0	170.0	140.0	117.0	94.0
陵川县	389	昆山	10 min	16.3	0.57	3.5	42.0	25.0	30.0	25.0	19.0
			60 min	31.5	0.58	3.5	96.0	53.0	66.0	53.0	40.0
			6 h	65	0.77	3.5	208.0	109.0	139.0	109.0	81.0
			24 h	103	0.65	3.5	357.0	188.0	238.0	188.0	139.0
			3 d	134	0.68	3.5	469.0	245.0	311.0	245.0	180.0
陵川县	390	岭后村	10 min	16	0.5	3.5	43.0	37.0	31.0	25.0	20.0
			60 min	33.8	0.5	3.5	84.0	74.0	60.0	50.0	39.0
			6 h	46.1	0.5	3.5	138.0	121.0	99.0	82.0	65.0
			24 h	65	0.45	3.5	175.0	154.0	127.0	105.0	84.0
			3 d	85	0.45	3.5	191.0	170.0	140.0	117.0	94.0

续表 4-9

县区	序号	村落名称	历时	均值 $\overline{H}$ (mm)	变差系数 C_v	C_s/C_v	不同重现期的雨量(mm)				
							100 年($H_{1\%}$)	50 年($H_{2\%}$)	20 年($H_{5\%}$)	10 年($H_{10\%}$)	5 年($H_{20\%}$)
陵川县	391	庄洼	10 min	16.3	0.57	3.5	46.0	40.0	33.0	27.0	21.0
			60 min	31.5	0.58	3.5	104.0	90.0	71.0	57.0	43.0
			6 h	65	0.77	3.5	219.0	187.0	146.0	115.0	84.0
			24 h	103	0.65	3.5	367.0	314.0	244.0	192.0	142.0
			3 d	134	0.68	3.5	477.0	407.0	316.0	248.0	183.0
陵川县	392	吕家河村	10 min	16	0.6	3.5	49.2	42.7	34.1	27.6	21.2
			60 min	33.4	0.56	3.5	98.1	85.3	68.3	55.4	42.6
			6 h	52.1	0.58	3.5	157.2	137.4	111.1	91.1	71.0
			24 h	69.5	0.5	3.5	189.4	166.9	137.0	114.1	90.7
			3 d	85	0.45	3.5	213.1	190.2	159.3	135.4	110.6
陵川县	393	秦家庄村	10 min	16	0.48	3.5	42.0	38.0	31.0	26.0	21.0
			60 min	33	0.47	3.5	86.0	76.0	64.0	54.0	43.0
			6 h	45	0.5	3.5	123.0	109.0	90.0	75.0	60.0
			24 h	65	0.45	3.5	164.0	146.0	122.0	104.0	85.0
			3 d	86	0.45	3.5	217.0	193.0	162.0	138.0	112.0
陵川县	394	桑树河村	10 min	16	0.49	3.5	43.0	37.0	31.0	25.0	20.0
			60 min	34.1	0.48	3.5	84.0	74.0	60.0	50.0	39.0
			6 h	44.9	0.5	3.5	138.0	121.0	99.0	82.0	65.0
			24 h	65	0.45	3.5	175.0	154.0	127.0	105.0	84.0
			3 d	85	0.45	3.5	191.0	170.0	140.0	117.0	94.0
陵川县	395	西街村	10 min	16	0.55	3.5	45.1	39.4	31.9	26.3	20.6
			60 min	34.1	0.52	3.5	85.5	75.2	61.5	51.0	40.4
			6 h	48.2	0.5	3.5	134.7	119.1	98.1	82.1	65.8
			24 h	65	0.48	3.5	165.5	146.7	121.6	102.3	82.5
			3 d	85.7	0.45	3.5	213.5	190.6	159.7	135.8	111.0
陵川县	396	西掌洼	10 min	16	0.53	3.5	43.0	37.0	31.0	25.0	20.0
			60 min	32	0.53	3.5	84.0	74.0	60.0	50.0	39.0
			6 h	61.3	0.76	3.5	138.0	121.0	99.0	82.0	65.0
			24 h	100	0.67	3.5	175.0	154.0	127.0	105.0	84.0
			3 d	129.2	0.69	3.5	191.0	170.0	140.0	117.0	94.0

续表 4-9

县区	序号	村落名称	历时	均值 $\overline{H}$ (mm)	变差系数 C_v	C_s/C_v	不同重现期的雨量(mm)				
							100 年($H_{1\%}$)	50 年($H_{2\%}$)	20 年($H_{5\%}$)	10 年($H_{10\%}$)	5 年($H_{20\%}$)
陵川县	397	下石马郊	10 min	16	0.49	3.5	39.0	35.0	29.0	24.0	20.0
			60 min	32	0.48	3.5	78.0	69.0	57.0	47.0	38.0
			6 h	48	0.52	3.5	129.0	114.0	94.0	79.0	63.0
			24 h	65	0.48	3.5	168.0	148.0	123.0	103.0	83.0
			3 d	91	0.45	3.5	226.0	201.0	169.0	144.0	118.0
陵川县	398	大河口	10 min	16	0.57	3.5	43.0	38.0	31.0	25.0	20.0
			60 min	31	0.6	3.5	105.0	90.0	71.0	56.0	42.0
			6 h	70	0.78	3.5	226.0	193.0	149.0	117.0	86.0
			24 h	105	0.65	3.5	373.0	320.0	249.0	197.0	145.0
			3 d	135	0.68	3.5	478.0	408.0	317.0	249.0	183.0
陵川县	399	圪塔村	10 min	16.7	0.57	3.5	42.0	37.0	30.0	24.0	19.0
			60 min	32.1	0.56	3.5	87.0	76.0	62.0	51.0	39.0
			6 h	53.8	0.57	3.5	151.0	132.0	106.0	87.0	68.0
			24 h	80	0.53	3.5	193.0	169.0	138.0	115.0	91.0
			3 d	108.5	0.47	3.5	241.0	214.0	179.0	151.0	123.0
陵川县	400	锡崖沟村	10 min	16	0.55	3.5	43.0	37.0	31.0	25.0	20.0
			60 min	32	0.58	3.5	84.0	74.0	60.0	50.0	39.0
			6 h	69	0.76	3.5	138.0	121.0	99.0	82.0	65.0
			24 h	100	0.64	3.5	175.0	154.0	127.0	105.0	84.0
			3 d	130.6	0.68	3.5	191.0	170.0	140.0	117.0	94.0
陵川县	401	西沟村	10 min	16	0.55	3.5	43.0	37.0	31.0	25.0	20.0
			60 min	32.4	0.51	3.5	84.0	74.0	60.0	50.0	39.0
			6 h	49.7	0.54	3.5	138.0	121.0	99.0	82.0	65.0
			24 h	65	0.5	3.5	175.0	154.0	127.0	105.0	84.0
			3 d	92.4	0.45	3.5	191.0	170.0	140.0	117.0	94.0
陵川县	402	河头村	10 min	16	0.52	3.5	43.0	37.0	31.0	25.0	20.0
			60 min	32.3	0.5	3.5	84.0	74.0	60.0	50.0	39.0
			6 h	48.7	0.52	3.5	138.0	121.0	99.0	82.0	65.0
			24 h	65	0.5	3.5	175.0	154.0	127.0	105.0	84.0
			3 d	90.1	0.45	3.5	191.0	170.0	140.0	117.0	94.0

续表4-9

县区	序号	村落名称	历时	均值 $\overline{H}$ (mm)	变差系数 C_v	C_s/C_v	不同重现期的雨量(mm)				
							100年($H_{1\%}$)	50年($H_{2\%}$)	20年($H_{5\%}$)	10年($H_{10\%}$)	5年($H_{20\%}$)
陵川县	403	河头庄村	10 min	16	0.52	3.5	43.0	37.0	31.0	25.0	20.0
			60 min	32.3	0.5	3.5	84.0	74.0	60.0	50.0	39.0
			6 h	48.7	0.52	3.5	138.0	121.0	99.0	82.0	65.0
			24 h	65	0.5	3.5	175.0	154.0	127.0	105.0	84.0
			3 d	90.1	0.45	3.5	191.0	170.0	140.0	117.0	94.0
陵川县	404	东谷村	10 min	16	0.6	3.5	43.0	37.0	31.0	25.0	20.0
			60 min	32.7	0.53	3.5	84.0	74.0	60.0	50.0	39.0
			6 h	52.5	0.57	3.5	138.0	121.0	99.0	82.0	65.0
			24 h	70	0.55	3.5	175.0	154.0	127.0	105.0	84.0
			3 d	93.8	0.47	3.5	191.0	170.0	140.0	117.0	94.0
陵川县	405	吴水村	10 min	16	0.6	3.5	43.0	37.0	31.0	25.0	20.0
			60 min	32.7	0.53	3.5	84.0	74.0	60.0	50.0	39.0
			6 h	52.5	0.57	3.5	138.0	121.0	99.0	82.0	65.0
			24 h	70	0.55	3.5	175.0	154.0	127.0	105.0	84.0
			3 d	93.8	0.47	3.5	191.0	170.0	140.0	117.0	94.0
陵川县	406	南垛村	10 min	16	0.6	3.5	43.0	37.0	31.0	25.0	20.0
			60 min	32.7	0.53	3.5	84.0	74.0	60.0	50.0	39.0
			6 h	52.5	0.57	3.5	138.0	121.0	99.0	82.0	65.0
			24 h	70	0.55	3.5	175.0	154.0	127.0	105.0	84.0
			3 d	93.8	0.47	3.5	191.0	170.0	140.0	117.0	94.0
陵川县	407	张庄村	10 min	16	0.55	3.5	43.0	37.0	31.0	25.0	20.0
			60 min	32.5	0.53	3.5	84.0	74.0	60.0	50.0	39.0
			6 h	52.7	0.57	3.5	138.0	121.0	99.0	82.0	65.0
			24 h	71.1	0.55	3.5	175.0	154.0	127.0	105.0	84.0
			3 d	96.7	0.48	3.5	191.0	170.0	140.0	117.0	94.0
陵川县	408	尉寨村	10 min	16	0.55	3.5	43.0	37.0	31.0	25.0	20.0
			60 min	32.4	0.51	3.5	84.0	74.0	60.0	50.0	39.0
			6 h	49.7	0.54	3.5	138.0	121.0	99.0	82.0	65.0
			24 h	65	0.5	3.5	175.0	154.0	127.0	105.0	84.0
			3 d	92.4	0.45	3.5	191.0	170.0	140.0	117.0	94.0

续表 4-9

县区	序号	村落名称	历时	均值 $\overline{H}$ (mm)	变差系数 C_v	C_s/C_v	不同重现期的雨量(mm)				
							100 年($H_{1\%}$)	50 年($H_{2\%}$)	20 年($H_{5\%}$)	10 年($H_{10\%}$)	5 年($H_{20\%}$)
陵川县	409	龙泉村	10 min	16	0.6	3.5	43.0	37.0	31.0	25.0	20.0
			60 min	32.7	0.53	3.5	84.0	74.0	60.0	50.0	39.0
			6 h	52.5	0.57	3.5	138.0	121.0	99.0	82.0	65.0
			24 h	70	0.55	3.5	175.0	154.0	127.0	105.0	84.0
			3 d	93.8	0.47	3.5	191.0	170.0	140.0	117.0	94.0
陵川县	410	野川底村	10 min	16	0.53	3.5	43.0	37.0	31.0	25.0	20.0
			60 min	33.9	0.51	3.5	84.0	74.0	60.0	50.0	39.0
			6 h	47	0.5	3.5	138.0	121.0	99.0	82.0	65.0
			24 h	65	0.46	3.5	175.0	154.0	127.0	105.0	84.0
			3 d	86	0.45	3.5	191.0	170.0	140.0	117.0	94.0
陵川县	411	西善底	10 min	16	0.48	3.5	43.0	37.0	31.0	25.0	20.0
			60 min	32	0.47	3.5	84.0	74.0	60.0	50.0	39.0
			6 h	45.7	0.5	3.5	138.0	121.0	99.0	82.0	65.0
			24 h	65	0.45	3.5	175.0	154.0	127.0	105.0	84.0
			3 d	87.8	0.45	3.5	191.0	170.0	140.0	117.0	94.0
陵川县	412	神后底	10 min	16	0.48	3.5	43.0	37.0	31.0	25.0	20.0
			60 min	32	0.47	3.5	84.0	74.0	60.0	50.0	39.0
			6 h	45.7	0.5	3.5	138.0	121.0	99.0	82.0	65.0
			24 h	65	0.45	3.5	175.0	154.0	127.0	105.0	84.0
			3 d	87.8	0.45	3.5	191.0	170.0	140.0	117.0	94.0
陵川县	413	北召村	10 min	16	0.48	3.5	43.0	37.0	31.0	25.0	20.0
			60 min	32	0.47	3.5	84.0	74.0	60.0	50.0	39.0
			6 h	49.8	0.55	3.5	138.0	121.0	99.0	82.0	65.0
			24 h	72.8	0.55	3.5	175.0	154.0	127.0	105.0	84.0
			3 d	99.1	0.5	3.5	191.0	170.0	140.0	117.0	94.0
陵川县	414	塔水河村	10 min	16	0.6	3.5	43.0	37.0	31.0	25.0	20.0
			60 min	33.8	0.6	3.5	84.0	74.0	60.0	50.0	39.0
			6 h	59.7	0.75	3.5	138.0	121.0	99.0	82.0	65.0
			24 h	85.5	0.65	3.5	175.0	154.0	127.0	105.0	84.0
			3 d	106.5	0.65	3.5	191.0	170.0	140.0	117.0	94.0

续表 4-9

县区	序号	村落名称	历时	均值 $\overline{H}$ (mm)	变差系数 C_v	C_s/C_v	不同重现期的雨量(mm)				
							100年($H_{1\%}$)	50年($H_{2\%}$)	20年($H_{5\%}$)	10年($H_{10\%}$)	5年($H_{20\%}$)
陵川县	415	勤泉村	10 min	16	0.6	3.5	43.0	37.0	31.0	25.0	20.0
			60 min	33.7	0.6	3.5	84.0	74.0	60.0	50.0	39.0
			6 h	65.6	0.75	3.5	138.0	121.0	99.0	82.0	65.0
			24 h	94.6	0.66	3.5	175.0	154.0	127.0	105.0	84.0
			3 d	118.3	0.66	3.5	191.0	170.0	140.0	117.0	94.0
陵川县	416	岭东村	10 min	16	0.55	3.5	43.0	37.0	31.0	25.0	20.0
			60 min	32	0.55	3.5	84.0	74.0	60.0	50.0	39.0
			6 h	62.7	0.76	3.5	138.0	121.0	99.0	82.0	65.0
			24 h	100	0.64	3.5	175.0	154.0	127.0	105.0	84.0
			3 d	125.1	0.67	3.5	191.0	170.0	140.0	117.0	94.0
陵川县	417	汲好水村	10 min	16	0.55	3.5	43.0	37.0	31.0	25.0	20.0
			60 min	32	0.55	3.5	84.0	74.0	60.0	50.0	39.0
			6 h	62.7	0.76	3.5	138.0	121.0	99.0	82.0	65.0
			24 h	100	0.64	3.5	175.0	154.0	127.0	105.0	84.0
			3 d	125.1	0.67	3.5	191.0	170.0	140.0	117.0	94.0
陵川县	418	分水岭村	10 min	16	0.6	3.5	43.0	37.0	31.0	25.0	20.0
			60 min	32.2	0.59	3.5	84.0	74.0	60.0	50.0	39.0
			6 h	70	0.75	3.5	138.0	121.0	99.0	82.0	65.0
			24 h	100	0.66	3.5	175.0	154.0	127.0	105.0	84.0
			3 d	129.1	0.66	3.5	191.0	170.0	140.0	117.0	94.0
陵川县	419	下河村	10 min	16	0.48	3.5	43.0	37.0	31.0	25.0	20.0
			60 min	32	0.49	3.5	84.0	74.0	60.0	50.0	39.0
			6 h	56.4	0.66	3.5	138.0	121.0	99.0	82.0	65.0
			24 h	87.3	0.64	3.5	175.0	154.0	127.0	105.0	84.0
			3 d	117.3	0.62	3.5	191.0	170.0	140.0	117.0	94.0
陵川县	420	原庄村	10 min	16	0.48	3.5	43.0	37.0	31.0	25.0	20.0
			60 min	32.9	0.46	3.5	84.0	74.0	60.0	50.0	39.0
			6 h	44.9	0.5	3.5	138.0	121.0	99.0	82.0	65.0
			24 h	65	0.45	3.5	175.0	154.0	127.0	105.0	84.0
			3 d	85	0.45	3.5	191.0	170.0	140.0	117.0	94.0

续表 4-9

县区	序号	村落名称	历时	均值 $\overline{H}$ (mm)	变差系数 C_v	C_s/C_v	不同重现期的雨量(mm)				
							100 年($H_{1\%}$)	50 年($H_{2\%}$)	20 年($H_{5\%}$)	10 年($H_{10\%}$)	5 年($H_{20\%}$)
陵川县	421	庞家川村	10 min	16	0.49	3.5	43.0	37.0	31.0	25.0	20.0
			60 min	33	0.48	3.5	84.0	74.0	60.0	50.0	39.0
			6 h	45.6	0.5	3.5	138.0	121.0	99.0	82.0	65.0
			24 h	65	0.45	3.5	175.0	154.0	127.0	105.0	84.0
			3 d	85.6	0.45	3.5	191.0	170.0	140.0	117.0	94.0
陵川县	422	小西河底	10 min	16	0.55	3.5	43.0	37.0	31.0	25.0	20.0
			60 min	32.4	0.51	3.5	84.0	74.0	60.0	50.0	39.0
			6 h	49.7	0.54	3.5	138.0	121.0	99.0	82.0	65.0
			24 h	65	0.5	3.5	175.0	154.0	127.0	105.0	84.0
			3 d	92.4	0.45	3.5	191.0	170.0	140.0	117.0	94.0
陵川县	423	周家铺	10 min	16	0.57	3.5	44.0	38.0	31.0	26.0	20.0
			60 min	31	0.6	3.5	105.0	90.0	71.0	57.0	42.0
			6 h	70	0.78	3.5	226.0	193.0	150.0	117.0	86.0
			24 h	105	0.65	3.5	374.0	320.0	249.0	197.0	145.0
			3 d	135	0.68	3.5	479.0	409.0	317.0	249.0	183.0
陵川县	424	古石村	10 min	16	0.6	3.5	43.0	37.0	31.0	25.0	20.0
			60 min	33	0.6	3.5	84.0	74.0	60.0	50.0	39.0
			6 h	70	0.75	3.5	138.0	121.0	99.0	82.0	65.0
			24 h	100	0.66	3.5	175.0	154.0	127.0	105.0	84.0
			3 d	129.9	0.66	3.5	191.0	170.0	140.0	117.0	94.0
陵川县	425	灵岩寺村	10 min	16	0.6	3.5	43.0	37.0	31.0	25.0	20.0
			60 min	33	0.6	3.5	84.0	74.0	60.0	50.0	39.0
			6 h	70	0.75	3.5	138.0	121.0	99.0	82.0	65.0
			24 h	100	0.66	3.5	175.0	154.0	127.0	105.0	84.0
			3 d	129.9	0.66	3.5	191.0	170.0	140.0	117.0	94.0
陵川县	426	苏家井村	10 min	16	0.55	3.5	43.0	37.0	31.0	25.0	20.0
			60 min	32.1	0.54	3.5	84.0	74.0	60.0	50.0	39.0
			6 h	64.7	0.65	3.5	138.0	121.0	99.0	82.0	65.0
			24 h	92	0.63	3.5	175.0	154.0	127.0	105.0	84.0
			3 d	119.4	0.6	3.5	191.0	170.0	140.0	117.0	94.0

续表 4-9

县区	序号	村落名称	历时	均值 $\overline{H}$ (mm)	变差系数 C_v	C_s/C_v	不同重现期的雨量(mm)				
							100 年($H_{1\%}$)	50 年($H_{2\%}$)	20 年($H_{5\%}$)	10 年($H_{10\%}$)	5 年($H_{20\%}$)
陵川县	427	段家庄村	10 min	16	0.6	3.5	43.0	37.0	31.0	25.0	20.0
			60 min	32.5	0.57	3.5	84.0	74.0	60.0	50.0	39.0
			6 h	70	0.7	3.5	138.0	121.0	99.0	82.0	65.0
			24 h	100	0.66	3.5	175.0	154.0	127.0	105.0	84.0
			3 d	127	0.66	3.5	191.0	170.0	140.0	117.0	94.0
陵川县	428	高家井上	10 min	16	0.5	3.5	40.0	35.0	29.0	24.0	19.0
			60 min	32	0.52	3.5	82.0	72.0	59.0	49.0	39.0
			6 h	57	0.66	3.5	189.0	162.0	127.0	101.0	75.0
			24 h	89	0.63	3.5	288.0	249.0	196.0	157.0	118.0
			3 d	116	0.61	3.5	370.0	320.0	254.0	205.0	156.0
陵川县	429	浙水	10 min	16.8	0.48	3.5	37.0	33.0	27.0	23.0	19.0
			60 min	30.7	0.48	3.5	76.0	67.0	55.0	46.0	37.0
			6 h	57	0.63	3.5	156.0	137.0	110.0	90.0	70.0
			24 h	85	0.61	3.5	272.0	235.0	186.0	149.0	113.0
			3 d	114	0.6	3.5	353.0	306.0	244.0	198.0	151.0
陵川县	430	上庄	10 min	16.8	0.48	3.5	37.0	33.0	27.0	23.0	19.0
			60 min	30.7	0.48	3.5	76.0	67.0	55.0	46.0	37.0
			6 h	57	0.63	3.5	156.0	137.0	110.0	90.0	70.0
			24 h	85	0.61	3.5	272.0	235.0	186.0	149.0	113.0
			3 d	114	0.6	3.5	353.0	306.0	244.0	198.0	151.0
陵川县	431	下庄	10 min	16.8	0.48	3.5	37.0	33.0	27.0	23.0	19.0
			60 min	30.7	0.48	3.5	76.0	67.0	55.0	46.0	37.0
			6 h	57	0.63	3.5	156.0	137.0	110.0	90.0	70.0
			24 h	85	0.61	3.5	272.0	235.0	186.0	149.0	113.0
			3 d	114	0.6	3.5	353.0	306.0	244.0	198.0	151.0
陵川县	432	西脚村	10 min	16	0.48	3.5	42.0	38.0	31.0	26.0	21.0
			60 min	33	0.47	3.5	86.0	76.0	64.0	54.0	43.0
			6 h	45	0.5	3.5	123.0	109.0	90.0	75.0	60.0
			24 h	65	0.45	3.5	164.0	146.0	122.0	104.0	85.0
			3 d	86	0.45	3.5	217.0	193.0	162.0	138.0	112.0

续表 4-9

县区	序号	村落名称	历时	均值 $\overline{H}$ (mm)	变差系数 C_v	C_s/C_v	不同重现期的雨量(mm)				
							100 年($H_{1\%}$)	50 年($H_{2\%}$)	20 年($H_{5\%}$)	10 年($H_{10\%}$)	5 年($H_{20\%}$)
陵川县	433	横水村	10 min	16	0.56	3.5	48.0	42.0	34.0	28.0	22.0
			60 min	32	0.56	3.5	96.0	84.0	68.0	55.0	43.0
			6 h	67	0.68	3.5	240.0	205.0	159.0	125.0	92.0
			24 h	97	0.65	3.5	333.0	286.0	224.0	178.0	132.0
			3 d	124	0.65	3.5	426.0	365.0	286.0	227.0	169.0
陵川县	434	秦家河村	10 min	16	0.48	3.5	40.0	36.0	30.0	25.0	20.0
			60 min	32	0.48	3.5	81.0	71.0	59.0	49.0	39.0
			6 h	48	0.52	3.5	133.0	117.0	97.0	81.0	65.0
			24 h	65	0.47	3.5	167.0	148.0	123.0	104.0	84.0
			3 d	90	0.45	3.5	225.0	201.0	168.0	143.0	117.0
陵川县	435	苏家湾	10 min	16.7	0.52	3.5	47.0	42.0	34.0	28.0	22.0
			60 min	32.1	0.53	3.5	92.0	81.0	66.0	55.0	43.0
			6 h	53.8	0.63	3.5	180.0	155.0	122.0	97.0	73.0
			24 h	80	0.6	3.5	256.0	221.0	176.0	142.0	108.0
			3 d	108.5	0.57	3.5	331.0	289.0	232.0	189.0	146.0
陵川县	436	松庙村	10 min	15.5	0.52	3.5	40.0	35.0	29.0	24.0	19.0
			60 min	30	0.54	3.5	88.0	77.0	62.0	50.0	39.0
			6 h	58	0.68	3.5	182.0	157.0	125.0	100.0	76.0
			24 h	93	0.61	3.5	306.0	263.0	208.0	166.0	125.0
			3 d	117	0.62	3.5	381.0	329.0	260.0	209.0	158.0
陵川县	437	东上河村	10 min	16.6	0.55	3.5	41.0	36.0	29.0	24.0	19.0
			60 min	31.3	0.56	3.5	89.0	77.0	61.0	50.0	38.0
			6 h	61	0.71	3.5	186.0	160.0	126.0	101.0	76.0
			24 h	97	0.63	3.5	321.0	276.0	217.0	172.0	129.0
			3 d	117	0.63	3.5	379.0	327.0	258.0	207.0	156.0
陵川县	438	上上河村	10 min	16.6	0.55	3.5	41.0	36.0	29.0	24.0	19.0
			60 min	31.3	0.56	3.5	89.0	77.0	61.0	50.0	38.0
			6 h	61	0.71	3.5	186.0	160.0	126.0	101.0	76.0
			24 h	97	0.63	3.5	321.0	276.0	217.0	172.0	129.0
			3 d	117	0.63	3.5	379.0	327.0	258.0	207.0	156.0

续表 4-9

县区	序号	村落名称	历时	均值 $\overline{H}$ (mm)	变差系数 C_v	C_s/C_v	不同重现期的雨量(mm)				
							100年($H_{1\%}$)	50年($H_{2\%}$)	20年($H_{5\%}$)	10年($H_{10\%}$)	5年($H_{20\%}$)
陵川县	439	古郊村	10 min	16.7	0.6	3.5	40.0	35.0	28.0	24.0	19.0
			60 min	31.5	0.6	3.5	86.0	75.0	60.0	49.0	37.0
			6 h	61	0.7	3.5	181.0	157.0	124.0	99.0	75.0
			24 h	97	0.6	3.5	312.0	269.0	212.0	170.0	128.0
			3 d	117	0.6	3.5	370.0	320.0	254.0	204.0	155.0
晋城城区	440	刘家川村	10 min	16	0.51	3.5	37.5	33.1	27.3	22.8	18.2
			60 min	30	0.5	3.5	70.0	61.9	51.1	42.7	34.3
			6 h	45.2	0.5	3.5	114.8	101.6	84.0	70.5	56.7
			24 h	60	0.49	3.5	152.8	135.4	112.1	94.2	75.9
			3 d	80	0.48	3.5	205.0	182.1	151.3	127.6	103.1
晋城城区	441	小车渠村	10 min	16	0.51	3.5	41.5	36.6	30.1	25.1	20.0
			60 min	30	0.5	3.5	74.7	66.0	54.3	45.4	36.3
			6 h	43.8	0.5	3.5	118.2	104.5	86.2	72.2	57.9
			24 h	58.6	0.49	3.5	153.1	135.5	111.9	93.9	75.4
			3 d	79.8	0.48	3.5	208.8	185.2	153.6	129.3	104.3
晋城城区	442	七岭店村	10 min	15.8	0.5	3.5	39.1	34.5	28.5	23.8	19.1
			60 min	28.6	0.5	3.5	70.6	62.5	51.6	43.2	34.6
			6 h	43.5	0.49	3.5	112.4	99.6	82.3	69.1	55.6
			24 h	57	0.48	3.5	146.1	129.7	107.7	90.7	73.3
			3 d	78	0.47	3.5	199.7	177.5	147.8	124.9	101.3
晋城城区	443	道头村	10 min	16	0.51	3.5	40.3	35.5	29.2	24.3	19.4
			60 min	25	0.5	3.5	71.1	62.8	51.7	43.2	34.6
			6 h	50	0.49	3.5	112.3	99.5	82.3	69.1	55.6
			24 h	55	0.47	3.5	147.4	131.0	109.0	92.0	74.5
			3 d	80	0.46	3.5	203.1	180.9	151.1	128.0	104.1
晋城城区	444	东武匠村	10 min	16.4	0.51	3.5	42.4	37.3	30.7	25.6	20.3
			60 min	31.8	0.5	3.5	82.9	73.3	60.4	50.5	40.4
			6 h	52.3	0.49	3.5	137.5	121.8	100.7	84.5	67.9
			24 h	68.4	0.48	3.5	178.8	158.6	131.5	110.6	89.2
			3 d	86.4	0.47	3.5	223.5	198.6	165.2	139.5	113.0

续表 4-9

县区	序号	村落名称	历时	均值 $\overline{H}$ (mm)	变差系数 C_v	C_s/C_v	不同重现期的雨量(mm)				
							100 年($H_{1\%}$)	50 年($H_{2\%}$)	20 年($H_{5\%}$)	10 年($H_{10\%}$)	5 年($H_{20\%}$)
晋城城区	445	寺底村	10 min	16	0.51	3.5	32.5	28.7	23.7	19.8	15.8
			60 min	30.1	0.5	3.5	64.6	57.2	47.2	39.6	31.8
			6 h	47.8	0.5	3.5	110.1	97.7	81.1	68.3	55.2
			24 h	61.4	0.48	3.5	147.8	131.6	109.8	93.0	75.6
			3 d	81.6	0.46	3.5	195.0	174.2	146.3	124.7	102.1
晋城城区	446	南大街社区	10 min	16	0.5	3.5	39.3	34.8	28.7	24.0	19.2
			60 min	28.8	0.5	3.5	68.8	60.9	50.3	42.1	33.8
			6 h	40.3	0.49	3.5	105.7	93.7	77.5	65.1	52.4
			24 h	52.8	0.48	3.5	133.6	118.7	98.5	83.0	67.0
			3 d	76.3	0.47	3.5	194.8	173.2	144.3	121.9	98.9
晋城城区	447	泰森社区	10 min	16	0.5	3.5	37.1	32.8	27.1	22.7	18.2
			60 min	30	0.5	3.5	68.7	60.8	50.3	42.1	33.8
			6 h	42.1	0.49	3.5	106.9	94.8	78.5	66.0	53.2
			24 h	52.8	0.48	3.5	131.4	116.7	97.1	81.9	66.3
			3 d	76.8	0.48	3.5	196.8	174.7	145.2	122.4	99.0
晋城城区	448	景德桥社区	10 min	16	0.5	3.5	35.6	31.5	26.0	21.8	17.5
			60 min	30	0.5	3.5	67.6	59.9	49.5	41.5	33.4
			6 h	43.6	0.49	3.5	107.1	95.0	78.8	66.3	53.5
			24 h	53.6	0.48	3.5	132.4	117.7	98.0	82.7	67.1
			3 d	76.4	0.48	3.5	193.9	172.3	143.3	120.9	97.9
晋城城区	449	驿后社区	10 min	16	0.5	3.5	38.7	34.2	28.3	23.7	18.9
			60 min	30	0.5	3.5	71.6	63.4	52.3	43.9	35.2
			6 h	43.8	0.49	3.5	113.2	100.3	83.0	69.7	56.1
			24 h	56.4	0.48	3.5	142.7	126.8	105.3	88.7	71.7
			3 d	78.6	0.48	3.5	203.5	180.6	149.9	126.3	102.0
晋城城区	450	东后河社区	10 min	16	0.5	3.5	39.7	35.1	29.0	24.2	19.4
			60 min	30	0.5	3.5	73.0	64.6	53.3	44.6	35.8
			6 h	43.8	0.49	3.5	114.6	101.6	84.0	70.5	56.7
			24 h	56.4	0.48	3.5	143.8	127.7	106.0	89.2	72.1
			3 d	76.3	0.47	3.5	195.3	173.7	144.6	122.2	99.0

续表 4-9

县区	序号	村落名称	历时	均值 $\overline{H}$ (mm)	变差系数 C_v	C_s/C_v	不同重现期的雨量(mm)				
							100 年($H_{1\%}$)	50 年($H_{2\%}$)	20 年($H_{5\%}$)	10 年($H_{10\%}$)	5 年($H_{20\%}$)
晋城城区	451	古书院矿社区	10 min	16	0.5	3.5	39.6	35.0	28.9	24.2	19.4
			60 min	30	0.5	3.5	72.1	63.8	52.7	44.2	35.4
			6 h	43.2	0.49	3.5	113.7	100.7	83.3	69.9	56.2
			24 h	56.3	0.49	3.5	145.2	128.7	106.5	89.4	71.9
			3 d	76.4	0.48	3.5	198.6	176.3	146.3	123.2	99.4
晋城城区	452	中后河社区	10 min	16	0.5	3.5	39.7	35.1	29.0	24.2	19.4
			60 min	30	0.5	3.5	73.0	64.6	53.3	44.6	35.8
			6 h	43.8	0.49	3.5	114.6	101.6	84.0	70.5	56.7
			24 h	56.4	0.48	3.5	143.8	127.7	106.0	89.2	72.1
			3 d	76.3	0.47	3.5	195.3	173.7	144.6	122.2	99.0
晋城城区	453	晓庄社区	10 min	15.8	0.5	3.5	40.6	35.9	29.6	24.7	19.8
			60 min	28.6	0.49	3.5	70.7	62.6	51.8	43.5	35.0
			6 h	41.7	0.49	3.5	109.2	96.9	80.4	67.6	54.6
			24 h	54.3	0.48	3.5	140.0	124.2	103.0	86.7	70.0
			3 d	72.6	0.47	3.5	187.1	166.3	138.4	116.9	94.7
晋城城区	454	西谢匠社区	10 min	15.8	0.5	3.5	40.0	35.3	29.1	24.4	19.5
			60 min	28.8	0.49	3.5	71.0	62.9	52.1	43.8	35.2
			6 h	42.6	0.48	3.5	109.9	97.5	80.9	68.1	55.0
			24 h	53.8	0.48	3.5	138.7	123.1	102.1	86.0	69.4
			3 d	72.6	0.47	3.5	186.6	165.9	138.1	116.6	94.5
晋城城区	455	上辇社区	10 min	15.8	0.5	3.5	38.5	34.1	28.1	23.5	18.8
			60 min	30	0.5	3.5	71.0	62.7	51.8	43.4	34.8
			6 h	43.6	0.49	3.5	114.1	101.1	83.6	70.3	56.6
			24 h	59	0.48	3.5	148.7	132.2	109.7	92.5	74.7
			3 d	78.4	0.47	3.5	199.8	177.7	148.0	125.1	101.5
晋城城区	456	下辇社区	10 min	16	0.5	3.5	39.0	34.5	28.4	23.8	19.1
			60 min	30	0.49	3.5	69.0	61.2	50.7	42.5	34.2
			6 h	43	0.48	3.5	111.4	98.9	82.2	69.3	56.0
			24 h	61	0.47	3.5	150.6	133.9	111.6	94.4	76.6
			3 d	72	0.46	3.5	180.3	160.7	134.3	113.9	92.8

续表 4-9

县区	序号	村落名称	历时	均值 $\overline{H}$ (mm)	变差系数 C_v	C_s/C_v	不同重现期的雨量(mm)				
							100 年($H_{1\%}$)	50 年($H_{2\%}$)	20 年($H_{5\%}$)	10 年($H_{10\%}$)	5 年($H_{20\%}$)
晋城城区	457	西武匠村	10 min	15.6	0.5	3.5	30.6	27.1	22.4	18.8	15.1
			60 min	29	0.49	3.5	57.2	50.8	42.2	35.6	28.8
			6 h	41	0.48	3.5	96.1	85.6	71.5	60.6	49.4
			24 h	57	0.47	3.5	132.3	118.1	99.2	84.4	69.1
			3 d	71	0.46	3.5	171.4	152.9	128.5	109.4	89.6
晋城城区	458	小白水村	10 min	15.6	0.5	3.5	30.4	26.9	22.3	18.7	15.0
			60 min	28	0.49	3.5	56.2	49.9	41.5	35.0	28.3
			6 h	40	0.48	3.5	90.9	81.0	67.7	57.4	46.7
			24 h	51	0.47	3.5	119.3	106.6	89.5	76.2	62.4
			3 d	67	0.46	3.5	161.6	144.3	121.2	103.2	84.5
晋城城区	459	河东社区	10 min	16	0.51	3.5	32.5	28.7	23.7	19.8	15.8
			60 min	28.6	0.5	3.5	63.3	56.0	46.4	39.0	31.3
			6 h	48.3	0.49	3.5	106.7	94.8	78.8	66.5	53.8
			24 h	58.6	0.48	3.5	143.1	127.4	106.4	90.1	73.2
			3 d	79.4	0.47	3.5	193.5	172.4	144.3	122.5	99.9
晋城城区	460	西马匠社区	10 min	16	0.5	3.5	37.6	33.3	27.5	23.0	18.4
			60 min	28.3	0.5	3.5	70.4	62.3	51.4	43.1	34.6
			6 h	46.4	0.49	3.5	112.9	100.0	82.8	69.6	56.0
			24 h	56.2	0.48	3.5	144.6	128.5	106.8	89.9	72.7
			3 d	78.6	0.47	3.5	199.6	177.6	148.0	125.1	101.5
晋城城区	461	夏匠村	10 min	16	0.5	3.5	38.3	33.9	27.9	23.4	18.7
			60 min	28.7	0.5	3.5	69.5	61.5	50.8	42.6	34.1
			6 h	43.1	0.49	3.5	109.1	96.7	80.0	67.2	54.1
			24 h	54.3	0.48	3.5	138.2	122.7	101.9	85.9	69.5
			3 d	78.6	0.48	3.5	203.2	180.4	149.8	126.2	101.9
晋城城区	462	坡底村	10 min	16	0.5	3.5	39.3	34.8	28.7	24.0	19.2
			60 min	28.8	0.5	3.5	68.8	60.9	50.3	42.1	33.8
			6 h	40.3	0.49	3.5	105.7	93.7	77.5	65.1	52.4
			24 h	52.8	0.48	3.5	133.6	118.7	98.5	83.0	67.0
			3 d	76.3	0.47	3.5	194.8	173.2	144.3	121.9	98.9

续表 4-9

县区	序号	村落名称	历时	均值 $\overline{H}$ (mm)	变差系数 C_v	C_s/C_v	不同重现期的雨量(mm)				
							100 年($H_{1\%}$)	50 年($H_{2\%}$)	20 年($H_{5\%}$)	10 年($H_{10\%}$)	5 年($H_{20\%}$)
晋城城区	463	小后河社区	10 min	16	0.5	3.5	36.4	32.2	26.6	22.3	17.9
			60 min	30	0.49	3.5	65.8	58.3	48.3	40.6	32.8
			6 h	43	0.48	3.5	107.3	95.4	79.3	67.0	54.3
			24 h	60	0.47	3.5	145.0	129.2	107.8	91.3	74.3
			3 d	73	0.46	3.5	179.9	160.5	134.4	114.1	93.2
晋城城区	464	苗匠村	10 min	16	0.5	3.5	38.1	33.7	27.8	23.3	18.6
			60 min	28.3	0.5	3.5	69.1	61.1	50.5	42.3	33.9
			6 h	43.2	0.49	3.5	108.0	95.8	79.2	66.6	53.6
			24 h	53.4	0.48	3.5	136.3	121.1	100.5	84.8	68.5
			3 d	78.3	0.47	3.5	199.0	177.0	147.5	124.7	101.2
晋城城区	465	冯匠村	10 min	16	0.5	3.5	38.1	33.7	27.8	23.3	18.6
			60 min	28.3	0.5	3.5	69.1	61.1	50.5	42.3	33.9
			6 h	43.2	0.49	3.5	108.0	95.8	79.2	66.6	53.6
			24 h	53.4	0.48	3.5	136.3	121.1	100.5	84.8	68.5
			3 d	78.3	0.47	3.5	199.0	177.0	147.5	124.7	101.2
晋城城区	466	郜匠村	10 min	16	0.5	3.5	38.1	33.7	27.8	23.3	18.6
			60 min	28.3	0.5	3.5	69.1	61.1	50.5	42.3	33.9
			6 h	43.2	0.49	3.5	108.0	95.8	79.2	66.6	53.6
			24 h	53.4	0.48	3.5	136.3	121.1	100.5	84.8	68.5
			3 d	78.3	0.47	3.5	199.0	177.0	147.5	124.7	101.2
晋城城区	467	岗头村	10 min	16	0.5	3.5	38.4	33.9	28.0	23.4	18.8
			60 min	30	0.49	3.5	69.4	61.5	51.0	42.8	34.5
			6 h	44	0.48	3.5	111.8	99.4	82.6	69.7	56.4
			24 h	60	0.47	3.5	148.4	132.1	110.1	93.1	75.6
			3 d	73	0.46	3.5	182.3	162.5	135.9	115.3	94.0
晋城城区	468	叶家河村	10 min	16	0.5	3.5	40.7	36.0	29.7	24.8	19.9
			60 min	26.3	0.49	3.5	68.7	60.8	50.2	42.1	33.8
			6 h	41.8	0.49	3.5	105.6	93.6	77.5	65.1	52.4
			24 h	52.2	0.48	3.5	137.7	122.1	101.2	85.1	68.6
			3 d	72.6	0.47	3.5	187.3	166.5	138.6	117.0	94.8

续表 4-9

县区	序号	村落名称	历时	均值 $\overline{H}$ (mm)	变差系数 C_v	C_s/C_v	不同重现期的雨量(mm)				
							100 年($H_{1\%}$)	50 年($H_{2\%}$)	20 年($H_{5\%}$)	10 年($H_{10\%}$)	5 年($H_{20\%}$)
晋城城区	469	叶家河村	10 min	16	0.5	3.5	40.7	36.0	29.7	24.8	19.9
			60 min	26.3	0.49	3.5	68.7	60.8	50.2	42.1	33.8
			6 h	41.8	0.49	3.5	105.6	93.6	77.5	65.1	52.4
			24 h	52.2	0.48	3.5	137.7	122.1	101.2	85.1	68.6
			3 d	72.6	0.47	3.5	187.3	166.5	138.6	117.0	94.8
晋城城区	470	牛山村	10 min	16	0.5	3.5	40.7	36.0	29.6	24.8	19.8
			60 min	27.4	0.5	3.5	69.6	61.5	50.7	42.4	34.0
			6 h	40.7	0.49	3.5	106.3	94.1	77.8	65.3	52.4
			24 h	52.4	0.48	3.5	135.7	120.5	99.9	84.1	67.9
			3 d	73.8	0.47	3.5	190.0	168.9	140.6	118.7	96.2
晋城城区	471	二圣头社区	10 min	16	0.5	3.5	34.9	30.9	25.5	21.4	17.2
			60 min	30	0.49	3.5	63.8	56.6	47.0	39.5	31.9
			6 h	43	0.48	3.5	105.0	93.4	77.8	65.8	53.3
			24 h	60	0.47	3.5	142.9	127.3	106.5	90.3	73.6
			3 d	75	0.46	3.5	182.9	163.2	136.8	116.3	95.1
晋城城区	472	耿窑社区	10 min	16	0.5	3.5	35.0	31.0	25.6	21.5	17.2
			60 min	30	0.49	3.5	63.0	55.9	46.4	39.1	31.5
			6 h	41.3	0.48	3.5	101.9	90.6	75.4	63.7	51.6
			24 h	56.7	0.48	3.5	136.6	121.6	101.3	85.6	69.6
			3 d	73.4	0.47	3.5	182.1	162.1	135.4	114.7	93.4
晋城城区	473	金匠社区	10 min	16	0.5	3.5	41.2	36.3	30.0	25.1	20.0
			60 min	28.4	0.49	3.5	71.3	63.1	52.2	43.8	35.2
			6 h	41.3	0.48	3.5	106.9	94.9	78.8	66.3	53.6
			24 h	51.4	0.47	3.5	131.2	116.6	97.0	81.9	66.4
			3 d	70.4	0.46	3.5	178.6	159.1	132.8	112.5	91.6
晋城城区	474	司徒村	10 min	16	0.5	3.5	37.2	32.9	27.2	22.8	18.3
			60 min	30	0.49	3.5	69.7	61.8	51.2	43.1	34.7
			6 h	47	0.48	3.5	115.6	102.7	85.4	72.1	58.4
			24 h	63	0.47	3.5	156.1	138.9	115.9	98.0	79.7
			3 d	75	0.46	3.5	186.4	166.2	139.0	118.0	96.2

续表 4-9

县区	序号	村落名称	历时	均值 $\overline{H}$ (mm)	变差系数 C_v	C_s/C_v	不同重现期的雨量(mm)				
							100 年($H_{1\%}$)	50 年($H_{2\%}$)	20 年($H_{5\%}$)	10 年($H_{10\%}$)	5 年($H_{20\%}$)
晋城城区	475	南石店村	10 min	16	0.5	3.5	39.6	35.0	28.9	24.1	19.3
			60 min	30	0.49	3.5	73.1	64.8	53.6	45.0	36.2
			6 h	47	0.48	3.5	119.3	106.0	88.0	74.2	59.9
			24 h	63	0.47	3.5	159.0	141.4	117.8	99.5	80.7
			3 d	77	0.46	3.5	193.9	172.8	144.3	122.4	99.7
晋城城区	476	大车渠村	10 min	16	0.5	3.5	38.3	33.9	28.0	23.4	18.8
			60 min	30	0.49	3.5	72.9	64.6	53.5	44.9	36.2
			6 h	49	0.48	3.5	120.3	106.9	88.8	74.9	60.6
			24 h	63	0.47	3.5	159.0	141.5	117.8	99.6	80.9
			3 d	78	0.46	3.5	195.3	174.1	145.5	123.4	100.6
晋城城区	477	窑头村	10 min	16	0.5	3.5	37.8	33.5	27.6	23.1	18.6
			60 min	28.6	0.49	3.5	67.1	59.5	49.2	41.3	33.3
			6 h	42.3	0.49	3.5	106.7	94.7	78.5	66.1	53.3
			24 h	55.7	0.48	3.5	140.8	125.1	103.9	87.5	70.7
			3 d	78.6	0.48	3.5	202.6	179.9	149.4	125.9	101.7
晋城城区	478	鸿春村	10 min	16	0.5	3.5	39.3	34.7	28.7	24.0	19.2
			60 min	30	0.49	3.5	74.4	65.9	54.5	45.8	36.8
			6 h	49	0.48	3.5	121.9	108.3	89.9	75.8	61.2
			24 h	63	0.47	3.5	160.2	142.5	118.6	100.3	81.3
			3 d	78	0.46	3.5	196.3	175.0	146.2	123.9	100.9
晋城城区	479	中河东村	10 min	16	0.5	3.5	40.7	36.0	29.6	24.8	19.8
			60 min	27.4	0.5	3.5	69.6	61.5	50.7	42.4	34.0
			6 h	40.7	0.49	3.5	106.3	94.1	77.8	65.3	52.4
			24 h	52.4	0.48	3.5	135.7	120.5	99.9	84.1	67.9
			3 d	73.8	0.47	3.5	190.0	168.9	140.6	118.7	96.2

第 5 章　洪水分析

5.1　洪水分析计算方法

晋城市地处山西省东南部，按照《山西省水文计算手册》分类属于东区，洪水分析计算采用《山西省水文计算手册》流域模型法按以下步骤进行分析计算。

5.1.1　基础资料的收集、整理、复核、分析

基础资料是设计洪水分析计算的基础，应当根据流域自然地理特性、水工程特点及设计洪水计算方法，广泛收集整理有关资料。

本次收集了晋城市自然地理特征及与流域产流、汇流有关的河道特征等资料：流域及工程地理位置、地形、地质、地貌、植被、流域面积、河长、河流纵比降等。

分析了计算设计洪水需要直接引用的水文气象资料，如暴雨、洪水（包括调查历史洪水）等，并收集了以往规划设计报告及产流、汇流分析成果等资料。以及调查了流域内水利化与水土保持发展情况，已建、在建和拟建的小型水库、引水工程等对调洪有影响的资料。

5.1.2　流域特征参数的确定

在 1∶50 000 或 1∶100 000（流域面积较小时 1∶10 000）地形图上量算以下流域特征参数：

（1）流域面积 A（km^2）。计算断面以上的流域面积。

（2）河长 L（km）。由计算断面至流域最远分水岭、沿主河道量算的距离。

（3）流域平均宽度 B（km）。由式(5-1)计算：

$$B = \frac{A}{L} \tag{5-1}$$

（4）河流纵比降 J（m/km）。用式(5-2)计算：

$$J = \frac{(Z_0 + Z_1)L_1 + (Z_1 + Z_2)L_2 + \cdots + (Z_{n-1} + Z_n)L_n - 2Z_0L}{L^2} \tag{5-2}$$

式中，L 为自流域出口断面起沿主河道至分水岭的最长距离，包括主河道以上沟形不明显部分坡面流程的长度，当河道上有瀑布、跌坎、陡坡时，应当把突然变动比降段两端的特征点，都作为计算加权平均比降时的分段点，以使计算的比降反映沿程实际的水力条件，km；Z_0，Z_1，…，Z_n 为自流域出口断面起沿流程比降突变特征点的地面高程，m；L_1，L_2，…，L_n 为两个特征点之间的距离，km。

上述符号意义如图 5-1 所示。

5.1.3　本次计算结果采用

本次计算采用《山西省水文计算手册》中的流域模型法计算。

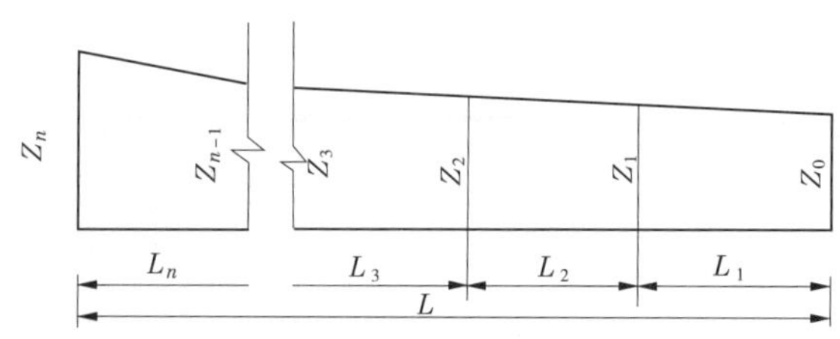

图 5-1　河流纵比降计算示意图

流域模型法分产流计算和汇流计算两部分。产流计算包括设计净雨深和设计净雨过程计算两部分,前者采用双曲正切模型计算,后者采用变损失率推理扣损法计算。汇流计算采用综合瞬时单位线计算。

5.2　产流、汇流区域划分

划分水文下垫面区域界限的主要依据是地理位置、地貌特征、地形特征、地质条件、植被特征、土壤性质等,其中地质条件、地貌特征和植被特征是制约水文现象区域分异规律的三大主导因素。

考虑到制约产流和汇流的水文下垫面因素,结合山西省实际情况,划分了 12 种影响产流和 6 种影响汇流的水文下垫面因素。

晋城市小流域产汇流地类调查结果详见表 5-5 。

5.3　产流地类

产流地类主要包含了 12 种类型,具体参数类型如表 5-1、图 5-2 所示。

表 5-1　产流地类参数查用表

产流地类	S_r			K_s		
	最大值	最小值	一般值	最大值	最小值	一般值
灰岩森林山地	43	28	35.5	4.1	2.6	3.35
灰岩灌丛山地	35	26	30.5	3.5	2.3	2.9
耕种平地	27	27	27	1.9	1.9	1.9
灰岩土石山区	25	23	24	1.8	1.6	1.7
砂页岩森林山地	23	23	23	1.5	1.5	1.5
变质岩森林山地	22	22	22	1.45	1.45	1.45
黄土丘陵阶地	21	21	21	1.4	1.4	1.4
黄土丘陵沟壑区	20	20	20	1.3	1.3	1.3
砂页岩土石山区	19	19	19	1.25	1.25	1.25
砂页岩灌丛山地	18	18	18	1.2	1.2	1.2
变质岩土石山区	17	17	17	1.15	1.15	1.15
变质岩灌丛山地	16	16	16	1.1	1.1	1.1

5.4　汇流地类

汇流地类主要包含了 6 种类型,具体参数类型如图 5-3、表 5-2 所示。

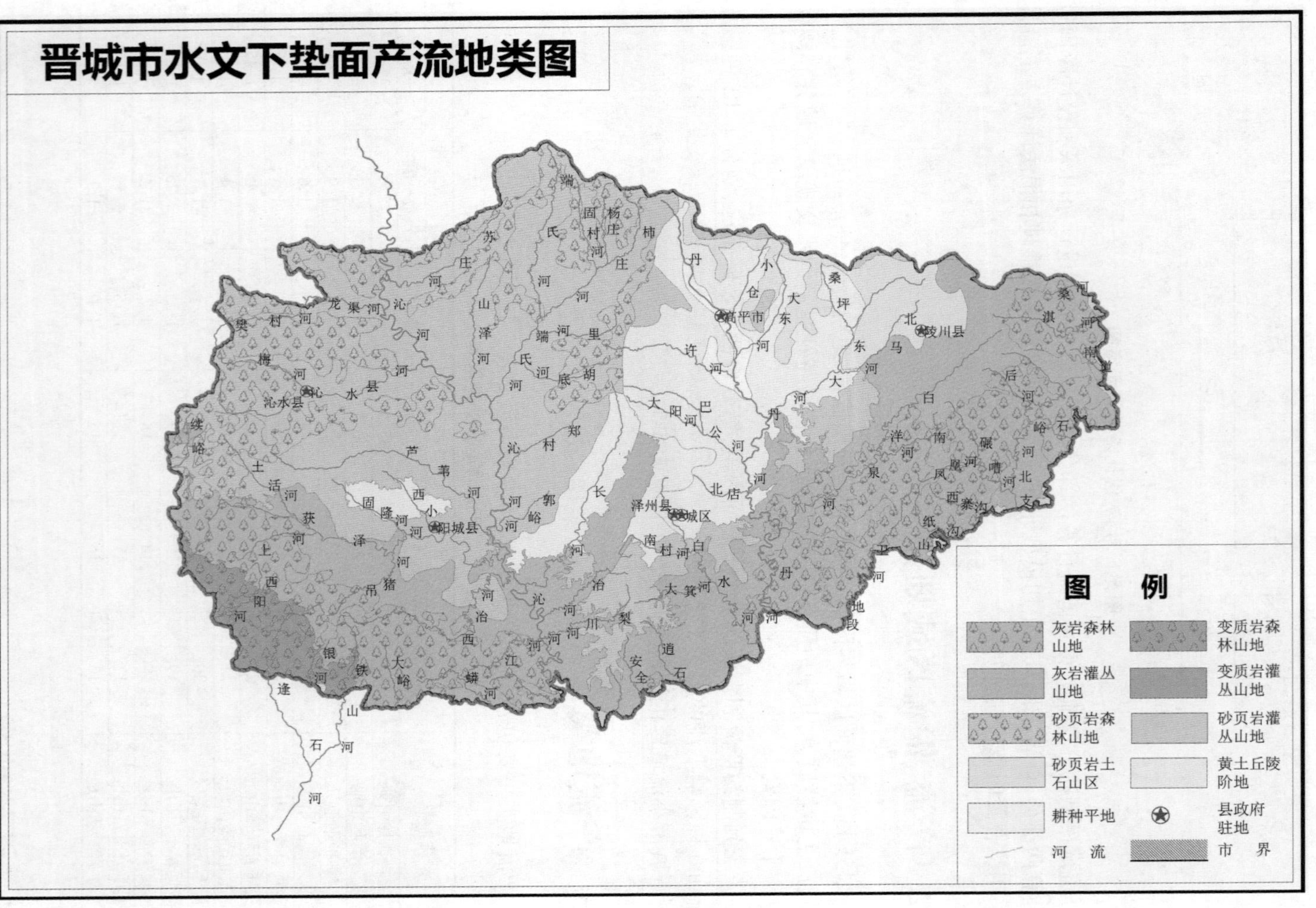

图 5-2　晋城市水文下垫面产流地类图

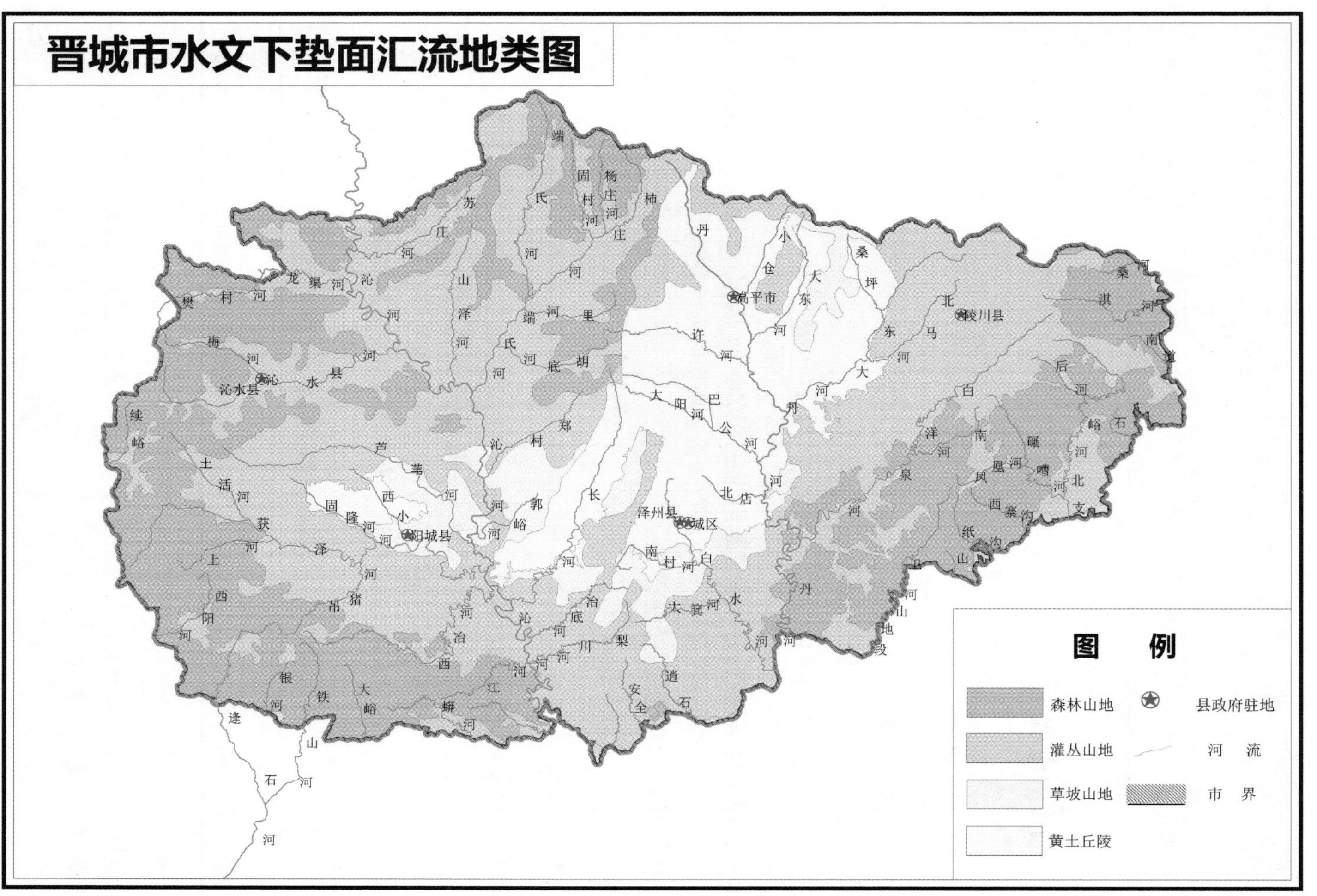

图 5-3　晋城市水文下垫面汇流地类图

表 5-2 汇流地类参数查用表

汇流地类	C_1	β_1	β_2	C_2 一般值	C_2 范围	α
森林山地	1.357	0.047	0.190	2.757	2.757~2.950	0.397
灌丛山地	1.257	0.047	0.190	1.530	1.200~1.770	0.397
草坡山地	1.046	0.047	0.190	0.717	0.710~0.950	0.397
耕种平地	1.257	0.047	0.190	1.530	1.200~1.770	0.397
黄土丘陵阶地	1.046	0.047	0.190	0.717	0.710~0.950	0.397
黄土丘陵沟壑	1.000	0.047	0.190	0.620	0.580~0.700	0.397

5.5 设计洪水

5.5.1 产流计算

5.5.1.1 设计净雨深

设计净雨深用双曲正切模型计算，见式(5-3)。

$$R_P = H_{P,A}(t_z) - F_A(t_z) \cdot \text{th}\left[\frac{H_{P,A}(t_z)}{F_A(t_z)}\right] \tag{5-3}$$

式中，th 为双曲正切运算符；t_z 为设计暴雨的主雨历时，h；$H_{P,A}(t_z)$ 为设计暴雨的主雨面雨量，mm；R_P 为设计洪水净雨深，mm；$F_A(t_z)$ 为主雨历时内的流域可能损失，mm。

主雨历时 t_z 按暴雨公式(5-4)求解。

$$S_P \frac{1 - n_s t_z^{\lambda}}{t_z^{n}} = 2.5, n = n_s \frac{t_z^{\lambda} - 1}{\lambda \ln t_z} \tag{5-4}$$

式中符号意义同前。

流域可能损失 $F_A(t_z)$ 用式(5-5)计算。

$$F_A(t_z) = S_{r,A}(1 - B_{0,P}) t_z^{0.5} + 2K_{s,A} t_z \tag{5-5}$$

式中，$S_{r,A}$ 为流域包气带充分风干时的吸收率，反映流域的综合吸水能力，mm/$h^{1/2}$；$K_{s,A}$ 为流域包气带饱和时的导水率，mm/h；$B_{0,P}$ 为设计频率的流域前期土湿标志（流域持水度），根据表 5-3 查取。

表 5-3 设计洪水流域前期持水度 $B_{0,P}$ 查用表

频率	<0.33%	1%	2%	5%	10%	>10%
$B_{0,P}$	0.63	0.61	0.58	0.54	0.50	0.50

根据流域下垫面的实际情况，从表 5-1 中合理选用相应的单地类吸收率 S_r 及导水率 K_s（取值见表 5-1），然后分别根据各种地类的面积权重按式(5-6)及式(5-7)加权计算流域的吸收率 $S_{r,A}$ 和导水率 $K_{s,A}$。

$$S_{r,A} = \sum c_i \cdot S_{r,i} \qquad i = 1,2,\cdots \tag{5-6}$$

$$K_{s,A} = \sum c_i \cdot K_{s,i} \qquad i = 1,2,\cdots \tag{5-7}$$

式中，$S_{r,i}$ 为单地类包气带充分风干时的吸收率，mm/$h^{1/2}$；$K_{s,i}$ 为单地类包气带饱和时的

导水率,mm/h; c_i 为某种地类面积占流域总面积的权重。

5.5.1.2　设计净雨过程

设计净雨过程采用变损失率推理扣损法计算。

具体计算步骤如下:

(1)由式(5-8)求解产流历时 t_c 。

$$R_P = \begin{cases} n_s S_{P,A} t^{1+\lambda-n}, \lambda \neq 0 \\ n_s S_{P,A} t^{1-n_s}, \lambda = 0 \end{cases}, n = n_s \frac{t^\lambda - 1}{\lambda \ln t} \tag{5-8}$$

式中, R_P 为用双曲正切模型计算的场次洪水设计净雨深,mm;其他符号意义同前。

(2)由式(5-9)计算损失率 μ 。

$$\mu = (1 - n_s t_c^\lambda) S_{P,A} \cdot t_c^{-n}, n = n_s \frac{t_c^\lambda - 1}{\lambda \ln t_c} \tag{5-9}$$

(3)由式(5-10)和式(5-11)计算时段净雨及净雨过程。

$$\Delta h_{P,j} = h_P(t_j) - h_P(t_{j-1}) \tag{5-10}$$

$$h_P(t) = H_{P,A}(t) - \mu t, t \leqslant t_c \tag{5-11}$$

式中, Δh_P 为设计时段净雨深,mm; j 为时雨型“模板”中的序位编号; t_{j-1} 为 j 时段的开始时刻;其他符号意义同前。

(4)把计算出的时段净雨按序位编号安排在设计雨型“模板”中相应序位位置,即得净雨过程。

5.5.2　汇流计算

流域模型法汇流计算采用综合瞬时单位线计算。

5.5.2.1　方法介绍

瞬时汇流曲线按式(5-12)计算

$$u_n(0,t) = \frac{1}{k\Gamma(n)} \left(\frac{t}{k}\right)^{n-1} e^{-\frac{t}{k}} \tag{5-12}$$

式中, n 为线性水库个数; k 为一个线性水库的调蓄参数,h; t 为时间,h; $\Gamma(n)$ 为伽马函数。

单位强度净雨过程在流域出口断面形成的水体时间概率分布函数称为 $S_n(t)$ 曲线,它是瞬时汇流曲线对时间的积分,无量纲,按式(5-13)计算

$$S_n(t) = \int_0^t u_n(0,t) \mathrm{d}t = \Gamma(n,m), m = t/k \tag{5-13}$$

式中, $\Gamma(n,m)$ 称为 n 阶不完全伽马函数。

时段单位净雨在流域出口断面形成的概率密度曲线称为时段汇流曲线,按式(5-14)计算

$$u_n(\Delta t,t) = \begin{cases} S_n(t) & 0 \leqslant t \leqslant \Delta t \\ S_n(t) - S_n(t-\Delta t) & t > \Delta t \end{cases} \tag{5-14}$$

流域出口断面的洪水过程根据时段净雨序列与时段汇流曲线用卷积公式(5-15)计算。

$$Q(i\Delta t) = \sum_{j=1}^{M} u_n(\Delta t,(i+1-j)\Delta t)\frac{\Delta h_j}{3.6\Delta t}A, 0 \leqslant i+1-j \leqslant M, j=1,2,\cdots,M \tag{5-15}$$

式中，Δt 为计算时段，h；Δh 为时段净雨深，mm；A 为流域面积，km^2；3.6 为单位换算系数；M 为净雨时段数。

5.5.2.2　参数计算

参数 n 采用式(5-16)和式(5-17)计算。

$$n = C_{1,A}(A/J)^{\beta_1} \tag{5-16}$$

$$C_{1,A} = \sum a_i \cdot C_{1,i} \qquad i=1,2,\cdots \tag{5-17}$$

式中，A 为流域面积，km^2；J 为河流纵比降(‰)；$C_{1,A}$ 为复合地类汇流参数；$C_{1,i}$ 为单地类汇流参数；β_1 为经验性指数；a_i 为某种地类的面积权重，以小数计。

m_1 采用下列经验公式(5-18)～式(5-21)计算：

$$m_1 = m_{\tau,1}(\bar{i}_\tau)^{-\beta_2} \tag{5-18}$$

$$m_{\tau,1} = C_{2,A}(L/J^{\frac{1}{3}})^{\alpha} \tag{5-19}$$

$$C_{2,A} = \sum a_i \cdot C_{2,i} \qquad i=1,2,\cdots \tag{5-20}$$

$$\bar{i}_\tau = \frac{Q_P}{0.278A} \tag{5-21}$$

式中，$\bar{i}_\tau$ 为 τ 历时平均净雨强度，mm/h；τ 为汇流历时，h；$m_{\tau,1}$ 为 $\bar{i}_\tau = 1$ mm/h 时瞬时单位线的滞时，h；Q_P 为设计洪峰流量，m^3/s；L 为河长，km；$C_{2,A}$ 为复合地类汇流参数；$C_{2,i}$ 为单地类汇流参数；α、β_2 为经验性指数。

根据流域的实际情况，从《山西省水文计算手册》表 7.3.2.1 中选取单地类汇流参数 C_1、C_2（C_2 取值见表 5-2）和经验性指数 α、β_1、β_2。

5.6　设计洪水成果

控制断面设计洪水成果表，内容包括 465 个沿河村落控制断面各频率（重现期）设计洪水的洪峰、洪量、洪水历时等洪水要素以及控制断面各频率洪峰水位。

6 个县区共有 465 个村，进行了设计洪水计算，其中部分村庄位于河流左右岸，以及断面出口接近没有其他汇水面积采用了同一计算断面，部分村庄为受坡面流暴雨洪水灾害，各县区计算数量情况见表 5-4。

表 5-4　晋城市沿河村落控制断面设计洪水成果情况统计

县区	计算个数	县区	计算个数
阳城县	85	高平市	72
沁水县	67	晋城城区	40
陵川县	107	合计	465
泽州县	94		

晋城市控制断面设计洪水成果见表 5-6。晋城市 100 年一遇设计洪水分布见图 5-4。晋城市 100 年一遇洪峰模数分布图见图 5-5。

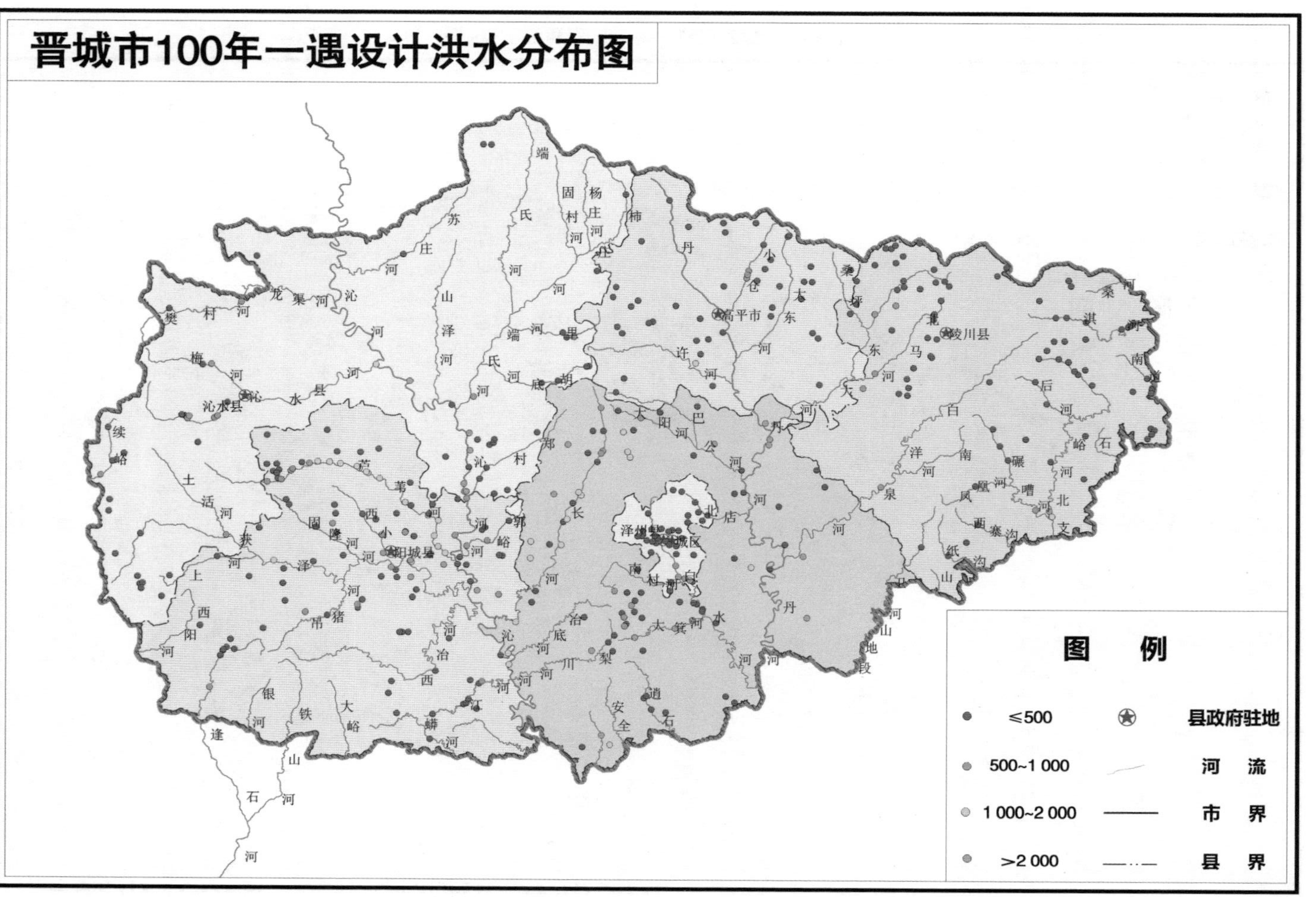

图 5-4　晋城市 100 年一遇设计洪水分布图

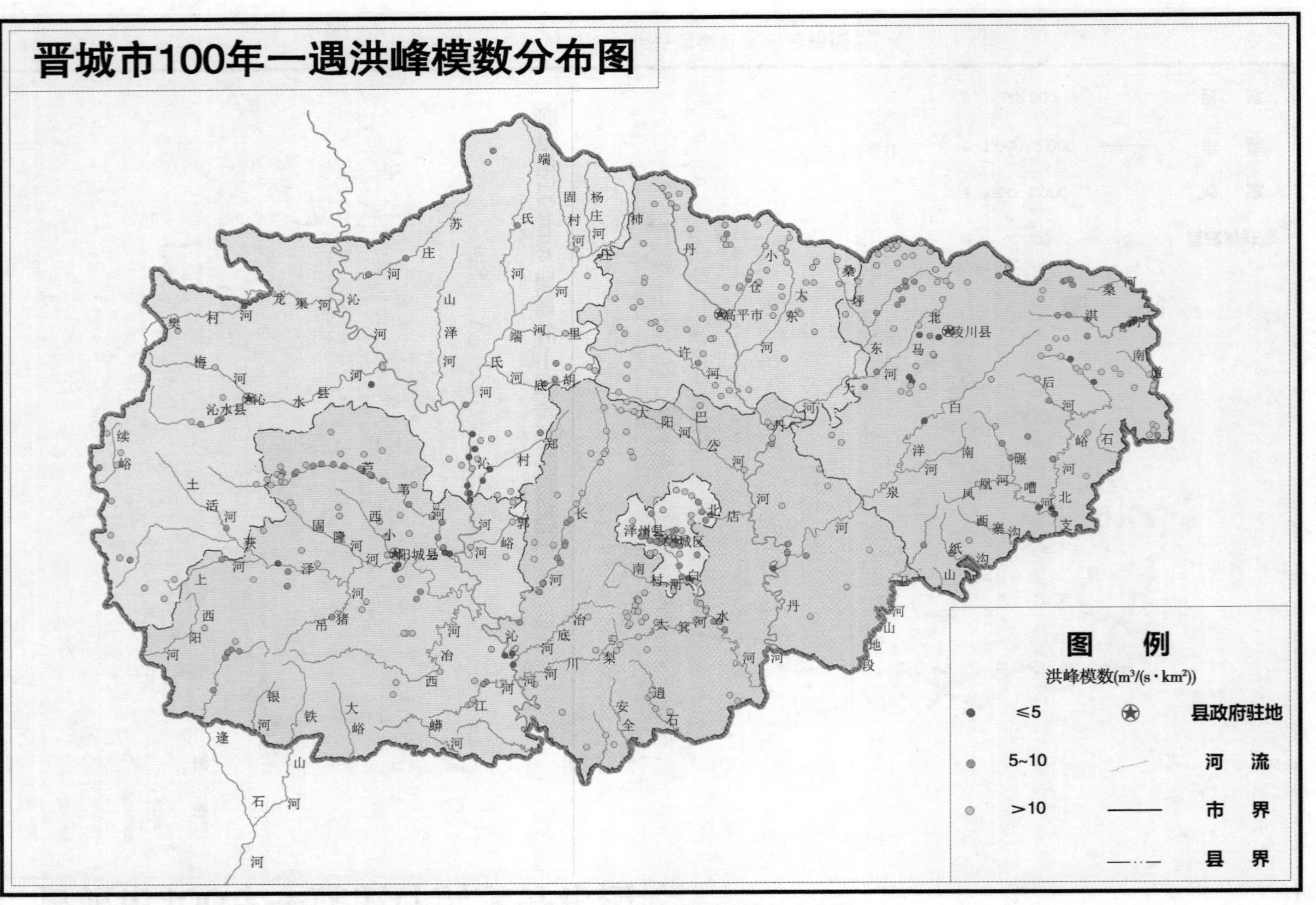

图 5-5　晋城市 100 年一遇洪峰模数分布图

表 5-5　晋城市小流域产汇流地类调查表

县区	序号	小流域名称	产流地类面积(km^2)										汇流地类面积(km^2)			
			灰岩森林山地	灰岩灌丛山地	灰岩土石山区	黄土丘陵阶地	砂页岩土石山区	砂页岩灌丛山地	砂页岩森林山地	耕种平地	变质岩森林山地	变质岩灌丛山地	森林山地	灌丛山地	草坡山地	黄土丘陵
阳城县	1	白桑村		18.2				26.4						44.6		
阳城县	2	芪底村北香台		0.5										0.5		
阳城县	3	淇汭村东头村								2.5						2.5
阳城县	4	淇汭村杜沟								1.1						1.1
阳城县	5	洽村村圪嘴村								1.5						1.5
阳城县	6	张庄村		15.9				3.8						19.8		
阳城县	7	沟底村						7.2						0.0	7.2	
阳城县	8	沟底村大端		3.6				1.0						4.7		
阳城县	9	后河村						1.8							1.8	
阳城县	10	逯河村		7.0				10.9						17.9		
阳城县	11	前凹村下河								3.1						3.1
阳城县	12	营东村沟西								24.3				22.4		1.8
阳城县	13	周壁村						11.1						11.1		
阳城县	14	柴凹村五龙沟						10.3						5.1	5.2	
阳城县	15	町店村						237.4	57.2				58.3	218.3	17.9	
阳城县	16	焦庄村花沟						5.2						5.2		
阳城县	17	凌家沟村						8.7						8.7		
阳城县	18	上黄岩村						193.6	57.2				58.3	190.0	2.5	
阳城县	19	张沟村						8.0						3.8	4.1	
阳城县	20	中峪村李家庄						0.3							0.3	
阳城县	21	蒿峪村						273.0	57.1				58.3	232.1	39.7	
阳城县	22	美泉村						278.8	57.1				58.3	232.1	45.5	
阳城县	23	上孔寨村						292.7	57.1				58.3	232.9	58.3	0.4
阳城县	24	下孔寨村						296.7	57.1				58.3	232.9	62.3	0.4
阳城县	25	小庄村						295.2	57.3				58.5	232.9	60.8	0.3
阳城县	26	高石村		15.1											15.1	
阳城县	27	高石村高窑村		19.7											19.7	
阳城县	28	高石村龙岩底		28.5											28.5	
阳城县	29	江河村		42.4						5.6			8.5		42.1	14.4

续表 5-5

县区	序号	小流域名称	产流地类面积(km²)										汇流地类面积(km²)			
			灰岩森林山地	灰岩灌丛山地	灰岩土石山区	黄土丘陵阶地	砂页岩土石山区	砂页岩灌丛山地	砂页岩森林山地	耕种平地	变质岩森林山地	变质岩灌丛山地	森林山地	灌丛山地	草坡山地	黄土丘陵
阳城县	30	江河村恶门		33.6											33.6	
阳城县	31	江河村洪峪村		1.7						5.6			6.6		1.5	12.3
阳城县	32	江河村戏河村		4.3									1.5		5.8	
阳城县	33	焦坪村潭河村		1.8									0.5		1.9	0.4
阳城县	34	上节村		11.5									3.5		11.3	3.7
阳城县	35	小王庄村		11.9									8.5		11.4	9.0
阳城县	36	小王庄村坂底		114.3									54.2		118.7	49.8
阳城县	37	安牛村	6.1	5.4									6.3	5.2		
阳城县	38	董封村	175.9	63.6				50.5	44.4		5.0		223.7	115.5		
阳城县	39	口河村	10.5	1.6							3.0		13.4	1.7		
阳城县	40	龙泉村	7.6	21.1									7.2	21.5		
阳城县	41	龙泉村南底庄村	7.6	20.3									7.2	20.7		
阳城县	42	芦家河村	7.6	16.7									7.2	17.1		
阳城县	43	上河村	34.2	0.1									34.3			
阳城县	44	白沟村						1.9							1.9	
阳城县	45	东关村清林沟				2.9		0.5							0.6	2.8
阳城县	46	后则腰村						0.2							0.2	
阳城县	47	坪头村	220.1	192.3		43.3		173.6	44.4		5.0		267.3	357.0	10.7	43.6
阳城县	48	水村村				26.1		20.7						6.0	15.0	25.8
阳城县	49	苏庄村	220.0	192.3		43.4		173.6	44.4		5.0		267.2	356.5	10.5	44.5
阳城县	50	下川村河西村		14.3				25.8						40.1		
阳城县	51	下会庆村				1.2		0.4							0.3	1.2
阳城县	52	下李丘村				25.7		15.7						6.0	10.0	25.4
阳城县	53	下芹村				26.1		21.7						6.0	16.0	25.7
阳城县	54	阳高泉村虎庄				3.3		2.3							2.4	3.2
阳城县	55	杨家村						0.4						0.0	0.3	
阳城县	56	杨家村谢沟						0.6						0.0	0.6	
阳城县	57	张村村烟河				2.6		0.4							0.6	2.4
阳城县	58	中李丘村				20.0		13.8						6.0	8.2	19.7

续表 5-5

县区	序号	小流域名称	产流地类面积(km²)										汇流地类面积(km²)			
			灰岩森林山地	灰岩灌丛山地	灰岩土石山区	黄土丘陵阶地	砂页岩土石山区	砂页岩灌丛山地	砂页岩森林山地	耕种平地	变质岩森林山地	变质岩灌丛山地	森林山地	灌丛山地	草坡山地	黄土丘陵
阳城县	59	砖窑沟村						1.5						1.5		0.0
阳城县	60	固隆村	0.9							0.6						0.6
阳城县	61	西壮村						3.1						3.1		
阳城县	62	泽城村				10.9		6.8						7.1		10.6
阳城县	63	寨上村				0.2		5.3						5.3		0.1
阳城县	64	河北村		2.5				4.7						7.3		
阳城县	65	坪泉	3.9										3.9			
阳城县	66	土孟村						1.4						1.4		
阳城县	67	下交村		2.3				4.5						6.8		
阳城县	68	横河村	37.0	5.1							10.6	3.2	47.7	8.2		
阳城县	69	横河村恒升宫		38.6				3.2				11.7	3.6		48.4	8.6
阳城县	70	横河村老沙地村										0.6	0.0	0.6		
阳城县	71	横河村鸟头村		38.6				4.0				12.5	3.6		49.2	9.5
阳城县	72	横河村外郎庄		38.6				5.2				12.7	3.6		49.3	10.8
阳城县	73	横河村西炉坡	37.0	5.1							11.4	3.3	48.5	8.3		
阳城县	74	三面场村桑园河		38.6				14.1				32.9	3.6		69.6	19.6
阳城县	75	受益村	13.3								1.0		14.2	0.0		
阳城县	76	水头村毕家村	16.3	3.6							2.8	2.6	19.4	6.0		
阳城县	77	水头村新建庄村										0.7		0.7		
阳城县	78	园河村	36.5	22.7									36.3	22.8		
阳城县	79	入店村									2.2		2.2			
阳城县	80	东峪村		15.0				0.2						15.3		
阳城县	81	上桑林村	13.0										13.0			
阳城县	82	台头村		18.9				2.6					0.1	21.3		
阳城县	83	西峪村		14.8										14.8		
阳城县	84	下桑林村	24.1										24.1			
阳城县	85	北宜固村						89.6	24.5				25.5	88.5		
阳城县	86	北宜固村黑洼						0.1						0.1		
阳城县	87	北宜固村后湾						4.7	1.6				1.7	4.5		

续表 5-5

县区	序号	小流域名称	产流地类面积(km^2)										汇流地类面积(km^2)			
			灰岩森林山地	灰岩灌丛山地	灰岩土石山区	黄土丘陵阶地	砂页岩土石山区	砂页岩灌丛山地	砂页岩森林山地	耕种平地	变质岩森林山地	变质岩灌丛山地	森林山地	灌丛山地	草坡山地	黄土丘陵
阳城县	88	柴庄村						8.4	5.9				6.0	8.2		
阳城县	89	川河村						24.5	11.4				11.1	24.9		
阳城县	90	柴庄村庙岭后						16.1	6.9				7.2	15.8		
阳城县	91	川河村南沟	0.1										0.1			
阳城县	92	贾寨村						17.4	6.9				7.2	17.1		
阳城县	93	贾寨村董王岩						6.0	1.0				1.1	5.8		
阳城县	94	贾寨村西河						16.7	6.9				7.2	16.4		
阳城县	95	贾寨村下东坡						55.0	22.7				23.6	54.1		
阳城县	96	刘东村						161.7	45.9				32.5	175.1		
阳城县	97	刘西村						150.1	36.7				37.4	149.4		
阳城县	98	吕家河村						13.5	9.4				8.9	13.9		
阳城县	99	吕庄村						2.8	0.8				0.9	2.8		
阳城县	100	庙坡村北河村						1.2						1.2		
阳城县	101	芹池村						139.0	36.7				37.4	138.2		
阳城县	102	芹池村户门口						26.4	11.4				11.1	26.8		
阳城县	103	羊泉村						69.1	22.9				23.8	68.3		
阳城县	104	羊泉村刘庄						70.0	22.9				23.8	69.1		
阳城县	105	阳陵村						107.1	25.3				26.4	106.0		
阳城县	106	宜壁村						98.3	25.3				26.4	97.2		
阳城县	107	原庄村						32.7	15.9				16.4	32.1		
阳城县	108	润城村						33.2						6.5	26.8	
阳城县	109	大乐村						1.8	8.6				8.8	1.6		
阳城县	110	霍家村						4.7	9.2				9.4	4.5		
阳城县	111	马寨村						166.2	45.9				32.5	179.3	0.3	
阳城县	112	马寨村白寨						165.3	45.9				32.5	178.5	0.2	
阳城县	113	寺头村						9.6	11.3				11.2	9.7		
阳城县	114	朱村村						7.7	9.1				9.4	7.4		
阳城县	115	陕庄村				1.4		2.3						0.0	2.3	1.3
阳城县	116	孙沟村				0.7		3.6							3.7	0.6

续表5-5

县区	序号	小流域名称	产流地类面积(km²)										汇流地类面积(km²)			
			灰岩森林山地	灰岩灌丛山地	灰岩土石山区	黄土丘陵阶地	砂页岩土石山区	砂页岩灌丛山地	砂页岩森林山地	耕种平地	变质岩森林山地	变质岩灌丛山地	森林山地	灌丛山地	草坡山地	黄土丘陵
阳城县	117	西丰村				0.1		3.9						4.0		
阳城县	118	胡凹沟村						2.3						2.3		
阳城县	119	台底村				9.3		3.4						3.5		9.2
阳城县	120	献义村				1.0		3.1						3.2		1.0
泽州县	121	冯沟村						3.6						0.6	3.0	
泽州县	122	下村村				12.2		8.8	7.4				7.5	8.8		12.0
泽州县	123	万里村				1.7		3.6	4.9				5.0	3.6		1.6
泽州县	124	柳树底村				29.1		8.9	7.4				7.5	8.9		29.0
泽州县	125	石伏头村		0.7		33.5		8.9	7.4				7.5	8.9	0.9	33.3
泽州县	126	史村河村		1.2		38.8		8.9	7.4				7.5	8.9	1.4	38.5
泽州县	127	刘村村				3.8		6.6						6.7		3.8
泽州县	128	东沟村	0.3	0.5									0.2	0.5		
泽州县	129	辛壁村				1.3										1.3
泽州县	130	峪南村		12.2		74.1		28.3	7.4				7.5	27.0	14.3	73.3
泽州县	131	周村村卫窑				4.2		2.6							2.4	4.5
泽州县	132	上掌村						1.8							1.8	
泽州县	133	苇町村芋沟				2.9		8.5							2.8	8.6
泽州县	134	下町村东村		29.8		124.1		45.2	7.4				7.5	34.2	41.5	123.3
泽州县	135	下町村圪套		28.5		123.5		45.2	7.4				7.5	33.0	41.5	122.7
泽州县	136	坪上村后河		44.3		138.6		48.1	7.4				7.5	47.8	45.2	138.0
泽州县	137	坪上村圪坨		44.3		139.3		48.1	7.4				8.2	47.1	45.2	138.7
泽州县	138	下河村		59.6		151.1		52.9	7.4				7.5	57.8	54.9	150.9
泽州县	139	石淙头村		58.3		157.2		56.1	7.4				7.5	57.8	60.8	152.9
泽州县	140	上犁川村委会						5.5						4.3	1.2	
泽州县	141	中庄村						6.2						5.1	1.2	
泽州县	142	下犁川村						9.7						7.1	2.6	
泽州县	143	上庄村						2.5						1.1	1.4	
泽州县	144	坡东村						0.3						0.3		
泽州县	145	下铁南村						5.3						2.7	2.6	

续表 5-5

县区	序号	小流域名称	产流地类面积(km²)										汇流地类面积(km²)			
			灰岩森林山地	灰岩灌丛山地	灰岩土石山区	黄土丘陵阶地	砂页岩土石山区	砂页岩灌丛山地	砂页岩森林山地	耕种平地	变质岩森林山地	变质岩灌丛山地	森林山地	灌丛山地	草坡山地	黄土丘陵
泽州县	146	南河村						0.3						0.3		
泽州县	147	杜家河村						1.4						1.4		
泽州县	148	司街村						0.4							0.4	
泽州县	149	大山河村		13.3				0.2						12.9	0.6	
泽州县	150	大山河村七甲坡		20.5					10.1					14.7	15.9	
泽州县	151	大山河村南庄		34.2					10.4					27.5	17.1	
泽州县	152	大山河村柿树掌		38.0					10.4					31.3	17.0	
泽州县	153	窑掌村		5.2										5.2		
泽州县	154	石盆河村		28.5										28.5		
泽州县	155	石盆河村西禅房		34.5										34.5		
泽州县	156	后峪村		11.2					7.1					18.3		
泽州县	157	大会村小会	8.2	72.5		493.3		34.6	4.4				9.1	94.5	19.3	514.2
泽州县	158	坂头村寺北庄	115.4	187.4		490.1		69.3	4.4				112.3	235.4	28.7	514.4
泽州县	159	南街村		9.4		201.9								7.1	2.5	201.7
泽州县	160	黄三河村		13.0				12.4						25.5		
泽州县	161	大泉河村		3.2				9.4						12.6		
泽州县	162	三家店村				8.9										8.9
泽州县	163	渠头村				6.5										6.5
泽州县	164	大阳四分街村				10.9										10.9
泽州县	165	王家庄村				0.4										0.4
泽州县	166	陡坡村				2.2										2.2
泽州县	167	宋家掌村		0.9											0.9	
泽州县	168	香峪村		0.4											0.4	
泽州县	169	河底村				1.3										1.3
泽州县	170	陈家庄村委会		5.5				4.7						10.2		
泽州县	171	道宝河村		2.0										2.0		
泽州县	172	青龛村		1.7				0.7						2.4		
泽州县	173	窑河村		9.0				10.7						19.7		
泽州县	174	李河村		5.4				0.8						6.3		

续表 5-5

县区	序号	小流域名称	产流地类面积(km²)										汇流地类面积(km²)			
			灰岩森林山地	灰岩灌丛山地	灰岩土石山区	黄土丘陵阶地	砂页岩土石山区	砂页岩灌丛山地	砂页岩森林山地	耕种平地	变质岩森林山地	变质岩灌丛山地	森林山地	灌丛山地	草坡山地	黄土丘陵
泽州县	175	大箕村						9.8						2.1	7.7	
泽州县	176	南河底村		1.4				0.5						0.6	1.3	
泽州县	177	槲树庄村						1.3						0.1	1.2	
泽州县	178	上河村						1.7						1.1	0.6	
泽州县	179	河上村						1.9						0.1	1.9	
泽州县	180	西三庄村梨树沟						0.8						0.8		
泽州县	181	西三庄村孔窑						1.4						0.9	0.4	
泽州县	182	南峪村						4.2							4.2	
泽州县	183	前圪套村						0.3							0.3	
泽州县	184	后圪套村						0.8							0.8	
泽州县	185	申匠村				1.2		6.0							7.0	0.2
泽州县	186	南庄村				0.0		1.6							1.6	
泽州县	187	董家沟村				0.0		1.0							1.0	
泽州县	188	河西村		95.4		110.3		100.3						93.3	101.5	111.2
泽州县	189	北庄村		96.9		110.3		100.3						94.7	101.5	111.2
泽州县	190	谷坨村		96.9		110.3		100.3						94.7	101.5	111.2
泽州县	191	东坡村		102.8		110.3		101.0						101.4	101.5	111.2
泽州县	192	东坡村河东	9.8	73.7		497.6		35.8					9.2	92.7	23.2	513.7
泽州县	193	东坡村下河		59.6		151.1		52.9	7.4				7.5	57.8	54.9	150.9
泽州县	194	干司村		47.3		110.3		62.1						41.7	66.7	111.2
泽州县	195	马韦村		47.8		110.3		62.1						42.2	66.7	111.2
泽州县	196	马韦村东贤子		40.3		110.3		52.9						28.9	63.4	111.2
泽州县	197	马韦村西贤子		39.9		110.3		52.9						28.5	63.4	111.2
泽州县	198	石门村		36.6		0.0		35.4						37.3	34.8	
泽州县	199	贾辿村		15.4		0.0		30.1						15.7	29.7	
泽州县	200	东石瓮村	8.7	1.6									8.7	1.7		
泽州县	201	下川村	0.6	1.7									0.9	1.4		
泽州县	202	北寨村	26.1	12.6									25.6	13.1		
泽州县	203	下城公村				56.3										78.2

续表 5-5

县区	序号	小流域名称	产流地类面积(km²)										汇流地类面积(km²)			
			灰岩森林山地	灰岩灌丛山地	灰岩土石山区	黄土丘陵阶地	砂页岩土石山区	砂页岩灌丛山地	砂页岩森林山地	耕种平地	变质岩森林山地	变质岩灌丛山地	森林山地	灌丛山地	草坡山地	黄土丘陵
泽州县	204	丹河底村				58.4										80.3
泽州县	205	北尹寨村		6.0		138.7		22.0						28.4	4.6	155.6
泽州县	206	岸则村		10.9		142.3		24.3						35.4	4.6	159.3
泽州县	207	川底村		27.7		104.9		37.8	7.4				7.5	32.4	33.8	104.1
泽州县	208	川底村河东	9.8	73.8		497.6		35.8					16.3	85.6	23.2	513.7
泽州县	209	焦河村		27.2		102.7		37.8	7.4				7.5	32.2	33.6	101.9
泽州县	210	沙沟村				2.4		8.2						4.7	3.9	2.1
泽州县	211	西尧村黄河		78.7		154.3		61.6	7.4				8.2	69.9	69.7	154.1
泽州县	212	李河村		141.4		183.6		92.2	7.4				8.2	154.2	78.2	184.1
泽州县	213	李河村正圪脑		145.4		183.6		92.2	7.4				7.5	158.8	78.2	184.1
泽州县	214	东磨滩村		177.5		183.6		99.5	7.4				7.5	194.7	81.7	184.1
沁水县	215	龙港镇杏园社区沟门口						3.0	7.4				7.4	3.0		
沁水县	216	龙港镇河渚村柳家湾						4.8	11.5				11.5	4.8		
沁水县	217	龙港镇河渚村南贾庄						20.5	48.9				48.9	20.5		
沁水县	218	龙港镇河渚村北贾庄						20.5	48.9				48.9	20.5		
沁水县	219	龙港镇河渚村河渚						15.7	37.4				37.4	15.7		
沁水县	220	龙港镇梁庄村						24.8	58.6				58.6	24.8		
沁水县	221	龙港镇西石堂村						33.7	79.7				79.7	33.7		
沁水县	222	龙港镇东石堂村						33.7	79.7				79.7	33.7		
沁水县	223	龙港镇青龙村						7.8	26.8				26.8	7.8		
沁水县	224	龙港镇王寨村东村						5.8	16.3				16.3	5.8		
沁水县	225	龙港镇孔峪村						1.5	8.5				8.5	1.5		
沁水县	226	中村镇中村村涧河	41.4								4.8		46.2			
沁水县	227	中村镇中村村中村	0.9	0.1				2.0	3.6				4.5	2.1		
沁水县	228	中村镇上峪村上峪	0.8	0.4				0.5	1.8				2.6	0.9		
沁水县	229	中村镇下峪村	2.1	0.8				1.3	4.1				6.2	2.1		
沁水县	230	中村镇张马村张马	11.2	2.2				24.9	45.5				56.7	27.1		
沁水县	231	中村镇北岭村马邑沟						0.5	0.9				0.9	0.5		
沁水县	232	中村镇上阁村		0.1				5.9	6.7				6.7	6.0		

续表 5-5

县区	序号	小流域名称	产流地类面积(km^2)										汇流地类面积(km^2)			
			灰岩森林山地	灰岩灌丛山地	灰岩土石山区	黄土丘陵阶地	砂页岩土石山区	砂页岩灌丛山地	砂页岩森林山地	耕种平地	变质岩森林山地	变质岩灌丛山地	森林山地	灌丛山地	草坡山地	黄土丘陵
沁水县	233	中村镇松峪村松峪	1.2						3.3				4.5			
沁水县	234	中村镇下川村下川	4.5								2.3		6.8			
沁水县	235	中村镇上川村	0.2								2.3		2.5			
沁水县	236	中村镇下川村梁山	9.0								2.3		11.3			
沁水县	237	中村镇下川村腰掌	1.2										1.2			
沁水县	238	中村镇东川村梨树底	2.3										2.3			
沁水县	239	中村镇山辿岩村山辿岩	1.4										1.4			
沁水县	240	郑庄镇郑庄村张沟						6.8	0.6				0.6	6.8		
沁水县	241	嘉峰镇武安村						4 040	2 553				2 553	3 879	161.0	
沁水县	242	嘉峰镇尉迟村						4 119	2 602				2 602	3 954	165.0	
沁水县	243	嘉峰镇嘉峰村						4 040	2 553				2 553	3 879	161.0	
沁水县	244	嘉峰镇磨掌新村						9.7	5.1				5.1	8.7	1.0	
沁水县	245	嘉峰镇秦庄村						16.0	5.1				5.1	14.5	1.5	
沁水县	246	嘉峰镇殷庄村						16.0	5.1				5.1	14.5	1.5	
沁水县	247	嘉峰镇刘庄村						4 014	2 537				2 537	3 854	160.0	
沁水县	248	嘉峰镇卧虎庄村						3 987	2 519				2 519	3 828	159.0	
沁水县	249	嘉峰镇柿沟村						8.1						8.1		
沁水县	250	嘉峰镇李庄村下河口						3 913	2 473				2 473	3 757	156.0	
沁水县	251	嘉峰镇潘河村下潘河						23.5	3.3				3.3	23.5		
沁水县	252	嘉峰镇潘河村中潘河						23.5	3.3				3.3	23.5		
沁水县	253	嘉峰镇潘河村上潘河						23.5	3.3				3.3	23.5		
沁水县	254	郑村镇夏荷村						72.6	9.2				9.2	60.3	12.3	
沁水县	255	郑村镇侯村村						76.7	9.7				9.7	63.7	13.0	
沁水县	256	郑村镇湘峪村						14.5						0.3	14.2	
沁水县	257	郑村镇半峪村						19.8						0.4	19.4	
沁水县	258	郑村镇轩底村						12.1	3.3				3.3	12.1		
沁水县	259	张村乡张村村						30.2	12.9				12.9	30.2		
沁水县	260	张村乡张村下河						30.2	12.9				12.9	30.2		
沁水县	261	苏庄乡苏庄村						31.7	71.6				71.6	31.7		

续表 5-5

县区	序号	小流域名称	产流地类面积(km^2)										汇流地类面积(km^2)			
			灰岩森林山地	灰岩灌丛山地	灰岩土石山区	黄土丘陵阶地	砂页岩土石山区	砂页岩灌丛山地	砂页岩森林山地	耕种平地	变质岩森林山地	变质岩灌丛山地	森林山地	灌丛山地	草坡山地	黄土丘陵
沁水县	262	苏庄乡苏庄村苏庄						31.7	71.6				71.6	31.7		
沁水县	263	苏庄乡西古堆村八亩地						39.3	17.4				17.4	39.3		
沁水县	264	胡底乡老坟沟村坡跟前						1.2	1.5				1.5	1.2		
沁水县	265	胡底乡老坟沟村德兴号						1.2	1.5				1.5	1.2		
沁水县	266	胡底乡樊庄村樊庄						6.2	11.6				11.6	6.2		
沁水县	267	胡底乡王回村王回						12.9	16.7				16.7	12.9		
沁水县	268	胡底乡玉溪村玉溪						16.0	20.7				20.7	16.0		
沁水县	269	胡底乡玉溪村新庄上						16.0	20.7				20.7	16.0		
沁水县	270	固县乡南河底村尧庄						11.7	7.8				7.8	11.7		
沁水县	271	十里乡河北村						37.1	38.6				38.6	37.1		
沁水县	272	十里乡南峪村						2.4	2.4				2.4	2.4		
沁水县	273	十里乡孝良村						3.0	3.2				3.2	3.0		
沁水县	274	樊村河乡卫村都坡沟							7.8				7.8			
沁水县	275	樊村河乡赵寨村哈马口						14.5	113.4				113.4	14.5		
沁水县	276	柿庄镇柿庄村南村						15.3	4.1				4.1	15.3		
沁水县	277	柿庄镇峪里村贤房村						9.9	2.7				2.7	9.9		
沁水县	278	端氏镇端氏村河北						492.4	289.1				289.1	492.4		
沁水县	279	郑庄镇河头村河头						164.9	255.2				255.2	164.9		
沁水县	280	土沃乡后马元村	63.4	19.5				29.7	25.9		2.7		92.1	49.1		
高平市	281	安河				2.5	6.3	0.2						0.5	8.5	
高平市	282	张壁					3.8								3.8	
高平市	283	北陈				5.9				3.5				3.5	5.9	
高平市	284	北诗午				2.2	3.5								5.7	
高平市	285	毕家院				13.0	2.1								15.1	
高平市	286	官庄				13.1	2.7			0.6				0.6	15.8	
高平市	287	牛家庄				4.3				0.2				0.2	4.3	
高平市	288	边家沟							1.6				1.6			
高平市	289	程家河				1.2	0.8								2.0	
高平市	290	德义庄				0.2	1.7	1.5						3.2	0.2	

续表 5-5

县区	序号	小流域名称	产流地类面积(km²)										汇流地类面积(km²)			
			灰岩森林山地	灰岩灌丛山地	灰岩土石山区	黄土丘陵阶地	砂页岩土石山区	砂页岩灌丛山地	砂页岩森林山地	耕种平地	变质岩森林山地	变质岩灌丛山地	森林山地	灌丛山地	草坡山地	黄土丘陵
高平市	291	杜寨						15.2	10.2				10.2	15.2		
高平市	292	疙旦				38.7	25.7	12.7						34.1	43.0	
高平市	293	勾要				2.5	4.9	5.7						10.6	2.5	
高平市	294	巩村				5.6				0.3				0.3	5.6	
高平市	295	古寨				2.7		1.1						1.1	2.7	
高平市	296	金章背				1.7		0.1						0.1	1.7	
高平市	297	河底				2.4									2.4	
高平市	298	建南				0.5	0.7								1.2	
高平市	299	南坪				2.6	7.4								10.0	
高平市	300	焦河				3.2									3.2	
高平市	301	酒务				0.1	0.6	2.1						2.8	0.1	
高平市	302	口则				1.9	3.2	1.0						4.1	1.9	
高平市	303	李家河				2.1	0.8								2.9	
高平市	304	柳树底						10.7	3.2				3.2	10.7		
高平市	305	南河				5.7	7.0	0.9						2.9	10.8	
高平市	306	三甲南				33.7	25.0	12.7						33.4	38.0	
高平市	307	沙院				2.1	6.3	0.2						0.5	8.0	
高平市	308	王家河				2.0	2.8								4.8	
高平市	309	吴庄						5.7	3.2				3.2	5.7		
高平市	310	下董峰				4.0		2.9	6.7				6.7	2.9	4.0	
高平市	311	大坡沟				0.9		1.3						1.3	0.9	
高平市	312	下马				1.8									1.8	
高平市	313	里沟				0.9		1.1	1.4				1.4	1.1	0.9	
高平市	314	永安				3.1									3.1	
高平市	315	下玉井				1.8				1.1				1.1	1.8	
高平市	316	南陈	31.9	45.3		114.7				0.6			31.9	45.3	114.8	
高平市	317	小西沟				0.1	1.0							1.0	0.1	
高平市	318	小会沟				1.5	1.1	10.6						11.6	1.5	
高平市	319	南峪						11.7						11.7		

续表 5-5

县区	序号	小流域名称	产流地类面积(km^2)										汇流地类面积(km^2)			
			灰岩森林山地	灰岩灌丛山地	灰岩土石山区	黄土丘陵阶地	砂页岩土石山区	砂页岩灌丛山地	砂页岩森林山地	耕种平地	变质岩森林山地	变质岩灌丛山地	森林山地	灌丛山地	草坡山地	黄土丘陵
高平市	320	拌沟				0.5		1.0	3.9				3.9	1.0	0.5	
高平市	321	西阳				44.0	14.3	39.5	9.3	4.0			9.3	57.8	48.0	
高平市	322	新庄				5.1				2.7				2.7	5.1	
高平市	323	邢村				3.1									3.1	
高平市	324	云南				1.2	3.1								4.2	
高平市	325	曹家				1.0	2.7	0.1						0.1	3.7	
高平市	326	冯庄				2.2	0.1								2.3	
高平市	327	中村				3.9	5.8	2.5						8.3	3.9	
高平市	328	小河西				0.7	2.9	2.1						5.6	0.7	
高平市	329	赵庄				5.1	7.2	11.6						18.8	5.1	
高平市	330	谷口				2.4									2.4	
高平市	331	大西沟				2.1									2.1	
高平市	332	北庄				2.9									2.9	
陵川县	333	西石门村	14.2	9.7									14.2	9.7		
陵川县	334	后沟村	0.8	3.0									0.8	3.0		
陵川县	335	蒲水村					6.7							6.7		
陵川县	336	沙场村	22.5	7.0									22.5	7.0		
陵川县	337	瓦窑上村	0.9	11.4									0.9	11.4		
陵川县	338	德义村					4.3							4.3		
陵川县	339	赤叶河村	16.4	1.8									16.4	1.8		
陵川县	340	杨家河村		0.3			4.2	1.2						5.7		
陵川县	341	马圈村		3.7										3.7		
陵川县	342	簸箕掌村					22.8							22.8		
陵川县	343	双底村	35.2	0.9									35.2	0.9		
陵川县	344	西闸水村	8.2	5.6									8.2	5.6		
陵川县	345	六泉村	14.4	7.0									14.4	7.0		

续表 5-5

县区	序号	小流域名称	产流地类面积(km²)										汇流地类面积(km²)			
			灰岩森林山地	灰岩灌丛山地	灰岩土石山区	黄土丘陵阶地	砂页岩土石山区	砂页岩灌丛山地	砂页岩森林山地	耕种平地	变质岩森林山地	变质岩灌丛山地	森林山地	灌丛山地	草坡山地	黄土丘陵
陵川县	346	双头泉村	13.0	0.4									13.0	0.4		
陵川县	347	大路沟村		0.4										0.4		
陵川县	348	寺洼	97.0	9.1									97.0	9.1		
陵川县	349	岭常村					0.5							0.5		
陵川县	350	石家坡村	7.8	1.6									7.8	1.6		
陵川县	351	炉家村					5.8							5.8		
陵川县	352	琵琶河村	9.3	0.3									9.3	0.3		
陵川县	353	武家湾村	242.2	166.9									242.2	166.9		
陵川县	354	小义井村		0.9		5.2	85.8	5.3						92.0	5.2	
陵川县	355	西庄上村	0.6	8.1									0.6	8.1		
陵川县	356	桥蒋村		0.1				0.6						0.7		
陵川县	357	北马村		33.8		0.0	47.8	3.4						85.1	0.0	
陵川县	358	东街村					4.4							4.4		
陵川县	359	掌里村	0.0	2.7									0.0	2.7		
陵川县	360	土窑	2.0	1.7									2.0	1.7		
陵川县	361	南马村		33.8		1.1	50.4	4.1						88.3	1.1	
陵川县	362	北四渠村		0.7										0.7		
陵川县	363	安乐庄村				16.6	7.8	0.1						0.2	24.4	
陵川县	364	三泉村						1.1						1.1		
陵川县	365	库头村					0.1							0.1		
陵川县	366	阎家沟村					0.1							0.1		
陵川县	367	北冶村					5.0	2.5						7.5		
陵川县	368	泉头村					3.8	2.5						6.3		
陵川县	369	岭北底村					0.5							0.5		
陵川县	370	平居村		0.9			69.0	5.3						75.2		
陵川县	371	凤凰村	13.0	16.7									13.0	16.7		

续表 5-5

县区	序号	小流域名称	产流地类面积（km^2）										汇流地类面积（km^2）			
			灰岩森林山地	灰岩灌丛山地	灰岩土石山区	黄土丘陵阶地	砂页岩土石山区	砂页岩灌丛山地	砂页岩森林山地	耕种平地	变质岩森林山地	变质岩灌丛山地	森林山地	灌丛山地	草坡山地	黄土丘陵
陵川县	372	潘家掌村	0.6	3.4									0.6	3.4		
陵川县	373	西崖	3.7	1.0									3.7	1.0		
陵川县	374	马武寨村	0.0	0.2									0.0	0.2		
陵川县	375	南掌	5.9	15.4									5.9	15.4		
陵川县	376	东岸上村		1.1										1.1		
陵川县	377	申家沟村					0.3							0.3		
陵川县	378	和家脚村		0.9			30.4	1.2						32.5		
陵川县	379	金家岭村					5.6							5.6		
陵川县	380	东瑶泉村	78.0	233.8			37.1	15.4					78.0	286.4		
陵川县	381	北山村					0.1							0.1		
陵川县	382	流水沟	0.4										0.4			
陵川县	383	大河口	2.1										2.1			
陵川县	384	东崖	3.8	1.0									3.8	1.0		
陵川县	385	井坡村		1.3										1.3		
陵川县	386	九光村		14.1										14.1		
陵川县	387	咀上	96.7	9.1									96.7	9.1		
陵川县	388	昆山	10.7	0.9									10.7	0.9		
陵川县	389	岭后村		0.9			69.0	5.3						75.2		
陵川县	390	庄洼	0.4	0.0									0.4	0.0		
陵川县	391	吕家河村				0.4	0.0								0.4	
陵川县	392	秦家庄村		0.9			28.3	1.2						30.4		
陵川县	393	桑树河村					0.1							0.1		
陵川县	394	西街村						2.2						2.2		
陵川县	395	下石马郊					5.7							5.7		
陵川县	396	大河口	0.4	0.0									0.4	0.0		
陵川县	397	圪塔村	15.5										15.5			

续表 5-5

县区	序号	小流域名称	产流地类面积(km²)										汇流地类面积(km²)			
			灰岩森林山地	灰岩灌丛山地	灰岩土石山区	黄土丘陵阶地	砂页岩土石山区	砂页岩灌丛山地	砂页岩森林山地	耕种平地	变质岩森林山地	变质岩灌丛山地	森林山地	灌丛山地	草坡山地	黄土丘陵
陵川县	398	锡崖沟村	8.0	1.9									8.0	1.9		
陵川县	399	西沟村		1.4										1.4		
陵川县	400	河头村					0.5							0.5		
陵川县	401	河头庄村		0.2			1.7							2.0		
陵川县	402	东谷村		0.3										0.3		
陵川县	403	吴水村		0.7										0.7		
陵川县	404	南垛村		0.8										0.8		
陵川县	405	张庄村		4.6										4.6		
陵川县	406	尉寨村		8.5										8.5		
陵川县	407	龙泉村		0.4										0.4		
陵川县	408	野川底村					0.3							0.3		
陵川县	409	西善底					1.6							1.6		
陵川县	410	神后底					0.2							0.2		
陵川县	411	北召村		20.6			26.3							46.9		
陵川县	412	塔水河村	19.5	0.1									19.5	0.1		
陵川县	413	勤泉村	3.0										3.0			
陵川县	414	岭东村	1.1	6.1									1.1	6.1		
陵川县	415	汲好水村	3.3	11.9									3.3	11.9		
陵川县	416	分水岭村	0.1	0.3									0.1	0.3		
陵川县	417	下河村		4.0										4.0		
陵川县	418	原庄村		0.2			0.1	0.5						0.8		
陵川县	419	庞家川村		0.9			31.2	1.2						33.3		
陵川县	420	小西河底		3.9										3.9		
陵川县	421	周家铺	12.0	1.9									12.0	1.9		
陵川县	422	古石村	98.7	39.9									98.7	39.9		
陵川县	423	灵岩寺村	97.2	36.6									97.2	36.6		

续表 5-5

县区	序号	小流域名称	产流地类面积(km²)										汇流地类面积(km²)			
			灰岩森林山地	灰岩灌丛山地	灰岩土石山区	黄土丘陵阶地	砂页岩土石山区	砂页岩灌丛山地	砂页岩森林山地	耕种平地	变质岩森林山地	变质岩灌丛山地	森林山地	灌丛山地	草坡山地	黄土丘陵
陵川县	424	苏家井村	1.6	6.7									1.6	6.7		
陵川县	425	段家庄村	27.3	10.1									27.3	10.1		
陵川县	426	高家井上	4.8	1.8									4.8	1.8		
陵川县	427	浙水	5.7	15.7									5.7	15.7		
陵川县	428	西脚村						2.0	44.9				44.9	2.0		
陵川县	429	横水村	22.1	0.9									22.1	0.9		
陵川县	430	秦家河村							1.0				1.0			
陵川县	431	苏家湾	0.6	27.3			27.0						0.6	54.3		
陵川县	432	松庙村	0.6	1.7									0.6	1.7		
陵川县	433	上上河村	5.6	15.0									5.6	15.0		
陵川县	434	古郊村	9.0	24.8									9.0	24.8		
晋城城区	435	刘家川村				24.9										24.9
晋城城区	436	小车渠村				3.1										3.1
晋城城区	437	七岭店村				6.6										6.6
晋城城区	438	道头村				1.6										1.6
晋城城区	439	东武匠村		0.9				0.1						0.6	0.4	
晋城城区	440	寺底村		24.3		85.4		11.6						18.6	17.3	85.4
晋城城区	441	南大街社区				8.9										8.9
晋城城区	442	泰森社区		11.3		13.9								23.0	2.2	
晋城城区	443	景德桥社区		13.0		29.6								39.1	3.5	
晋城城区	444	驿后社区				11.5										11.5
晋城城区	445	东后河社区				6.7										6.7
晋城城区	446	古书院矿社区				7.5										7.5
晋城城区	447	东后河社区				6.7										6.7
晋城城区	448	晓庄社区				2.3										2.3
晋城城区	449	西谢匠社区				3.6										3.6

续表 5-5

县区	序号	小流域名称	产流地类面积(km²)										汇流地类面积(km²)			
			灰岩森林山地	灰岩灌丛山地	灰岩土石山区	黄土丘陵阶地	砂页岩土石山区	砂页岩灌丛山地	砂页岩森林山地	耕种平地	变质岩森林山地	变质岩灌丛山地	森林山地	灌丛山地	草坡山地	黄土丘陵
晋城城区	450	上辇社区				10.8										10.8
晋城城区	451	下辇社区				11.6										11.6
晋城城区	452	西武匠村		29.0		110.9		43.9						22.9	50.0	110.9
晋城城区	453	小白水村		28.6		111.0		43.7						22.8	49.5	111.0
晋城城区	454	河东社区		24.4		82.6		4.1						18.7	9.8	82.6
晋城城区	455	西马匠社区		7.8		6.5								5.6	2.2	6.5
晋城城区	456	夏匠村		4.2		8.6								4.2		8.6
晋城城区	457	坡底村		0.6		0.7								0.6		0.7
晋城城区	458	小后河社区		13.0		21.9								9.5	3.5	21.9
晋城城区	459	苗匠村		7.8		5.7								5.6	2.2	5.7
晋城城区	460	苗匠村		7.8		5.7								5.6	2.2	5.7
晋城城区	461	苗匠村		7.8		5.7								5.6	2.2	5.7
晋城城区	462	岗头村		1.4		12.9								5.6	2.2	6.5
晋城城区	463	叶家河村				1.8										1.8
晋城城区	464	叶家河村				1.8										1.8
晋城城区	465	牛山村				4.1										4.1
晋城城区	466	二圣头社区				0.4		2.5							2.5	0.4
晋城城区	467	耿窑社区		4.2		25.6		28.0						4.2	28.0	25.6
晋城城区	468	金匠社区						2.0							2.0	
晋城城区	469	司徒村				9.3										9.3
晋城城区	470	南石店村				21.2										21.2
晋城城区	471	大车渠村				6.4										6.4
晋城城区	472	窑头村				11.4										11.4
晋城城区	473	鸿春村				16.5										16.5
晋城城区	474	中河东村				6.6										6.6

表 5-6　晋城市控制断面设计洪水成果表

（单位：m^3/s）

县区	序号	行政区划名称	小流域名称	100 年($Q_{1\%}$)	50 年($Q_{2\%}$)	20 年($Q_{5\%}$)	10 年($Q_{10\%}$)	5 年($Q_{20\%}$)
阳城县	1	白桑村	白桑村	430	346	231	148	86.5
阳城县	2	杜沟村	杜沟村	29.5	25.0	19.0	14.1	10.1
阳城县	3	张庄村	张庄村	168	127	83.6	51.6	28.5
阳城县	4	沟底村	沟底村	227	194	151	117	83.4
阳城县	5	大端村	大端村	104	82.1	52.1	34.3	20.5
阳城县	6	后河村	后河村	60.1	51.6	40.1	31.0	22.2
阳城县	7	逯河村	逯河村	284	231	161	106	63.0
阳城县	8	沟西村	沟西村	575	477	346	246	160
阳城县	9	周壁村	周壁村	226	192	145	110	74.4
阳城县	10	五龙沟村	五龙沟村	232	195	146	107	71.6
阳城县	11	町店村	町店村	1 690	1 350	924	619	347
阳城县	12	凌家沟村	凌家沟村	180	152	115	85.7	57.6
阳城县	13	上黄岩村	上黄岩村	1 610	1 280	876	583	321
阳城县	14	张沟村	张沟村	193	164	125	94.9	65.2
阳城县	15	蒿峪村	蒿峪村	1 680	1 330	904	590	319
阳城县	16	美泉村	美泉村	1 680	1 320	901	587	317
阳城县	17	上孔村	上孔村	1 750	1 380	945	616	337
阳城县	18	下孔村	下孔村	1 740	1 370	940	610	333
阳城县	19	小庄村	小庄村	1 740	1 380	943	614	336
阳城县	20	高石村	高石村	169	129	66.9	32.9	17.1
阳城县	21	高窑村	高窑村	222	169	85.2	43.0	22.5
阳城县	22	龙岩底	龙岩底	300	229	118	57.2	29.0
阳城县	23	江河村	江河村	533	408	218	109	55.1
阳城县	24	恶门	恶门	255	190	92.8	44.9	23.0
阳城县	25	洪峪村	洪峪村	232	187	124	74.4	42.9
阳城县	26	小王庄村	小王庄村	260	200	107	51.9	26.1
阳城县	27	安牛村	安牛村	182	139	85.9	50.1	25.0
阳城县	28	董封村	董封村	1 340	934	507	271	128
阳城县	29	龙泉村	龙泉村	258	191	110	61.9	30.9
阳城县	30	芦家河村	芦家河村	241	179	104	58.9	29.7
阳城县	31	上河村	上河村	216	153	84.5	46.6	22.2
阳城县	32	白沟村	白沟村	65.3	56.4	44.3	34.8	25.4

续表 5-6

县区	序号	行政区划名称	小流域名称	100 年($Q_{1\%}$)	50 年($Q_{2\%}$)	20 年($Q_{5\%}$)	10 年($Q_{10\%}$)	5 年($Q_{20\%}$)
阳城县	33	清河沟	清河沟	104	89.2	68.6	52.1	36.2
阳城县	34	坪头	坪头	2 360	1 690	928	509	246
阳城县	35	苏庄	苏庄	2 340	1 680	938	514	248
阳城县	36	下芹村	下芹村	913	768	577	427	281
阳城县	37	杨家村	杨家村	13.0	11.2	9.00	7.00	5.00
阳城县	38	杨家谢沟村	杨家谢沟村	21.5	18.6	14.7	11.6	9.00
阳城县	39	中李丘村	中李丘村	723	609	458	340	225
阳城县	40	西状村	西状村	71.9	61.3	47.3	36.3	25.5
阳城县	41	泽城村	泽城村	387	328	248	187	126
阳城县	42	寨上村	寨上村	124	106	81.6	62.7	43.9
阳城县	43	土孟	土孟	40.4	34.5	26.6	20.5	14.4
阳城县	44	下交村	下交村	157	130	95.9	68.2	46.8
阳城县	45	横河村	横河村	428	305	162	90.7	45.0
阳城县	46	恒升宫	恒升宫	452	331	183	99.9	46.9
阳城县	47	乌头村	乌头村	460	337	188	102	48.1
阳城县	48	西炉坡	西炉坡	425	302	161	90.9	45.0
阳城县	49	桑园河	桑园河	663	503	306	171	83.2
阳城县	50	受益村	受益村	180	124	81.7	45.0	22.3
阳城县	51	毕家村	毕家村	228	161	91.7	52.4	26.6
阳城县	52	园河村	园河村	394	283	153	83.0	38.6
阳城县	53	入店	入店	59.5	49.8	36.3	25.7	15.6
阳城县	54	东峪村	东峪村	224	179	114	67.8	33.7
阳城县	55	上桑林村	上桑林村	168	136	89.1	44.9	17.8
阳城县	56	台头村	台头村	268	216	136	82.2	42.9
阳城县	57	西峪村	西峪村	199	157	93.0	57.0	29.9
阳城县	58	下桑林村	下桑林村	255	202	127	61.7	23.9
阳城县	59	北宜固村	北宜固村	960	768	536	361	205
阳城县	60	后湾	后湾	139	116	86.0	62.9	40.5
阳城县	61	柴庄村	柴庄村	212	176	128	90.2	54.6
阳城县	62	庙岭后	庙岭后	332	274	199	141	86.0
阳城县	63	川河村	川河村	389	318	227	158	94.0

续表 5-6

县区	序号	行政区划名称	小流域名称	100 年($Q_{1\%}$)	50 年($Q_{2\%}$)	20 年($Q_{5\%}$)	10 年($Q_{10\%}$)	5 年($Q_{20\%}$)
阳城县	64	贾寨村	贾寨村	336	277	199	140	83.1
阳城县	65	董王岩	董王岩	135	112	59.4	36.7	36.7
阳城县	66	西河	西河	335	276	199	140	83.8
阳城县	67	下东坡	下东坡	818	661	465	318	183
阳城县	68	刘东村	刘东村	1 480	1 180	822	551	310
阳城县	69	刘西村	刘西村	1 320	1 060	732	494	279
阳城县	70	吕家河村	吕家河村	269	222	160	113	68.9
阳城县	71	芹池村	芹池村	1 340	1 080	755	512	292
阳城县	72	羊泉村	羊泉村	870	699	487	331	188
阳城县	73	刘庄	刘庄	870	698	486	330	187
阳城县	74	阳陵城	阳陵城	1 060	849	590	396	223
阳城县	75	宜壁村	宜壁村	1 030	829	578	391	222
阳城县	76	原庄村	原庄村	546	442	313	214	124
阳城县	77	润城村	润城村	606	504	368	262	176
阳城县	78	马寨村	马寨村	1 510	1 220	850	574	323
阳城县	79	白寨	白寨	1 540	1 240	865	584	332
阳城县	80	寺头村	寺头村	310	256	186	131	80.3
阳城县	81	朱村村	朱村村	317	265	195	141	89.1
阳城县	82	孙沟村	孙沟村	135	116	90.1	70.1	50.2
阳城县	83	胡沟村	胡沟村	60.5	51.7	39.9	30.7	21.7
阳城县	84	台底村	台底村	290	245	184	137	91.2
阳城县	85	献义村	献义村	95.6	80.9	61.4	46.3	31.5
泽州县	1	冯沟村	冯沟村	132	113	87.9	68.6	49.6
泽州县	2	下村村	下村村	188	158	117	84.9	56.4
泽州县	3	万里村	万里村	640	533	389	276	181
泽州县	4	柳树底村	柳树底村	717	596	435	308	202
泽州县	5	石伏头村	石伏头村	753	625	453	318	209
泽州县	6	史村河村	史村河村	231	196	149	112	77.1
泽州县	7	刘村村	刘村村	22.6	18.1	12.9	8.00	4.00
泽州县	8	东沟村	东沟村	1 300	1 100	767	526	371
泽州县	9	辛壁村	辛壁村	213	181	138	104	76.4

续表 5-6

县区	序号	行政区划名称	小流域名称	100年($Q_{1\%}$)	50年($Q_{2\%}$)	20年($Q_{5\%}$)	10年($Q_{10\%}$)	5年($Q_{20\%}$)
泽州县	10	峪南村	峪南村	1 800	1 500	1 000	682	438
泽州县	11	周村村卫窑	周村村卫窑	1 830	1 490	1 040	687	445
泽州县	12	上掌村	上掌村	1 950	1 570	1 070	697	422
泽州县	13	下町村东村	下町村东村	1 920	1 550	1 050	685	415
泽州县	14	下町村圪套	下町村圪套	2 020	1 610	1 070	690	418
泽州县	15	苇町村芋沟	苇町村芋沟	130	110	83.7	50.6	25.0
泽州县	16	坪上村后河	坪上村后河	132	111	83.6	62.6	42.3
泽州县	17	坪上村圪坨	坪上村圪坨	193	163	122	91.1	61.3
泽州县	18	下河村	下河村	75.7	64.5	49.7	38.2	26.9
泽州县	19	石淙头村	石淙头村	176	151	117	91.0	65.4
泽州县	20	上犁川村委会	上犁川村委会	10.2	8.76	7.00	5.38	4.00
泽州县	21	中庄村	中庄村	256	191	122	76.5	44.3
泽州县	22	下犁川村	下犁川村	105	81.3	53.6	34.9	21.0
泽州县	23	上庄村	上庄村	289	228	153	103	61.1
泽州县	24	坡东村	坡东村	3 740	2 830	1 760	1 070	600
泽州县	25	下铁南村	下铁南村	2 760	2 290	1 670	1 190	772
泽州县	26	南河村	南河村	326	262	176	114	66.8
泽州县	27	杜家河村	杜家河村	299	258	202	148	80.0
泽州县	28	司街村	司街村	346	294	225	171	120
泽州县	29	大山河村	大山河村	71.6	61.4	47.6	36.6	26.0
泽州县	30	大山河村七甲坡	大山河村七甲坡	44.3	38.2	29.9	23.4	16.9
泽州县	31	大山河村南庄	大山河村南庄	264	219	155	105	50.0
泽州县	32	大山河村柿树掌	大山河村柿树掌	66.9	54.6	35.7	22.9	12.9
泽州县	33	窑掌村	窑掌村	352	288	199	131	85.4
泽州县	34	石盆河村	石盆河村	309	263	202	156	110
泽州县	35	石盆河村西禅房	石盆河村西禅房	49.4	42.4	33.0	25.0	14.0
泽州县	36	后峪村	后峪村	56.9	48.4	37.2	28.6	20.2
泽州县	37	大会村小会	大会村小会	71.0	60.7	47.1	36.6	26.3
泽州县	38	坂头村寺北庄	坂头村寺北庄	27.3	23.3	18.1	14.1	10.1
泽州县	39	南街村	南街村	173	147	113	86.5	61.2
泽州县	40	黄三河村	黄三河村	31.3	26.8	21.0	16.4	12.0

续表 5-6

县区	序号	行政区划名称	小流域名称	100 年($Q_{1\%}$)	50 年($Q_{2\%}$)	20 年($Q_{5\%}$)	10 年($Q_{10\%}$)	5 年($Q_{20\%}$)
泽州县	41	大泉河村	大泉河村	246	211	163	127	90.8
泽州县	42	三家店村	三家店村	37.2	32.0	25.0	19.6	14.3
泽州县	43	渠头村	渠头村	4 290	3 440	2 320	1 490	892
泽州县	44	大阳四分街村	大阳四分街村	872	706	482	312	196
泽州县	45	王家庄村	王家庄村	752	616	435	298	204
泽州县	46	陡坡村	陡坡村	55.2	43.3	28.5	18.0	9.00
泽州县	47	宋家掌村	宋家掌村	1 120	930	672	472	312
泽州县	48	香峪村	香峪村	1 970	1 620	1 150	783	482
泽州县	49	河底村	河底村	1 950	1 600	1 120	754	460
泽州县	50	陈家庄村委会	陈家庄村委会	2 020	1 600	1 200	664	392
泽州县	51	道宝河村	道宝河村	1 730	1 300	812	502	287
泽州县	52	青龛村	青龛村	104	77.0	48.1	28.1	15.1
泽州县	53	窑河村	窑河村	414	345	252	179	117
泽州县	54	李河村	李河村	43.8	37.6	29.2	22.5	16.0
泽州县	55	大箕村	大箕村	60.9	52.3	40.7	31.6	22.7
泽州县	56	南河底村	南河底村	325	276	211	160	111
泽州县	57	槲树庄村	槲树庄村	2 040	1 630	1 080	704	423
泽州县	58	上河村	上河村	10.6	9.00	7.15	6.00	4.00
泽州县	59	河上村	河上村	39.6	33.6	25.7	19.6	13.7
泽州县	60	西三庄村梨树沟	西三庄村梨树沟	15.7	13.5	10.5	8.00	6.00
泽州县	61	西三庄村孔窑	西三庄村孔窑	626	507	337	224	135
泽州县	62	南峪村	南峪村	757	603	377	246	142
泽州县	63	前圪套村	前圪套村	714	562	342	221	125
泽州县	64	后圪套村	后圪套村	311	232	143	87.9	48.9
泽州县	65	申匠村	申匠村	349	258	159	96.5	53.4
泽州县	66	南庄村	南庄村	4 460	3 580	2 430	1 570	943
泽州县	67	董家沟村	董家沟村	209	171	121	83.1	52.3
泽州县	68	河西村	河西村	230	197	153	118	84.1
泽州县	69	北庄村	北庄村	15.0	12.9	10.2	8.00	6.00
泽州县	70	谷坨村	谷坨村	25.3	20.7	14.4	9.00	6.00
泽州县	71	东坡村	东坡村	12.2	10.0	7.00	4.00	3.00

续表 5-6

县区	序号	行政区划名称	小流域名称	100 年($Q_{1\%}$)	50 年($Q_{2\%}$)	20 年($Q_{5\%}$)	10 年($Q_{10\%}$)	5 年($Q_{20\%}$)
泽州县	72	东坡村河东	东坡村河东	74.3	61.6	43.0	31.4	17.6
泽州县	73	东坡村下河	东坡村下河	122	96.5	58.9	40.4	21.8
泽州县	74	干司村	干司村	74.7	61.7	44.1	36.8	21.7
泽州县	75	马韦村	马韦村	47.7	40.7	31.4	24.2	17.2
泽州县	76	马韦村东贤子	马韦村东贤子	12.3	10.6	8.27	7.00	5.00
泽州县	77	马韦村西贤子	马韦村西贤子	60.4	51.8	40.4	31.6	22.9
泽州县	78	石门村	石门村	2 850	2 310	1 580	1 030	606
泽州县	79	贾辿村	贾辿村	2 840	2 300	1 570	1 020	601
泽州县	80	东石瓮村	东石瓮村	2 840	2 300	1 570	1 020	600
泽州县	81	下川村	下川村	3 090	2 510	1 730	1 120	727
泽州县	82	北寨村	北寨村	2 080	1 690	1 160	773	474
泽州县	83	下城公村	下城公村	2 240	1 830	1 280	858	546
泽州县	84	丹河底村	丹河底村	2 300	1 890	1 320	888	596
泽州县	85	北尹寨村	北尹寨村	2 210	1 800	1 270	858	586
泽州县	86	岸则村	岸则村	2 370	1 940	1 350	914	646
泽州县	87	川底村	川底村	324	237	140	82.3	43.8
泽州县	88	川底村河东	川底村河东	1 100	911	656	459	303
泽州县	89	焦河村	焦河村	1 660	1 340	924	618	396
泽州县	90	沙沟村	沙沟村	4 590	3 690	2 500	1 630	970
泽州县	91	西尧村黄河	西尧村黄河	1 640	1 320	914	612	392
泽州县	92	李河村	李河村	258	218	165	123	84.0
泽州县	93	李河村正圪脑	李河村正圪脑	1 680	1 280	802	498	287
泽州县	94	东磨滩村	东磨滩村	1 650	1 250	784	486	280
沁水县	1	龙港镇杏园社区沟门口	龙港镇杏园社区沟门口	165	131	85.4	53.0	28.9
沁水县	2	龙港镇河渚村柳家湾	龙港镇河渚村柳家湾	226	179	117	72.8	39.7
沁水县	3	龙港镇河渚村南贾庄	龙港镇河渚村南贾庄	568	451	295	183	100
沁水县	4	龙港镇河渚村北贾庄	龙港镇河渚村北贾庄	568	451	295	183	100
沁水县	5	龙港镇河渚村河渚	龙港镇河渚村河渚	476	377	247	153	83.6
沁水县	6	龙港镇梁庄村	龙港镇梁庄村	632	502	328	204	111
沁水县	7	龙港镇西石堂村	龙港镇西石堂村	752	597	390	242	132
沁水县	8	龙港镇东石堂村	龙港镇东石堂村	752	597	390	242	132

续表 5-6

县区	序号	行政区划名称	小流域名称	100 年($Q_{1\%}$)	50 年($Q_{2\%}$)	20 年($Q_{5\%}$)	10 年($Q_{10\%}$)	5 年($Q_{20\%}$)
沁水县	9	龙港镇青龙村	龙港镇青龙村	514	391	241	143	42.2
沁水县	10	龙港镇王寨村东村	龙港镇王寨村东村	305	232	143	85.2	25.0
沁水县	11	龙港镇孔峪村	龙港镇孔峪村	177	135	83.3	49.6	14.6
沁水县	12	中村镇中村村涧河	中村镇中村村涧河	282	199	110	59.7	28.8
沁水县	13	中村镇中村村中村	中村镇中村村中村	140	113	76.0	49.1	27.6
沁水县	14	中村镇上峪村上峪	中村镇上峪村上峪	51.1	41.1	27.7	17.9	10.1
沁水县	15	中村镇下峪村下峪	中村镇下峪村下峪	90.9	73.0	49.3	31.8	17.9
沁水县	16	中村镇张马村张马	中村镇张马村张马	631	493	210	186	97.2
沁水县	17	中村镇北岭村马邑沟	中村镇北岭村马邑沟	44.5	36.4	25.5	17.1	10.1
沁水县	18	中村镇上阁村	中村镇上阁村	173	141	99.3	67.0	38.6
沁水县	19	中村镇松峪村松峪	中村镇松峪村松峪	124	97.0	61.3	37.3	20.1
沁水县	20	中村镇下川村下川	中村镇下川村下川	115	92.6	62.6	40.4	22.7
沁水县	21	中村镇上川村	中村镇上川村	62.3	47.1	29.5	18.5	10.5
沁水县	22	中村镇下川村梁山	中村镇下川村梁山	170	129	80.7	50.5	28.6
沁水县	23	中村镇下川村腰掌	中村镇下川村腰掌	38.2	28.9	18.1	11.3	6.40
沁水县	24	中村镇东川村梨树底	中村镇东川村梨树底	31.9	22.1	11.8	6.29	2.93
沁水县	25	中村镇山辿岩村山辿岩	中村镇山辿岩村山辿岩	47.6	33.0	17.7	9.39	4.38
沁水县	26	郑庄镇郑庄村张沟	郑庄镇郑庄村张沟	91.0	76.0	56.0	40.6	25.5
沁水县	27	嘉峰镇武安村	嘉峰镇武安村	4 928	3 921	2 769	1 917	1 084
沁水县	28	嘉峰镇尉迟村	嘉峰镇尉迟村	4 959	3 946	2 787	1 929	1 091
沁水县	29	嘉峰镇嘉峰村	嘉峰镇嘉峰村	4 928	3 921	2 769	1 917	1 084
沁水县	30	嘉峰镇磨掌新村	嘉峰镇磨掌新村	182	150	107	73.2	44.8
沁水县	31	嘉峰镇秦庄村	嘉峰镇秦庄村	241	198	141	96.2	58.7
沁水县	32	嘉峰镇殷庄村	嘉峰镇殷庄村	241	198	141	96.2	58.7
沁水县	33	嘉峰镇刘庄村	嘉峰镇刘庄村	4 917	3 913	2 763	1 913	1 082
沁水县	34	嘉峰镇卧虎庄村	嘉峰镇卧虎庄村	4 906	3 904	2 757	1 908	1 080
沁水县	35	嘉峰镇柿沟村	嘉峰镇柿沟村	143	119	87.5	61.9	39.3
沁水县	36	嘉峰镇李庄村下河口	嘉峰镇李庄村下河口	4 876	3 880	2 740	1 897	1 073
沁水县	37	嘉峰镇潘河村下潘河	嘉峰镇潘河村下潘河	332	274	196	134	82.1
沁水县	38	嘉峰镇潘河村中潘河	嘉峰镇潘河村中潘河	332	274	196	134	82.1
沁水县	39	嘉峰镇潘河村上潘河	嘉峰镇潘河村上潘河	332	274	196	134	82.1

续表 5-6

县区	序号	行政区划名称	小流域名称	100 年($Q_{1\%}$)	50 年($Q_{2\%}$)	20 年($Q_{5\%}$)	10 年($Q_{10\%}$)	5 年($Q_{20\%}$)
沁水县	40	郑村镇夏荷村	郑村镇夏荷村	362	291	196	127	74.6
沁水县	41	郑村镇侯村村	郑村镇侯村村	374	301	202	131	76.9
沁水县	42	郑村镇湘峪村	郑村镇湘峪村	234	194	141	98.6	62.2
沁水县	43	郑村镇半峪村	郑村镇半峪村	291	241	174	122	77.0
沁水县	44	郑村镇轩底村	郑村镇轩底村	91.0	76.0	56.0	40.6	25.5
沁水县	45	张村乡张村村	张村乡张村村	682	558	398	276	163
沁水县	46	张村乡张村村下河	张村乡张村村下河	682	558	398	276	163
沁水县	47	苏庄乡苏庄村	苏庄乡苏庄村	610	484	326	205	113
沁水县	48	苏庄乡苏庄村苏庄	苏庄乡苏庄村苏庄	610	484	326	205	113
沁水县	49	苏庄乡西古堆村八亩地	苏庄乡西古堆村八亩地	409	324	219	138	75.6
沁水县	50	胡底乡老坟沟村坡跟前	胡底乡老坟沟村坡跟前	50.0	40.6	28.0	18.3	10.8
沁水县	51	胡底乡老坟沟村德兴号	胡底乡老坟沟村德兴号	50.0	40.6	28.0	18.3	10.8
沁水县	52	胡底乡樊庄村樊庄	胡底乡樊庄村樊庄	208	169	116	75.9	44.9
沁水县	53	胡底乡王回村王回	胡底乡王回村王回	291	236	163	106	63.0
沁水县	54	胡底乡玉溪村玉溪	胡底乡玉溪村玉溪	334	271	187	122	72.2
沁水县	55	胡底乡玉溪村新庄上	胡底乡玉溪村新庄上	334	271	187	122	72.2
沁水县	56	固县乡南河底村尧庄	固县乡南河底村尧庄	273	225	163	113	69.9
沁水县	57	十里乡河北村	十里乡河北村	587	468	317	200	110
沁水县	58	十里乡南峪村	十里乡南峪村	90.4	72.1	48.8	30.8	17.0
沁水县	59	十里乡孝良村	十里乡孝良村	110	87.8	59.5	37.5	20.7
沁水县	60	十里乡孝良村后浪河村	十里乡孝良村后浪河村	110	87.8	59.5	37.5	20.7
沁水县	61	樊村河乡卫村都坡沟	樊村河乡卫村都坡沟	98.1	76.4	47.8	28.6	15.0
沁水县	62	樊村河乡赵寨村哈马口	樊村河乡赵寨村哈马口	633	493	309	185	96.6
沁水县	63	柿庄镇柿庄村南村	柿庄镇柿庄村南村	279	231	168	120	74.3
沁水县	64	柿庄镇峪里村贤房村	柿庄镇峪里村贤房村	207	171	125	89.0	55.2
沁水县	65	端氏镇端氏村河北	端氏镇端氏村河北	2 149	1 634	1 008	600	176
沁水县	66	郑庄镇河头村河头	郑庄镇河头村河头	1 607	1 222	754	449	132
沁水县	67	土沃乡后马元村	土沃乡后马元村	793	570	324	179	87.0
高平市	1	安河村	安河村	197	166	123	90.7	62.1
高平市	2	张壁村	张壁村	170	146	113	87.3	62.8
高平市	3	北陈村	北陈村	249	213	163	124	87.4

续表 5-6

县区	序号	行政区划名称	小流域名称	100 年($Q_{1\%}$)	50 年($Q_{2\%}$)	20 年($Q_{5\%}$)	10 年($Q_{10\%}$)	5 年($Q_{20\%}$)
高平市	4	北诗午村	北诗午村	147	124	92.7	68.8	46.9
高平市	5	官庄村	官庄村	92.0	77.4	58.3	43.4	29.9
高平市	6	牛家庄村	牛家庄村	114	96.0	71.8	52.9	36.2
高平市	7	边家沟村	边家沟村	42.1	36.1	28.1	21.7	15.5
高平市	8	程家河村	程家河村	64.2	54.7	42.1	32.2	22.9
高平市	9	德义庄村	德义庄村	89.6	77.6	61.5	48.9	36.3
高平市	10	杜寨村	杜寨村	338	281	209	152	97.4
高平市	11	尹家沟	尹家沟	40.4	33.6	25.0	18.1	11.6
高平市	12	北常庄村	北常庄村	45.4	37.8	28.1	20.4	13.1
高平市	13	疙旦村	疙旦村	899	757	564	409	272
高平市	14	徘南村	徘南村	54.1	45.6	33.9	24.6	16.4
高平市	15	南河村村	南河村村	102	86.1	64.2	46.5	31.0
高平市	16	勾要村	勾要村	239	204	156	117	81.1
高平市	17	西山村	西山村	148	126	96.4	72.5	50.2
高平市	18	郭家沟村	郭家沟村	112	95.8	73.2	55.1	38.2
高平市	19	巩村村	巩村村	124	105	79.9	60.0	41.6
高平市	20	古寨村	古寨村	80.0	67.6	51.0	38.0	25.8
高平市	21	金章背村	金章背村	61.0	52.3	40.9	31.9	23.0
高平市	22	河底村	河底村	121	103	78.7	59.3	40.4
高平市	23	程家河村	程家河村	48.1	41.0	31.5	24.1	17.2
高平市	24	牛家庄村	牛家庄村	109	92.8	71.7	55.2	39.3
高平市	25	酒务村	酒务村	97.6	83.6	64.9	50.4	36.3
高平市	26	口则村	口则村	103	87.2	66.2	49.2	33.7
高平市	27	黄叶河村	黄叶河村	28.4	24.1	18.3	13.6	9.30
高平市	28	程家河村	程家河村	100	85.1	65.1	49.6	35.2
高平市	29	南河村	南河村	473	402	307	233	164
高平市	30	王家村	王家村	176	150	115	87.1	61.3
高平市	31	西坡村	西坡村	56.9	48.4	37.0	28.1	19.8
高平市	32	刘家庙村	刘家庙村	173	147	112	85.4	60.1
高平市	33	三甲南村	三甲南村	891	751	561	406	272
高平市	34	三甲北村	三甲北村	884	745	556	403	270

续表 5-6

县区	序号	行政区划名称	小流域名称	100 年($Q_{1\%}$)	50 年($Q_{2\%}$)	20 年($Q_{5\%}$)	10 年($Q_{10\%}$)	5 年($Q_{20\%}$)
高平市	35	安河村	安河村	223	188	141	104	72.2
高平市	36	王家河村	王家河村	159	134	101	76.1	53.1
高平市	37	郭佛陀村	郭佛陀村	24.5	20.7	15.6	11.8	8.21
高平市	38	河底村	河底村	154	131	98.7	73.4	49.7
高平市	39	下董峰村	下董峰村	221	186	139	101	66.0
高平市	40	窑则头村	窑则头村	252	202	136	88.0	51.7
高平市	41	上马游村	上马游村	55.0	47.0	36.4	28.0	20.0
高平市	42	大坡沟村	大坡沟村	55.0	47.0	36.4	28.0	20.0
高平市	43	大坡沟村	大坡沟村	61.0	52.5	41.2	32.2	23.4
高平市	44	北陈村	北陈村	68.3	57.8	43.6	32.3	22.4
高平市	45	上玉井村	上玉井村	369	297	200	129	76.0
高平市	46	小西沟村	小西沟村	105	89.9	69.9	53.8	38.1
高平市	47	申家村	申家村	51.4	44.2	34.4	26.6	18.7
高平市	48	西许家村	西许家村	22.2	19.1	14.8	11.4	8.09
高平市	49	小会沟村	小会沟村	225	192	148	112	77.2
高平市	50	小会沟村	小会沟村	130	111	85.6	65.1	44.7
高平市	51	小会沟村	小会沟村	204	174	134	102	69.9
高平市	52	南峪村	南峪村	282	242	188	146	104
高平市	53	拌沟村	拌沟村	72.0	60.0	44.0	31.2	20.0
高平市	54	牛家庄村	牛家庄村	217	182	135	99.0	66.7
高平市	55	疙旦村	疙旦村	94.8	81.7	64.0	49.7	35.9
高平市	56	疙旦村	疙旦村	81.0	70.0	54.0	42.0	30.0
高平市	57	酒务村	酒务村	125	105	79.9	60.2	41.8
高平市	58	酒务村	酒务村	304	244	164	106	62.5
高平市	59	程家河村	程家河村	134	114	86.4	65.5	46.3
高平市	60	冯庄村	冯庄村	72.0	61.0	45.8	34.2	23.8
高平市	61	小西沟村	小西沟村	265	228	177	137	98.2
高平市	62	小西沟村	小西沟村	19.1	16.0	11.9	8.81	6.27
高平市	63	赵庄村	赵庄村	343	290	221	164	109
高平市	64	赵庄村	赵庄村	243	208	161	123	86.3
高平市	65	谷口村	谷口村	76.1	65.7	51.8	40.7	29.7

续表 5-6

县区	序号	行政区划名称	小流域名称	100 年($Q_{1\%}$)	50 年($Q_{2\%}$)	20 年($Q_{5\%}$)	10 年($Q_{10\%}$)	5 年($Q_{20\%}$)
高平市	66	大西沟村	大西沟村	74.0	64.5	51.4	40.7	30.2
高平市	67	永安村	永安村	77.0	66.0	52.0	40.0	29.0
高平市	68	酒务村	酒务村	76.0	66.0	52.0	41.0	30.0
高平市	69	南陈村	南陈村	1 426	1 178	851	591	363
高平市	70	毕家院村	毕家院村	14.6	12.4	9.57	7.25	5.08
高平市	71	许家村	许家村	21.0	17.8	13.5	10.1	6.89
高平市	72	韩家庄	韩家庄	12.5	10.4	7.71	5.59	3.59
陵川县	1	西石门村	西石门村	223	163	89.0	51.0	25.0
陵川县	2	后沟村	后沟村	79.0	63.0	39.0	25.0	13.0
陵川县	3	蒲水村	蒲水村	104	88.0	66.0	49.0	34.0
陵川县	4	沙场村	沙场村	193	124	69.0	39.0	19.0
陵川县	5	瓦窑上村	瓦窑上村	178	132	84.0	55.0	29.0
陵川县	6	德义村	德义村	68.0	58.0	43.0	32.0	22.0
陵川县	7	赤叶河村	赤叶河村	147	104	53.0	30.0	14.0
陵川县	8	杨家河村	杨家河村	101	86.0	65.0	48.0	34.0
陵川县	9	马圈村	马圈村	76.0	59.0	40.0	26.0	14.0
陵川县	10	簸箕掌村	簸箕掌村	245	206	153	110	71.0
陵川县	11	双底村	双底村	273	201	101	55.0	26.0
陵川县	12	西闸水村	西闸水村	138	103	54.0	30.0	15.0
陵川县	13	六泉村	六泉村	165	109	62.0	36.0	18.0
陵川县	14	双头泉村	双头泉村	108	67.0	49.0	26.0	12.0
陵川县	15	大路沟村	大路沟村	13.0	10.0	8.00	5.00	3.00
陵川县	16	寺洼	寺洼	459	317	142	76.0	35.0
陵川县	17	岭常村	岭常村	16.0	13.0	10.0	8.00	6.00
陵川县	18	石家坡村	石家坡村	82.0	55.0	32.0	17.0	9.00
陵川县	19	炉家村	炉家村	106	90.0	68.0	51.0	35.0
陵川县	20	琵琶河村	琵琶河村	93.0	61.0	39.0	21.0	10.0
陵川县	21	武家湾村	武家湾村	1 391	959	463	245	114
陵川县	22	小义井村	小义井村	762	633	456	316	201
陵川县	23	西庄上村	西庄上村	136	102	66.0	42.0	22.0
陵川县	24	桥蒋村	桥蒋村	17.0	15.0	11.0	8.00	6.00

续表 5-6

县区	序号	行政区划名称	小流域名称	100 年($Q_{1\%}$)	50 年($Q_{2\%}$)	20 年($Q_{5\%}$)	10 年($Q_{10\%}$)	5 年($Q_{20\%}$)
陵川县	25	北马村	北马村	583	453	293	187	115
陵川县	26	东街村	东街村	74.0	63.0	47.0	35.0	24.0
陵川县	27	掌里村	掌里村	67.0	54.0	36.0	23.0	12.0
陵川县	28	土窑	土窑	81.0	62.0	42.0	27.0	14.0
陵川县	29	南马村	南马村	590	460	297	190	116
陵川县	30	北四渠村	北四渠村	15.0	12.0	8.00	5.00	3.00
陵川县	31	安乐庄村	安乐庄村	469	392	291	212	146
陵川县	32	三泉村	三泉村	34.0	28.0	22.0	16.0	11.0
陵川县	33	库头村	库头村	2.00	2.00	1.00	1.00	1.00
陵川县	34	阎家沟村	阎家沟村	2.00	2.00	1.00	1.00	1.00
陵川县	35	北冶村	北冶村	113	95.0	71.0	52.0	35.0
陵川县	36	泉头村	泉头村	100	85.0	64.0	47.0	32.0
陵川县	37	岭北底村	岭北底村	12.0	10.0	8.00	6.00	4.00
陵川县	38	平居村	平居村	626	520	377	262	168
陵川县	39	凤凰村	凤凰村	306	214	129	74.0	37.0
陵川县	40	潘家掌村	潘家掌村	79.0	63.0	39.0	25.0	13.0
陵川县	41	西崖	西崖	90.0	69.0	42.0	26.0	13.0
陵川县	42	马武寨村	马武寨村	8.00	6.00	4.00	3.00	2.00
陵川县	43	南掌	南掌	202	144	84.0	50.0	26.0
陵川县	44	东岸上村	东岸上村	23.0	19.0	13.0	8.00	4.00
陵川县	45	申家沟村	申家沟村	8.00	7.00	5.00	4.00	3.00
陵川县	46	和家脚村	和家脚村	313	262	192	136	88.0
陵川县	47	金家岭村	金家岭村	92.0	78.0	59.0	44.0	30.0
陵川县	48	东瑶泉村	东瑶泉村	966	697	406	227	122
陵川县	49	北山村	北山村	2.00	2.00	1.00	1.00	1.00
陵川县	50	流水沟	流水沟	11.0	8.99	6.17	3.81	1.95
陵川县	51	大河口	大河口	42.6	34.0	22.1	12.4	5.78
陵川县	52	东崖	东崖	91.0	70.0	42.0	27.0	13.0
陵川县	53	井坡村	井坡村	23.0	18.0	12.0	7.00	4.00
陵川县	54	九光村	九光村	179	133	84.0	54.0	28.0
陵川县	55	九连窑	九连窑	456	318	142	76.0	35.0

续表 5-6

县区	序号	行政区划名称	小流域名称	100 年($Q_{1\%}$)	50 年($Q_{2\%}$)	20 年($Q_{5\%}$)	10 年($Q_{10\%}$)	5 年($Q_{20\%}$)
陵川县	56	咀上	咀上	458	318	143	77.0	35.0
陵川县	57	昆山	昆山	135	104	62.8	30.5	12.1
陵川县	58	岭后村	岭后村	634	527	382	266	171
陵川县	59	庄洼	庄洼	11.0	8.99	6.17	3.81	1.95
陵川县	60	吕家河村	吕家河村	19.0	16.1	12.3	9.36	6.54
陵川县	61	秦家庄村	秦家庄村	59.7	47.9	32.1	21.0	12.8
陵川县	62	桑树河村	桑树河村	2.00	2.00	1.00	1.00	1.00
陵川县	63	西街村	西街村	47.5	40.4	30.0	22.4	15.6
陵川县	64	西掌洼	西掌洼	457	319	144	77.0	36.0
陵川县	65	下石马郊	下石马郊	92.3	78.7	60.0	44.9	30.6
陵川县	66	大河口	大河口	11.0	8.99	6.17	3.81	1.95
陵川县	67	圪塔村	圪塔村	65.0	45.8	26.9	16.0	8.70
陵川县	68	锡崖沟村	锡崖沟村	140	106	56.0	36.0	17.0
陵川县	69	西沟村	西沟村	24.0	19.0	12.0	8.00	4.00
陵川县	70	河头村	河头村	15.0	13.0	10.0	8.00	6.00
陵川县	71	河头庄村	河头庄村	42.0	35.0	27.0	20.0	13.0
陵川县	72	东谷村	东谷村	6.00	5.00	3.00	2.00	1.00
陵川县	73	吴水村	吴水村	17.0	14.0	9.00	6.00	3.00
陵川县	74	南垛村	南垛村	19.0	15.0	11.0	7.00	4.00
陵川县	75	张庄村	张庄村	64.0	50.0	33.0	20.0	11.0
陵川县	76	尉寨村	尉寨村	110	86.0	58.0	36.0	20.0
陵川县	77	龙泉村	龙泉村	6.00	5.00	3.00	2.00	1.00
陵川县	78	野川底村	野川底村	9.00	8.00	6.00	4.00	3.00
陵川县	79	西善底	西善底	35.0	30.0	23.0	17.0	12.0
陵川县	80	神后底	神后底	6.00	6.00	4.00	3.00	2.00
陵川县	81	北召村	北召村	352	279	184	120	71.0
陵川县	82	塔水河村	塔水河村	120	74.0	60.0	32.0	15.0
陵川县	83	勤泉村	勤泉村	48.0	33.0	22.0	13.0	6.00
陵川县	84	岭东村	岭东村	117	92.0	56.0	34.0	18.0
陵川县	85	汲好水村	汲好水村	191	149	85.0	48.0	22.0
陵川县	86	分水岭村	分水岭村	11.0	9.00	6.00	4.00	2.00

续表 5-6

县区	序号	行政区划名称	小流域名称	100 年($Q_{1\%}$)	50 年($Q_{2\%}$)	20 年($Q_{5\%}$)	10 年($Q_{10\%}$)	5 年($Q_{20\%}$)
陵川县	87	下河村	下河村	64.0	50.0	33.0	21.0	12.0
陵川县	88	原庄村	原庄村	20.0	17.0	13.0	10.0	6.00
陵川县	89	庞家川村	庞家川村	317	265	194	136	88.0
陵川县	90	小西河底	小西河底	59.0	47.0	31.0	19.0	11.0
陵川县	91	周家铺	周家铺	40.5	32.6	21.5	12.3	6.27
陵川县	92	古石村	古石村	672	460	235	126	60.0
陵川县	93	灵岩寺村	灵岩寺村	672	466	230	128	61.0
陵川县	94	苏家井村	苏家井村	131	96.0	65.0	42.0	23.0
陵川县	95	段家庄村	段家庄村	294	214	113	62.0	31.0
陵川县	96	高家井上	高家井上	82.7	63.0	33.5	17.6	8.93
陵川县	97	浙水	浙水	175	122	57.9	28.9	15.1
陵川县	98	上庄	上庄	175	122	57.9	28.9	15.1
陵川县	99	下庄	下庄	175	122	57.9	28.9	15.1
陵川县	100	西脚村	西脚村	237	188	124	83.9	52.7
陵川县	101	横水村	横水村	188	132	59.6	25.5	12.5
陵川县	102	秦家河村	秦家河村	17.0	14.3	10.5	7.56	4.97
陵川县	103	苏家湾	苏家湾	413	308	180	105	54.9
陵川县	104	松庙村	松庙村	45.2	36.0	22.4	13.2	7.00
陵川县	105	东上河村	东上河村	270	213	133	69.1	31.2
陵川县	106	上上河村	上上河村	270	213	133	69.1	31.2
陵川县	107	古郊村	古郊村	167	121	62.8	29.9	13.4
晋城城区	1	刘家川村	刘家川村	227	186	129	86.8	54.2
晋城城区	2	小车渠村	小车渠村	37.0	31.0	21.6	15.0	9.50
晋城城区	3	七岭店村	七岭店村	83.0	68.0	48.2	33.7	21.4
晋城城区	4	道头村	道头村	44.0	37.0	28.0	20.7	14.1
晋城城区	5	东武匠村	东武匠村	25.0	20.0	14.0	9.90	6.40
晋城城区	6	寺底村	寺底村	926	733	489	340	211
晋城城区	7	南大街社区	南大街社区	58.5	46.4	31.1	20.7	12.8
晋城城区	8	泰森社区	泰森社区	151	116	73.5	46.6	27.7
晋城城区	9	景德桥社区	景德桥社区	261	201	130	82.8	49.8
晋城城区	10	驿后社区	驿后社区	100	81.7	56.6	38.4	24.3

续表 5-6

县区	序号	行政区划名称	小流域名称	100 年($Q_{1\%}$)	50 年($Q_{2\%}$)	20 年($Q_{5\%}$)	10 年($Q_{10\%}$)	5 年($Q_{20\%}$)
晋城城区	11	东后河社区	东后河社区	63.2	51.5	35.9	24.9	15.8
晋城城区	12	古书院矿社区	古书院矿社区	80.2	65.6	46.1	32.1	20.5
晋城城区	13	中后河社区	东后河社区	63.2	51.5	35.9	24.9	15.8
晋城城区	14	晓庄社区	晓庄社区	30.7	25.3	18.1	12.7	8.20
晋城城区	15	西谢匠社区	西谢匠社区	38.6	31.5	22.1	15.5	9.90
晋城城区	16	上辇社区	上辇社区	98.0	79.9	55.5	37.5	23.6
晋城城区	17	下辇社区	下辇社区	127	104	73.0	50.7	32.2
晋城城区	18	西武匠村	西武匠村	731	556	357	236	148
晋城城区	19	小白水村	小白水村	698	553	338	224	141
晋城城区	20	河东社区	河东社区	824	646	443	304	184
晋城城区	21	西马匠社区	西马匠社区	94.9	72.3	45.3	28.5	16.8
晋城城区	22	夏匠村	夏匠村	97.8	76.4	49.8	31.9	19.2
晋城城区	23	坡底村	坡底村	25.4	20.6	14.5	10.3	6.50
晋城城区	24	小后河社区	小后河社区	203	156	101	64.5	39.3
晋城城区	25	冯匠村	苗匠村	90.4	67.9	42.5	26.5	15.7
晋城城区	26	苗匠村	苗匠村	90.4	67.9	42.5	26.5	15.7
晋城城区	27	郜匠村	苗匠村	90.4	67.9	42.5	26.5	15.7
晋城城区	28	岗头村	岗头村	128	103	70.8	48.6	30.4
晋城城区	29	叶家河村	叶家河村	22.5	18.4	13.0	8.90	5.70
晋城城区	30	吴家沟村	叶家河村	22.5	18.4	13.0	8.90	5.70
晋城城区	31	牛山村	牛山村	48.8	39.8	28.0	19.5	12.3
晋城城区	32	二圣头社区	二圣头社区	27.1	20.2	12.2	7.50	4.30
晋城城区	33	耿窑社区	耿窑社区	322	255	170	112	70.1
晋城城区	34	金匠社区	金匠社区	28.6	24.1	17.8	13.0	8.80
晋城城区	35	司徒村	司徒村	91.5	74.7	51.9	35.8	22.6
晋城城区	36	南石店村	南石店村	177	145	101	68.6	43.3
晋城城区	37	大车渠村	大车渠村	77.3	64.1	46.0	32.3	21.1
晋城城区	38	窑头村	窑头村	121	99.5	71.0	49.3	32.2
晋城城区	39	鸿春村	鸿春村	134	108	73.7	49.3	30.9
晋城城区	40	中河东村	中河东村	70.7	58.4	41.8	29.1	19.1

5.7　设计洪水成果合理性分析

设计洪水的合理性分析与检查,可通过本流域及邻近地区调查洪水成果进行验证,并与上下游和邻近地区设计洪水成果等方面进行比较分析。无资料地区采用设计暴雨推求设计洪水时,必须结合调查历史洪水予以验证。因此,最好能调查到与设计重现期相近的洪水,同步洪水两者的差别不能过大,例如计算洪水不超过或不低于相同频率调查洪水的30% ~40%。

本次分析评价设计洪水计算成果采用流域模型法成果,汇流时间采用推理公式法的结果。为保证设计洪水成果的合理性,从以下几个方面进行了对比分析。

(1)对各沿河村落进行了历史洪水调查。根据口述者描述的洪水情形估算其洪峰流量和相应频率,与设计洪水进行对照分析。由于本次研究区小流域内有调查到历史洪水,以陵川县横水村为例进行分析。1996 年横水河横水村历史洪水位 1 072.40 m,为新中国成立以来仅有的特大洪水,由流域模型法计算 100 年一遇设计洪水在洪痕所在断面水位为 1 072.48 m,与历史洪痕接近,计算结果合理;对 1976 年浙水村洪水调查分析,洪痕水位为 1 295.97 m,文献洪水记载中(1954 年至今)浙水村未出现较大洪水,流域模型法计算 100 年一遇设计洪水在洪痕断面水位为 1 295.89 m,与历史洪痕接近,计算结果合理。

(2)河道上下游设计成果对比分析。从参数的选取、河长、比降等方面对成果进行综合分析。

(3)相邻流域设计成果对比分析。流域洪峰流量从上游到下游呈逐渐增大趋势,并随频率的减小而增加。

第 6 章　洪灾分析

本次工作主要针对晋城市所属 6 个县(市)共计 510 个沿河村落进行了分析。

6.1　河流洪水水面线计算方法

河道水面线的计算就是从某控制断面的已知水位开始,根据相关水文和地形等资料,运用水面曲线基本方程式,逐河段推算其他断面水位的一种水力计算。各频率设计洪水水面线采用水力学方法推求,其原理是由 Godunov 格式的有限体积法建立的复杂明渠水流运动的高适用性数学模型。

6.1.1　控制方程

描述天然河道一维浅水运动控制方程的向量形式如下:

$$D\frac{\partial U}{\partial t}+\frac{\partial F}{\partial x}=S \tag{6-1}$$

其中 $D=\begin{bmatrix}B & 0\\0 & 1\end{bmatrix},U=\begin{bmatrix}Z\\Q\end{bmatrix},F(U)=\begin{bmatrix}f_1\\f_2\end{bmatrix}=\begin{bmatrix}Q\\\dfrac{\alpha Q^2}{A}\end{bmatrix},S=\begin{bmatrix}0\\-gA\dfrac{\partial Z}{\partial x}-gAJ\end{bmatrix}$

式中,B 为水面宽度;Q 为断面流量;Z 为水位;A 为过水断面面积; α 为动量修正系数,一般默认为 1.0;f_1 和 f_2 分别为向量 $F(U)$ 的两个分量;g 为重力加速度;t 为时间变量;J 为沿程阻力损失,其表达式为 $J=(n^2Q|Q|)/(A^2R^{4/3})$;R 为水力半径;n 为糙率。

浅水方程的以上表达形式在工程上应用较广,源项部分采用水面坡度代表压力项的影响,其优点是水面变化一般比河道底坡变化平缓,因此即使底坡非常陡峭时,对计算格式稳定性的影响也不大。另外该形式还可以很好地避免由于采用不理想的底坡项离散方法平衡数值通量时所带来的水量不守恒问题。

6.1.2　数值离散方法

采用中心格式的有限体积法,把变量存在单元的中心,如图 6-1 所示。

将式(6-1)在控制体 i 上进行积分并运用 Gauss 定理离散后得:

$$U_i^{n+1}=U_i^n-\frac{\Delta t}{\Delta x_i}D_i^{-1}(F_{(i+1)/2}^*-F_{(i-1)/2}^*)+\Delta tD_i^{-1}S_i \tag{6-2}$$

式中,U_i 为第 i 个单元变量的平均值; $F_{(i-1)/2}^*,F_{(i+1)/2}^*$ 分别为单元 i 左右两侧界面的通量值;Δx_i 为第 i 个单元的边长;S_i 为第 i 个单元源项的平均值。

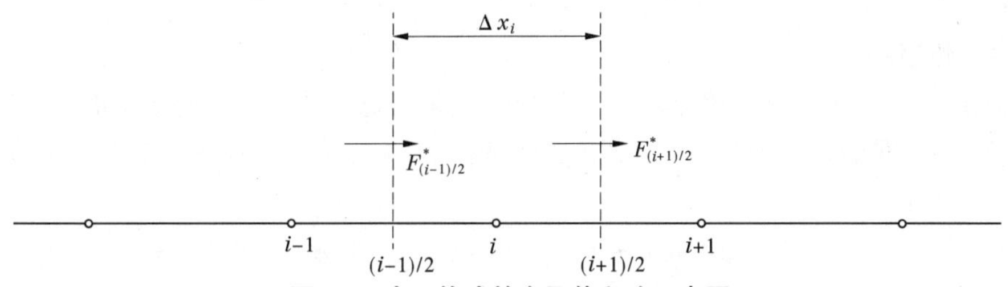

图 6-1 中心格式的有限体积法示意图

6.1.2.1 HLL 格式的近似 Riemann 解

对界面通量计算采用 HLL(Harten Lax van Leer)格式,该格式求解 Riemann 近似问题时的形式简单,在处理干单元时的功能要优于其他的格式,通量求解过程如下:

$$F^* = \begin{cases} F(U_L) & s_L \geqslant 0 \\ F_{LR} = \left[\dfrac{B_R s_R f_1^L - B_L s_L f_1^R + B_R s_L s_R (Z_R - Z_L)}{B_R s_R - B_L s_L}, \dfrac{s_R f_2^L - s_L f_2^R + s_L s_R (Q_R - Q_L)}{s_R - s_L} \right]^T & s_L < 0 < s_R \\ F(U_R) & s_R \leqslant 0 \end{cases} \tag{6-3}$$

式中,s_L 和 s_R 为计算单元左右两侧的波速,当 $s_L \geqslant 0$ 和 $s_R \leqslant 0$ 时,计算单元界面的通量值分别由其左右两侧单元的水力要素确定,当 $s_L \leqslant 0 \leqslant s_R$ 时,计算单元界面的通量由 HLL 近似 Riemann 解给出。

经过离散后,式(6-1)变为如下形式:

$$Z_i^{n+1} = Z_i^n - \frac{1}{B_i} \frac{\Delta t}{\Delta x_i} [(f_1)^*_{(i+1)/2} - (f_1)^*_{(i-1)/2}] \tag{6-4}$$

可以看出,式中变量 Q 被通量 f_1 取代,由于通量 f_1 可以保持很好的守恒特性,而变量 Q 不具备这个特点,因此为了保持计算格式的和谐性,Ying 等提出采用通量 f_1 的值取代输出结果中的 Q 值,而由动量方程计算得出的 Q 值仅作为计算 Riemann 问题的中间变量。

6.1.2.2 二阶数值重构

采用 HLL 格式近似 Riemann 解求解界面通量在空间上仅具有一阶精度,为了使数值解的空间精度提高到二阶,采用 MUSCL 方法对界面左右两侧的变量进行数值重构,其表达式为:

$$U^L_{(i+1)/2} = U_i + \frac{1}{2}\varphi(r_i)(U_i - U_{i-1}), U^R_{(i+1)/2} = U_{i+1} - \frac{1}{2}\varphi(r_{i+1})(U_{i+2} - U_{i+1}) \tag{6-5}$$

$$r_i = (U_{i+1} - U_i)/(U_i - U_{i-1}), r_{i+1} = (U_{i+1} - U_i)/(U_{i+2} - U_{i+1})$$

式中,φ 是限制器函数,本文采用应用较为广泛的 Minmod 限制器,该限制器可以使格式保持较好的 TVD 性质。

为了使保持数值解整体上提高到二阶精度同时维持数值解的稳定性,对时间步采用 Hancock 预测、校正的两步格式:

$$\begin{aligned} U_i^{(n+1)/2} &= U_i^n - \frac{1}{2} \frac{\Delta t}{\Delta x_i} D_i^{-1} [F_{(i+1)/2}(U^n_{(i+1)/2}) - F_{(i-1)/2}(U^n_{(i-1)/2})] \\ U_i^{n+1} &= U_i^{(n+1)/2} - \frac{\Delta t}{\Delta x_i} D_i^{-1} [F^*_{(i+1)/2}(U^{(n+1)/2}_{(i+1)/2}) - F^*_{(i-1)/2}(U^{(n+1)/2}_{(i-1)/2})] + \Delta t D_i^{-1} S_i \end{aligned} \tag{6-6}$$

其中，$U_{(i+1)/2}^{(n+1)/2}$，$U_{(i-1)/2}^{(n+1)/2}$ 为计算的中间变量。

6.1.2.3　源项的处理

源项包括水面梯度项和摩阻项。摩阻项直接采用显格式处理。对于水面梯度项的处理，为了保持数值解的光滑性，采用空间数值重构后的水位变量值来计算水面梯度，其表达式如下：

$$\partial Z / \partial x_i = (\overline{Z}_{(i+1)/2} - \overline{Z}_{(i-1)/2}) / \Delta x_i \tag{6-7}$$

$$\overline{Z}_{(i+1)/2} = (Z_{(i+1)/2}^{L} + Z_{(i+1)/2}^{R})/2, \overline{Z}_{(i-1)/2} = (Z_{(i-1)/2}^{L} + Z_{(i-1)/2}^{R})/2$$

式中，$Z_{(i\pm1)/2}^{L}$ 和 $Z_{(i\pm1)/2}^{R}$ 为采用 TVD - MUSCL 方法差值后的水位值。

本次河道水面线的推求，根据沿河村落断面的实际情况，考虑了防洪堤、桥梁、涵洞等涉水建筑物对水流的影响，采用水力学法，应用水面线软件，对 5 种频率设计洪水的水面线进行推求。

天然河道直接采用水面线软件推求。涉水建筑物主要包括塘坝、桥梁、路涵、水库等。塘坝主要为淤地坝，其下泄流量采用设计资料。桥梁与路涵受其河床变化影响较大，一般采用其现状断面情况计算其过水能力。对建设规模相对较大、基本不影响河道过水能力的桥梁与路涵通过水面线法来推求其相应过水流量；对河道过水能力影响较大的桥梁与路涵，本次采用水力学法计算其过水能力。对于有水库影响的河段，参考水库相关设计参数进行水面线推求。

6.2　洪灾危险区范围

危险区范围为最高历史洪水位和 100 年一遇设计洪水位中的较高水位淹没范围以内的居民区域。根据推求所得各个沿河村落河段 100 年一遇设计洪水水面线，与最高历史洪水位对比，结合沿河村落地形及居民户高程，勾绘沿河村落洪水的淹没范围。

根据各县、各村汇水不同分别计算是否受(河)沟道洪水影响，同时对部分村庄存在受坡面流影响也进行了统计。受(河)沟道洪水影响的 352 个村(其中位于 100 年设计洪水位以上的沿河村落共 47 个)，受坡面流影响的 111 个村。具体结果详见表 6-1、表 6-2。

表 6-1　晋城市山洪灾害威胁村普查结果统计

县区	序号	行政区划名称	行政区划代码	所在乡镇	是否具有居民户位于100年一遇设计洪水淹没范围内	
阳城县	1	坪头村	140522100201000	凤城镇	是	
阳城县	2	苏庄村	140522100202000	凤城镇	是	
阳城县	3	东关村清林沟	140522100206102	凤城镇	是	
阳城县	4	下川村河西村	140522100207100	凤城镇		否
阳城县	5	阳高泉村虎庄	140522100211100	凤城镇		否
阳城县	6	后则腰村	140522100220000	凤城镇		否
阳城县	7	白沟村	140522100223000	凤城镇	是	
阳城县	8	下会庆村	140522100226000	凤城镇		否
阳城县	9	张村村烟河	140522100227101	凤城镇		否
阳城县	10	水村村	140522100228000	凤城镇		否

续表 6-1

县区	序号	行政区划名称	行政区划代码	所在乡镇	是否具有居民户位于100 年一遇设计洪水淹没范围内	
阳城县	11	中李丘村	140522100229000	凤城镇	是	
阳城县	12	下李丘村	140522100230000	凤城镇		否
阳城县	13	下芹村	140522100232000	凤城镇	是	
阳城县	14	杨家村	140522100239000	凤城镇	是	
阳城县	15	杨家村谢沟	140522100239100	凤城镇	是	
阳城县	16	砖窑沟村	140522100255000	凤城镇		否
阳城县	17	后河村	140522101205000	北留镇	是	
阳城县	18	沟底村	140522101232000	北留镇	是	
阳城县	19	沟底村大端	140522101232100	北留镇	是	
阳城县	20	上黄岩村	140522103200000	町店镇	是	
阳城县	21	中峪村李家庄	140522103201103	町店镇		否
阳城县	22	凌家沟村	140522103208000	町店镇	是	
阳城县	23	焦庄村花沟	140522103209101	町店镇		否
阳城县	24	町店村	140522103211000	町店镇	是	
阳城县	25	柴凹村五龙沟	140522103215100	町店镇	是	
阳城县	26	张沟村	140522103216000	町店镇	是	
阳城县	27	逯河村	140522105212000	次营镇	是	
阳城县	28	营东村沟西	140522105214100	次营镇	是	
阳城县	29	前凹村下河	140522105216100	次营镇		否
阳城县	30	周壁村	140522105225000	次营镇	是	
阳城县	31	水头村毕家村	140522106200100	横河镇	是	
阳城县	32	水头村新建庄村	140522106200101	横河镇		否
阳城县	33	横河村	140522106202000	横河镇	是	
阳城县	34	横河村西炉坡	140522106202103	横河镇	是	
阳城县	35	横河村恒升宫	140522106202104	横河镇	是	
阳城县	36	横河村鸟头村	140522106202105	横河镇	是	
阳城县	37	横河村老沙地村	140522106202108	横河镇		否
阳城县	38	横河村外郎庄	140522106202110	横河镇		否
阳城县	39	三面场村桑园河	140522106206104	横河镇	是	
阳城县	40	受益村	140522106207000	横河镇	是	
阳城县	41	小王庄村	140522109207000	东冶镇	是	
阳城县	42	小王庄村坂底	140522109207100	东冶镇		否
阳城县	43	上节村	140522109209000	东冶镇		否
阳城县	44	焦坪村潭河村	140522109210100	东冶镇		否
阳城县	45	江河村	140522109224000	东冶镇	是	
阳城县	46	江河村恶门	140522109224100	东冶镇	是	
阳城县	47	江河村洪峪村	140522109224101	东冶镇	是	
阳城县	48	江河村戏河村	140522109224104	东冶镇		否
阳城县	49	高石村	140522109226000	东冶镇	是	
阳城县	50	高石村龙岩底	140522109226101	东冶镇	是	
阳城县	51	高石村高窑村	140522109226111	东冶镇	是	
阳城县	52	蒿峪村	140522400200000	东城办	是	
阳城县	53	美泉村	140522400202000	东城办	是	
阳城县	54	上孔寨村	140522400203000	东城办	是	
阳城县	55	下孔寨村	140522400204000	东城办	是	

续表 6-1

县区	序号	行政区划名称	行政区划代码	所在乡镇	是否具有居民户位于100年一遇设计洪水淹没范围内	
阳城县	56	小庄村	140522400206000	东城办	是	
阳城县	57	泽城村	140522204202000	固隆乡	是	
阳城县	58	固隆村	140522204208000	固隆乡		否
阳城县	59	寨上村	140522204214000	固隆乡	是	
阳城县	60	西壮村	140522204215000	固隆乡	是	
阳城县	61	刘东村	140522104200000	芹池镇	是	
阳城县	62	刘西村	140522104201000	芹池镇	是	
阳城县	63	芹池村	140522104204000	芹池镇	是	
阳城县	64	芹池村户门口	140522104204101	芹池镇		否
阳城县	65	川河村	140522104205000	芹池镇	是	
阳城县	66	川河村南沟	140522104205100	芹池镇		否
阳城县	67	吕家河村	140522104208000	芹池镇	是	
阳城县	68	阳陵村	140522104211000	芹池镇	是	
阳城县	69	宜壁村	140522104212000	芹池镇	是	
阳城县	70	吕庄村	140522104213000	芹池镇		否
阳城县	71	北宜固村	140522104214000	芹池镇	是	
阳城县	72	北宜固村后湾	140522104214100	芹池镇	是	
阳城县	73	北宜固村黑洼	140522104214101	芹池镇		否
阳城县	74	羊泉村	140522104218000	芹池镇	是	
阳城县	75	羊泉村刘庄	140522104218100	芹池镇	是	
阳城县	76	庙坡村北河村	140522104219100	芹池镇		否
阳城县	77	贾寨村	140522104221000	芹池镇	是	
阳城县	78	贾寨村下东坡	140522104221100	芹池镇	是	
阳城县	79	贾寨村西河	140522104221101	芹池镇	是	
阳城县	80	贾寨村董王岩	140522104221102	芹池镇	是	
阳城县	81	原庄村	140522104222000	芹池镇	是	
阳城县	82	柴庄村	140522104223000	芹池镇	是	
阳城县	83	柴庄村庙岭后	140522104223100	芹池镇	是	
阳城县	84	河北村	140522107200000	河北镇		否
阳城县	85	土孟村	140522107201000	河北镇	是	
阳城县	86	下交村	140522107202000	河北镇	是	
阳城县	87	坪泉	140522107221000	河北镇		否
阳城县	88	孙沟村	140522202208000	西河乡	是	
阳城县	89	陕庄村	140522202211000	西河乡		否
阳城县	90	西丰村	140522202212000	西河乡		否
阳城县	91	台头村	140522108200000	蟒河镇	是	
阳城县	92	东峪村	140522108201000	蟒河镇	是	
阳城县	93	西峪村	140522108203000	蟒河镇	是	
阳城县	94	下桑林村	140522108233000	蟒河镇	是	
阳城县	95	上桑林村	140522108236000	蟒河镇	是	
阳城县	96	润城村	140522102200000	润城镇	是	
阳城县	97	淇汭村东头村	140522200202102	白桑乡		否
阳城县	98	淇汭村杜沟	140522200202103	白桑乡	是	
阳城县	99	张庄村	140522200205000	白桑乡	是	
阳城县	100	白桑村	140522200206000	白桑乡	是	

续表 6-1

县区	序号	行政区划名称	行政区划代码	所在乡镇	是否具有居民户位于100年一遇设计洪水淹没范围内	
阳城县	101	洽村村圪嘴村	140522200207100	白桑乡		否
阳城县	102	苽底村	140522200210000	白桑乡		否
阳城县	103	寺头村	140522201200000	寺头乡	是	
阳城县	104	大乐村	140522201213000	寺头乡		否
阳城县	105	霍家村	140522201215000	寺头乡		否
阳城县	106	朱村村	140522201216000	寺头乡	是	
阳城县	107	马寨村	140522201220000	寺头乡	是	
阳城县	108	马寨村白寨	140522201220103	寺头乡	是	
阳城县	109	献义村	140522203210000	演礼乡	是	
阳城县	110	胡凹沟村	140522203211000	演礼乡	是	
阳城县	111	台底村	140522203213000	演礼乡	是	
阳城县	112	董封村	140522205200000	董封乡	是	
阳城县	113	龙泉村	140522205208000	董封乡	是	
阳城县	114	龙泉村南底庄村	140522205208100	董封乡		否
阳城县	115	上河村	140522205214000	董封乡	是	
阳城县	116	安牛村	140522205215000	董封乡	是	
阳城县	117	芦家河村	140522205218000	董封乡	是	
阳城县	118	口河村	140522205230000	董封乡		否
阳城县	119	新兴林场村入店村	140522401400100	林场管理处	是	
阳城县	120	园河村	140522206210000	驾岭乡	是	
泽州县	121	冯沟村	140525100235000	南村镇	是	
泽州县	122	东沟村	140525102200000	大东沟镇	是	
泽州县	123	辛壁村	140525102201000	大东沟镇		否
泽州县	124	峪南村	140525102202000	大东沟镇	是	
泽州县	125	周村村卫窑	140525103200101	周村镇	是	
泽州县	126	上掌村	140525103203000	周村镇		否
泽州县	127	苇町村芋沟	140525103206102	周村镇		否
泽州县	128	下町村东村	140525103208100	周村镇	是	
泽州县	129	下町村圪套	140525103208101	周村镇	是	
泽州县	130	坪上村后河	140525103212100	周村镇	是	
泽州县	131	坪上村圪坨	140525103212101	周村镇	是	
泽州县	132	下河村	140525103221000	周村镇	是	
泽州县	133	石淙头村	140525103222000	周村镇		否
泽州县	134	大箕村	140525111200000	大箕镇	是	
泽州县	135	河底村	140525111202000	大箕镇		否
泽州县	136	槲树庄村	140525111204000	大箕镇	是	
泽州县	137	上河村	140525111205000	大箕镇	是	
泽州县	138	河上村	140525111206000	大箕镇	是	
泽州县	139	西三庄村梨树沟	140525111207100	大箕镇	是	
泽州县	140	西三庄村孔窑	140525111207101	大箕镇		否
泽州县	141	南峪村	140525111210000	大箕镇	是	
泽州县	142	前圪套村	140525111211000	大箕镇		否
泽州县	143	后圪套村	140525111212000	大箕镇	是	
泽州县	144	申匠村	140525111221000	大箕镇	是	
泽州县	145	南庄村	140525111223000	大箕镇		否

续表 6-1

县区	序号	行政区划名称	行政区划代码	所在乡镇	是否具有居民户位于100年一遇设计洪水淹没范围内	
泽州县	146	董家沟村	140525111224000	大箕镇	是	
泽州县	147	河西村	140525111225000	大箕镇		否
泽州县	148	北庄村	140525111226000	大箕镇		否
泽州县	149	谷坨村	140525111227000	大箕镇		否
泽州县	150	东坡村	140525111228000	大箕镇		否
泽州县	151	东坡村河东	140525111228100	大箕镇	是	
泽州县	152	东坡村下河	140525111228101	大箕镇		否
泽州县	153	干司村	140525111229000	大箕镇		否
泽州县	154	马韦村	140525111230000	大箕镇		否
泽州县	155	马韦村东贤子	140525111230100	大箕镇		否
泽州县	156	马韦村西贤子	140525111230101	大箕镇		否
泽州县	157	石门村	140525111231000	大箕镇	是	
泽州县	158	贾辿村	140525111232000	大箕镇	是	
泽州县	159	上犁川村	140525104200000	犁川镇	是	
泽州县	160	中庄村	140525104201000	犁川镇	是	
泽州县	161	下犁川村	140525104202000	犁川镇	是	
泽州县	162	上庄村	140525104203000	犁川镇	是	
泽州县	163	坡东村	140525104206000	犁川镇		否
泽州县	164	下铁南村	140525104210000	犁川镇	是	
泽州县	165	南河村	140525104214000	犁川镇	是	
泽州县	166	杜家河村	140525104216000	犁川镇		否
泽州县	167	司街村	140525104221000	犁川镇		否
泽州县	168	下村村	140525101200000	下村镇	是	
泽州县	169	万里村	140525101208000	下村镇	是	
泽州县	170	柳树底村	140525101220000	下村镇	是	
泽州县	171	石伏头村	140525101226000	下村镇	是	
泽州县	172	史村河村	140525101228000	下村镇	是	
泽州县	173	刘村村	140525101230000	下村镇	是	
泽州县	174	后峪村	140525106234000	金村镇	是	
泽州县	175	大会村小会	140525106239101	金村镇		否
泽州县	176	坂头村寺北庄	140525106261101	金村镇	是	
泽州县	177	南街村	140525107201000	高都镇	是	
泽州县	178	黄三河村	140525107247000	高都镇	是	
泽州县	179	大泉河村	140525107249000	高都镇		否
泽州县	180	三家店村	140525108220000	巴公镇	是	
泽州县	181	渠头村	140525108227000	巴公镇		否
泽州县	182	大阳四分街村	140525109202000	大阳镇	是	
泽州县	183	王家庄村	140525109207000	大阳镇		否
泽州县	184	陡坡村	140525109208000	大阳镇	是	
泽州县	185	宋家掌村	140525109219000	大阳镇		否
泽州县	186	香峪村	140525109220000	大阳镇		否
泽州县	187	河底村	140525109223000	大阳镇	是	
泽州县	188	陈家庄村	140525110225000	山河镇	是	
泽州县	189	道宝河村	140525110233000	山河镇	是	
泽州县	190	青龛村	140525110237000	山河镇		否

续表 6-1

县区	序号	行政区划名称	行政区划代码	所在乡镇	是否具有居民户位于100年一遇设计洪水淹没范围内	
泽州县	191	窑河村	140525110244000	山河镇	是	
泽州县	192	前李河村	140525110249000	山河镇		否
泽州县	193	东石瓮村	140525112206000	柳树口镇	是	
泽州县	194	下川村	140525112216000	柳树口镇	是	
泽州县	195	北寨村	140525112228000	柳树口镇		否
泽州县	196	大山河村	140525105207000	晋庙铺镇	是	
泽州县	197	大山河村七甲坡	140525105207100	晋庙铺镇		否
泽州县	198	大山河村南庄	140525105207103	晋庙铺镇		否
泽州县	199	大山河村柿树掌	140525105207104	晋庙铺镇		否
泽州县	200	窑掌村	140525105213000	晋庙铺镇	是	
泽州县	201	石盆河村	140525105221000	晋庙铺镇		否
泽州县	202	石盆河村西禅房	140525105221100	晋庙铺镇		否
泽州县	203	下城公村	140525113225000	北义城镇	是	
泽州县	204	河底村	140525113226000	北义城镇		否
泽州县	205	北尹寨村	140525113227000	北义城镇	是	
泽州县	206	岸则村	140525113228000	北义城镇	是	
泽州县	207	川底村	140525200200000	川底乡		否
泽州县	208	川底村河东	140525200200100	川底乡		否
泽州县	209	焦河村	140525200201000	川底乡		否
泽州县	210	沙沟村	140525200224000	川底乡		否
泽州县	211	西尧村黄河	140525201219101	李寨乡	是	
泽州县	212	李河村	140525201223000	李寨乡		否
泽州县	213	李河村正圪脑	140525201223100	李寨乡		否
泽州县	214	东磨滩村	140525202220000	南岭乡	是	
沁水县	215	杏园社区沟门口	140521100008102	龙港镇	是	
沁水县	216	河渚村柳家湾	140521100215100	龙港镇	是	
沁水县	217	龙港镇河渚村南贾庄	140521100215101	龙港镇	是	
沁水县	218	龙港镇河渚村北贾庄	140521100215102	龙港镇	是	
沁水县	219	龙港镇河渚村河渚	140521100215103	龙港镇	是	
沁水县	220	梁庄村	140521100218000	龙港镇	是	
沁水县	221	西石堂村	140521100220000	龙港镇	是	
沁水县	222	东石堂村	140521100221000	龙港镇	是	
沁水县	223	青龙村	140521100227000	龙港镇	是	
沁水县	224	龙港镇王寨村东村	140521100223106	龙港镇	是	
沁水县	225	龙港镇孔峪村	140521100226000	龙港镇	是	
沁水县	226	中村村涧河	140521101200103	中村镇	是	
沁水县	227	中村村中村	140521101200105	中村镇	是	
沁水县	228	上峪村上峪	140521101206102	中村镇	是	
沁水县	229	下峪村下峪	140521101207100	中村镇	是	
沁水县	230	张马村张马	140521101209100	中村镇	是	
沁水县	231	北岭村马邑沟	140521101210102	中村镇	是	
沁水县	232	上阁村	140521101212000	中村镇	是	
沁水县	233	松峪村松峪	140521101214104	中村镇	是	
沁水县	234	下川村下川	140521101216102	中村镇	是	
沁水县	235	中村镇上川村	140521101215000	中村镇	是	

续表 6-1

县区	序号	行政区划名称	行政区划代码	所在乡镇	是否具有居民户位于100年一遇设计洪水淹没范围内	
沁水县	236	中村镇下川村梁山	140521101216100	中村镇	是	
沁水县	237	中村镇下川村腰掌	140521101216101	中村镇	是	
沁水县	238	东川村梨树底	140521101217103	中村镇	是	
沁水县	239	山辿岩村山辿岩	140521101219103	中村镇	是	
沁水县	240	郑庄村张沟	140521102200101	郑庄镇	是	
沁水县	241	武安村	140521104202000	嘉峰镇	是	
沁水县	242	尉迟村	140521104203000	嘉峰镇	是	
沁水县	243	嘉峰村	140521104204000	嘉峰镇	是	
沁水县	244	磨掌村新村	140521104210101	嘉峰镇	是	
沁水县	245	秦庄村	140521104211000	嘉峰镇	是	
沁水县	246	殷庄村	140521104212000	嘉峰镇	是	
沁水县	247	刘庄村	140521104213000	嘉峰镇	是	
沁水县	248	卧虎庄村	140521104219000	嘉峰镇	是	
沁水县	249	柿沟村	140521104220000	嘉峰镇	是	
沁水县	250	李庄村下河口	140521104221101	嘉峰镇	是	
沁水县	251	潘河村下潘河	140521104223100	嘉峰镇	是	
沁水县	252	潘河村中潘河	140521104223101	嘉峰镇	是	
沁水县	253	潘河村上潘河	140521104223102	嘉峰镇	是	
沁水县	254	夏荷村	140521105205000	郑村镇	是	
沁水县	255	侯村村	140521105206000	郑村镇	是	
沁水县	256	湘峪村	140521105208000	郑村镇	是	
沁水县	257	半峪村	140521105209000	郑村镇	是	
沁水县	258	轩底村	140521105216000	郑村镇	是	
沁水县	259	张村村	140521202205000	张村乡	是	
沁水县	260	张村村下河	140521202205109	张村乡	是	
沁水县	261	苏庄村	140521203200000	苏庄乡	是	
沁水县	262	苏庄村苏庄	140521203200114	苏庄乡	是	
沁水县	263	西古堆村八亩地	140521203201105	苏庄乡		否
沁水县	264	老坟沟村坡跟前	140521204209100	胡底乡	是	
沁水县	265	老坟沟村德兴号	140521204209101	胡底乡	是	
沁水县	266	樊庄村樊庄	140521204211100	胡底乡	是	
沁水县	267	王回村王回	140521204213100	胡底乡	是	
沁水县	268	玉溪村玉溪	140521204214100	胡底乡	是	
沁水县	269	玉溪村新庄上	140521204214102	胡底乡	是	
沁水县	270	南河底村尧庄	140521205208101	固县乡	是	
沁水县	271	河北村	140521206201000	十里乡	是	
沁水县	272	南峪村	140521206212000	十里乡	是	
沁水县	273	孝良村	140521206215000	十里乡	是	
沁水县	274	卫村都坡沟	140521200201105	樊村河乡	是	
沁水县	275	赵寨村哈马口	140521200204101	樊村河乡	是	
沁水县	276	柿庄村南村	140521106211100	柿庄镇	是	
沁水县	277	峪里村贤房村	140521106205101	柿庄镇	是	
沁水县	278	端氏村河北	140521103200102	端氏镇	是	
沁水县	279	河头村河头	140521102201100	郑庄镇	是	
沁水县	280	后马元村	140521201215100	土沃乡	是	

续表 6-1

县区	序号	行政区 划名称	行政区划代码	所在乡镇	是否具有居民户位于 100年一遇设计 洪水淹没范围内	
高平市	281	安河村	140581104218000	陈区镇	是	
高平市	282	张壁村	140581101227000	米山镇	是	
高平市	283	北陈村	140581003224000	南城街道办事处	是	
高平市	284	北诗午村	140581105203000	北诗镇	是	
高平市	285	毕家院村	140581202202000	石末乡		否
高平市	286	官庄村	140581106216000	河西镇		否
高平市	287	石嘴头村	140581101221000	米山镇	是	
高平市	288	牛家庄村	140581106212000	河西镇	是	
高平市	289	边家沟村	140581001203000	北城街道办事处	是	
高平市	290	程家河村	140581201213000	建宁乡	是	
高平市	291	德义村	140581109218000	寺庄镇	是	
高平市	292	杜寨村	140581108214000	野川镇	是	
高平市	293	尹家沟	140581108214100	野川镇	是	
高平市	294	峰儿背	140581108215101	野川镇		否
高平市	295	北常庄村	140581108216000	野川镇	是	
高平市	296	疙旦村	140581102206000	三甲镇	是	
高平市	297	徘南村	140581102219000	三甲镇	是	
高平市	298	南河村村	140581102221000	三甲镇	是	
高平市	299	勾要	140581101232000	米山镇	是	
高平市	300	西山	140581104206000	陈区镇	是	
高平市	301	郭家沟	140581104207000	陈区镇	是	
高平市	302	巩村村	140581106205000	河西镇	是	
高平市	303	河底村	140581108222000	野川镇	是	
高平市	304	建南村	140581201202000	建宁乡	是	
高平市	305	南坪村	140581105231000	北诗镇		否
高平市	306	南村村	140581105232000	北诗镇		否
高平市	307	谷口村	140581003220000	南城街道办事处	是	
高平市	308	古寨村	140581107210000	马村镇	是	
高平市	309	金章背村	140581107214000	马村镇	是	
高平市	310	焦河村	140581106206000	河西镇	是	
高平市	311	酒务村	140581101235000	米山镇	是	
高平市	312	口则村	140581103204000	神龙镇	是	
高平市	313	洼里	140581103218000	神龙镇		否
高平市	314	洼深	140581103215000	神龙镇		否
高平市	315	黄叶河村	140581103214000	神龙镇	是	
高平市	316	李家河村	140581201214000	建宁乡	是	
高平市	317	南河村	140581104228000	陈区镇	是	
高平市	318	王家村	140581104230000	陈区镇	是	
高平市	319	西坡	140581104231000	陈区镇	是	
高平市	320	刘家庙	140581104232000	陈区镇	是	
高平市	321	三甲南村	140581102201000	三甲镇	是	
高平市	322	三甲北村	140581102202000	三甲镇	是	
高平市	323	沙院村	140581104222000	陈区镇	是	
高平市	324	王家河村	140581104210000	陈区镇	是	
高平市	325	郭佛陀	140581104216000	陈区镇	是	
高平市	326	吴庄村	140581108223000	野川镇	是	
高平市	327	下董峰村	140581203216000	原村乡	是	

续表 6-1

县区	序号	行政区划名称	行政区划代码	所在乡镇	是否具有居民户位于100年一遇设计洪水淹没范围内	
高平市	328	窑则头村	140581203218000	原村乡	是	
高平市	329	下马游村	140581203208000	原村乡	是	
高平市	330	里沟	140581203227000	原村乡		否
高平市	331	永安	140581107206000	马村镇	是	
高平市	332	大坡沟村	140581203210000	原村乡	是	
高平市	333	上马游村	140581203209000	原村乡	是	
高平市	334	下玉井村	140581003213000	南城街道办事处	是	
高平市	335	上玉井村	140581003212000	南城街道办事处	是	
高平市	336	南陈	140581003225000	南城街道办事处	是	
高平市	337	小河西村	140581103230000	神农镇	是	
高平市	338	申家村	140581103233000	神农镇	是	
高平市	339	西许家	140581103232100	神农镇	是	
高平市	340	小会沟村	140581109236000	寺庄镇	是	
高平市	341	河泊村	140581109240000	寺庄镇	是	
高平市	342	后沟	140581109240100	寺庄镇		否
高平市	343	草芳村	140581109238000	寺庄镇		否
高平市	344	鹿宿村	140581109239000	寺庄镇	是	
高平市	345	南峪	140581109243000	寺庄镇	是	
高平市	346	拌沟村	140581109229000	寺庄镇	是	
高平市	347	西阳	140581109203000	寺庄镇		否
高平市	348	小西沟村	140581103229000	神农镇	是	
高平市	349	新庄村	140581106207000	河西镇	是	
高平市	350	刑村村	140581102210000	三甲镇	是	
高平市	351	北庄村	140581102208000	三甲镇	是	
高平市	352	云南村	140581101226000	米山镇	是	
高平市	353	云东村	140581101225000	米山镇	是	
高平市	354	河东村	140581101225100	米山镇	是	
高平市	355	曹家村	140581201219000	建宁乡	是	
高平市	356	冯庄	140581201208000	建宁乡	是	
高平市	357	赵庄村	140581109234000	寺庄镇	是	
高平市	358	什善	140581109237000	寺庄镇	是	
高平市	359	中村村	140581103228000	神农镇	是	
高平市	360	大西沟村	140581108205000	野川镇	是	
高平市	361	韩家庄	140581108217101	野川镇		否
高平市	362	许家村	140581103210000	神农镇		否
高平市	363	毕家院村	140581202202000	石末乡		否
陵川县	364	西石门村	140524206215000	马圪当乡	是	
陵川县	365	后沟村	140524207214000	古郊乡	是	
陵川县	366	蒲水村	140524212206000	秦家庄乡	是	
陵川县	367	沙场村	140524209203000	六泉乡	是	
陵川县	368	瓦窑上村	140524206222000	马圪当乡	是	
陵川县	369	德义村	140524212222000	秦家庄乡	是	
陵川县	370	赤叶河村	140524209205000	六泉乡	是	
陵川县	371	杨家河村	140524212211000	秦家庄乡	是	
陵川县	372	马圈村	140524207209000	古郊乡	是	
陵川县	373	簸箕掌村	140524100208000	崇文镇	是	
陵川县	374	双底村	140524206204000	马圪当乡	是	

续表 6-1

县区	序号	行政区划名称	行政区划代码	所在乡镇	是否具有居民户位于100年一遇设计洪水淹没范围内	
陵川县	375	西闸水村	140524206224000	马圪当乡	是	
陵川县	376	六泉村	140524209200000	六泉乡	是	
陵川县	377	双头泉村	140524204214000	夺火乡	是	
陵川县	378	大路沟村	140524207210000	古郊乡	是	
陵川县	379	寺洼	140524209207108	六泉乡	是	
陵川县	380	岭常村	140524100210000	崇文镇	是	
陵川县	381	石家坡村	140524209201000	六泉乡	是	
陵川县	382	炉家村	140524100211000	崇文镇		否
陵川县	383	琵琶河村	140524204216000	夺火乡	是	
陵川县	384	武家湾村	140524206201000	马圪当乡	是	
陵川县	385	小义井村	140524101224000	礼义镇	是	
陵川县	386	西庄上村	140524207208000	古郊乡	是	
陵川县	387	桥蒋村	140524212201000	秦家庄乡	是	
陵川县	388	北马村	140524102227000	附城镇	是	
陵川县	389	东街村	140524104202000	平城镇	是	
陵川县	390	掌里村	140524207202000	古郊乡	是	
陵川县	391	土窑	140524209204104	六泉乡	是	
陵川县	392	南马村	140524102231000	附城镇	是	
陵川县	393	北四渠村	140524100200000	崇文镇		否
陵川县	394	安乐庄村	140524101233000	礼义镇		否
陵川县	395	三泉村	140524103219000	西河底镇		否
陵川县	396	库头村	140524105206000	杨村镇		否
陵川县	397	阎家沟村	140524105207000	杨村镇		否
陵川县	398	北冶村	140524105211000	杨村镇		否
陵川县	399	泉头村	140524105212000	杨村镇		否
陵川县	400	岭北底村	140524105213000	杨村镇		否
陵川县	401	平居村	140524105217000	杨村镇		否
陵川县	402	凤凰村	140524204203000	夺火乡		否
陵川县	403	潘家掌村	140524207204000	古郊乡		否
陵川县	404	西崖	140524207223103	古郊乡		否
陵川县	405	马武寨村	140524207224000	古郊乡		否
陵川县	406	南掌	140524209234102	六泉乡		否
陵川县	407	东岸上村	140524209236000	六泉乡		否
陵川县	408	申家沟村	140524212214000	秦家庄乡		否
陵川县	409	和家脚村	140524212218000	秦家庄乡		否
陵川县	410	金家岭村	140524212224000	秦家庄乡		否
陵川县	411	东瑶泉村	140524102238000	附城镇		否
陵川县	412	北山村	140524105209000	杨村镇		否
陵川县	413	流水沟	140524207218102	古郊乡		否
陵川县	414	大河口	140524207223101	古郊乡		否
陵川县	415	东崖	140524207223102	古郊乡		否
陵川县	416	井坡村	140524100247000	崇文镇		否
陵川县	417	九光村	140524106223000	潞城镇		否
陵川县	418	九连窑	140524209207101	六泉乡		否
陵川县	419	咀上	140524209207102	六泉乡		否
陵川县	420	昆山	140524207218100	古郊乡		否
陵川县	421	岭后村	140524105218000	杨村镇		否

续表 6-1

县区	序号	行政区划名称	行政区划代码	所在乡镇	是否具有居民户位于100年一遇设计洪水淹没范围内
陵川县	422	庄洼	140524207218103	古郊乡	否
陵川县	423	吕家河村	140524103203000	西河底镇	否
陵川县	424	秦家庄村	140524212200000	秦家庄乡	否
陵川县	425	桑树河村	140524105208000	杨村镇	否
陵川县	426	西街村	140524101202000	礼义镇	否
陵川县	427	西掌洼	140524209207103	六泉乡	否
陵川县	428	下石马郊	140524100211100	崇文镇	否
陵川县	429	大河口	140524207218101	古郊乡	否
陵川县	430	圪塔村	140524106213000	潞城镇	否
陵川县	431	锡崖沟村	140524207223000	古郊乡	否
陵川县	432	西沟村	140524100202000	崇文镇	否
陵川县	433	河头村	140524100206000	崇文镇	否
陵川县	434	河头庄村	140524100209000	崇文镇	否
陵川县	435	东谷村	140524100231000	崇文镇	否
陵川县	436	吴水村	140524100234000	崇文镇	否
陵川县	437	南垛村	140524100236000	崇文镇	否
陵川县	438	张庄村	140524100240000	崇文镇	否
陵川县	439	尉寨村	140524100244000	崇文镇	否
陵川县	440	龙泉村	140524100245000	崇文镇	否
陵川县	441	野川底村	140524101218000	礼义镇	否
陵川县	442	西善底	140524104204100	平城镇	否
陵川县	443	神后底	140524104204101	平城镇	否
陵川县	444	北召村	140524104219000	平城镇	否
陵川县	445	塔水河村	140524204212000	夺火乡	否
陵川县	446	勤泉村	140524204215000	夺火乡	否
陵川县	447	岭东村	140524207212000	古郊乡	否
陵川县	448	汲好水村	140524207219000	古郊乡	否
陵川县	449	分水岭村	140524207227000	古郊乡	否
陵川县	450	下河村	140524209235000	六泉乡	否
陵川县	451	原庄村	140524212203000	秦家庄乡	否
陵川县	452	庞家川村	140524212220000	秦家庄乡	否
陵川县	453	小西河底	140524100200101	崇文镇	否
陵川县	454	周家铺	140524207223104	古郊乡	否
陵川县	455	古石村	140524206200000	马圪当乡	否
陵川县	456	灵岩寺村	140524206202000	马圪当乡	否
陵川县	457	苏家井村	140524206214000	马圪当乡	否
陵川县	458	段家庄村	140524206216000	马圪当乡	否
陵川县	459	高家井上	140524209204100	六泉乡	是
陵川县	460	浙水	140524209234104	六泉乡	是
陵川县	461	上庄	140524209234101	六泉乡	是
陵川县	462	下庄	140524209234100	六泉乡	是
陵川县	463	西脚村	140524212221000	秦家庄乡	是
陵川县	464	横水村	140524206209000	马圪挡乡	是
陵川县	465	秦家河村	140524104210000	平城镇	是
陵川县	466	苏家湾	140524104219100	平城镇	是
陵川县	467	松庙村	140524207207000	古郊乡	是
陵川县	468	东上河村	140524207205000	古郊乡	是

续表 6-1

县区	序号	行政区划名称	行政区划代码	所在乡镇	是否具有居民户位于 100 年一遇设计洪水淹没范围内	
陵川县	469	上上河村	140524207206000	古郊乡	是	
陵川县	470	古郊村	140524207200000	古郊乡	是	
晋城市城区	471	刘家川村	140502100208000	北石店镇	是	
晋城市城区	472	小车渠村	140502100214000	北石店镇	是	
晋城市城区	473	七岭店村	140502100218000	北石店镇	是	
晋城市城区	474	道头村	140502007201000	西上庄办事处	是	
晋城市城区	475	东武匠村	140502006205000	钟家庄办事处	是	
晋城市城区	476	寺底村	140502006207000	钟家庄办事处	是	
晋城市城区	477	南大街社区	140502001005000	东街街道办事处	是	
晋城市城区	478	泰森社区	140502002003000	西街街道办事处	是	
晋城市城区	479	景德桥社区	140502002015000	西街街道办事处	是(桥涵算)	
晋城市城区	480	驿后社区	140502003005000	南街街道办事处	是	
晋城市城区	481	东后河社区	140502004003000	北街街道办事处	是	
晋城市城区	482	古书院矿社区	140502004004000	北街街道办事处	是	
晋城市城区	483	中后河社区	140502004005000	北街街道办事处	是	
晋城市城区	484	晓庄社区	140502006001000	钟家庄办事处	是	
晋城市城区	485	西谢匠社区	140502006002000	钟家庄办事处	是	
晋城市城区	486	上辇社区	140502006005000	钟家庄办事处	是	
晋城市城区	487	下辇社区	140502006006000	钟家庄办事处	是(桥涵算)	
晋城市城区	488	西武匠村	140502006204000	钟家庄办事处	是	
晋城市城区	489	小白水村	140502006214000	钟家庄办事处	是	
晋城市城区	490	河东社区	140502006215000	钟家庄办事处	是	
晋城市城区	491	西马匠社区	140502007004000	西上庄办事处	是	
晋城市城区	492	夏匠村	140502007204000	西上庄办事处	是	
晋城市城区	493	坡底村	140502007208000	西上庄办事处	是	
晋城市城区	494	小后河社区	140502007212000	西上庄办事处	是	
晋城市城区	495	冯匠村	140502007213000	西上庄办事处	是	
晋城市城区	496	苗匠村	140502007215000	西上庄办事处	是	
晋城市城区	497	郜匠村	140502007216000	西上庄办事处	是	
晋城市城区	498	岗头村	140502007217000	西上庄办事处	是	
晋城市城区	499	叶家河村	140502007220000	西上庄办事处	是(桥涵算)	
晋城市城区	500	吴家沟村	140502007221000	西上庄办事处	是(桥涵算)	
晋城市城区	501	牛山村	140502007224000	西上庄办事处	是	
晋城市城区	502	二圣头社区	140502008101000	开发区	是	
晋城市城区	503	耿窑社区	140502008105000	开发区	是	
晋城市城区	504	金匠社区	140502008106000	开发区	是	
晋城市城区	505	司徒村	140502100206000	北石店镇	是	
晋城市城区	506	南石店村	140502100207000	北石店镇	是	
晋城市城区	507	大车渠村	140502100213000	北石店镇	是	
晋城市城区	508	窑头村	140502100215000	北石店镇	是	
晋城市城区	509	鸿春村	140502100216000	北石店镇	是	
晋城市城区	510	中河东村	140502100219000	北石店镇	是	
合计					352	158

表 6-2　晋城市山洪灾害调查统计表(受坡面流影响)

县区名	序号	行政区划名称	行政区划代码
泽州县	1	辛壁村	140525102201000
泽州县	2	上掌村	140525103203000
泽州县	3	苇町村芋沟	140525103206102
泽州县	4	石淙头村	140525103222000
泽州县	5	坡东村	140525104206000
泽州县	6	杜家河村	140525104216000
泽州县	7	司街村	140525104221000
泽州县	8	大山河村七甲坡	140525105207100
泽州县	9	大山河村南庄	140525105207103
泽州县	10	大山河村柿树掌	140525105207104
泽州县	11	石盆河村	140525105221000
泽州县	12	石盆河村西禅房	140525105221100
泽州县	13	大会村小会	140525106239101
泽州县	14	大泉河村	140525107249000
泽州县	15	渠头村	140525108227000
泽州县	16	王家庄村	140525109207000
泽州县	17	宋家掌村	140525109219000
泽州县	18	香峪村	140525109220000
泽州县	19	青瓮村	140525110237000
泽州县	20	前李河村	140525110249000
泽州县	21	河底村	140525111202000
泽州县	22	西三庄村孔窑	140525111207101
泽州县	23	前圪套村	140525111211000
泽州县	24	南庄村	140525111223000
泽州县	25	河西村	140525111225000
泽州县	26	北庄村	140525111226000
泽州县	27	谷坨村	140525111227000
泽州县	28	东坡村	140525111228000
泽州县	29	东坡村下河	140525111228101
泽州县	30	干司村	140525111229000
泽州县	31	马韦村	140525111230000
泽州县	32	马韦村东贤子	140525111230100
泽州县	33	马韦村西贤子	140525111230101
泽州县	34	北寨村	140525112228000
泽州县	35	河底村	140525113226000
泽州县	36	川底村	140525200200000
泽州县	37	川底村河东	140525200200100
泽州县	38	焦河村	140525200201000
泽州县	39	沙沟村	140525200224000
泽州县	40	李河村	140525201223000
泽州县	41	李河村正圪脑	140525201223100
高平市	42	毕家院村	140581202202000
高平市	43	许家村	140581103210000
高平市	44	韩家庄	140581108217101
陵川县	45	北四渠村	140524100200000
陵川县	46	安乐庄村	140524101233000
陵川县	47	三泉村	140524103219000
陵川县	48	库头村	140524105206000
陵川县	49	阎家沟村	140524105207000

续表 6-2

县区名	序号	行政区划名称	行政区划代码
陵川县	50	北冶村	140524105211000
陵川县	51	泉头村	140524105212000
陵川县	52	岭北底村	140524105213000
陵川县	53	平居村	140524105217000
陵川县	54	凤凰村	140524204203000
陵川县	55	潘家掌村	140524207204000
陵川县	56	西崖	140524207223103
陵川县	57	马武寨村	140524207224000
陵川县	58	南掌	140524209234102
陵川县	59	东岸上村	140524209236000
陵川县	60	申家沟村	140524212214000
陵川县	61	和家脚村	140524212218000
陵川县	62	金家岭村	140524212224000
陵川县	63	东瑶泉村	140524102238000
陵川县	64	北山村	140524105209000
陵川县	65	流水沟	140524207218102
陵川县	66	大河口	140524207223101
陵川县	67	东崖	140524207223102
陵川县	68	井坡村	140524100247000
陵川县	69	九光村	140524106223000
陵川县	70	九连窑	140524209207101
陵川县	71	咀上	140524209207102
陵川县	72	昆山	140524207218100
陵川县	73	岭后村	140524105218000
陵川县	74	庄洼	140524207218103
陵川县	75	吕家河村	140524103203000
陵川县	76	秦家庄村	140524212200000
陵川县	77	桑树河村	140524105208000
陵川县	78	西街村	140524101202000
陵川县	79	西掌洼	140524209207103
陵川县	80	下石马郊	140524100211100
陵川县	81	大河口	140524207218101
陵川县	82	圪塔村	140524106213000
陵川县	83	锡崖沟村	140524207223000
陵川县	84	西沟村	140524100202000
陵川县	85	河头村	140524100206000
陵川县	86	河头庄村	140524100209000
陵川县	87	东谷村	140524100231000
陵川县	88	吴水村	140524100234000
陵川县	89	南垛村	140524100236000
陵川县	90	张庄村	140524100240000
陵川县	91	尉寨村	140524100244000
陵川县	92	龙泉村	140524100245000
陵川县	93	野川底村	140524101218000

续表 6-2

县区名	序号	行政区划名称	行政区划代码
陵川县	94	西善底	140524104204100
陵川县	95	神后底	140524104204101
陵川县	96	北召村	140524104219000
陵川县	97	塔水河村	140524204212000
陵川县	98	勤泉村	140524204215000
陵川县	99	岭东村	140524207212000
陵川县	100	汲好水村	140524207219000
陵川县	101	分水岭村	140524207227000
陵川县	102	下河村	140524209235000
陵川县	103	原庄村	140524212203000
陵川县	104	庞家川村	140524212220000
陵川县	105	小西河底	140524100200101
陵川县	106	周家铺	140524207223104
陵川县	107	古石村	140524206200000
陵川县	108	灵岩寺村	140524206202000
陵川县	109	苏家井村	140524206214000
陵川县	110	段家庄村	140524206216000
陵川县	111	炉家村	140524100211000

6.3 成灾水位及重现期

6.3.1 各频率设计洪水水面线推求

推求晋城市沿河村落 50 年、20 年、10 年和 5 年一遇设计洪水水面线。

6.3.2 各频率设计洪水淹没范围确定

根据各频率设计洪水水面线成果，结合沿河村落地形及居民户高程，勾绘各频率设计洪水淹没范围。

6.3.3 成灾水位及控制断面的确定

对比临河一侧居民户高程和沿河村落河段水面线确定成灾水位，具体方法如下：

(1)将淹没范围内居民户投影到纵断面上，绘制居民户高程与各频率设计洪水水面线对比示意图，居民户低于水面线即代表被淹没。

(2)距离该水面线最远的居民户最先受灾，距离该居民户最近的横断面即为控制断面，根据该居民户高程及比降推求居民户高程在控制断面处对应水位即为成灾水位。

其中，当河道设有堤防，村落受堤防保护，成灾水位确定为控制断面出槽水位；当河道无堤防，为天然河道，则依据最先受灾居民点高程推求成灾水位。

6.3.4　水位—流量关系计算

控制断面的水位—流量关系，如有实测资料或成果，应优先采用。对于无资料地区，利用各频率水面线分析成果而得，绘制控制断面水位—流量关系曲线。本次分析中，控制断面的水位—流量关系由各频率水面线分析成果而得，在一段河道中取多个横断面，按照从下往上推算原则，采用水面线求得控制断面处 5 个不同频率洪峰流量、相应水位，建立水位—流量关系线。

6.3.5　成灾水位对应频率

根据水位—流量关系推求成灾水位对应的洪峰流量，采用插值法利用洪峰流量频率曲线确定其频率，换算成重现期，得到沿河村落的现状防洪能力。

以沁水县中村镇北岭村马邑沟为例进行分析。位于续鲁河上游，为续鲁河沁水支流的北部支流，在张马村与中村河汇合流入翼城县。

中村镇北岭村马邑沟村内河道窄浅、河左岸房屋河堤较低水位达到 1 166.93 m(2#控制断面)时即受灾，河右岸虽有护坝和公路，但村内房屋在水位达到公路高程 1 165.59 m（控制断面）时也受灾。马邑沟居民户高程与设计洪水水面线对比示意图见图 6-2，控制断面水位—流量关系曲线见图 6-3，成灾水位及其对应洪水频率成果见表 6-3。

表 6-3　中村镇北岭村马邑沟成灾水位及其对应洪水频率成果表

行政区划名称	成灾水位(m)	洪峰流量(m^3/s)	频率(%)	重现期(年)
马邑沟	1 165.59	8	22	4.5

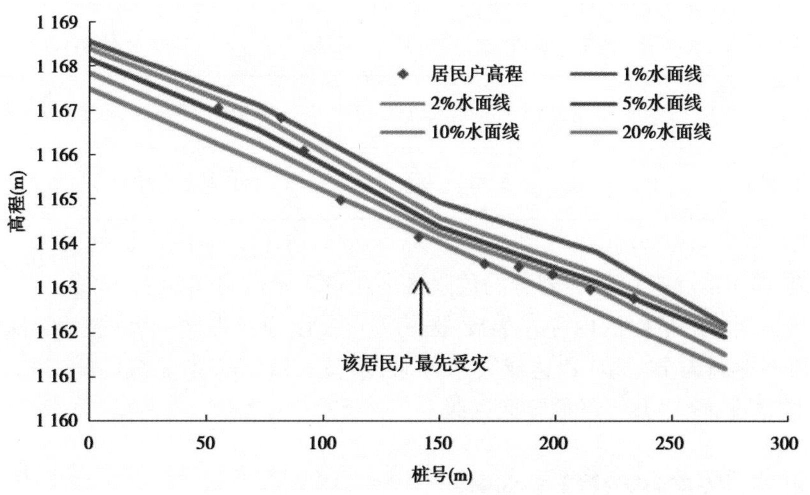

图 6-2　中村镇北岭村马邑沟居民户高程与水面线对比示意图

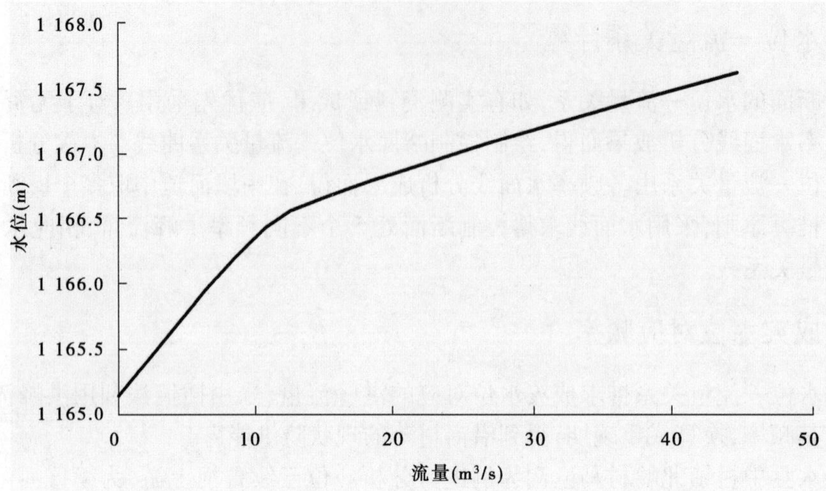

图6-3　中村镇北岭村马邑沟控制断面水位—流量关系曲线

6.4　危险区等级划分

按照危险区等级划分标准(见表6-4),初步划定各级危险区。

表6-4　危险区等级划分标准

危险区等级	洪水重现期	说明
极高危险区	小于5年一遇	属较高发生频次
高危险区	大于等于5年一遇,小于20年一遇	属中等发生频次
危险区	大于等于20年一遇至100年一遇或历史最高	属稀遇发生频次,不受特殊工况影响
特殊工况危险区	100年一遇或历史最高至叠加洪水淹没范围	属稀遇发生频次,受特殊工况影响

应根据具体情况按照初步划分的危险区适当调整危险区等级:

(1)初步划分的危险区内存在学校、医院等重要设施应提升一级危险区等级;

(2)河谷形态为窄深型,到达成灾水位后,水位—流量关系曲线陡峭,对人口和房屋影响严重的情况,应提升一级危险区等级。

6.5　洪灾危险区灾情分析

晋城市防灾对象现状防洪能力分布见图6-4。

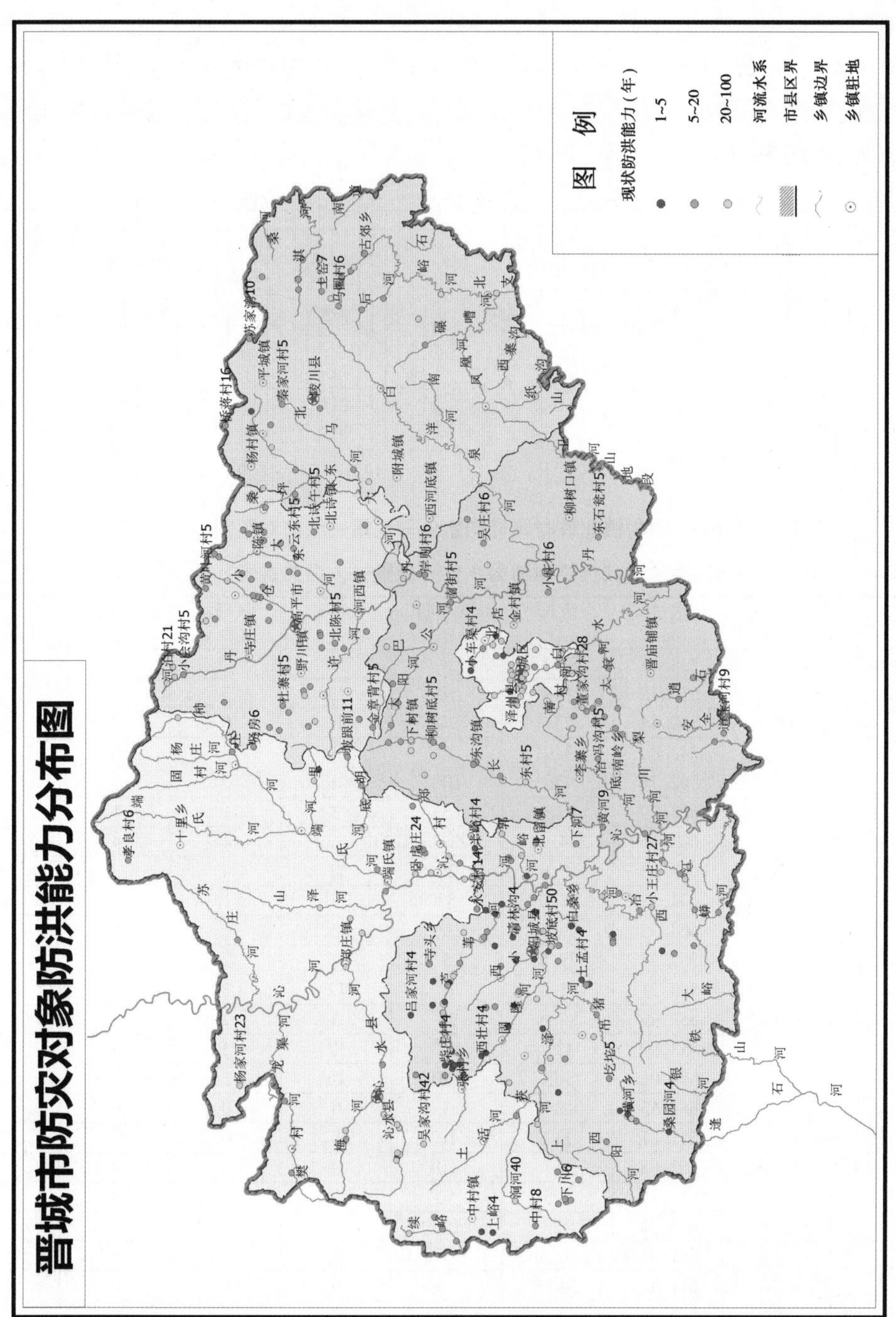

图 6-4　晋城市防灾对象现状防洪能力分布图

6.5.1　危险区水位—流量—人口关系

通过计算晋城市沿河村落5个典型频率设计洪水对应的水面线成果，结合沿河村落地形地貌、居民户高程情况，勾绘划定各频率设计洪水淹没范围。统计不同频率设计洪水位下的累计人口、户数，若沿河村落受特殊工况洪水影响，需统计特殊工况危险区累计人口、户数。成果详见表6-5，并绘制防灾对象水位—流量—人口对照图，以中村镇北岭村马邑沟为例（见图6-5）。

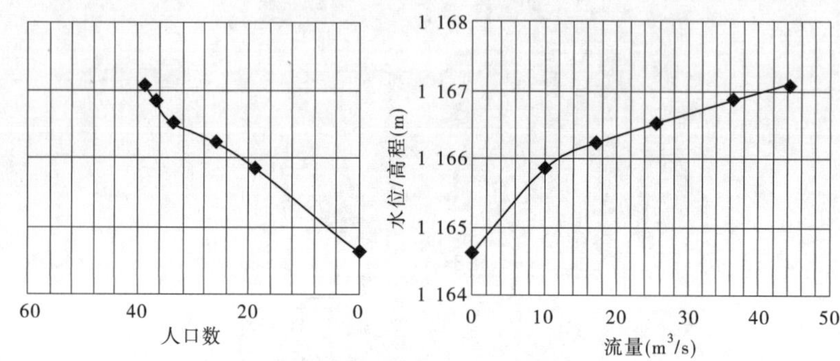

图6-5　中村镇北岭村马邑沟水位—流量—人口对照图

表6-5　晋城市控制断面水位—流量—人口关系表

县区	序号	行政区划名称	水位（m）	流量（m^3/s）	重现期（年）	人口（人）	户数（户）	房屋数（座）	备注
阳城县	1	白桑村	538.25	86.5	5	51	12	12	
			539.35	148	10	13	3	3	
			540.64	231	20	0	0	0	
			542.00	346	50	0	0	0	
			542.71	430	100	0	0	0	
阳城县	2	杜沟村	603.29	10.1	5	2	1	1	
			603.55	14.1	10	22	4	4	
			603.83	19.0	20	11	3	3	
			604.13	25.0	50	5	1	1	
			604.35	29.5	100	0	0	0	
阳城县	3	张庄村	552.97	28.5	5	7	2	2	
			553.21	51.6	10	12	3	3	
			553.49	83.6	20	8	2	2	
			553.80	127	50	12	3	3	
			554.06	168	100	16	3	3	
阳城县	4	沟底村	651.53	83.4	5	0	0	0	
			651.81	117	10	0	0	0	
			652.08	151	20	0	0	0	
			652.37	195	50	0	0	0	
			652.58	227	100	4	2	2	
阳城县	5	大端村	641.48	20.5	5	0	0	0	
			641.75	34.3	10	0	0	0	
			642.04	52.1	20	0	0	0	
			642.44	82.1	50	0	0	0	
			642.80	104	100	0	1	1	

续表 6-5

县区	序号	行政区划名称	水位(m)	流量(m^3/s)	重现期(年)	人口(人)	户数(户)	房屋数(座)	备注
阳城县	6	后河村	630.28	25.2	5	66	15	15	
			630.56	35.8	10	0	0	0	
			630.82	46.4	20	0	0	0	
			631.12	60.2	50	0	0	0	
			631.33	70.4	100	0	0	0	
阳城县	7	逯河村	816.66	63.0	5	0	0	0	
			817.38	106	10	0	0	0	
			818.14	161	20	0	0	0	
			818.97	231	50	0	0	0	
			819.52	284	100	2	1	1	
阳城县	8	沟西村	757.63	56.8	5	0	0	0	
			757.87	88.1	10	0	0	0	
			758.09	120	20	0	0	0	
			758.35	163	50	2	1	1	
			758.53	195	100	0	0	0	
阳城县	9	周壁村	684.32	74.4	5	2	1	1	
			684.46	110	10	3	1	1	
			684.58	145	20	0	0	0	
			684.72	192	50	0	0	0	
			684.82	226	100	0	0	0	
阳城县	10	五龙沟村	545.93	71.6	5	3	1	1	
			546.34	107	10	8	3	3	
			546.72	146	20	6	2	2	
			547.16	195	50	0	0	0	
			547.46	232	100	0	0	0	
阳城县	11	町店村	575.42	347	5	0	0	0	
			576.35	619	10	8	2	2	
			577.23	924	20	25	6	6	
			578.12	1 346	50	15	4	4	
			578.78	1 692	100	7	2	2	
阳城县	12	凌家沟村	647.36	57.6	5	0	0	0	
			647.51	85.7	10	0	0	0	
			647.65	115	20	0	0	0	
			647.83	152	50	0	0	0	
			648.04	180	100	0	1	1	
阳城县	13	上黄岩村	632.22	321	5	0	0	0	
			633.91	582	10	19	6	6	
			635.45	876	20	0	0	0	
			637.28	1 280	50	23	6	6	
			638.60	1 611	100	6	1	1	
阳城县	14	张沟村	578.18	74.5	5	9	2	2	
			578.65	109	10	1	1	1	
			579.02	145	20	5	3	3	
			579.57	192	50	5	1	1	
			579.86	227	100	2	1	1	

续表 6-5

县区	序号	行政区划名称	水位（m）	流量（m^3/s）	重现期（年）	人口（人）	户数（户）	房屋数（座）	备注
阳城县	15	蒿峪村	531.01	319	5	8	2	2	
			532.82	590	10	36	8	8	
			534.53	904	20	0	0	0	
			536.49	1 327	50	0	0	0	
			537.95	1 683	100	0	0	0	
阳城县	16	美泉村	509.54	317	5	0	0	0	
			511.39	587	10	0	0	0	
			513.14	901	20	0	0	0	
			515.14	1 323	50	22	5	5	
			516.65	1 680	100	39	9	9	
阳城县	17	上孔村	498.98	337	5	0	0	0	
			500.06	616	10	10	3	3	
			501.11	945	20	36	9	9	
			502.29	1 378	50	0	0	0	
			503.17	1 746	100	0	0	0	
阳城县	18	下孔村	493.09	333	5	0	0	0	
			494.06	610	10	0	0	0	
			495.01	940	20	9	3	3	
			496.06	1 373	50	21	5	5	
			496.86	1 740	100	0	0	0	
阳城县	19	小庄村	499.46	336	5	0	0	0	
			500.90	614	10	23	10	10	
			502.29	943	20	0	0	0	
			503.85	1 375	50	0	0	0	
			505.03	1 743	100	0	0	0	
阳城县	20	高石村	648.04	17.1	5	0	0	0	
			648.29	32.9	10	0	0	0	
			648.71	66.9	20	7	2	2	
			649.30	129	50	21	5	5	
			649.61	169	100	13	3	3	
阳城县	21	高窑村	641.49	22.5	5	0	0	0	
			642.03	43.0	10	5	1	1	
			642.88	85.2	20	5	1	1	
			644.16	169	50	64	11	11	
			644.85	223	100	10	2	2	
阳城县	22	龙岩底	619.69	29.0	5	0	0	0	
			620.02	57.2	10	35	7	7	
			620.55	119	20	28	6	6	
			621.28	229	50	9	2	2	
			621.67	300	100	0	0	0	
阳城县	23	江河村	549.09	55.1	5	0	0	0	
			550.21	109	10	46	12	12	
			551.92	218	20	11	3	3	
			553.77	408	50	0	0	0	
			554.60	533	100	0	0	0	

续表 6-5

县区	序号	行政区划名称	水位（m）	流量（m^3/s）	重现期（年）	人口（人）	户数（户）	房屋数（座）	备注
阳城县	24	恶门	554.76	23.0	5	0	0	0	
			555.16	44.9	10	0	0	0	
			555.83	92.8	20	0	0	0	
			556.85	190	50	0	0	0	
			557.41	255	100	39	9	9	
阳城县	25	洪峪村	591.11	42.9	5	0	0	0	
			591.29	74.4	10	0	0	0	
			591.51	125	20	0	0	0	
			591.74	187	50	4	1	1	
			591.88	232	100	10	2	2	
阳城县	26	小王庄村	673.21	26.1	5	0	0	0	
			673.56	51.9	10	0	0	0	
			674.10	107	20	0	0	0	
			674.80	200	50	19	5	5	
			675.18	260	100	0	0	0	
阳城县	27	安牛村	853.78	25.0	5	2	1	1	
			854.27	50.1	10	0	0	0	
			854.83	85.9	20	0	0	0	
			855.50	139	50	3	2	2	
			855.97	182	100	3	1	1	
阳城县	28	董封村	725.74	128	5	0	0	0	
			727.07	271	10	28	8	8	
			728.73	507	20	14	4	4	
			731.08	934	50	0	0	0	
			732.91	1 337	100	0	0	0	
阳城县	29	龙泉村	718.60	30.9	5	0	0	0	
			719.26	61.9	10	0	0	0	
			720.05	110	20	0	0	0	
			721.11	191	50	0	0	0	
			721.86	258	100	4	1	1	
阳城县	30	芦家河村	773.20	29.7	5	0	0	0	
			773.74	58.9	10	0	0	0	
			774.40	104	20	4	2	2	
			775.27	179	50	9	4	4	
			775.88	241	100	13	5	5	
阳城县	31	上河村	860.18	22.2	5	0	0	0	
			860.59	46.6	10	0	0	0	
			861.07	84.5	20	0	0	0	
			861.76	153	50	3	1	1	
			862.30	216	100	5	2	2	
阳城县	32	白沟村	648.76	25.4	5	21	6	6	
			649.03	34.8	10	0	0	0	
			649.27	44.3	20	0	0	0	
			649.55	56.4	50	0	0	0	
			649.74	65.3	100	0	0	0	

续表 6-5

县区	序号	行政区划名称	水位(m)	流量(m^3/s)	重现期(年)	人口(人)	户数(户)	房屋数(座)	备注
阳城县	33	清河沟	575.62	36.2	5	0	1	1	
			576.06	52.1	10	0	2	2	
			576.46	68.6	20	0	4	4	
			576.91	89.2	50	0	6	6	
			577.22	105	100	0	2	2	
阳城县	34	坪头	580.34	246	5	0	6	6	
			581.72	509	10	0	1	1	
			583.42	928	20	0	0	0	
			585.84	1 691	50	0	0	0	
			587.62	2 361	100	0	0	0	
阳城县	35	苏庄	582.03	248	5	0	10	10	
			583.74	514	10	0	0	0	
			585.84	939	20	0	0	0	
			588.74	1 681	50	0	0	0	
			590.90	2 339	100	0	0	0	
阳城县	36	下芹村	600.56	281	5	0	3	3	
			601.39	427	10	0	1	1	
			602.14	577	20	0	0	0	
			602.99	768	50	0	2	2	
			603.57	913	100	0	0	0	
阳城县	37	杨家村	586.80	5.20	5	17	3	3	
			586.99	7.10	10	0	0	0	
			587.13	8.90	20	4	1	1	
			587.30	11.2	50	0	3	3	
			587.41	13.0	100	0	0	0	
阳城县	38	杨家谢沟村	575.08	8.60	5	25	8	8	
			575.11	11.6	10	0	0	0	
			575.13	14.7	20	0	0	0	
			575.16	18.6	50	0	0	0	
			575.18	21.5	100	0	0	0	
阳城县	39	中李丘村	627.80	225	5	41	9	9	
			628.58	340	10	0	0	0	
			629.29	458	20	0	0	0	
			630.10	609	50	0	0	0	
			630.65	723	100	0	0	0	
阳城县	40	西状村	809.60	25.5	5	11	3	3	
			810.15	36.3	10	0	0	0	
			810.66	47.3	20	10	2	2	
			811.23	61.3	50	8	2	2	
			811.63	71.9	100	0	0	0	
阳城县	41	泽城村	704.40	127	5	51	15	15	
			705.51	187	10	0	0	0	
			706.50	248	20	0	0	0	
			707.63	328	50	0	0	0	
			708.41	387	100	0	0	0	

续表 6-5

县区	序号	行政区划名称	水位(m)	流量(m^3/s)	重现期(年)	人口(人)	户数(户)	房屋数(座)	备注
阳城县	42	寨上村	788.76	43.9	5	48	12	12	
			789.42	62.7	10	0	0	0	
			790.00	81.6	20	0	0	0	
			790.67	106	50	0	0	0	
			791.13	124	100	0	0	0	
阳城县	43	土孟	727.00	14.4	5	79	21	21	
			727.39	20.5	10	6	2	2	
			727.73	26.6	20	7	3	3	
			728.14	34.5	50	0	0	0	
			728.42	40.4	100	0	0	0	
阳城县	44	下交村	717.08	46.8	5	15	6	6	
			717.70	68.2	10	0	0	0	
			718.40	95.9	20	0	0	0	
			719.16	131	50	0	0	0	
			719.70	157	100	0	0	0	
阳城县	45	横河村	1 016.92	45.0	5	6	1	1	
			1 017.47	90.7	10	10	1	1	
			1 018.13	162	20	0	0	0	
			1 019.17	305	50	0	0	0	
			1 019.92	428	100	0	0	0	
阳城县	46	恒升宫	997.25	46.9	5	0	0	0	
			997.72	99.9	10	0	0	0	
			998.27	183	20	0	0	0	
			999.03	331	50	0	2	2	
			999.56	452	100	0	0	0	
阳城县	47	乌头村	981.71	48.1	5	0	0	0	
			982.25	102	10	0	0	0	
			982.90	188	20	4	1	1	
			983.80	338	50	10	2	2	
			984.42	460	100	8	2	2	
阳城县	48	西炉坡	1 002.87	45.0	5	0	0	0	
			1 003.40	90.9	10	0	0	0	
			1 004.03	161	20	0	2	2	
			1 005.03	302	50	0	1	1	
			1 005.75	425	100	0	4	4	
阳城县	49	桑园河	802.40	83.2	5	2	1	1	
			802.99	171	10	0	0	0	
			803.63	306	20	0	0	0	
			804.35	503	50	0	0	0	
			804.83	663	100	0	0	0	
阳城县	50	受益村	1 042.25	22.3	5	8	3	3	
			1 042.65	45.0	10	4	1	1	
			1 043.14	81.7	20	0	0	0	
			1 043.61	124	50	5	1	1	
			1 044.13	180	100	10	3	3	

续表 6-5

县区	序号	行政区划名称	水位（m）	流量（m³/s）	重现期（年）	人口（人）	户数（户）	房屋数（座）	备注
阳城县	51	毕家村	1 058.39	26.6	5	0	0	0	
			1 058.83	52.4	10	0	0	0	
			1 059.35	91.7	20	25	5	5	
			1 060.10	161	50	17	7	7	
			1 060.69	228	100	4	1	1	
阳城县	52	园河村	743.64	38.6	5	0	0	0	
			744.05	83.0	10	5	3	3	
			744.56	153	20	4	2	2	
			745.28	283	50	2	1	1	
			745.80	394	100	0	0	0	
阳城县	53	入店	1 202.74	15.6	5	0	0	0	
			1 203.36	25.7	10	2	1	1	
			1 203.91	36.3	20	0	0	0	
			1 204.52	49.8	50	0	0	0	
			1 204.93	59.5	100	0	0	0	
阳城县	54	东峪村	703.38	33.7	5	0	0	0	
			704.12	67.8	10	11	3	3	
			704.92	115	20	14	4	4	
			705.84	179	50	38	9	9	
			706.40	224	100	0	0	0	
阳城县	55	上桑林村	807.79	17.8	5	0	0	0	
			808.58	44.9	10	4	1	1	
			809.52	89.1	20	0	0	0	
			810.33	136	50	4	1	1	
			810.81	168	100	0	0	0	
阳城县	56	台头村	692.94	42.9	5	4	1	1	
			693.92	82.2	10	24	5	5	
			694.97	136	20	14	4	4	
			696.29	216	50	0	0	0	
			697.03	268	100	0	0	0	
阳城县	57	西域村	706.65	29.9	5	0	0	0	
			707.31	57.0	10	13	5	5	
			708.02	93.0	20	35	12	12	
			709.05	157	50	25	7	7	
			709.63	199	100	9	2	2	
阳城县	58	下桑林村	771.22	23.9	5	0	0	0	
			771.62	61.7	10	0	0	0	
			772.13	127	20	0	0	0	
			772.58	202	50	12	4	4	
			772.86	255	100	11	3	3	
阳城县	59	北宜固村	734.42	205	5	0	0	0	
			735.07	361	10	0	0	0	
			735.67	536	20	0	0	0	
			736.35	768	50	0	0	0	
			736.86	960	100	12	5	5	

续表 6-5

县区	序号	行政区划名称	水位（m）	流量（m^3/s）	重现期（年）	人口（人）	户数（户）	房屋数（座）	备注
阳城县	60	后湾	758.91	40.5	5	0	0	0	
			759.24	62.9	10	0	0	0	
			759.53	86.0	20	0	0	0	
			759.87	116	50	0	0	0	
			760.11	139	100	10	2	2	
阳城县	61	柴庄村	834.72	54.6	5	50	13	13	
			835.28	90.2	10	7	2	2	
			835.78	128	20	0	0	0	
			836.34	176	50	0	0	0	
			836.72	212	100	8	2	2	
阳城县	62	庙岭后	812.90	86.0	5	25	5	5	
			813.73	141	10	0	0	0	
			814.46	199	20	0	0	0	
			815.30	274	50	0	0	0	
			815.87	332	100	0	0	0	
阳城县	63	川河村	718.80	94.0	5	6	3	3	
			719.38	158	10	30	8	8	
			719.91	227	20	20	6	6	
			720.50	318	50	0	0	0	
			720.92	389	100	0	0	0	
阳城县	64	贾寨村	789.61	83.1	5	9	2	2	
			790.53	140	10	25	12	12	
			791.34	199	20	4	1	1	
			792.26	277	50	0	0	0	
			792.90	336	100	0	0	0	
阳城县	65	董王岩	816.51	36.5	5	3	1	1	
			816.98	58.4	10	0	0	0	
			817.42	81.3	20	5	1	1	
			817.88	112	50	0	0	0	
			818.19	136	100	9	2	2	
阳城县	66	西河	806.67	83.8	5	26	6	6	
			807.36	140	10	14	3	3	
			807.97	199	20	0	0	0	
			808.67	276	50	0	0	0	
			809.14	335	100	0	0	0	
阳城县	67	下东坡	786.88	183	5	0	0	0	
			787.89	318	10	34	9	9	
			788.80	465	20	0	0	0	
			789.85	661	50	0	0	0	
			790.60	818	100	0	0	0	
阳城县	68	刘东村	668.74	310	5	55	14	14	
			669.67	551	10	15	3	3	
			670.53	822	20	0	0	0	
			671.51	1 185	50	0	0	0	
			672.22	1 477	100	0	0	0	

续表 6-5

县区	序号	行政区划名称	水位 (m)	流量 (m^3/s)	重现期 (年)	人口 (人)	户数 (户)	房屋数 (座)	备注
阳城县	69	刘西村	664. 72	279	5	0	0	0	
			665. 37	494	10	6	1	1	
			665. 92	732	20	45	9	9	
			666. 56	1 060	50	0	0	0	
			666. 99	1 320	100	0	0	0	
阳城县	70	吕家河村	783. 74	68. 9	5	9	2	2	
			784. 15	113	10	23	6	6	
			784. 52	160	20	8	2	2	
			784. 94	222	50	3	1	1	
			785. 23	269	100	4	1	1	
阳城县	71	芹池村	698. 85	292	5	57	14	14	
			699. 79	512	10	17	4	4	
			700. 64	755	20	77	19	19	
			701. 63	1 083	50	20	5	5	
			702. 32	1 342	100	13	3	3	
阳城县	72	羊泉村	766. 11	188	5	17	5	5	
			767. 25	331	10	81	20	20	
			768. 29	487	20	0	0	0	
			769. 50	699	50	0	0	0	
			770. 37	870	100	0	0	0	
阳城县	73	刘庄	759. 05	187	5	0	0	0	
			760. 02	330	10	0	0	0	
			760. 90	486	20	0	0	0	
			761. 92	698	50	0	0	0	
			762. 66	870	100	3	1	1	
阳城县	74	阳陵城	708. 03	224	5	0	0	0	
			708. 67	396	10	0	0	0	
			709. 26	590	20	0	0	0	
			709. 94	849	50	17	4	4	
			710. 43	1 057	100	14	3	3	
阳城县	75	宜壁村	720. 62	222	5	0	0	0	
			721. 15	391	10	0	0	0	
			721. 63	578	20	11	3	3	
			722. 20	829	50	7	2	2	
			722. 60	1 028	100	3	1	1	
阳城县	76	原庄村	809. 71	124	5	0	10	10	
			810. 62	215	10	0	7	7	
			811. 44	313	20	0	6	6	
			812. 38	443	50	0	5	5	
			813. 05	546	100	0	0	0	
阳城县	77	润城村	494. 16	176	5	39	10	10	
			496. 55	262	10	0	0	0	
			498. 12	368	20	0	0	0	
			499. 89	504	50	0	0	0	
			501. 10	606	100	0	0	0	

续表 6-5

县区	序号	行政区划名称	水位（m）	流量（m³/s）	重现期（年）	人口（人）	户数（户）	房屋数（座）	备注
阳城县	78	马寨村	643.82	323	5	0	0	0	
			644.80	574	10	0	0	0	
			645.70	850	20	13	4	4	
			646.72	1 217	50	16	6	6	
			647.46	1 514	100	0	0	0	
阳城县	79	白寨	647.63	332	5	0	0	0	
			648.38	584	10	0	0	0	
			649.07	865	20	0	0	0	
			649.86	1 241	50	6	2	2	
			650.43	1 542	100	16	4	4	
阳城县	80	寺头村	696.26	80.3	5	0	0	0	
			696.74	131	10	0	0	0	
			697.18	186	20	2	1	1	
			697.68	257	50	12	4	4	
			698.02	310	100	28	8	8	
阳城县	81	朱村村	699.78	89.1	5	4	1	1	
			700.24	141	10	3	1	1	
			700.66	195	20	4	1	1	
			701.14	265	50	0	0	0	
			701.46	317	100	0	0	0	
阳城县	82	孙沟村	692.24	50.2	5	0	0	0	
			692.37	70.1	10	4	1	1	
			692.49	90.1	20	0	0	0	
			692.63	116	50	6	1	1	
			692.72	135	100	0	0	0	
阳城县	83	胡沟村	776.21	21.7	5	0	0	0	
			776.66	30.7	10	0	0	0	
			777.07	39.9	20	0	0	0	
			777.54	51.7	50	0	0	0	
			777.86	60.5	100	4	1	1	
阳城县	84	台底村	676.07	91.2	5	18	5	5	
			677.01	137	10	9	2	2	
			677.86	184	20	3	1	1	
			678.83	245	50	0	0	0	
			679.51	291	100	0	0	0	
阳城县	85	献义村	729.66	31.5	5	0	0	0	
			730.03	46.3	10	7	2	2	
			730.35	61.4	20	4	1	1	
			730.73	80.9	50	3	1	1	
			730.99	95.6	100	0	0	0	
泽州县	1	冯沟村	773.45	50.0	5	14	4	4	
			773.33	69.0	10	24	6	6	
			773.16	88.0	20	24	6	6	
			773.00	113	50	30	7	7	
			772.80	131	100	36	8	8	

续表 6-5

县区	序号	行政区划名称	水位 (m)	流量 (m^3/s)	重现期 (年)	人口 (人)	户数 (户)	房屋数 (座)	备注
泽州县	2	万里村	885.30	56.0	5	33	7	7	
			885.91	85.0	10	39	9	9	
			886.52	117	20	45	11	11	
			887.19	158	50	54	13	13	
			887.65	188	100	63	16	16	
泽州县	3	柳树底村	823.00	181	5	0	0	0	
			821.61	277	10	103	24	24	
			819.56	389	20	103	24	24	
			817.72	533	50	103	24	24	
			815.93	641	100	103	24	24	
泽州县	4	石伏头村	823.69	202	5	0	0	0	
			822.16	308	10	49	10	10	
			819.89	435	20	49	10	10	
			817.87	596	50	49	10	10	
			815.91	718	100	49	10	10	
泽州县	5	史村河村	804.98	209	5	0	0	0	
			804.15	318	10	70	17	17	
			802.91	453	20	70	17	17	
			801.81	625	50	70	17	17	
			800.77	753	100	70	17	17	
泽州县	6	刘村村	821.64	77.0	5	45	6	6	
			821.43	112	10	47	7	7	
			821.13	149	20	47	7	7	
			820.86	196	50	47	7	7	
			820.58	231	100	47	7	7	
泽州县	7	东沟村	762.27	4.00	5	0	0	0	
			762.46	8.00	10	0	0	0	
			762.68	13.0	20	0	0	0	
			762.87	18.0	50	9	3	3	
			763.02	23.0	100	17	5	5	
泽州县	8	峪南村	771.81	371	5	156	39	39	
			770.98	526	10	156	39	39	
			769.75	767	20	156	39	39	
			768.67	1 087	50	156	39	39	
			767.88	1 327	100	156	39	39	
泽州县	9	周村村卫窑	712.38	76.0	5	10	3	3	
			712.68	104	10	10	3	3	
			713.01	138	20	15	4	4	
			713.39	181	50	15	4	4	
			713.64	213	100	19	5	5	
泽州县	10	下町村东村	716.33	438	5	7	2	2	
			717.16	682	10	7	2	2	
			718.16	1 030	20	7	2	2	
			719.30	1 494	50	7	2	2	
			720.05	1 829	100	7	2	2	

续表 6-5

县区	序号	行政区划名称	水位（m）	流量（m^3/s）	重现期（年）	人口（人）	户数（户）	房屋数（座）	备注
泽州县	11	下町村圪套	720.42	445	5	135	24	24	
			722.19	687	10	135	24	24	
			724.35	1 036	20	135	24	24	
			726.77	1 494	50	135	24	24	
			728.37	1 831	100	135	24	24	
泽州县	12	坪上村后河	698.40	422	5	0	0	0	
			699.49	697	10	0	0	0	
			700.71	1 065	20	6	1	1	
			702.13	1 573	50	21	5	5	
			703.07	1 950	100	21	5	5	
泽州县	13	坪上村圪坨	692.15	415	5	27	7	7	
			693.63	685	10	27	7	7	
			695.27	1 048	20	27	7	7	
			697.20	1 551	50	27	7	7	
			698.48	1 924	100	27	7	7	
泽州县	14	下河村	673.35	418	5	45	14	14	
			674.98	690	10	45	14	14	
			676.41	1 071	20	45	14	14	
			678.38	1 612	50	45	14	14	
			679.69	2 019	100	45	14	14	
泽州县	15	上犁川村	833.10	25.0	5	0	0	0	
			833.40	51.0	10	0	0	0	
			833.67	84.0	20	0	0	0	
			833.98	110	50	4	1	1	
			834.20	130	100	7	2	2	
泽州县	16	中庄村	824.91	42.0	5	33	9	9	
			825.17	63.0	10	33	9	9	
			825.40	84.0	20	33	9	9	
			825.68	111	50	33	9	9	
			825.86	132	100	37	10	10	
泽州县	17	下犁川村	822.14	61.0	5	200	43	43	
			822.66	91.0	10	289	62	62	
			823.14	122	20	310	66	66	
			823.59	163	50	316	68	68	
			824.07	193	100	330	70	70	
泽州县	18	上庄村	830.27	27.0	5	28	5	5	
			830.49	38.0	10	43	7	7	
			830.69	50.0	20	53	9	9	
			830.92	65.0	50	53	9	9	
			831.09	76.0	100	53	9	9	
泽州县	19	下铁南村	792.26	65.0	5	4	1	1	
			792.60	91.0	10	4	1	1	
			792.91	117	20	10	3	3	
			793.27	151	50	10	3	3	
			793.52	176	100	10	3	3	

续表 6-5

县区	序号	行政区划名称	水位(m)	流量(m^3/s)	重现期(年)	人口(人)	户数(户)	房屋数(座)	备注
泽州县	20	南河村	862.48	2.00	5	6	2	2	
			862.66	3.00	10	6	2	2	
			862.84	5.00	20	9	3	3	
			863.05	7.00	50	11	4	4	
			863.21	9.00	100	11	4	4	
泽州县	21	大山河村	583.83	44.0	5	0	0	0	
			584.41	77.0	10	10	2	2	
			585.06	122	20	40	9	9	
			585.90	191	50	52	13	13	
			586.58	256	100	52	13	13	
泽州县	22	窑掌村	564.46	21.0	5	0	0	0	
			564.71	35.0	10	0	0	0	
			564.98	54.0	20	4	1	1	
			565.32	81.0	50	8	2	2	
			565.58	105	100	8	2	2	
泽州县	23	后峪村	777.41	61.0	5	0	0	0	
			777.83	103	10	3	1	1	
			778.25	153	20	3	1	1	
			778.79	228	50	3	1	1	
			779.17	289	100	10	3	3	
泽州县	24	坂头村寺北庄	600.85	600	5	0	0	0	
			602.21	1 071	10	0	0	0	
			603.81	1 758	20	0	0	0	
			605.88	2 834	50	5	1	1	
			607.37	3 736	100	5	1	1	
泽州县	25	南街村	746.02	772	5	109	24	24	
			747.77	1 185	10	109	24	24	
			749.54	1 675	20	109	24	24	
			751.51	2 294	50	109	24	24	
			752.85	2 757	100	109	24	24	
泽州县	26	黄三河村	892.84	67.0	5	3	2	2	
			893.69	114	10	11	5	5	
			894.62	176	20	11	5	5	
			895.70	262	50	23	8	8	
			896.42	326	100	23	8	8	
泽州县	27	三家店村	804.38	50.0	5	8	2	2	
			804.86	148	10	43	13	13	
			805.29	202	20	78	21	21	
			805.79	258	50	90	24	24	
			806.14	299	100	94	25	25	
泽州县	28	大阳四分街村	835.97	120	5	19	3	3	
			836.56	171	10	29	5	5	
			837.14	225	20	29	5	5	
			838.04	294	50	30	6	6	
			838.65	346	100	30	6	6	

续表 6-5

县区	序号	行政区划名称	水位(m)	流量(m^3/s)	重现期(年)	人口(人)	户数(户)	房屋数(座)	备注
泽州县	29	陡坡村	890. 46	26. 0	5	4	2	2	
			890. 79	37. 0	10	6	3	3	
			891. 09	48. 0	20	8	4	4	
			891. 43	61. 0	50	8	4	4	
			891. 66	72. 0	100	8	4	4	
泽州县	30	河底村	899. 78	17. 0	5	95	21	21	
			900. 08	23. 0	10	95	21	21	
			900. 35	30. 0	20	95	21	21	
			900. 66	38. 0	50	95	21	21	
			900. 88	44. 0	100	95	21	21	
泽州县	31	陈家庄村	703. 30	50. 0	5	7	2	2	
			703. 91	105	10	7	2	2	
			704. 60	155	20	7	2	2	
			705. 37	219	50	34	10	10	
			705. 85	264	100	57	15	15	
泽州县	32	道宝河村	738. 86	13. 0	5	10	3	3	
			739. 50	23. 0	10	12	4	4	
			740. 16	36. 0	20	20	7	7	
			740. 98	55. 0	50	52	15	15	
			741. 46	67. 0	100	52	15	15	
泽州县	33	窑河村	601. 38	85. 0	5	2	1	1	
			602. 33	132	10	2	1	1	
			603. 51	199	20	12	6	6	
			604. 82	288	50	27	13	13	
			605. 67	352	100	29	14	14	
泽州县	34	大箕村	733. 97	110	5	58	13	13	
			735. 08	156	10	58	13	13	
			736. 29	202	20	58	13	13	
			737. 57	263	50	58	13	13	
			738. 47	309	100	58	13	13	
泽州县	35	槲树庄村	804. 64	14. 0	5	8	2	2	
			805. 89	25. 0	10	20	5	5	
			807. 03	33. 0	20	25	6	6	
			808. 38	42. 0	50	25	6	6	
			809. 30	49. 0	100	25	6	6	
泽州县	36	上河村	781. 51	20. 0	5	0	0	0	
			781. 75	29. 0	10	0	0	0	
			781. 97	37. 0	20	0	0	0	
			782. 23	48. 0	50	0	0	0	
			782. 41	57. 0	100	18	4	4	
泽州县	37	河上村	757. 60	26. 0	5	61	19	19	
			757. 93	37. 0	10	83	25	25	
			758. 22	47. 0	20	105	30	30	
			758. 56	61. 0	50	123	35	35	
			758. 80	71. 0	100	123	35	35	

续表 6-5

县区	序号	行政区划名称	水位(m)	流量(m^3/s)	重现期(年)	人口(人)	户数(户)	房屋数(座)	备注
泽州县	38	西三庄村梨树沟	854. 48	10. 0	5	6	2	2	
			854. 52	14. 0	10	8	3	3	
			854. 55	18. 0	20	8	3	3	
			854. 59	23. 0	50	8	3	3	
			854. 62	27. 0	100	12	4	4	
泽州县	39	南峪村	741. 99	61. 0	5	136	27	27	
			743. 14	87. 0	10	136	27	27	
			744. 19	113	20	136	27	27	
			745. 44	147	50	136	27	27	
			746. 31	173	100	136	27	27	
泽州县	40	后圪套村	815. 37	12. 0	5	37	10	10	
			816. 64	16. 0	10	37	10	10	
			817. 83	21. 0	20	40	12	12	
			819. 19	27. 0	50	42	13	13	
			820. 16	31. 0	100	42	13	13	
泽州县	41	申匠村	726. 57	91. 0	5	107	29	29	
			727. 47	127	10	107	29	29	
			728. 28	163	20	107	29	29	
			729. 24	211	50	107	29	29	
			729. 90	246	100	107	29	29	
泽州县	42	董家沟村	750. 40	14. 0	5	0	0	0	
			750. 58	20. 0	10	0	0	0	
			750. 74	25. 0	20	0	0	0	
			750. 93	32. 0	50	3	1	1	
			751. 06	37. 0	100	3	1	1	
泽州县	43	东坡村河东	521. 70	892	5	0	0	0	
			522. 41	1 487	10	0	0	0	
			523. 22	2 315	20	0	0	0	
			524. 15	3 440	50	2	1	1	
			524. 78	4 292	100	18	5	5	
泽州县	44	石门村	575. 86	197	5	0	0	0	
			576. 82	312	10	6	2	2	
			578. 00	482	20	6	2	2	
			579. 33	706	50	6	2	2	
			580. 20	872	100	6	2	2	
泽州县	45	贾沺村	615. 44	204	5	0	0	0	
			616. 59	298	10	3	3	3	
			618. 03	435	20	31	16	16	
			619. 68	616	50	31	16	16	
			620. 79	752	100	31	16	16	
泽州县	46	下川村	1 045. 77	9. 00	5	0	0	0	
			1 046. 26	18. 0	10	0	0	0	
			1 046. 73	29. 0	20	16	4	4	
			1 047. 28	43. 0	50	27	6	6	
			1 047. 68	55. 0	100	27	6	6	

续表 6-5

县区	序号	行政区划名称	水位(m)	流量(m^3/s)	重现期(年)	人口(人)	户数(户)	房屋数(座)	备注
泽州县	47	下城公村	773.66	312	5	0	0	0	
			774.36	472	10	0	0	0	
			775.11	672	20	0	0	0	
			775.96	930	50	12	3	3	
			776.53	1 123	100	21	5	5	
泽州县	48	北尹寨村	769.02	482	5	7	3	3	
			769.85	783	10	7	3	3	
			770.69	1 152	20	7	3	3	
			771.56	1 621	50	7	3	3	
			772.15	1 967	100	7	3	3	
泽州县	49	岸则村	770.98	460	5	0	0	0	
			772.89	754	10	3	1	1	
			774.90	1 123	20	10	3	3	
			777.13	1 598	50	23	5	5	
			778.61	1 951	100	23	5	5	
泽州县	50	西尧村黄河	517.60	392	5	0	0	0	
			519.08	664	10	8	4	4	
			521.27	1 200	20	19	10	10	
			522.88	1 596	50	19	10	10	
			524.28	2 017	100	19	10	10	
泽州县	51	东磨滩村	390.79	287	5	11	3	3	
			392.28	502	10	11	3	3	
			394.04	812	20	11	3	3	
			396.35	1 304	50	16	4	4	
			398.07	1 731	100	16	4	4	
泽州县	52	东石瓮村	742.41	104	5	0	0	0	
			742.64	77.0	10	5	1	1	
			742.89	48.1	20	8	3	3	
			743.21	28.1	50	8	3	3	
			743.42	15.1	100	9	4	4	
泽州县	53	下村村	843.47	414	5	0	0	0	
			842.93	345	10	25	8	8	
			842.43	252	20	25	8	8	
			841.94	179	50	25	8	8	
			841.42	117	100	25	8	8	
沁水县	1	龙港镇杏园社区沟门口	903.72	28.9	5	0	0	0	
			904.14	53.0	10	0	0	0	
			904.43	85.4	20	0	0	0	
			904.77	131	50	8	2	2	
			904.98	165	100	40	9	9	
沁水县	2	龙港镇河渚村柳家湾	1 002.23	39.7	5	36	9	9	
			1 002.54	72.8	10	45	11	11	
			1 002.85	117	20	45	11	11	
			1 003.22	179	50	45	11	11	
			1 003.38	226	100	45	11	11	

续表 6-5

县区	序号	行政区划名称	水位（m）	流量（m^3/s）	重现期（年）	人口（人）	户数（户）	房屋数（座）	备注
沁水县	3	龙港镇河渚村南贾庄	992.12	100	5	0	0	0	
			992.36	183	10	0	0	0	
			992.60	295	20	0	0	0	
			992.77	451	50	3	1	1	
			993.05	569	100	57	17	17	
沁水县	4	龙港镇河渚村北贾庄	992.12	100	5	0	0	0	
			992.36	183	10	0	0	0	
			992.60	295	20	0	0	0	
			992.77	451	50	7	1	1	
			993.05	569	100	110	34	34	
沁水县	5	龙港镇河渚村河渚	1 007.60	82.4	5	0	0	0	
			1 007.77	151	10	0	0	0	
			1 007.95	243	20	0	0	0	
			1 008.17	372	50	7	1	1	
			1 008.31	469	100	433	136	136	
沁水县	6	龙港镇梁庄村	968.18	111	5	0	0	0	
			968.63	204	10	0	0	0	
			969.07	328	20	0	0	0	
			969.54	502	50	140	33	33	
			969.86	633	100	140	33	33	
沁水县	7	龙港镇西石堂村	968.18	111	5	0	0	0	
			968.63	204	10	0	0	0	
			969.07	328	20	0	0	0	
			969.54	502	50	60	18	18	
			969.86	633	100	60	18	18	
沁水县	8	龙港镇东石堂村	968.18	111	5	0	0	0	
			968.63	204	10	0	0	0	
			969.07	328	20	0	0	0	
			969.54	502	50	599	188	188	
			969.86	633	100	599	188	188	
沁水县	9	龙港镇青龙村	980.53	42.2	5	0	0	0	
			981.14	144	10	0	0	0	
			981.66	241	20	0	0	0	
			982.40	391	50	23	7	7	
			982.98	514	100	52	15	15	
沁水县	10	龙港镇王寨村东村	1 062.63	48.8	5	0	0	0	
			1 062.88	89.5	10	0	0	0	
			1 063.12	144	20	0	0	0	
			1 063.37	220	50	14	2	2	
			1 063.53	278	100	68	14	14	
沁水县	11	龙港镇孔峪村	1 041.93	14.6	5	0	0	0	
			1 042.15	49.6	10	3	1	1	
			1 042.28	83.3	20	10	3	3	
			1 042.44	135	50	10	3	3	
			1 042.55	178	100	172	81	81	

续表 6-5

县区	序号	行政区划名称	水位（m）	流量（m^3/s）	重现期（年）	人口（人）	户数（户）	房屋数（座）	备注
沁水县	12	中村镇中村村涧河	1 054.28	28.8	5	0	0	0	
			1 054.60	59.7	10	0	0	0	
			1 055.01	110	20	8	2	2	
			1 055.55	199	50	27	6	6	
			1 056.20	282	100	41	10	10	
沁水县	13	中村镇中村村中村	1 131.45	27.6	5	0	0	0	
			1 131.88	49.1	10	0	0	0	
			1 132.33	76.0	20	26	6	6	
			1 133.30	113	50	44	10	10	
			1 133.43	140	100	72	17	17	
沁水县	14	中村镇上峪村上峪	1 158.97	17.9	5	8	2	2	
			1 159.51	31.8	10	36	9	9	
			1 159.75	49.3	20	48	11	11	
			1 159.98	73.0	50	52	12	12	
			1 160.19	90.9	100	72	17	17	
沁水县	15	中村镇下峪村下峪	1 158.97	17.9	5	8	2	2	
			1 159.51	31.8	10	36	9	9	
			1 159.75	49.3	20	48	11	11	
			1 159.98	73.0	50	52	12	12	
			1 160.19	90.9	100	72	17	17	
沁水县	16	中村镇张马村张马	1 086.42	97.2	5	0	0	0	
			1 087.07	186	10	196	48	48	
			1 087.76	312	20	196	48	48	
			1 088.54	493	50	196	48	48	
			1 089.07	631	100	196	48	48	
沁水县	17	中村镇北岭村马邑沟	1 165.88	10.1	5	19	4	4	
			1 166.24	17.1	10	26	6	6	
			1 166.54	25.5	20	34	8	8	
			1 166.88	36.4	50	37	9	9	
			1 167.11	44.5	100	39	10	10	
沁水县	18	中村镇上阁村	1 041.60	52.7	5	0	0	0	
			1 042.06	83.9	10	0	0	0	
			1 042.54	124	20	0	0	0	
			1 043.15	188	50	0	0	0	
			1 043.53	237	100	15	4	4	
沁水县	19	中村镇松峪村松峪	1 294.72	15.1	5	0	0	0	
			1 294.90	28.9	10	0	0	0	
			1 295.16	57.9	20	4	2	2	
			1 295.60	122	50	28	10	10	
			1 295.89	175	100	93	29	29	
沁水县	20	中村镇下川村下川	1 156.91	31.8	5	0	0	0	
			1 157.69	56.6	10	0	0	0	
			1 157.87	87.7	20	26	6	6	
			1 158.06	130	50	44	10	10	
			1 158.17	162	100	72	17	17	

续表 6-5

县区	序号	行政区划名称	水位（m）	流量（m^3/s）	重现期（年）	人口（人）	户数（户）	房屋数（座）	备注
沁水县	21	中村镇上川村	1 582.96	14.6	5	0	0	0	
			1 583.11	49.6	10	5	1	1	
			1 583.21	83.3	20	12	3	3	
			1 583.33	135	50	12	3	3	
			1 583.42	178	100	330	83	83	
沁水县	22	中村镇下川村梁山	1 547.08	28.6	5	0	0	0	
			1 547.30	50.5	10	5	1	1	
			1 547.50	80.7	20	12	3	3	
			1 547.77	129	50	69	24	24	
			1 547.94	170	100	69	24	24	
沁水县	23	中村镇下川村腰掌	1 569.99	6.40	5	0	0	0	
			1 570.09	11.3	10	0	0	0	
			1 570.20	18.1	20	5	1	1	
			1 570.32	28.9	50	51	21	21	
			1 570.41	38.2	100	51	21	21	
沁水县	24	中村镇东川村梨树底	1 500.27	2.90	5	4	1	1	
			1 500.35	6.30	10	53	20	20	
			1 500.43	11.8	20	53	20	20	
			1 500.54	22.1	50	53	20	20	
			1 500.61	31.9	100	53	20	20	
沁水县	25	中村镇山辿岩村山辿岩	1 520.39	4.40	5	4	1	1	
			1 520.49	9.40	10	8	2	2	
			1 520.59	17.7	20	35	26	26	
			1 520.73	33.0	50	35	26	26	
			1 520.83	47.6	100	35	26	26	
沁水县	26	郑庄镇郑庄村张沟	668.84	25.5	5	0	0	0	
			669.01	40.6	10	0	0	0	
			669.16	56.0	20	7	2	2	
			669.32	76.0	50	17	4	4	
			669.44	91.0	100	40	10	10	
沁水县	27	嘉峰镇武安村	523.28	1 084	5	0	0	0	
			523.69	1 917	10	0	0	0	
			525.81	2 769	20	0	0	0	
			526.58	3 921	50	0	0	0	
			527.02	4 928	100	13	3	3	
沁水县	28	嘉峰镇尉迟村	517.52	1 091	5	0	0	0	
			518.52	1 929	10	0	0	0	
			520.14	2 787	20	0	0	0	
			520.84	3 946	50	32	8	8	
			521.26	4 959	100	43	10	10	
沁水县	29	嘉峰镇嘉峰村	525.24	1 084	5	0	0	0	
			526.30	1 917	10	0	0	0	
			527.19	2 769	20	0	0	0	
			529.28	3 921	50	1 009	3	3	
			529.75	4 928	100	1 055	13	13	

续表 6-5

县区	序号	行政区划名称	水位(m)	流量(m^3/s)	重现期(年)	人口(人)	户数(户)	房屋数(座)	备注
沁水县	30	嘉峰镇磨掌村新村	615.59	58.7	5	0	0	0	
			615.86	96.2	10	11	2	2	
			616.10	141	20	22	5	5	
			616.34	198	50	22	5	5	
			616.50	241	100	150	54	54	
沁水县	31	嘉峰镇秦庄村	573.74	58.7	5	0	0	0	
			574.30	96.2	10	0	0	0	
			574.61	141	20	0	0	0	
			574.87	198	50	10	2	2	
			575.01	241	100	43	9	9	
沁水县	32	嘉峰镇殷庄村	537.27	58.7	5	0	0	0	
			537.62	96.2	10	0	0	0	
			537.94	141	20	4	1	1	
			538.26	198	50	19	5	5	
			538.47	241	100	50	13	13	
沁水县	33	嘉峰镇刘庄村	538.79	1 082	5	0	0	0	
			539.42	1 913	10	0	0	0	
			539.95	2 763	20	0	0	0	
			540.77	3 913	50	14	5	5	
			541.17	4 917	100	31	10	10	
沁水县	34	嘉峰镇卧虎庄村	547.69	1 080	5	0	0	0	
			548.78	1 909	10	0	0	0	
			549.28	2 757	20	0	0	0	
			549.95	3 904	50	31	8	8	
			550.39	4 906	100	39	10	10	
沁水县	35	嘉峰镇柿沟村	561.93	39.3	5	0	0	0	
			562.05	61.9	10	0	0	0	
			562.16	87.5	20	23	6	6	
			562.29	120	50	48	13	13	
			562.36	143	100	73	19	19	
沁水县	36	嘉峰镇李庄村下河口	540.41	1 073	5	0	0	0	
			541.41	1 897	10	0	0	0	
			542.59	2 740	20	0	0	0	
			543.12	3 880	50	4	1	1	
			543.51	4 876	100	33	10	10	
沁水县	37	嘉峰镇潘河村下潘河	596.68	82.1	5	0	0	0	
			597.03	134	10	0	0	0	
			597.33	196	20	38	9	9	
			597.72	274	50	38	9	9	
			597.93	332	100	38	9	9	
沁水县	38	嘉峰镇潘河村中潘河	612.39	82.1	5	0	0	0	
			612.74	134	10	0	0	0	
			613.08	196	20	3	1	1	
			613.42	274	50	15	4	4	
			613.64	332	100	29	8	8	

续表 6-5

县区	序号	行政区划名称	水位（m）	流量（m³/s）	重现期（年）	人口（人）	户数（户）	房屋数（座）	备注
沁水县	39	嘉峰镇潘河村上潘河	625.01	82.1	5	0	0	0	
			625.30	134	10	0	0	0	
			625.59	196	20	15	5	5	
			625.90	274	50	15	5	5	
			626.11	332	100	15	5	5	
沁水县	40	郑村镇夏荷村	589.05	74.6	5	0	0	0	
			589.35	127	10	0	0	0	
			589.71	196	20	0	0	0	
			590.11	291	50	58	14	14	
			590.32	362	100	58	14	14	
沁水县	41	郑村镇侯村村	560.07	76.9	5	0	0	0	
			560.29	131	10	18	4	4	
			560.53	202	20	39	8	8	
			560.82	301	50	65	14	14	
			561.00	374	100	74	16	16	
沁水县	42	郑村镇湘峪村	820.04	87.0	5	0	0	0	
			820.32	179	10	4	2	2	
			820.62	324	20	4	2	2	
			820.98	570	50	24	7	7	
			821.24	793	100	39	11	11	
沁水县	43	郑村镇半峪村	797.74	113	5	0	0	0	
			798.09	205	10	0	0	0	
			798.45	326	20	0	0	0	
			798.85	484	50	4	1	1	
			799.13	610	100	24	7	7	
沁水县	44	郑村镇轩底村	725.48	52.1	5	0	0	0	
			725.79	88.1	10	0	0	0	
			726.13	135	20	0	0	0	
			726.42	197	50	0	0	0	
			726.62	244	100	7	2	2	
沁水县	45	张村乡张村村	824.58	162	5	0	0	0	
			825.05	276	10	20	1	1	
			825.36	398	20	27	3	3	
			825.82	558	50	33	5	5	
			826.04	682	100	177	39	39	
沁水县	46	张村乡张村村下河	824.58	162	5	0	0	0	
			825.05	276	10	20	1	1	
			825.36	398	20	20	1	1	
			825.82	558	50	127	41	41	
			826.04	682	100	127	41	41	
沁水县	47	苏庄乡苏庄村	797.74	113	5	0	0	0	
			798.09	205	10	0	0	0	
			798.45	326	20	0	0	0	
			798.85	484	50	4	1	1	
			799.13	610	100	24	7	7	

续表 6-5

县区	序号	行政区划名称	水位（m）	流量（m³/s）	重现期（年）	人口（人）	户数（户）	房屋数（座）	备注
沁水县	48	苏庄乡苏庄村苏庄	797.74	113	5	0	0	0	
			798.09	205	10	0	0	0	
			798.45	326	20	4	1	1	
			798.85	484	50	16	5	5	
			799.13	610	100	82	41	41	
沁水县	49	苏庄乡西古堆村八亩地	938.33	19.0	5	0	0	0	
			938.46	30.7	10	0	0	0	
			938.57	43.1	20	0	0	0	
			938.69	59.2	50	0	0	0	
			938.79	71.6	100	0	0	0	
沁水县	50	胡底乡老坟沟村坡跟前	1 000.71	10.8	5	0	0	0	
			1 000.87	18.3	10	0	0	0	
			1 001.04	28.0	20	23	5	5	
			1 001.23	40.6	50	61	15	15	
			1 001.35	50.0	100	99	25	25	
沁水县	51	胡底乡老坟沟村德兴号	1 000.71	10.8	5	0	0	0	
			1 000.87	18.3	10	0	0	0	
			1 001.04	28.0	20	12	3	3	
			1 001.23	40.6	50	30	9	9	
			1 001.35	50.0	100	80	26	26	
沁水县	52	胡底乡樊庄村樊庄	889.36	44.9	5	0	0	0	
			889.64	75.9	10	3	1	1	
			890.04	116	20	103	26	26	
			890.28	169	50	103	26	26	
			890.43	208	100	113	29	29	
沁水县	53	胡底乡王回村王回	871.74	63.0	5	0	0	0	
			872.04	106	10	0	0	0	
			872.35	163	20	6	2	2	
			872.88	236	50	15	4	4	
			872.88	291	100	45	11	11	
沁水县	54	胡底乡玉溪村玉溪	820.71	72.2	5	0	0	0	
			821.04	122	10	0	0	0	
			821.39	187	20	0	0	0	
			822.01	271	50	50	11	11	
			822.15	334	100	93	22	22	
沁水县	55	胡底乡玉溪村新庄上	791.53	72.2	5	0	0	0	
			791.76	122	10	0	0	0	
			791.99	187	20	0	0	0	
			792.23	271	50	0	0	0	
			792.39	334	100	36	12	12	
沁水县	56	固县乡南河底村尧庄	895.25	69.9	5	0	0	0	
			895.43	113	10	0	0	0	
			895.62	163	20	3	1	1	
			895.82	226	50	12	3	3	
			895.95	273	100	36	9	9	

续表 6-5

县区	序号	行政区划名称	水位（m）	流量（m^3/s）	重现期（年）	人口（人）	户数（户）	房屋数（座）	备注
沁水县	57	十里乡河北村	955.72	58.6	5	0	0	0	
			956.25	106	10	0	0	0	
			956.93	169	20	4	1	1	
			957.46	249	50	30	8	8	
			957.83	312	100	84	22	22	
沁水县	58	十里乡南峪村	1 109.55	17.0	5	0	0	0	
			1 109.79	30.8	10	0	0	0	
			1 110.01	48.8	20	0	0	0	
			1 110.20	72.1	50	12	3	3	
			1 110.34	90.4	100	18	5	5	
沁水县	59	十里乡孝良村	1 135.23	20.7	5	0	0	0	
			1 135.67	37.5	10	3	1	1	
			1 136.01	59.5	20	18	5	5	
			1 136.50	87.8	50	30	8	8	
			1 136.70	110	100	66	18	18	
沁水县	60	十里乡孝良村后浪河	1 142.90	32.0	5	0	0	0	
			1 143.38	58.1	10	0	0	0	
			1 143.73	92.2	20	0	0	0	
			1 144.15	136	50	3	1	1	
			1 144.46	171	100	40	11	11	
沁水县	61	樊村河乡卫村都坡沟	946.33	96.6	5	0	0	0	
			946.71	185	10	0	0	0	
			947.11	309	20	2	1	1	
			947.43	493	50	6	3	3	
			947.62	633	100	21	11	12	
沁水县	62	樊村河乡赵寨村哈马口	946.33	96.6	5	0	0	0	
			946.71	185	10	0	0	0	
			947.11	309	20	6	3	3	
			947.43	493	50	9	5	5	
			947.62	633	100	67	33	33	
沁水县	63	柿庄镇柿庄村南村	910.36	55.2	5	0	0	0	
			910.55	89.0	10	6	1	1	
			910.71	125	20	20	4	4	
			910.87	171	50	36	10	10	
			910.98	207	100	36	10	10	
沁水县	64	柿庄镇峪里村贤房村	938.69	55.2	5	0	0	0	
			938.94	89.0	10	6	1	1	
			939.15	125	20	20	4	4	
			939.39	171	50	64	15	15	
			939.56	207	100	64	15	15	
沁水县	65	端氏镇端氏村河北	558.69	177	5	0	0	0	
			559.73	600	10	0	0	0	
			560.43	1 008	20	0	0	0	
			561.32	1 634	50	14	5	5	
			561.94	2 149	100	186	76	76	

续表 6-5

县区	序号	行政区划名称	水位（m）	流量（m^3/s）	重现期（年）	人口（人）	户数（户）	房屋数（座）	备注
沁水县	66	郑庄镇河头村河头	646.82	132	5	0	0	0	
			647.64	449	10	0	0	0	
			648.13	754	20	0	0	0	
			648.67	1 222	50	0	0	0	
			649.01	1 607	100	35	10	10	
沁水县	67	土沃乡后马元村	1 142.90	32.0	5	0	0	0	
			1 143.38	58.1	10	0	0	0	
			1 143.73	92.2	20	0	0	0	
			1 144.15	136	50	3	1	1	
			1 144.46	171	100	40	11	11	
高平市	1	安河村	958.09	62.1	5	11	2	2	
			958.37	90.7	10	11	2	2	
			958.65	123	20	15	3	3	
			958.98	166	50	15	3	3	
			959.22	198	100	15	3	3	
高平市	2	张壁村	921.26	62.9	5	8	2	2	
			921.37	87.3	10	8	2	2	
			921.47	113	20	12	3	3	
			921.57	146	50	12	3	3	
			921.64	170	100	12	3	3	
高平市	3	北陈村	840.02	107	5	47	9	9	
			840.37	148	10	59	11	11	
			840.71	192	20	59	11	11	
			841.08	247	50	59	11	11	
			841.36	288	100	59	11	11	
高平市	4	北诗午村	956.14	46.9	5	202	48	48	
			956.42	68.8	10	240	57	57	
			956.70	92.7	20	259	62	62	
			957.04	124	50	314	76	76	
			957.26	147	100	314	76	76	
高平市	5	石嘴头	972.13	29.9	5	4	1	1	
			972.22	43.4	10	4	1	1	
			972.30	58.3	20	4	1	1	
			972.39	77.4	50	4	1	1	
			972.45	91.7	100	8	2	2	
高平市	6	牛家庄村	809.02	36.2	5	0	0	0	
			809.11	52.9	10	0	0	0	
			809.20	71.8	20	0	0	0	
			809.29	96.0	50	0	0	0	
			809.34	114	100	4	1	1	
高平市	7	边家沟村	880.76	15.5	5	23	3	3	
			881.14	21.7	10	37	6	6	
			881.90	28.1	20	49	8	8	
			882.11	36.1	50	55	9	9	
			882.23	42.1	100	85	17	17	

续表 6-5

县区	序号	行政区划名称	水位(m)	流量(m^3/s)	重现期(年)	人口(人)	户数(户)	房屋数(座)	备注
高平市	8	程家河村	1 067.29	22.9	5	0	0	0	
			1 067.46	32.2	10	0	0	0	
			1 067.69	42.1	20	0	0	0	
			1 067.90	54.7	50	0	0	0	
			1 068.02	64.2	100	95	22	22	
高平市	9	德义村	914.96	36.3	5	0	0	0	
			915.19	48.9	10	129	36	36	
			915.41	61.5	20	153	43	43	
			915.67	77.6	50	160	45	45	
			915.85	89.6	100	165	47	47	
高平市	10	杜寨村	919.12	97.4	5	0	0	0	
			919.32	152	10	9	2	2	
			919.49	209	20	20	5	5	
			919.66	281	50	29	7	7	
			919.79	338	100	38	12	12	
高平市	11	尹家沟	946.49	11.6	5	0	0	0	
			946.55	18.1	10	0	0	0	
			946.60	25.0	20	16	4	4	
			946.66	33.6	50	20	5	5	
			946.70	40.4	100	20	5	5	
高平市	12	北常庄村	1 041.40	13.1	5	12	3	3	
			1 041.56	20.4	10	12	3	3	
			1 041.71	28.1	20	16	4	4	
			1 041.87	37.8	50	16	4	4	
			1 041.98	45.4	100	20	5	5	
高平市	13	疙旦村	864.87	272	5	0	0	0	
			865.79	409	10	20	5	5	
			866.67	564	20	20	5	5	
			867.65	757	50	20	5	5	
			868.31	899	100	20	5	5	
高平市	14	徘南村	883.37	16.4	5	24	6	6	
			883.48	24.6	10	24	6	6	
			883.59	34.0	20	24	6	6	
			883.69	45.6	50	24	6	6	
			883.76	54.1	100	28	7	7	
高平市	15	南河村村	924.28	31.0	5	0	0	0	
			924.39	46.5	10	4	1	1	
			924.51	64.2	20	49	11	11	
			924.63	86.1	50	57	13	13	
			924.71	102	100	66	16	16	
高平市	16	勾要村	888.69	81.1	5	8	2	2	
			888.86	117	10	16	4	4	
			888.98	156	20	16	4	4	
			889.11	204	50	28	7	7	
			889.19	239	100	28	7	7	

续表 6-5

县区	序号	行政区划名称	水位(m)	流量(m^3/s)	重现期(年)	人口(人)	户数(户)	房屋数(座)	备注
高平市	17	西山村	929.89	50.2	5	8	2	2	
			930.07	72.5	10	16	4	4	
			930.22	96.4	20	24	6	6	
			930.39	126	50	24	6	6	
			930.51	148	100	32	8	8	
高平市	18	郭家沟村	935.75	38.2	5	0	0	0	
			935.89	55.1	10	4	1	1	
			936.03	73.2	20	4	1	1	
			936.17	95.8	50	4	1	1	
			936.26	113	100	4	1	1	
高平市	19	巩村村	818.78	41.6	5	0	0	0	
			819.21	60.0	10	104	22	22	
			819.62	79.9	20	134	28	28	
			820.10	105	50	134	28	28	
			820.42	124	100	134	28	28	
高平市	20	古寨村	913.42	25.8	5	0	0	0	
			913.74	38.0	10	4	2	2	
			914.11	51.0	20	20	7	7	
			914.30	67.6	50	51	14	14	
			914.44	80.0	100	67	18	18	
高平市	21	金章背村	899.49	23.0	5	4	1	1	
			899.64	31.9	10	4	1	1	
			899.78	40.9	20	4	1	1	
			899.93	52.3	50	4	1	1	
			900.03	60.8	100	200	50	50	
高平市	22	河底村	943.74	40.4	5	0	0	0	
			944.11	59.3	10	0	0	0	
			944.76	78.7	20	12	3	3	
			944.96	103	50	47	10	10	
			945.10	121	100	68	15	15	
高平市	23	建南村	928.09	48.5	5	0	0	0	
			928.67	71.2	10	42	9	9	
			928.86	95.1	20	72	16	16	
			929.04	125	50	95	21	21	
			929.18	148	100	111	25	25	
高平市	24	焦河村	831.41	39.2	5	198	42	42	
			831.67	55.2	10	222	46	46	
			831.90	71.7	20	222	46	46	
			832.17	92.8	50	222	46	46	
			832.34	109	100	222	46	46	
高平市	25	酒务村	883.77	36.3	5	5	1	1	
			883.99	50.4	10	14	3	3	
			884.19	64.9	20	14	3	3	
			884.46	83.6	50	22	5	5	
			884.60	97.6	100	36	8	8	

续表 6-5

县区	序号	行政区划名称	水位（m）	流量（m^3/s）	重现期（年）	人口（人）	户数（户）	房屋数（座）	备注
高平市	26	口则村	913.48	33.7	5	0	0	0	
			913.77	49.2	10	0	0	0	
			914.09	66.2	20	0	0	0	
			914.41	87.2	50	0	0	0	
			914.63	103	100	50	8	8	
高平市	27	黄叶河村	1 050.30	9.30	5	40	8	8	
			1 050.36	13.6	10	40	8	8	
			1 050.41	18.3	20	55	11	11	
			1 050.47	24.1	50	92	18	18	
			1 050.51	28.4	100	96	19	19	
高平市	28	李家河村	1 047.33	35.2	5	0	0	0	
			1 047.60	49.6	10	78	22	22	
			1 047.92	65.1	20	83	23	23	
			1 048.21	85.1	50	87	24	24	
			1 048.41	100	100	87	24	24	
高平市	29	南河村	950.37	164	5	0	0	0	
			950.74	233	10	22	4	4	
			951.09	307	20	38	7	7	
			951.51	402	50	59	12	12	
			951.80	473	100	59	12	12	
高平市	30	王家村	975.74	61.3	5	12	3	3	
			975.87	87.1	10	12	3	3	
			975.98	115	20	12	3	3	
			976.12	150	50	12	3	3	
			976.20	176	100	12	3	3	
高平市	31	西坡村	976.35	19.8	5	4	1	1	
			976.44	28.1	10	4	1	1	
			976.51	37.0	20	4	1	1	
			976.59	48.4	50	4	1	1	
			976.65	56.9	100	4	1	1	
高平市	32	刘家庙村	1 016.03	60.1	5	16	4	4	
			1 016.16	85.4	10	16	4	4	
			1 016.28	112	20	16	4	4	
			1 016.42	147	50	20	5	5	
			1 016.51	173	100	20	5	5	
高平市	33	三甲南村	868.45	272	5	0	0	0	
			869.01	406	10	190	43	43	
			869.54	561	20	205	46	46	
			870.25	750	50	205	46	46	
			870.76	891	100	210	47	47	
高平市	34	三甲北村	875.20	270	5	0	0	0	
			875.35	403	10	0	0	0	
			875.50	556	20	20	5	5	
			875.54	745	50	28	7	7	
			875.77	887	100	48	12	12	

续表 6-5

县区	序号	行政区划名称	水位（m）	流量（m^3/s）	重现期（年）	人口（人）	户数（户）	房屋数（座）	备注
高平市	35	沙院村	971.59	72.2	5	34	9	9	
			972.03	105	10	45	11	11	
			972.33	141	20	55	14	14	
			972.67	188	50	61	16	16	
			972.90	224	100	61	16	16	
高平市	36	王家河村	936.37	53.1	5	20	5	5	
			936.93	76.1	10	49	13	13	
			937.50	101	20	49	13	13	
			938.15	134	50	49	13	13	
			938.62	159	100	49	13	13	
高平市	37	郭佛陀村	990.91	8.21	5	0	0	0	
			990.98	11.7	10	0	0	0	
			991.04	15.6	20	4	1	1	
			991.12	20.7	50	4	1	1	
			991.17	24.5	100	4	1	1	
高平市	38	吴庄村	928.09	48.5	5	0	0	0	
			928.67	71.2	10	42	9	9	
			928.86	95.1	20	72	16	16	
			929.04	125	50	95	21	21	
			929.18	148	100	111	25	25	
高平市	39	下董峰村	908.34	66.0	5	0	0	0	
			908.64	100	10	0	0	0	
			908.92	139	20	0	0	0	
			909.34	186	50	0	0	0	
			909.56	221	100	30	8	8	
高平市	40	窑则头村	927.87	51.8	5	0	0	0	
			928.16	88.0	10	0	0	0	
			928.52	136	20	20	5	5	
			928.82	202	50	32	8	8	
			929.03	252	100	36	9	9	
高平市	41	上马游村	904.34	20.0	5	8	2	2	
			904.42	28.0	10	8	2	2	
			904.47	36.4	20	8	2	2	
			904.52	47.0	50	8	2	2	
			904.55	54.9	100	8	2	2	
高平市	42	大坡沟村	907.81	20.0	5	0	0	0	
			907.94	28.0	10	0	0	0	
			908.04	36.4	20	0	0	0	
			908.16	47.0	50	0	0	0	
			908.23	54.9	100	8	2	2	
高平市	43	下马游村	888.94	23.4	5	0	0	0	
			889.00	32.2	10	7	1	1	
			889.06	41.2	20	7	1	1	
			889.13	52.5	50	7	1	1	
			889.17	61.0	100	7	1	1	

续表 6-5

县区	序号	行政区划名称	水位（m）	流量（m^3/s）	重现期（年）	人口（人）	户数（户）	房屋数（座）	备注
高平市	44	下玉井村	864. 28	28. 2	5	0	0	0	
			864. 57	39. 9	10	55	10	10	
			865. 08	52. 8	20	70	13	13	
			865. 28	69. 0	50	70	13	13	
			865. 41	80. 9	100	70	13	13	
高平市	45	上玉井村	866. 71	76. 0	5	4	1	1	
			866. 88	129	10	8	2	2	
			867. 01	200	20	8	2	2	
			867. 16	297	50	12	3	3	
			867. 25	369	100	16	4	4	
高平市	46	小河西村	944. 60	38. 1	5	0	0	0	
			944. 75	53. 8	10	15	3	3	
			944. 88	69. 9	20	34	8	8	
			945. 02	89. 9	50	56	13	13	
			945. 12	104	100	76	17	17	
高平市	47	申家村	967. 58	18. 8	5	20	5	5	
			967. 65	26. 5	10	20	5	5	
			967. 71	34. 4	20	67	13	13	
			967. 78	44. 2	50	83	26	26	
			967. 83	51. 4	100	181	46	46	
高平市	48	西许家村	1 025. 65	8. 09	5	0	0	0	
			1 025. 70	11. 4	10	0	0	0	
			1 025. 74	14. 8	20	4	1	1	
			1 025. 78	19. 1	50	4	1	1	
			1 025. 81	22. 2	100	4	1	1	
高平市	49	小会沟村	915. 71	77. 2	5	19	5	5	
			915. 86	112	10	54	12	12	
			916. 00	147	20	60	13	13	
			916. 14	192	50	60	13	13	
			916. 23	225	100	60	13	13	
高平市	50	河泊村	950. 74	44. 7	5	0	0	0	
			950. 85	65. 1	10	0	0	0	
			950. 95	85. 6	20	0	0	0	
			951. 06	111	50	8	2	2	
			951. 14	130	100	12	3	3	
高平市	51	鹿宿村	933. 84	69. 9	5	0	0	0	
			934. 10	102	10	0	0	0	
			934. 21	134	20	0	0	0	
			934. 33	174	50	4	1	1	
			934. 42	204	100	8	2	2	
高平市	52	南峪村	939. 74	104	5	12	3	3	
			939. 91	146	10	16	4	4	
			940. 03	188	20	16	4	4	
			940. 17	242	50	20	5	5	
			940. 26	282	100	28	7	7	

续表 6-5

县区	序号	行政区划名称	水位（m）	流量（m^3/s）	重现期（年）	人口（人）	户数（户）	房屋数（座）	备注
高平市	53	拌沟村	951.35	20.0	5	20	5	5	
			951.54	31.2	10	20	5	5	
			951.75	44.0	20	20	5	5	
			951.92	59.7	50	20	5	5	
			952.00	71.6	100	20	5	5	
高平市	54	新庄村	814.56	81.9	5	90	22	22	
			815.34	119	10	90	22	22	
			816.08	160	20	90	22	22	
			816.92	212	50	96	23	23	
			817.52	252	100	96	23	23	
高平市	55	刑村村	859.15	35.9	5	0	0	0	
			859.53	49.7	10	0	0	0	
			860.11	63.9	20	90	23	23	
			860.28	81.7	50	103	26	26	
			860.38	94.8	100	115	29	29	
高平市	56	北庄村	867.29	30.0	5	48	12	12	
			867.41	42.0	10	72	18	18	
			867.51	54.0	20	76	19	19	
			867.63	70.0	50	76	19	19	
			867.70	81.0	100	76	19	19	
高平市	57	云南村	889.58	41.8	5	59	12	12	
			889.87	60.2	10	67	14	14	
			890.14	79.9	20	71	15	15	
			890.47	105	50	74	16	16	
			890.67	125	100	74	16	16	
高平市	58	云东村	916.27	62.5	5	4	1	1	
			916.54	106	10	16	4	4	
			916.82	164	20	28	7	7	
			917.33	244	50	36	9	9	
			917.50	304	100	36	9	9	
高平市	59	曹家村	1 055.97	46.3	5	8	2	2	
			1 056.06	65.5	10	8	2	2	
			1 056.13	86.4	20	8	2	2	
			1 056.21	114	50	8	2	2	
			1 056.27	134	100	12	3	3	
高平市	60	冯庄村	1 033.95	23.8	5	0	0	0	
			1 034.10	34.3	10	0	0	0	
			1 034.24	45.8	20	0	0	0	
			1 034.40	61.0	50	12	3	3	
			1 034.50	72.4	100	16	4	4	
高平市	61	中村村	928.95	98.2	5	0	0	0	
			929.35	137	10	44	10	10	
			929.74	177	20	201	42	42	
			930.20	228	50	317	66	66	
			930.52	265	100	329	69	69	

续表 6-5

县区	序号	行政区划名称	水位（m）	流量（m^3/s）	重现期（年）	人口（人）	户数（户）	房屋数（座）	备注
高平市	62	小西沟村	928.33	6.27	5	0	0	0	
			928.69	8.81	10	0	0	0	
			928.76	11.9	20	66	13	13	
			928.84	16.0	50	66	13	13	
			928.90	19.2	100	66	13	13	
高平市	63	赵庄村	908.39	109	5	0	0	0	
			908.57	164	10	0	0	0	
			908.72	221	20	6	2	2	
			908.93	291	50	24	6	6	
			909.04	343	100	29	7	7	
高平市	64	什善村	940.24	86.0	5	0	0	0	
			940.47	123	10	0	0	0	
			940.59	161	20	0	0	0	
			940.71	208	50	4	1	1	
			940.80	243	100	8	2	2	
高平市	65	谷口村	876.58	29.1	5	0	0	0	
			876.75	40.7	10	0	0	0	
			876.89	51.8	20	0	0	0	
			877.06	65.7	50	8	4	4	
			877.18	76.1	100	8	4	4	
高平市	66	大西沟村	888.08	30.2	5	16	4	4	
			888.16	40.7	10	26	6	6	
			888.23	51.4	20	26	6	6	
			888.31	64.5	50	26	6	6	
			888.36	74.2	100	26	6	6	
高平市	67	永安村	901.36	29.0	5	0	0	0	
			901.45	40.0	10	0	0	0	
			901.53	52.0	20	4	1	1	
			901.60	66.0	50	8	2	2	
			901.66	77.0	100	214	58	58	
高平市	68	河东村	915.84	30.0	5	0	0	0	
			915.93	41.0	10	0	0	0	
			916.00	52.0	20	12	3	3	
			916.07	66.0	50	12	3	3	
			916.13	76.0	100	12	3	3	
高平市	69	南陈村	824.36	363	5	12	3	3	
			824.91	591	10	12	3	3	
			825.56	851	20	12	3	3	
			825.86	1 178	50	12	3	3	
			825.86	1 426	100	12	3	3	
高平市	70	毕家院村	2.02	14.6	5	0	0	0	
			1.63	12.4	10	822	244	244	
			1.16	9.57	20	822	244	244	
			0.83	7.25	50	822	244	244	
			0.57	5.08	100	822	244	244	

续表 6-5

县区	序号	行政区划名称	水位（m）	流量（m³/s）	重现期（年）	人口（人）	户数（户）	房屋数（座）	备注
高平市	71	许家村	0.89	21.0	5	0	0	0	
			0.73	17.8	10	0	0	0	
			0.53	13.5	20	0	0	0	
			0.39	10.1	50	588	155	155	
			0.27	6.89	100	588	155	155	
高平市	72	韩家庄	2.41	12.5	5	0	0	0	
			1.94	10.4	10	165	46	46	
			1.36	7.71	20	165	46	46	
			0.95	5.59	50	165	46	46	
			0.63	3.59	100	165	46	46	
陵川县	1	西石门村	1 097.79	25.0	5	0	0	0	
			1 098.17	51.0	10	3	1	1	
			1 098.36	89.0	20	47	16	16	
			1 098.66	163	50	80	24	24	
			1 098.85	223	100	120	36	36	
陵川县	2	后沟村	1 391.23	13.0	5	0	0	0	
			1 391.58	25.0	10	0	0	0	
			1 391.86	39.0	20	0	0	0	
			1 392.24	63.0	50	53	13	13	
			1 392.43	79.0	100	67	16	16	
陵川县	3	蒲水村	1 152.64	34.0	5	7	2	2	
			1 152.83	49.0	10	33	10	10	
			1 153.12	66.0	20	84	23	23	
			1 153.41	88.0	50	147	38	38	
			1 153.48	104	100	206	55	55	
陵川县	4	沙场村	1 195.89	18.8	5	0	0	0	
			1 196.17	38.2	10	0	0	0	
			1 196.46	68.9	20	23	5	5	
			1 196.81	123	50	72	17	17	
			1 197.13	192	100	109	26	26	
陵川县	5	瓦窑上村	1 250.56	29.0	5	0	0	0	
			1 250.76	55.0	10	5	2	2	
			1 250.93	84.0	20	22	6	6	
			1 251.20	132	50	45	12	12	
			1 251.34	178	100	71	20	20	
陵川县	6	德义村	1 126.48	22.0	5	11	3	3	
			1 126.59	32.0	10	33	8	8	
			1 126.67	43.0	20	68	16	16	
			1 126.75	58.0	50	85	20	20	
			1 126.81	68.0	100	114	27	27	
陵川县	7	赤叶河村	1 163.95	14.0	5	0	0	0	
			1 164.25	30.0	10	0	0	0	
			1 164.55	53.0	20	0	0	0	
			1 165.07	104	50	46	11	11	
			1 165.40	147	100	77	18	18	

续表 6-5

县区	序号	行政区划名称	水位（m）	流量（m^3/s）	重现期（年）	人口（人）	户数（户）	房屋数（座）	备注
陵川县	8	杨家河村	1 189.59	34.0	5	0	0	0	
			1 189.73	48.0	10	0	0	0	
			1 189.85	65.0	20	0	0	0	
			1 189.98	86.0	50	51	12	12	
			1 190.07	101	100	80	18	18	
陵川县	9	马圈村	1 467.85	14.0	5	0	0	0	
			1 468.02	26.0	10	13	3	3	
			1 468.18	40.0	20	44	10	10	
			1 468.35	59.0	50	90	21	21	
			1 468.49	76.0	100	142	35	35	
陵川县	10	簸箕掌村	1 094.68	71.0	5	0	0	0	
			1 095.20	110	10	9	2	2	
			1 095.81	153	20	26	6	6	
			1 095.83	206	50	71	17	17	
			1 095.88	245	100	96	24	24	
陵川县	11	双底村	750.19	26.0	5	0	0	0	
			750.66	55.0	10	0	0	0	
			750.94	101	20	0	0	0	
			751.37	201	50	33	8	8	
			751.62	273	100	70	17	17	
陵川县	12	西闸水村	1 174.44	15.0	5	0	0	0	
			1 174.62	30.0	10	0	0	0	
			1 174.84	54.0	20	10	3	3	
			1 175.17	103	50	45	12	12	
			1 175.35	138	100	72	19	19	
陵川县	13	六泉村	1 297.80	18.0	5	17	4	4	
			1 297.98	36.0	10	36	9	9	
			1 298.16	62.0	20	65	16	16	
			1 298.44	109	50	108	27	27	
			1 298.63	165	100	133	33	33	
陵川县	14	双头泉村	924.40	12.0	5	0	0	0	
			924.55	26.0	10	0	0	0	
			924.72	49.0	20	0	0	0	
			924.85	67.0	50	5	1	1	
			925.03	108	100	62	14	14	
陵川县	15	大路沟村	1 508.16	3.00	5	0	0	0	
			1 508.20	5.00	10	0	0	0	
			1 508.25	8.00	20	11	3	3	
			1 508.28	10.0	50	62	16	16	
			1 508.32	13.0	100	85	21	21	
陵川县	16	寺洼	916.77	35.0	5	0	0	0	
			917.35	76.0	10	0	0	0	
			917.91	142	20	0	0	0	
			918.90	317	50	65	15	15	
			919.64	459	100	88	20	20	

续表 6-5

县区	序号	行政区划名称	水位(m)	流量(m^3/s)	重现期(年)	人口(人)	户数(户)	房屋数(座)	备注
陵川县	17	岭常村	1 210.49	6.00	5	0	0	0	
			1 210.54	8.00	10	7	2	2	
			1 210.59	10.0	20	39	9	9	
			1 210.65	13.0	50	102	24	24	
			1 210.70	16.0	100	145	34	34	
陵川县	18	石家坡村	1 337.11	9.00	5	0	0	0	
			1 337.35	17.0	10	11	3	3	
			1 337.52	32.0	20	37	10	10	
			1 337.73	55.0	50	60	16	16	
			1 337.92	82.0	100	97	25	25	
陵川县	19	琵琶河村	1 050.38	10.0	5	0	0	0	
			1 050.67	21.0	10	0	0	0	
			1 050.98	39.0	20	0	0	0	
			1 051.25	61.0	50	47	11	11	
			1 051.56	93.0	100	47	11	11	
陵川县	20	武家湾村	613.99	114	5	0	0	0	
			614.24	245	10	0	0	0	
			614.53	463	20	0	0	0	
			615.06	959	50	31	7	7	
			615.38	1 391	100	31	7	7	
陵川县	21	小义井村	982.26	201	5	0	0	0	
			982.43	316	10	13	3	3	
			982.59	456	20	46	12	12	
			982.79	633	50	103	26	26	
			982.88	762	100	150	37	37	
陵川县	22	西庄上村	1 381.25	22.0	5	0	0	0	
			1 381.50	42.0	10	0	0	0	
			1 381.82	66.0	20	27	6	6	
			1 381.95	102	50	80	19	19	
			1 382.05	136	100	113	27	27	
陵川县	23	桥蒋村	1 239.20	6.00	5	0	0	0	
			1 239.24	8.00	10	0	0	0	
			1 239.29	11.0	20	22	5	5	
			1 239.35	15.0	50	62	14	14	
			1 239.37	17.0	100	91	21	21	
陵川县	24	北马村	954.20	115	5	0	0	0	
			954.41	187	10	0	0	0	
			954.66	293	20	11	3	3	
			954.97	453	50	52	13	13	
			955.22	583	100	77	19	19	
陵川县	25	东街村	1 330.61	24.0	5	0	0	0	
			1 330.74	35.0	10	5	1	1	
			1 330.86	47.0	20	31	7	7	
			1 330.99	63.0	50	76	18	18	
			1 331.07	74.0	100	110	26	26	

续表 6-5

县区	序号	行政区划名称	水位（m）	流量（m³/s）	重现期（年）	人口（人）	户数（户）	房屋数（座）	备注
陵川县	26	掌里村	1 319.64	12.0	5	0	0	0	
			1 320.00	23.0	10	0	0	0	
			1 320.22	36.0	20	11	3	3	
			1 320.43	54.0	50	66	16	16	
			1 320.59	67.0	100	97	23	23	
陵川县	27	土窑	1 354.82	14.0	5	0	0	0	
			1 355.09	27.0	10	11	3	3	
			1 355.32	42.0	20	40	10	10	
			1 355.57	62.0	50	91	23	23	
			1 355.82	81.0	100	129	32	32	
陵川县	28	南马村	950.02	116	5	0	0	0	
			950.27	190	10	0	0	0	
			950.55	297	20	0	0	0	
			950.89	460	50	25	6	6	
			950.97	590	100	52	14	14	
陵川县	29	高家井上	1 284.73	8.93	5	0	0	0	
			1 285.13	33.5	20	0	0	0	
			1 285.49	82.7	100	21	9	9	
陵川县	30	浙水	1 294.72	15.1	5	0	0	0	
			1 294.90	28.9	10	0	0	0	
			1 295.16	57.9	20	4	2	2	
			1 295.60	122	50	28	10	10	
			1 295.89	175	100	93	29	29	
陵川县	31	上庄	1 294.72	15.1	5	0	0	0	
			1 294.90	28.9	10	0	0	0	
			1 295.16	57.9	20	4	2	2	
			1 295.60	122	50	28	10	10	
			1 295.89	175	100	93	29	29	
陵川县	32	下庄	1 294.72	15.1	5	0	0	0	
			1 294.90	28.9	10	0	0	0	
			1 295.16	57.9	20	4	2	2	
			1 295.60	122	50	28	10	10	
			1 295.89	175	100	93	29	29	
陵川县	33	西脚村	1 041.60	52.7	5	0	0	0	
			1 042.06	83.9	10	0	0	0	
			1 042.54	124	20	0	0	0	
			1 043.15	188	50	0	0	0	
			1 043.53	237	100	15	4	4	
陵川县	34	横水村	1 089.87	12.5	5	8	2	2	
			1 090.29	59.6	20	32	8	8	
			1 090.68	188	100	410	135	135	

续表 6-5

县区	序号	行政区划名称	水位（m）	流量（m^3/s）	重现期（年）	人口（人）	户数（户）	房屋数（座）	备注
陵川县	35	秦家河村	1 269.75	4.97	5	0	0	0	
			1 269.89	7.56	10	0	0	0	
			1 270.02	10.5	20	0	0	0	
			1 270.19	14.3	50	48	15	15	
			1 270.29	17.0	100	48	15	15	
陵川县	36	苏家湾	1 275.74	54.9	5	0	0	0	
			1 277.12	105	10	23	4	4	
			1 277.52	180	20	73	11	11	
			1 277.85	308	50	78	12	12	
			1 278.08	413	100	84	13	13	
陵川县	37	松庙村	1 355.93	7.00	5	9	2	2	
			1 356.01	13.2	10	9	2	2	
			1 356.10	22.4	20	11	3	3	
			1 356.21	36.0	50	26	6	6	
			1 356.27	45.2	100	34	8	8	
陵川县	38	东上河村	1 306.28	31.2	5	0	0	0	
			1 306.82	69.1	10	0	0	0	
			1 307.20	133	20	73	22	22	
			1 307.49	213	50	73	22	22	
			1 307.66	270	100	88	25	25	
陵川县	39	上上河村	1 319.22	31.2	5	0	0	0	
			1 319.67	69.1	10	0	0	0	
			1 320.14	133	20	5	1	1	
			1 320.44	213	50	19	7	7	
			1 320.61	270	100	54	17	17	
陵川县	40	古郊村	1 266.64	13.4	5	0	0	0	
			1 266.75	29.9	10	0	0	0	
			1 266.91	62.8	20	11	3	3	
			1 267.09	121	50	31	7	7	
			1 267.20	167	100	31	7	7	
晋城城区	1	刘家川村	751.45	54.2	5	480	160	160	
			751.86	86.8	10	615	190	190	
			752.32	129	20	705	200	200	
			752.87	186	50	705	200	200	
			753.23	227	100	705	200	200	
晋城城区	2	小车渠村	823.80	9.50	5	60	20	20	
			824.07	15.0	10	90	30	30	
			824.37	21.6	20	110	35	35	
			824.70	31.0	50	110	35	35	
			824.89	37.0	100	110	35	35	
晋城城区	3	七岭店村	770.71	21.4	5	8	2	2	
			771.02	33.7	10	51	8	8	
			771.29	48.2	20	119	23	23	
			771.62	68.1	50	169	33	33	
			771.84	82.7	100	199	39	39	

续表 6-5

县区	序号	行政区划名称	水位（m）	流量（m^3/s）	重现期（年）	人口（人）	户数（户）	房屋数（座）	备注
晋城城区	4	道头村	728.05	14.1	5	4	1	1	
			728.27	20.7	10	9	2	2	
			728.47	28.0	20	44	12	12	
			728.72	37.3	50	112	32	32	
			728.90	44.2	100	202	72	72	
晋城城区	5	东武匠村	636.24	6.40	5	0	0	0	
			636.43	9.90	10	0	0	0	
			636.62	14.0	20	0	0	0	
			636.87	19.9	50	0	0	0	
			637.05	24.5	100	20	3	3	
晋城城区	6	寺底村	665.94	211	5	0	0	0	
			666.69	340	10	0	0	0	
			667.33	489	20	4	1	1	
			668.18	733	50	8	2	2	
			668.79	926	100	18	4	4	
晋城城区	7	南大街社区	704.09	12.8	5	0	0	0	
			704.17	20.7	10	0	0	0	
			704.24	31.1	20	0	0	0	
			704.30	46.4	50	45	10	10	
			704.34	58.5	100	80	25	25	
晋城城区	8	泰森社区	708.16	27.7	5	0	0	0	
			708.49	46.6	10	0	0	0	
			708.62	73.5	20	0	0	0	
			708.80	116	50	83	23	23	
			708.92	151	100	103	26	26	
晋城城区	9	驿后社区	695.63	24.3	5	0	0	0	
			696.19	38.4	10	0	0	0	
			696.57	56.6	20	0	0	0	
			696.91	81.7	50	30	6	6	
			697.32	100	100	106	21	21	
晋城城区	10	东后河社区	730.80	15.6	5	0	0	0	
			731.50	24.9	10	0	0	0	
			731.80	35.9	20	0	0	0	
			732.30	51.5	50	30	6	6	
			732.80	63.2	100	50	9	9	
晋城城区	11	古书院矿社区	734.50	20.5	5	0	0	0	
			735.00	32.0	10	0	0	0	
			735.40	46.1	20	0	0	0	
			736.20	65.6	50	30	6	6	
			736.60	80.2	100	90	21	21	
晋城城区	12	中后河社区	719.20	15.8	5	0	0	0	
			719.80	24.9	10	0	0	0	
			720.30	35.9	20	0	0	0	
			720.80	51.5	50	30	6	6	
			721.20	63.3	100	85	18	18	

续表 6-5

县区	序号	行政区划名称	水位（m）	流量（m^3/s）	重现期（年）	人口（人）	户数（户）	房屋数（座）	备注
晋城城区	13	晓庄社区	743.02	8.20	5	0	0	0	
			743.60	12.7	10	0	0	0	
			744.10	18.1	20	0	0	0	
			744.50	25.3	50	30	4	4	
			745.00	30.7	100	88	17	17	
晋城城区	14	西谢匠社区	725.69	9.90	5	0	0	0	
			726.13	15.5	10	0	0	0	
			726.25	22.1	20	0	0	0	
			726.45	31.5	50	30	6	6	
			726.57	38.6	100	83	16	16	
晋城城区	15	上辇社区	699.65	23.6	5	0	0	0	
			700.76	37.5	10	0	0	0	
			701.13	55.5	20	25	6	6	
			701.55	79.9	50	55	10	10	
			701.68	98.0	100	75	13	13	
晋城城区	16	西武匠村	650.64	148	5	0	0	0	
			651.46	236	10	0	0	0	
			651.87	357	20	0	0	0	
			652.63	556	50	0	0	0	
			653.19	731	100	53	15	15	
晋城城区	17	小白水村	660.78	141	5	0	0	0	
			661.35	224	10	0	0	0	
			661.63	337	20	0	0	0	
			662.14	553	50	0	0	0	
			662.43	698	100	65	22	22	
晋城城区	18	河东社区	679.12	184	5	0	0	0	
			680.25	304	10	0	0	0	
			680.59	443	20	38	7	7	
			681.13	646	50	68	11	11	
			681.45	824	100	88	14	14	
晋城城区	19	西马匠社区	714.14	16.9	5	0	0	0	
			714.46	28.5	10	0	0	0	
			714.76	45.3	20	0	0	0	
			715.01	72.4	50	38	11	11	
			715.36	94.9	100	55	15	15	
晋城城区	20	夏匠村	774.42	19.2	5	0	0	0	
			774.98	31.9	10	0	0	0	
			775.38	49.8	20	0	0	0	
			775.76	76.4	50	0	0	0	
			776.08	97.8	100	35	8	8	
晋城城区	21	坡底村	816.03	6.55	5	0	0	0	
			816.72	10.3	10	0	0	0	
			817.10	14.5	20	0	0	0	
			817.40	20.6	50	24	6	6	
			817.74	25.4	100	42	10	10	

续表 6-5

县区	序号	行政区划名称	水位(m)	流量(m^3/s)	重现期(年)	人口(人)	户数(户)	房屋数(座)	备注
晋城城区	22	小后河社区	718.60	39.3	5	0	0	0	
			719.20	64.5	10	0	0	0	
			719.60	100	20	0	0	0	
			720.00	155	50	30	7	7	
			720.23	203	100	75	19	19	
晋城城区	23	冯匠村	743.70	15.7	5	0	0	0	
			744.40	26.5	10	0	0	0	
			744.73	42.5	20	48	11	11	
			745.00	67.9	50	83	19	19	
			745.30	90.4	100	113	25	25	
晋城城区	24	苗匠村	734.38	15.7	5	0	0	0	
			734.93	26.5	10	0	0	0	
			735.20	42.5	20	35	9	9	
			735.41	67.9	50	81	24	24	
			735.57	90.4	100	119	36	36	
晋城城区	25	郜匠村	749.31	15.7	5	0	0	0	
			749.63	26.5	10	0	0	0	
			749.76	42.5	20	0	0	0	
			750.05	67.9	50	45	12	12	
			750.25	90.4	100	79	21	21	
晋城城区	26	岗头村	724.48	30.4	5	0	0	0	
			725.45	48.6	10	15	3	3	
			725.95	70.8	20	50	12	12	
			726.36	103	50	80	16	16	
			726.62	127	100	115	22	22	
晋城城区	27	牛山村	784.62	12.3	5	12	2	2	
			785.21	19.5	10	47	10	10	
			785.43	28.0	20	90	20	20	
			785.67	39.9	50	120	26	26	
			785.83	48.8	100	176	38	38	
晋城城区	28	二圣头社区	719.45	4.30	5	0	0	0	
			719.84	7.50	10	0	0	0	
			720.01	12.2	20	15	4	4	
			720.21	20.2	50	73	19	19	
			720.35	27.1	100	138	37	37	
晋城城区	29	耿窑社区	675.75	70.1	5	0	0	0	
			676.21	112	10	0	0	0	
			676.56	169	20	28	9	9	
			676.83	255	50	48	14	14	
			677.00	322	100	66	17	17	
晋城城区	30	金匠社区	696.05	8.81	5	0	0	0	
			696.50	13.0	10	0	0	0	
			697.00	17.8	20	0	0	0	
			697.50	24.1	50	30	6	6	
			698.00	28.6	100	106	27	27	

续表 6-5

县区	序号	行政区划名称	水位 (m)	流量 (m^3/s)	重现期 (年)	人口 (人)	户数 (户)	房屋数 (座)	备注
晋城城区	31	司徒村	755.46	22.6	5	0	0	0	
			755.85	35.8	10	0	0	0	
			755.96	51.9	20	0	0	0	
			756.03	74.7	50	65	15	15	
			756.08	91.5	100	100	25	25	
晋城城区	32	南石店村	759.22	43.3	5	0	0	0	
			759.87	68.6	10	0	0	0	
			760.01	101	20	65	21	21	
			760.17	145	50	110	27	27	
			760.41	177	100	145	39	39	
晋城城区	33	大车渠村	796.54	21.1	5	0	0	0	
			796.93	32.3	10	56	14	14	
			797.01	46.0	20	113	28	28	
			797.09	64.1	50	158	39	39	
			797.12	77.3	100	192	48	48	
晋城城区	34	窑头村	781.06	12.4	5	0	0	0	
			781.48	18.9	10	0	0	0	
			781.83	25.6	20	0	0	0	
			782.26	34.2	50	40	7	7	
			782.69	40.7	100	90	16	16	
晋城城区	35	鸿春村	769.02	30.9	5	0	0	0	
			769.58	49.3	10	0	0	0	
			769.98	73.7	20	65	15	15	
			770.29	108	50	110	28	28	
			770.48	134	100	145	38	38	
晋城城区	36	中河东村	778.58	12.4	5	0	0	0	
			779.38	18.9	10	25	4	4	
			779.78	25.6	20	55	11	11	
			780.26	34.2	50	75	15	15	
			780.62	40.7	100	95	19	19	

6.5.2 各级危险区人口统计

为了准确掌握晋城市各县区山洪灾害分析评价情况，根据水位—流量—人口关系成果获得各级危险区对应的人口、户数等信息，统计每县区不同危险等级下的相应受灾人口。经初步调查分析晋城市沿河村落（包含受坡面流影响）共有受危险人口 62 705 人，其中处于极高危险区的人口有 3 793 人，处于高危险区的人口有 8 020 人，处于危险区的人口有 50 892 人。

各行政区危险人口汇总成果见表 6-6。

表 6-6　各行政区危险人口汇总成果

编号	所在行政区	极高（小于 5 年一遇）人口(人)	高危（5～20 年一遇）人口(人)	危险（20～100 年一遇）人口(人)	合计
1	阳城县	796	1 105	787	2 688
2	泽州县	1 283	890	21 534	23 707
3	沁水县	110	1 254	7 728	9 092
4	高平市	1 000	2 955	2 102	6 057
5	陵川县	52	829	16 044	16 925
6	晋城城区	552	987	2 697	4 236
合计		3 793	8 020	50 892	62 705

6.5.3　现状防洪能力评价

根据水位流量关系曲线，以及成灾水位、各频率设计洪水位下的人口、户数统计信息，绘制防洪现状评价图，防洪能力按照本次受灾沿河居民户住宅高程，最先处于洪水位的高程为最高防洪标准，相应流量在频率位置为本次受灾等级，分为极高、高危和危险三个等级。经分析评价晋城市防洪现状，处于极高危险的村有 116 个村，处于高危险的村有 142 个村，处于危险的村有 205 个村。

各行政区现状防洪能力情况统计见表 6-7。晋城市防洪现状评价成果详见表 6-8。

表 6-7　各行政区现状防洪能力情况统计

编号	所在行政区	各危险区等级包含村落数目			合计
		极高（小于 5 年一遇）	高危（5～20 年一遇）	危险（20～100 年一遇）	
1	阳城县	40	26	19	85
2	泽州县	32	18	44	94
3	沁水县	5	36	24	65
4	高平市	32	27	13	72
5	陵川县	3	24	80	107
6	晋城城区	4	11	25	40
合计		116	142	205	463

表 6-8　晋城市防洪现状评价成果表

县区	序号	行政区划名称	防洪能力（年）	极高（小于 5 年一遇）		高危（5～20 年一遇）		危险（20～100 年一遇）	
				人口（人）	房屋（座）	人口（人）	房屋（座）	人口（人）	房屋（座）
阳城县	1	白桑村	4	51	12	13	3	0	0
阳城县	2	杜沟村	5	2	1	33	7	5	1
阳城县	3	张庄村	4	7	2	20	5	28	6
阳城县	4	沟底村	78	0	0	0	0	4	2
阳城县	5	大端村	92	0	0	0	0	0	1
阳城县	6	后河村	4	66	15	0	0	0	0
阳城县	7	逯河村	73	0	0	0	0	2	1
阳城县	8	沟西村	45	0	0	0	0	2	1
阳城县	9	周壁村	4	2	1	3	1	0	0

续表 6-8

县区	序号	行政区划名称	防洪能力(年)	极高(小于 5 年一遇)		高危(5～20 年一遇)		危险(20～100 年一遇)	
				人口(人)	房屋(座)	人口(人)	房屋(座)	人口(人)	房屋(座)
阳城县	10	五龙沟村	4	3	1	14	5	0	0
阳城县	11	町店村	6	0	0	33	8	22	6
阳城县	12	凌家沟村	89	0	0	0	0	0	1
阳城县	13	上黄岩村	6	0	0	19	6	29	7
阳城县	14	张沟村	4	9	2	6	4	7	2
阳城县	15	蒿峪村	4	8	2	36	8	0	0
阳城县	16	美泉村	27	0	0	0	0	61	14
阳城县	17	上孔村	6	0	0	46	12	0	0
阳城县	18	下孔村	18	0	0	9	3	21	5
阳城县	19	小庄村	6	0	0	23	10	0	0
阳城县	20	高石村	20	0	0	7	2	34	8
阳城县	21	高窑村	8	0	0	10	2	74	13
阳城县	22	龙岩底	5	0	0	63	13	9	2
阳城县	23	江河村	5	0	0	57	15	0	0
阳城县	24	恶门	53	0	0	0	0	39	9
阳城县	25	洪峪村	51	0	0	0	0	14	3
阳城县	26	小王庄村	27	0	0	0	0	19	5
阳城县	27	安牛村	4	2	1	0	0	6	3
阳城县	28	董封村	8	0	0	42	12	0	0
阳城县	29	龙泉村	55	0	0	0	0	4	1
阳城县	30	芦家河村	15	0	0	4	2	22	9
阳城县	31	上河村	47	0	0	0	0	8	3
阳城县	32	白沟村	4	21	6	0	0	0	0
阳城县	33	清河沟	4	0	1	0	6	0	8
阳城县	34	坪头	4	0	6	0	1	0	0
阳城县	35	苏庄	4	0	10	0	0	0	0
阳城县	36	下芹村	4	0	3	0	1	0	2
阳城县	37	杨家村	4	17	3	4	1	0	3
阳城县	38	杨家谢沟	4	25	8	0	0	0	0
阳城县	39	中李丘村	4	41	9	0	0	0	0
阳城县	40	西状村	4	11	3	10	2	8	2
阳城县	41	泽城村	4	51	15	0	0	0	0
阳城县	42	寨上村	4	48	12	0	0	0	0
阳城县	43	土孟	4	79	21	13	5	0	0
阳城县	44	下交村	4	15	6	0	0	0	0
阳城县	45	横河村	4	6	1	10	1	0	0
阳城县	46	恒升宫	50	0	0	0	0	0	2
阳城县	47	鸟头村	12. 5	0	0	4	1	18	4
阳城县	48	西炉坡	14	0	0	0	2	0	5
阳城县	49	桑园河	4	2	1	0	0	0	0
阳城县	50	受益村	4	8	3	4	1	15	4
阳城县	51	毕家村	13. 1	0	0	25	5	21	8
阳城县	52	园河村	6. 5	0	0	9	5	2	1
阳城县	53	入店	6. 5	0	0	2	1	0	0
阳城县	54	东峪村	5	0	0	25	7	38	9
阳城县	55	上桑林村	8. 4	0	0	4	1	4	1

续表 6-8

县区	序号	行政区划名称	防洪能力（年）	极高（小于5年一遇）		高危（5～20年一遇）		危险（20～100年一遇）	
				人口（人）	房屋（座）	人口（人）	房屋（座）	人口（人）	房屋（座）
阳城县	56	台头村	4	4	1	38	9	0	0
阳城县	57	西峪村	6.4	0	0	48	17	34	9
阳城县	58	下桑林村	4	0	0	0	0	23	7
阳城县	59	北宜固村	79	0	0	0	0	12	5
阳城县	60	后湾	65	0	0	0	0	10	2
阳城县	61	柴庄村	4	50	13	7	2	8	2
阳城县	62	庙岭后	4	25	5	0	0	0	0
阳城县	63	川河村	4	6	3	50	14	0	0
阳城县	64	贾寨村	4	9	2	29	13	0	0
阳城县	65	董王岩	4	3	1	5	1	9	2
阳城县	66	西河	4	26	6	14	3	0	0
阳城县	67	下东坡	6.2	0	0	34	9	0	0
阳城县	68	刘东村	4	55	14	15	3	0	0
阳城县	69	刘西村	18.1	0	0	51	10	0	0
阳城县	70	吕家河村	4	9	2	31	8	7	2
阳城县	71	芹池村	4	57	14	94	23	33	8
阳城县	72	羊泉村	4	17	5	81	20	0	0
阳城县	73	刘庄	74	0	0	0	0	3	1
阳城县	74	阳陵城	32	0	0	0	0	31	7
阳城县	75	宜壁村	11.8	0	0	11	3	10	3
阳城县	76	原庄村	4	0	10	0	13	0	5
阳城县	77	润城村	4	39	10	0	0	0	0
阳城县	78	马寨村	20.5	0	0	13	4	16	6
阳城县	79	白寨	29.5	0	0	0	0	22	6
阳城县	80	寺头村	10	0	0	2	1	40	12
阳城县	81	朱村村	4	4	1	7	2	0	0
阳城县	82	孙沟村	6	0	0	4	1	6	1
阳城县	83	胡沟村	16	0	0	0	0	4	1
阳城县	84	台底村	4	18	5	12	3	0	0
阳城县	85	献义村	5.3	0	0	11	3	3	1
泽州县	1	冯沟村	5	14	4	10	2	12	2
泽州县	2	万里村	5	33	7	12	4	18	5
泽州县	3	柳树底村	5	0	0	103	24	0	0
泽州县	4	石伏头村	5	0	0	49	10	0	0
泽州县	5	史村河村	5	0	0	70	17	0	0
泽州县	6	刘村村	34	45	6	2	1	0	0
泽州县	7	东沟村	5	0	0	0	0	17	5
泽州县	8	峪南村	5	0	0	156	39	0	0
泽州县	9	周村村卫窑	5	10	3	5	1	4	1
泽州县	10	下町村东村	5	7	2	0	0	0	0
泽州县	11	下町村圪套	23	135	24	0	0	0	0
泽州县	12	坪上村后河	5	0	0	6	1	15	4
泽州县	13	坪上村圪坨	5	27	7	0	0	0	0
泽州县	14	下河村	5	45	14	0	0	0	0
泽州县	15	上犁川村委会	5	0	0	0	0	7	2
泽州县	16	中庄村	6.1	33	9	0	0	4	1

续表 6-8

县区	序号	行政区划名称	防洪能力（年）	极高（小于 5 年一遇）		高危（5～20 年一遇）		危险（20～100 年一遇）	
				人口（人）	房屋（座）	人口（人）	房屋（座）	人口（人）	房屋（座）
泽州县	17	下犁川村	10. 8	200	43	110	23	20	4
泽州县	18	上庄村	6	28	5	25	4	0	0
泽州县	19	下铁南村	5	4	1	6	2	0	0
泽州县	20	南河村	5	6	2	3	1	2	1
泽州县	21	大山河村	5	0	0	40	9	12	4
泽州县	22	窑掌村	5	0	0	4	1	4	1
泽州县	23	后峪村	57	0	0	3	1	7	2
泽州县	24	坂头村寺北庄	5	0	0	0	0	5	1
泽州县	25	南街村	5	109	24	0	0	0	0
泽州县	26	黄三河村	5	3	2	8	3	12	3
泽州县	27	三家店村	28	8	2	70	19	16	4
泽州县	28	大阳四分街村	6. 5	19	3	10	2	1	1
泽州县	29	陡坡村	5. 7	4	2	4	2	0	0
泽州县	30	河底村	5	95	21	0	0	0	0
泽州县	31	陈家庄村委会	5. 5	7	2	0	0	50	13
泽州县	32	道宝河村	8. 6	10	3	10	4	32	8
泽州县	33	窑河村	5	2	1	10	5	17	8
泽州县	34	大箕村	5	58	13	0	0	0	0
泽州县	35	槲树庄村	5	8	2	17	4	0	0
泽州县	36	上河村	57	0	0	0	0	18	4
泽州县	37	河上村	5	61	19	44	11	18	5
泽州县	38	西三庄村梨树沟	5	6	2	2	1	4	1
泽州县	39	南峪村	5	136	27	0	0	0	0
泽州县	40	后圪套村	5	37	10	3	2	2	1
泽州县	41	申匠村	5	107	29	0	0	0	0
泽州县	42	董家沟村	28	0	0	0	0	3	1
泽州县	43	东坡村河东	24. 5	0	0	0	0	18	5
泽州县	44	石门村	6. 5	0	0	6	2	0	0
泽州县	45	贾辿村	5	0	0	31	16	0	0
泽州县	46	下川村	5. 7	0	0	16	4	11	2
泽州县	47	下城公村	45	0	0	0	0	21	5
泽州县	48	北尹寨村	5	7	3	0	0	0	0
泽州县	49	岸则村	5. 5	0	0	10	3	13	2
泽州县	50	西窑村黄河	8. 6	0	0	19	10	0	0
泽州县	51	东磨滩村	5	11	3	0	0	5	1
泽州县	52	东石瓮村	5	8	3	1	1	3	2
泽州县	53	下村村	50	0	0	25	8	0	0
沁水县	1	沟门口	20	0	0	0	0	40	9
沁水县	2	柳家湾	4	36	9	9	2	0	0
沁水县	3	南贾庄	48	0	0	0	0	57	17
沁水县	4	北贾庄	48	0	0	0	0	110	34
沁水县	5	河渚	25	0	0	0	0	433	136
沁水县	6	梁庄	50	0	0	0	0	140	33
沁水县	7	西石堂村	50	0	0	0	0	60	18
沁水县	8	东石堂村	50	0	0	0	0	599	188
沁水县	9	青龙村	38	0	0	0	0	52	15

续表 6-8

县区	序号	行政区划名称	防洪能力（年）	极高（小于 5 年一遇）		高危（5 ~ 20 年一遇）		危险（20 ~ 100 年一遇）	
				人口（人）	房屋（座）	人口（人）	房屋（座）	人口（人）	房屋（座）
沁水县	10	东村	25	0	0	0	0	68	14
沁水县	11	孔峪村	7	0	0	10	3	162	78
沁水县	12	涧河村	40	0	0	8	2	33	8
沁水县	13	中村	8	0	0	26	6	46	11
沁水县	14	上峪	4	8	2	322	101	0	0
沁水县	15	下峪	4	8	2	40	9	24	6
沁水县	16	张马	6	0	0	196	48	0	0
沁水县	17	马邑沟	8	19	4	15	4	5	2
沁水县	18	上阁村	11	0	0	1	1	890	269
沁水县	19	松峪	56	19	4	60	14	76	19
沁水县	20	下川	6	0	0	26	6	46	11
沁水县	21	上川村	9	0	0	12	3	318	80
沁水县	22	梁山	17	0	0	12	3	57	21
沁水县	23	腰掌	15	0	0	5	1	46	20
沁水县	24	梨树底	6	4	1	49	19	0	0
沁水县	25	山辿岩	5	4	1	31	25	0	0
沁水县	26	张沟	18	0	0	7	2	33	8
沁水县	27	武安村	50	0	0	0	0	13	3
沁水县	28	尉迟村	29	0	0	0	0	43	10
沁水县	29	嘉峰村	20	0	0	0	0	1 055	13
沁水县	30	新村	7	0	0	22	5	128	49
沁水县	31	秦庄	27	0	0	0	0	43	9
沁水县	32	殷庄	19	0	0	4	1	46	12
沁水县	33	刘庄	20	0	0	0	0	31	10
沁水县	34	卧虎庄	24	0	0	0	0	39	10
沁水县	35	柿沟村	20	0	0	23	6	50	13
沁水县	36	下河口	50	0	0	0	0	33	10
沁水县	37	下潘河	18	0	0	38	9	0	0
沁水县	38	中潘河	11	0	0	3	1	26	7
沁水县	39	上潘河	11	0	0	15	5	0	0
沁水县	40	夏荷村	21	0	0	0	0	58	14
沁水县	41	侯村村	6	0	0	39	8	35	8
沁水县	42	湘峪村	50	0	0	0	0	1 410	460
沁水县	43	半峪村	4	12	4	2	1	32	8
沁水县	44	轩底村	11	0	0	7	2	95	23
沁水县	45	张村	6	0	0	27	3	150	36
沁水县	46	下河	7	0	0	20	1	107	40
沁水县	47	苏庄村	50	0	0	0	0	24	7
沁水县	48	苏庄	17	0	0	4	1	78	40
沁水县	49	八亩地	13	0	0	0	0	0	0
沁水县	50	坡跟前	11	0	0	23	5	76	20
沁水县	51	德兴号	11	0	0	12	3	68	23
沁水县	52	樊庄	9	0	0	103	26	10	3
沁水县	53	王回	14	0	0	6	2	39	9
沁水县	54	玉溪	32	0	0	0	0	93	22
沁水县	55	新庄上	32	0	0	0	0	36	12

续表 6-8

县区	序号	行政区划名称	防洪能力（年）	极高(小于 5 年一遇)		高危(5～20 年一遇)		危险(20～100 年一遇)	
				人口（人）	房屋（座）	人口（人）	房屋（座）	人口（人）	房屋（座）
沁水县	56	尧庄	20	0	0	3	1	33	8
沁水县	57	河北村	12	0	0	4	1	80	21
沁水县	58	南峪村	25	0	0	0	0	18	5
沁水县	59	孝良村	6	0	0	18	5	48	13
沁水县	60	后浪河	32	0	0	0	0	40	11
沁水县	61	都坡沟	7	0	0	2	1	19	10
沁水县	62	哈马口	7	0	0	6	3	61	30
沁水县	63	南村	6	0	0	20	4	16	6
沁水县	64	贤房村	6	0	0	20	4	44	11
沁水县	65	河北	30	0	0	0	0	186	76
沁水县	66	河头村河头	59	0	0	0	0	35	10
沁水县	67	后马元村	6	0	0	4	2	35	9
高平市	1	安河村	5	11	2	4	1	0	0
高平市	2	张壁村	5	8	2	4	1	0	0
高平市	3	北陈村	5	47	9	12	2	0	0
高平市	4	北诗午村	5	202	48	57	14	55	14
高平市	5	石嘴头	5	4	1	0	0	4	1
高平市	6	牛家庄	84	0	0	0	0	4	1
高平市	7	边家沟村	5	23	3	26	5	36	9
高平市	8	程家河村	60	0	0	0	0	95	22
高平市	9	德义村	5	0	0	153	43	12	4
高平市	10	杜寨村	5	0	0	153	43	12	4
高平市	11	尹家沟	11	0	0	16	4	4	1
高平市	12	北常庄	5	12	3	4	1	4	1
高平市	13	疙旦村	6	0	0	20	5	0	0
高平市	14	徘南村	5	24	6	0	0	4	1
高平市	15	南河村村	6	0	0	49	11	17	5
高平市	16	勾要村	5	8	2	8	2	12	3
高平市	17	西山村	5	8	2	16	4	8	2
高平市	18	郭家沟村	5. 4	0	0	4	1	0	0
高平市	19	巩村村	5. 4	0	0	134	28	0	0
高平市	20	古寨村	6	0	0	20	7	47	11
高平市	21	金章背村	5	4	1	0	0	196	49
高平市	22	河底村	15	0	0	12	3	56	12
高平市	23	建南村	8	0	0	72	16	39	9
高平市	24	焦河村	5	198	42	24	4	0	0
高平市	25	酒务村	5	5	1	9	2	22	5
高平市	26	口则村	98	0	0	0	0	50	8
高平市	27	黄叶河村	5	40	8	15	3	41	8
高平市	28	李家河村	5. 6	0	0	83	23	4	1
高平市	29	南河村	5. 1	0	0	38	7	21	5
高平市	30	王家村	5	12	3	0	0	0	0
高平市	31	西坡村	5	4	1	0	0	0	0
高平市	32	刘家庙村	5	16	4	0	0	4	1
高平市	33	三甲南村	5. 2	0	0	205	46	5	1
高平市	34	三甲北村	14. 5	0	0	20	5	28	7

续表 6-8

县区	序号	行政区划名称	防洪能力（年）	极高（小于5年一遇）人口（人）	极高（小于5年一遇）房屋（座）	高危（5~20年一遇）人口（人）	高危（5~20年一遇）房屋（座）	危险（20~100年一遇）人口（人）	危险（20~100年一遇）房屋（座）
高平市	35	沙院村	5	34	9	21	5	6	2
高平市	36	王家河村	5	20	5	29	8	0	0
高平市	37	郭佛陀村	18.5	0	0	4	1	0	0
高平市	38	吴庄村	6	0	0	72	16	39	9
高平市	39	下董峰村	51	0	0	0	0	30	8
高平市	40	窑则头村	11	0	0	20	5	16	4
高平市	41	上马游村	5	8	2	0	0	0	0
高平市	42	大坡沟村	78	0	0	0	0	8	2
高平市	43	下马游村	5.2	0	0	7	1	0	0
高平市	44	下玉井村	5.8	0	0	70	13	0	0
高平市	45	上玉井村	5	4	1	4	1	8	2
高平市	46	小河西村	5.5	0	0	34	8	42	9
高平市	47	申家村	5	20	5	47	8	114	33
高平市	48	西许家	20	0	0	4	1	0	0
高平市	49	小会沟村	5	19	5	41	8	0	0
高平市	50	河泊村	21	0	0	0	0	12	3
高平市	51	鹿宿村	27	0	0	0	0	8	2
高平市	52	南峪村	5	12	3	4	1	12	3
高平市	53	拌沟村	5	20	5	0	0	0	0
高平市	54	新庄村	8	90	22	0	0	6	1
高平市	55	刑村村	13	0	0	90	23	25	6
高平市	56	北庄村	5	48	12	28	7	0	0
高平市	57	云南村	5	59	12	12	3	3	1
高平市	58	云东村	5	4	1	24	6	8	2
高平市	59	曹家村	5	8	2	0	0	4	1
高平市	60	冯庄村	32	0	0	0	0	16	4
高平市	61	中村村	5.3	0	0	201	42	128	27
高平市	62	小西沟村	11	0	0	66	13	0	0
高平市	63	赵庄村	13	0	0	6	2	23	5
高平市	64	什善村	35	0	0	0	0	8	2
高平市	65	谷口村	23	0	0	0	0	8	4
高平市	66	大西沟村	5	16	4	10	2	0	0
高平市	67	永安村	14	0	0	4	1	210	57
高平市	68	河东	36	0	0	12	3	0	0
高平市	69	南陈村	5	12	3	0	0	0	0
高平市	70	毕家院村	7	0	0	822	244	0	0
高平市	71	许家村	42	0	0	0	0	588	155
高平市	72	韩家庄	6	0	0	165	46	0	0
陵川县	1	西石门村	6.5	0	0	47	16	73	20
陵川县	2	后沟村	31	0	0	0	0	67	16
陵川县	3	蒲水村	<5	7	2	77	21	122	32
陵川县	4	沙场村	14	0	0	23	5	86	21
陵川县	5	瓦窑上村	8	0	0	22	6	49	14
陵川县	6	德义村	<5	11	3	57	13	46	11
陵川县	7	赤叶河村	44	0	0	0	0	77	18
陵川县	8	杨家河村	23	0	0	0	0	80	18

续表 6-8

县区	序号	行政区划名称	防洪能力（年）	极高（小于 5 年一遇）		高危（5～20 年一遇）		危险（20～100 年一遇）	
				人口（人）	房屋（座）	人口（人）	房屋（座）	人口（人）	房屋（座）
陵川县	9	马圈村	5.7	0	0	44	10	98	25
陵川县	10	簸箕掌村	9.4	0	0	26	6	70	18
陵川县	11	双底村	20	0	0	0	0	70	17
陵川县	12	西闸水村	12	0	0	10	3	62	16
陵川县	13	六泉村	10.5	17	4	48	12	68	17
陵川县	14	双头泉村	50	0	0	0	0	62	14
陵川县	15	大路沟村	20	0	0	11	3	74	18
陵川县	16	寺洼	20.5	0	0	0	0	88	20
陵川县	17	岭常村	7	0	0	39	9	106	25
陵川县	18	石家坡村	7	0	0	37	10	60	15
陵川县	19	琵琶河村	57	0	0	0	0	47	11
陵川县	20	武家湾村	85	0	0	0	0	31	7
陵川县	21	小义井村	7	0	0	46	12	104	25
陵川县	22	西庄上村	13	0	0	27	6	86	21
陵川县	23	桥蒋村	15.5	0	0	22	5	69	16
陵川县	24	北马村	11.5	0	0	11	3	66	16
陵川县	25	东街村	5	0	0	31	7	79	19
陵川县	26	掌里村	13.2	0	0	11	3	86	20
陵川县	27	土窑	6.5	0	0	40	10	89	22
陵川县	28	南马村	35	0	0	0	0	52	14
陵川县	29	高家井上	25	0	0	0	0	21	9
陵川县	30	浙水	18	0	0	4	2	89	27
陵川县	31	上庄	18	0	0	4	2	89	27
陵川县	32	下庄	18	0	0	4	2	89	27
陵川县	33	西脚村	30	0	0	0	0	48	15
陵川县	34	横水村	71	0	0	0	0	15	4
陵川县	35	秦家河村	5	8	2	24	6	378	127
陵川县	36	苏家湾	10	0	0	73	11	11	2
陵川县	37	松庙村	7.5	9	2	2	1	23	5
陵川县	38	东上河村	42	0	0	5	1	49	16
陵川县	39	上上河村	10	0	0	73	22	15	3
陵川县	40	古郊村	14.3	0	0	11	3	20	4
晋城城区	1	刘家川村	4	480	160	225	40	0	0
晋城城区	2	小车渠村	4	60	20	50	15	0	0
晋城城区	3	七岭店村	4	8	2	111	21	80	16
晋城城区	4	道头村	4	4	1	40	11	158	60
晋城城区	5	东武匠村	50	0	0	0	0	20	3
晋城城区	6	寺底村	16	0	0	4	1	14	3
晋城城区	7	南大街社区	46	0	0	0	0	80	25
晋城城区	8	泰森社区	23	0	0	0	0	103	26
晋城城区	9	景德桥社区	35	0	0	0	0	40	10
晋城城区	10	驿后社区	52	0	0	0	0	106	21
晋城城区	11	东后河社区	40	0	0	0	0	50	9
晋城城区	12	古书院矿社区	33	0	0	0	0	90	21
晋城城区	13	中后河社区	37	0	0	0	0	85	18
晋城城区	14	晓庄社区	44	0	0	0	0	88	17

续表 6-8

县区	序号	行政区划名称	防洪能力（年）	极高（小于5年一遇）		高危（5~20年一遇）		危险（20~100年一遇）	
				人口（人）	房屋（座）	人口（人）	房屋（座）	人口（人）	房屋（座）
晋城城区	15	西谢匠社区	52	0	0	0	0	83	16
晋城城区	16	上辇社区	20	0	0	25	6	50	7
晋城城区	17	下辇社区	16	0	0	20	4	35	5
晋城城区	18	西武匠村	87	0	0	0	0	53	15
晋城城区	19	小白水村	58	0	0	0	0	65	22
晋城城区	20	河东社区	20	0	0	38	7	50	7
晋城城区	21	西马匠社区	33	0	0	0	0	55	15
晋城城区	22	夏匠村	66	0	0	0	0	35	8
晋城城区	23	坡底村	50	0	0	0	0	42	10
晋城城区	24	小后河社区	36	0	0	0	0	75	19
晋城城区	25	冯匠村	13	0	0	48	11	65	14
晋城城区	26	苗匠村	18	0	0	35	9	84	27
晋城城区	27	郜匠村	28	0	0	0	0	79	21
晋城城区	28	岗头村	20	0	0	50	12	65	10
晋城城区	29	叶家河村	54	0	0	0	0	65	10
晋城城区	30	吴家沟村	42	0	0	0	0	60	8
晋城城区	31	牛山村	50	0	0	0	0	86	18
晋城城区	32	二圣头社区	50	0	0	15	4	123	33
晋城城区	33	耿窑社区	20	0	0	28	9	38	8
晋城城区	34	金匠社区	31	0	0	0	0	106	27
晋城城区	35	司徒村	21	0	0	0	0	100	25
晋城城区	36	南石店村	25	0	0	65	21	80	18
晋城城区	37	大车渠村	5.6	0	0	113	28	79	20
晋城城区	38	窑头村	27	0	0	0	0	90	16
晋城城区	39	鸿春村	14	0	0	65	15	80	23
晋城城区	40	中河东村	6.2	0	0	55	11	40	8

6.5.4 阳城县现状防洪能力评价

6.5.4.1 沿河村落现状防洪能力

分析评价成果表明，阳城县120个沿河村落中，35个沿河村落（上节村、后则腰村、砖窑沟村、河北村、坪泉、横河村外郎庄、陕庄村、水头村新建庄村、芪底村、东头村、圪嘴村、下河村、花沟村、李家庄村、戏河村、潭河村、坂底村、口河村、南底庄村、水村村、河西村、下会庆村、下李丘村、虎庄村、烟河村、固隆村、老沙地村、黑洼村、南沟村、吕庄村、北河村、户门口村、大乐村、霍家村、西丰村）位于100年一遇设计洪水淹没范围外，现状防洪能力在100年一遇以上；85个沿河村落位于100年一遇设计洪水或历史最高洪水位以下，其中：1~5年一遇的有40个（白桑村、张庄村、后河村、周壁村、五龙沟村、张沟村、蒿峪村、安牛村、白沟村、清河沟、坪头、菻庄、下芹村、杨家村、杨家谢沟村、中李丘村、西状村、泽城村、寨上村、土孟、下交村、横河村、桑园河、受益村、台上村、下桑林村、柴庄村、庙岭后、川河村、贾寨村、董王岩、西河、刘东村、吕家河村、芹池村、羊泉村、原装村、润城村、朱村村、台底村），5~20年一遇的有26个（杜沟村、町店村、上黄岩村、上孔村、下孔村、小庄村、高窑村、龙岩底、江河村、董封村、芦家河村、鸟头村、西炉坡、毕家村、园河村、入店、东峪村、上桑林村、西峪村、下东坡、刘西村、宜壁村、寺头村、孙沟村、献义村、胡沟村),20 ~ 100 年一遇的有 19 个(沟底村、大端村、逯河村、沟西村、凌家沟村、美泉村、高石村、恶门、洪峪村、小王庄村、龙泉村、上河村、恒升宫、北宜固村、后湾、刘庄、阳陵城、马寨村、白寨)。

6.5.4.2　沿河村落危险区分布及其人口分布

本次工作对 85 个危险沿河村落划分了各级危险区,确定了临时安置点和转移路线,对每一个沿河村落山洪灾害防治预案的编制都有重要参考作用。

通过本次分析评价,统计了阳城县 85 个危险沿河村落各级危险区人口数量及分布情况。成果表明,位于极高危险区 796 人、高危险区 1 105 人、危险区 787 人,分别占沿河村落总人口的 1.1%、1.5%、1.1%。

6.5.5　泽州县现状防洪能力评价

6.5.5.1　沿河村落现状防洪能力

分析评价成果表明,泽州县 94 个沿河村落中，现状防洪能力在 100 年一遇以上;41 个沿河村落主要受坡面洪水威胁,根据暴雨受灾情况确定辛壁村、上掌村、苇町村芋沟、石淙头村、坡东村、杜家河村、司街村、大山河村七甲坡、大山河村南庄、大山河村柿树掌、石盆河村、石盆河村西禅房、渠头村、王家庄村、宋家掌村、香峪村、青龛村、前李河村、河底村、西三庄村孔窑、前圪套村、南庄村、河西村、北庄村、谷坨村、东坡村、东坡村下河、干司村、马韦村、马韦村东贤子、马韦村西贤子、北寨村、河底村、川底村、川底村东坡、焦河村、沙沟村的防洪能力均位于 20 ~ 100 年一遇;大会村小会、大泉河村、李河村、李河村正圪脑防洪能力均位于 5 ~ 20 年一遇。53 个沿河村落位于 100 年一遇设计洪水或历史最高洪水位以下,其中:1 ~ 5 年一遇的有 32 个(陡坡村、冯沟村、周村村卫窑、下町村东村、下町村圪套、坪上村圪坨、下河村、大箕村、槲树庄村、河上村、西三庄村梨树沟、南峪村、后圪套村、申匠村、贾辿村、中庄村、下犁川村、上庄村、下铁南村、南河村、万里村、刘村村、南街村、黄三河村、三家店村、大阳四分街村、河底村、陈家庄村、道宝河村、窑河村、北尹寨村、东磨滩村),5 ~ 20 年一遇的有 14 个(峪南村、坪上村后河、石门村、下村村、柳树底村、石伏头村、史村河村、后峪村、东石瓮村、下川村、大山河村、窑掌村、岸则村、西尧村黄河),20 ~ 100 年一遇的有 7 个(东沟村、上河村、董家沟村、东坡村河东、上犁川村、坂头村寺北庄、下城公村)

6.5.5.2　沿河村落危险区分布及其人口分布

本次工作对 94 个危险沿河村落划分了各级危险区,确定了临时安置点和转移路线,对每一个沿河村落山洪灾害防治预案的编制都有重要参考作用。

通过本次分析评价,统计了泽州县 94 个危险沿河村落各级危险区人口数量及分布情况。成果表明,位于极高危险区 1 283 人、高危险区 890 人、危险区 21 534 人,分别占沿河村落总人口的 2.0%、1.4%、3.4%。

6.5.6　沁水县现状防洪能力评价

6.5.6.1　沿河村落现状防洪能力

分析评价成果表明,65 个沿河村落现状防洪能力在 100 年一遇以下,为危险沿河村落,其中小于 5 年一遇的有 5 个(龙港镇河渚村柳家湾、郑村镇半峪村、中村镇上峪村上峪、中村镇下峪村下峪、中村镇北岭村马邑沟村),5 ~20 年一遇的有 36 个(中村镇山辿岩村山辿岩、中村镇东川村梨树底、柿庄镇柿庄村南村、柿庄镇峪里村贤房村、中村镇张马村张马、土沃乡后马元村、中村镇下川村下川、十里乡孝良村、张村乡张村、张村乡张村村下河、郑村镇侯村村、樊村河乡卫村都坡沟、樊村河乡赵寨村哈马口、龙港镇孔峪村、嘉峰镇磨掌村新村、中村镇中村村中村、胡底乡樊庄村樊庄、中村镇上川村、中村镇上阁村、嘉峰镇潘河村中潘河、嘉峰镇潘河村上潘河、胡底乡老坟沟村坡跟前、胡底乡老坟沟村德兴号、郑村镇轩底村、十里乡河北村、苏庄乡西古堆村八亩地、胡底乡王回村王回、中村镇下川村腰掌、中村镇下川村梁山、郑庄镇郑庄村张沟、嘉峰镇潘河村下潘河、嘉峰镇殷庄、龙港镇杏园社区沟门口、嘉峰镇嘉峰村、嘉峰镇刘庄、嘉峰镇柿沟村、固县乡南河底村尧庄),20 ~100 年一遇的有 24 个(郑村镇夏荷村、嘉峰镇卧虎庄、龙港镇河渚村河渚、龙港镇王寨村东村、十里乡南峪村、嘉峰镇秦庄、嘉峰镇尉迟村、十里乡孝良村后浪河、端氏村河北、胡底乡玉溪村玉溪、胡底乡玉溪村新庄上、龙港镇青龙村、中村镇中村村涧河村、港镇河渚村南贾庄、龙港镇河渚村北贾庄、龙港镇梁庄、龙港镇西石堂村、龙港镇东石堂村、嘉峰镇武安村、嘉峰镇李庄村下河口、郑村镇湘峪村、苏庄乡苏庄村、苏庄乡苏庄村苏庄、中村镇松峪村松峪、郑庄镇河头村河头)。苏庄乡八亩地,公路在河道比较危险,但房屋不在历史洪水位以下,可不属于山洪灾害危险村。

6.5.6.2　沿河村落危险区分布及其人口分布

本次工作对 66 个危险沿河村落划分了各级危险区,确定了临时安置点和转移路线,对每一个沿河村落山洪灾害防治预案的编制都有重要参考作用。

通过本次分析评价,统计了沁水县 65 个危险沿河村落各级危险区人口数量及分布情况。成果表明,位于极高危险区 27 户 110 人、高危险区 349 户 1 254 人、危险区 2 078 户 7 728人,分别占沿河村落总人口的 0.3%、3.4%和 21.0%。

6.5.7　高平市现状防洪能力评价

6.5.7.1　沿河村落现状防洪能力

分析评价成果表明,72 个受危险的沿河村落均受百年洪水影响,其中 69 个沿河村落主要受河道洪水影响,3 个沿河村落受坡面流影响。其中, 1 ~5 年一遇的有 32 个,5 ~20 年一遇的有 27 个,20 ~100 年一遇的有 13 个。

6.5.7.2　沿河村落危险区分布及其人口分布

本次工作对 72 个危险沿河村落划分了各级危险区,确定了临时安置点和转移路线,对每一个沿河村落山洪灾害防治预案的编制都有重要参考作用。

通过本次分析评价结合实地走访调查,统计了高平市 83 个危险沿河村落各级危险区人口数量及分布情况。成果表明,位于极高危险区 1 000 人、高危险区 2 955 人、危险区

2 102人,分别占沿河村落总人口的1.5%、4.4%和3.1%。

6.5.8　陵川县现状防洪能力评价

6.5.8.1　沿河村落现状防洪能力

分析评价成果表明,107 个沿河村落中,有 40 个村落受到河道洪水威胁,在 100 年一遇以下有淹没范围,其中 1～5 年一遇的有 3 个,5～20 年一遇的有 24 个,20～100 年一遇的有 13 个。受坡面流影响的 67 个沿河村落均位于 20～100 年一遇。

6.5.8.2　沿河村落危险区分布及其人口分布

本次工作对 40 个危险沿河村落划分了各级危险区,确定了临时安置点和转移路线,对每一个沿河村落山洪灾害防治预案的编制都有重要参考作用。

通过本次分析评价,统计了陵川县 107 个危险沿河村落各级危险区人口数量及分布情况。成果表明,位于极高危险区 52 人、高危险区 829 人、危险区 16 044 人,分别占沿河村落总人口的0.1%、1.5%和28.4%。

6.5.9　晋城城区现状防洪能力评价

6.5.9.1　沿河村落现状防洪能力

分析评价成果表明,40 个沿河村均属于危险村落,其中 1～5 年一遇的有 4 个,5～20 年一遇的有 11 个,20～100 年一遇的有 25 个。

6.5.9.2　沿河村落危险区分布及其人口分布

本次工作对 40 个危险沿河村落划分了各级危险区,确定了临时安置点和转移路线,对每一个沿河村落山洪灾害防治预案的编制都有重要参考作用。

通过本次分析评价,统计了晋城市城区 40 个危险沿河村落各级危险区人口数量及分布情况。成果表明,极高危险区 552 人、高危险区 987 人、危险区 2 697 人,分别占沿河村落总人口的0.8%、1.5%和4.0%。

由于篇幅限制,每县(市)选取一个村落的防洪现状评价图为代表,如图 6-6～图 6-11 所示。

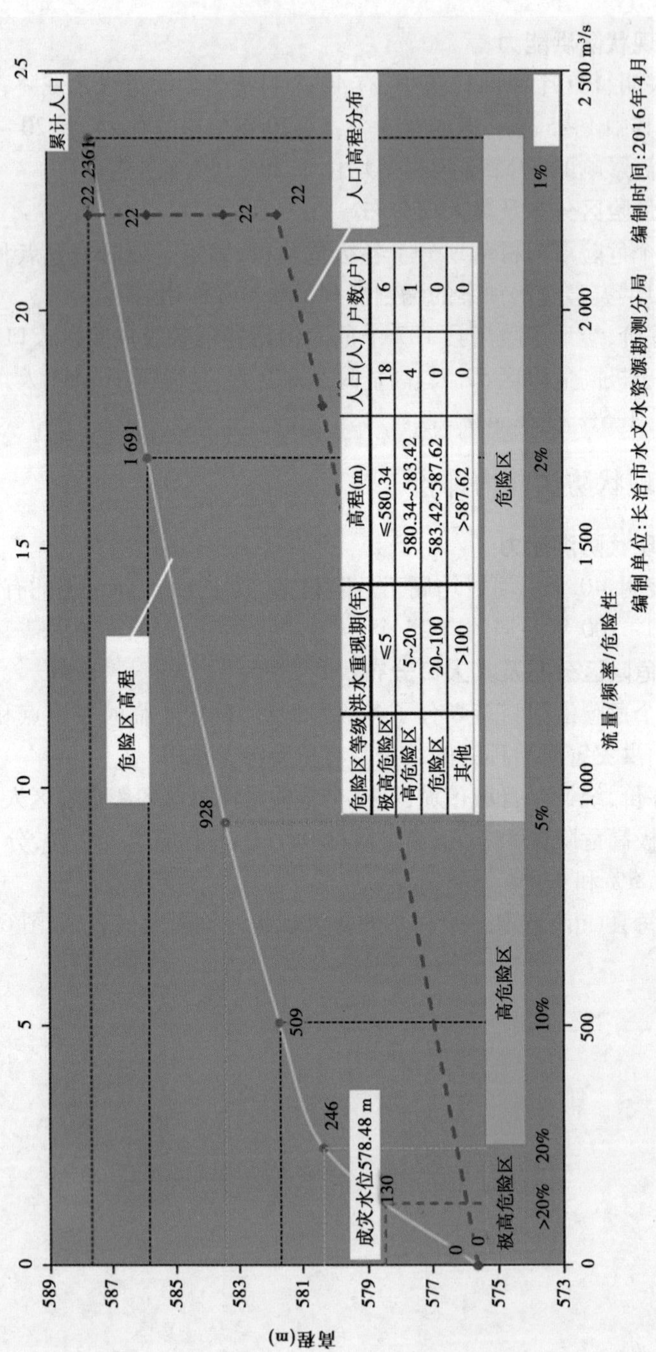

危险区等级	洪水重现期(年)	高程(m)	人口(人)	户数(户)
极高危险区	≤5	≤580.34	18	6
高危险区	5~20	580.34~583.42	4	1
危险区	20~100	583.42~587.62	0	0
其他	>100	>587.62	0	0

图 6-6　阳城县坪头村防洪现状评价图

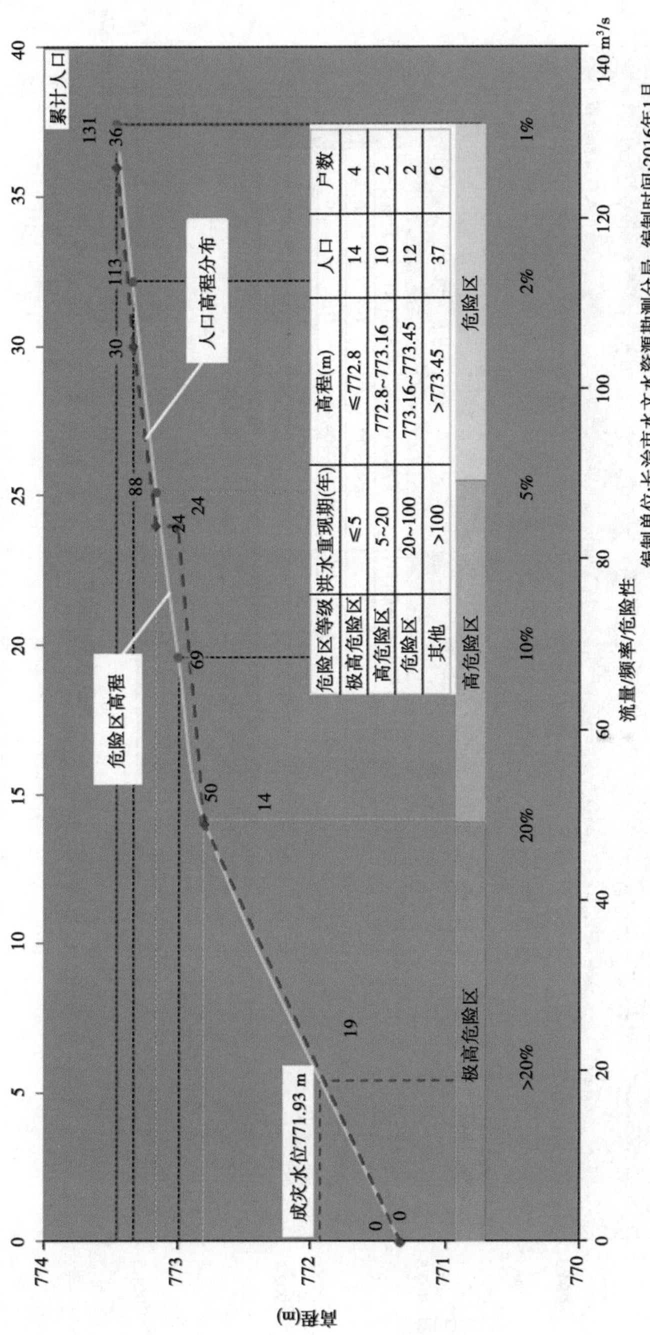

图 6-7　泽州县冯沟村防洪现状评价图

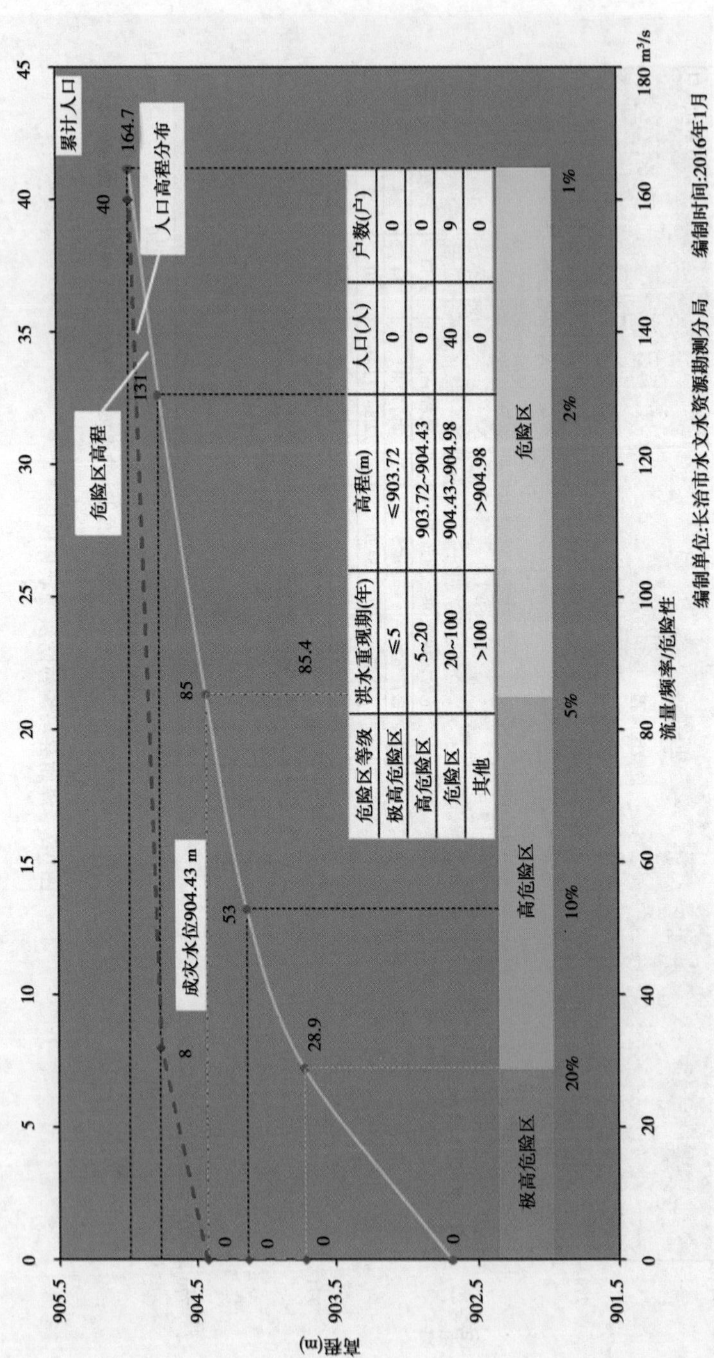

图 6-8　沁水县龙港镇杏园社区沟门口防洪现状评价图

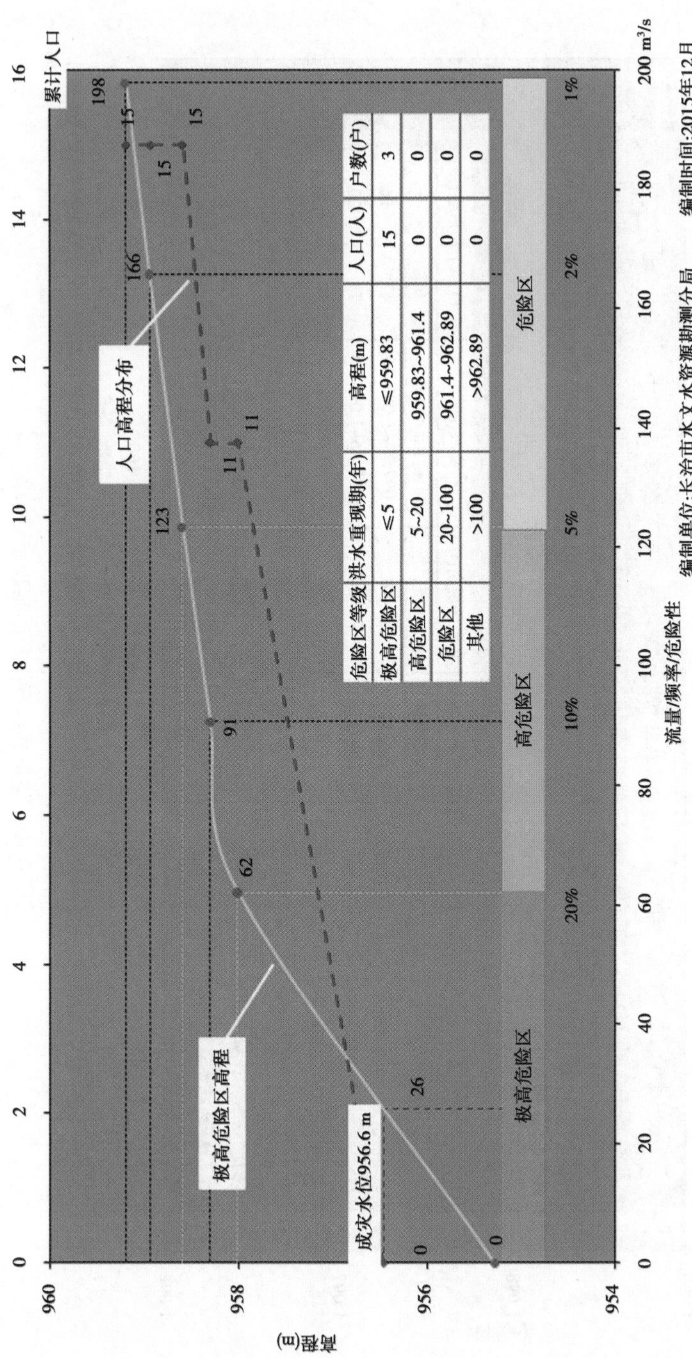

图 6-9　高平市安河村防洪现状评价图

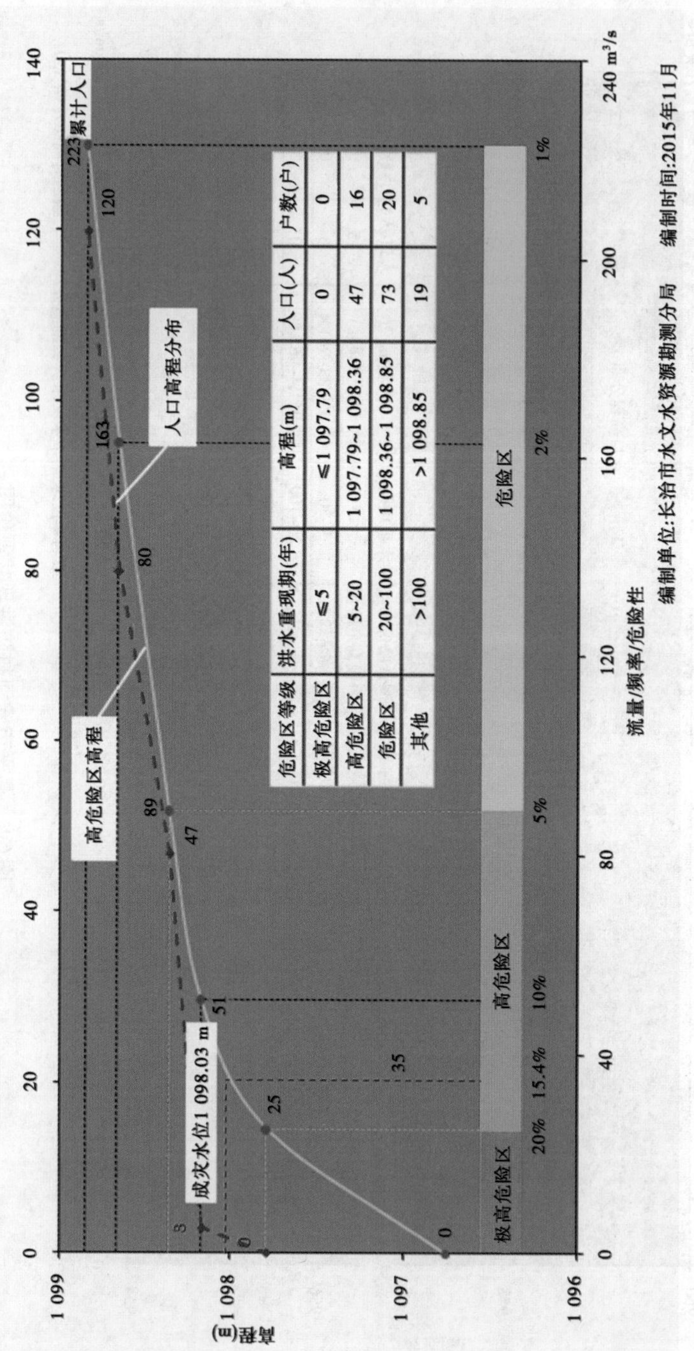

危险区等级	洪水重现期(年)	高程(m)	人口(人)	户数(户)
极高危险区	≤5	≤1 097.79	0	0
高危险区	5~20	1 097.79~1 098.36	47	16
危险区	20~100	1 098.36~1 098.85	73	20
其他	>100	>1 098.85	19	5

图 6-10　陵川县西石门村防洪现状评价图

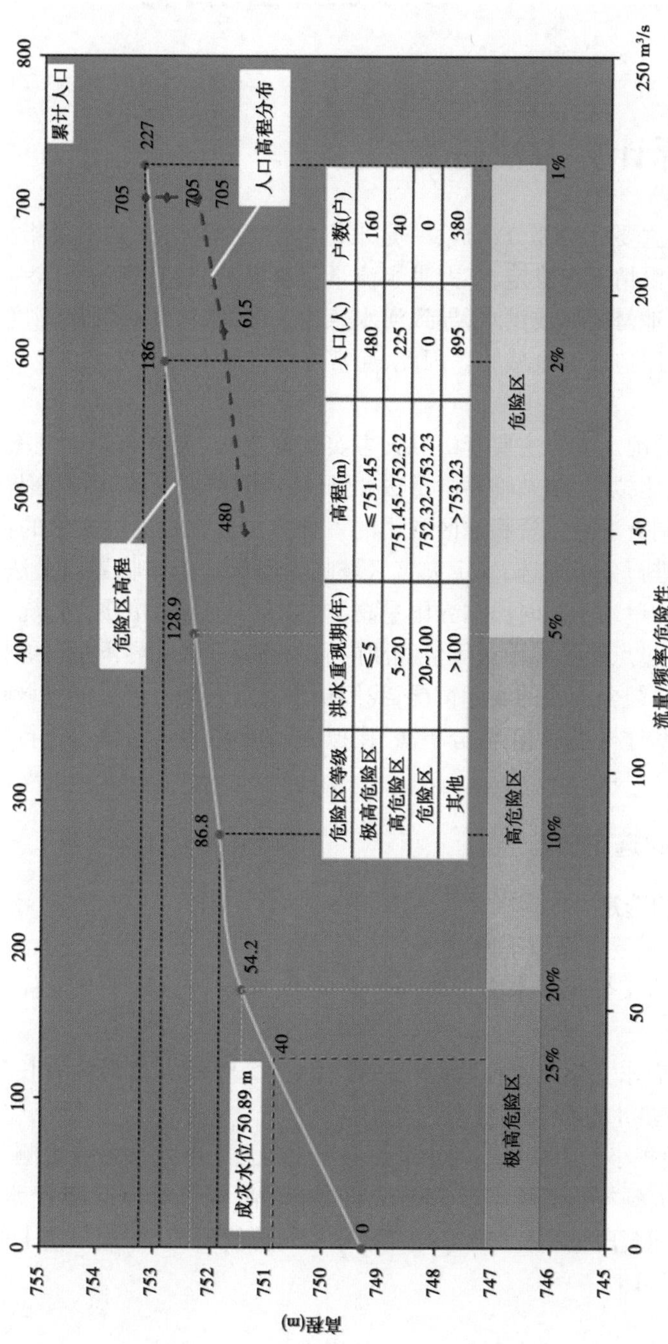

危险区等级	洪水重现期(年)	高程(m)	人口(人)	户数(户)
极高危险区	≤5	≤751.45	480	160
高危险区	5~20	751.45~752.32	225	40
危险区	20~100	752.32~753.23	0	0
其他	>100	>753.23	895	380

图 6-11　晋城城区刘家川村防洪现状评价图

第7章　洪灾预警指标

7.1　预警指标计算方法研究

预警指标的确定主要由两部分组成,一是水位(流量)指标;一是雨量指标。水位指标可根据实地洪水淹没情况来决定,多大洪水流量会遭灾,比较直观简单。一般情况下,山洪成灾的原因是局地暴雨形成洪水,导致河水急速上涨,水位超过河岸高度形成漫滩,上滩洪水对农田和房屋造成安全威胁。因此,通常可以将河水漫滩的水位定为警戒水位,也可称为警戒流量。

目前,临界雨量的确定方法主要有山洪灾害实例调查法、灾害与降雨频率分析法、产汇流分析法、内插法、比拟法、单站临界雨量法、区域临界雨量分析法、动态临界雨量法等。其中,山洪灾害实例调查法是无资料地区常用的一种方法。它是通过大量的灾害实例调查和雨量调查资料,进行分析筛选,确定灾害区域临界雨量。单站临界雨量法,通过对典型区内洪灾调查,统计单站不同时段临界雨量,根据最大中选最小的原则,统计分析区域临界雨量。内插法通过点绘临界雨量等值线图内插无资料地区临界雨量。综合山洪灾害临界方法的优缺点,并结合山西的实际情况,我们初步确定采用改进后的区域临界雨量分析法、灾害与降雨频率分析法、产汇流分析法、比拟法、动态临界雨量法等进行临界雨量分析方法的研究。

7.1.1　研究流域的选定

7.1.1.1　研究流域的选定

研究流域的确定主要遵循以下原则:

(1)按照山西省水文分区和水文下垫面分类成果,选取各分区下垫面代表性较好的流域。

(2)研究流域内有水文站点且控制面积一般不大于200 km^2,流域内有长系列配套雨量站降水资料及相应洪水过程观测资料。

山西省内控制面积小于200 km^2 的水文站共有11处,一些水文站受观测年限和配套雨洪资料限制,后扩大到控制面积小于500 km^2 的水文站,经过对全省25个水文站1 500余站年洪水资料,及配套雨量站9 000余站年降水资料分析研究,筛选出岔上等8个水文站为研究流域,见表7-1。

表7-1　流域基本情况表

水文站	水文分区	下垫面类型	雨量站点数	场次洪水	集水面积(km^2)	控制河长(km)	河流纵坡(‰)	设站年份	所属流域
碗窑	北区	砂页岩灌丛山地与灰岩灌丛山地	4	6	147.7	21.5	17.9	1977	海河
寺坪	中区	变质岩灌丛山地与变质岩森林山地	2	11	193.4	27.1	23.6	1968	海河
北张店	东区	砂页岩森林山地与砂页岩灌丛山地	12	11	270	26.5	5.04	1958	海河
岔上	西区	灰岩森林山地	1	11	32.1	9.5	49.3	1958	黄河
杨家坡	西区	黄土丘陵沟壑	6	8	283	46	11.2	1956	黄河
乡宁	中区	黄土丘陵沟壑区与砂页岩灌丛、森林	5	17	328	30.6	14.2	1980	黄河
古县	中区	黄土丘陵阶地与砂页岩灌丛山地、砂页岩森林山地	8	12	150	17	25.2	1977	黄河
冷口	中区	变质岩森林与灌丛	6	14	76	16.8	23.3	1976	黄河

7.1.1.2　归纳统计法

山洪的大小除了与降雨总量、降雨强度有关外,还和流域土壤饱和程度或前期影响雨量密切相关。当土壤较干时,降水下渗大,产生地表径流则小;反之,如果土壤较湿,降水入渗少,易形成地表径流。因此,在建立山洪警戒临界雨量指标时,应该考虑山洪防治区中小流域土壤饱和情况,给出不同前期影响雨量条件下的警戒雨量和危险雨量。

1. 资料统计

首先根据区域内历次山洪灾害发生的时间表,收集区域及周边邻近地区各雨量站对应的雨量资料(区域内有的地方可能未发生山洪,但雨量资料也应一并收集),以水文部门的雨量资料为主,气象站网和实地调查雨量资料作为补充。确定对应的降雨过程开始时间和结束时间,降雨过程的开始时间,是以连续3日每日雨量小于等于1 mm后出现日雨量大于1 mm的时间;降雨过程的结束时间是山洪灾害发生的时间(这里确定的是降雨过程统计时间,如灾害发生后降雨仍在持续,灾害会加重)。过程时间确定后,在每次过程中依次查找并统计10 min、30 min、1 h、3 h、6 h、12 h、24 h最大雨量、过程总雨量及其每项对应的起止时间。如果过程时间长度小于对应项的时段跨度,则不统计(如降雨过程小于12 h,则不统计12 h、24 h最大雨量及其起止时间),但过程雨量必须统计。当降雨过程时间较长时(例如过程时间超过3 d),降雨强度可能会出现2个或以上的峰值,则统计最靠近灾害发生时刻各时间段最大雨量。如果收集的资料中已包含各时段雨量统计值,则可直接进行下步工作。

2. 临界雨量计算

假设区域内共有 S 个雨量站,共发生山洪灾害 N 次,共统计 T 个时间段的雨量,R_{tij} 为 t 时段第 i 个雨量站第 j 次山洪灾害的最大雨量,则各站每个时间段 N 次统计值中,最小的一个为临界雨量初值,即初步认为这个值是临界雨量,计算公式如下:

$$\overline{H}_{临界} = \min(H_{tj}) \quad (j = 1,2,\cdots,N_i) \tag{7-1}$$

3. 单站临界雨量分析

(1)不同站点相同时段的临界雨量不尽相同,与各站点地质、地形、前期降雨量及气候条件不同有关。地形陡峭,土壤吸水能力较好,前期降雨量小,年雨量较大的地区,临界雨量就较大,相反则临界雨量就较小。

(2)同一站点不同时段的临界雨量,能反映该站点对于不同时间段最大降雨的敏感程度,因此需要对各时段的临界雨量进行综合分析,并结合山洪灾害调查资料,确定影响山洪灾害发生的重要时段。因过程总雨量也有临界值,实际工作中,各时段临界雨量必须一起综合使用,并判别山洪灾害发生的可能性,如 1 h 这个时段出现大于临界值的降雨时,灾害发生的可能性较小,3 h、6 h 也出现大于临界值的降雨时,灾害发生的可能性较大。但只要有一个时段降雨将超过其临界值,就有可能发生山洪灾害。

(3)可以将区域内各站同一时段的临界雨量进行统计分析。

计算平均值

$$\overline{R_t} = \sum_{i=1}^{n}(R_{ti临界}) \quad (t = 10\ \text{min},30\ \text{min},1\ \text{h}\cdots \text{过程雨量}) \tag{7-2}$$

$\overline{R_t}$ 可视为区域内大范围的平均情况,是即当面降雨量超过 $\overline{R_t}$ 时,区域内有可能发生山洪灾害。

统计最小值

$$R_{t\min} = \min(R_{ti}) \quad (i = 1,2,3,\cdots,s) \tag{7-3}$$

$R_{t\min}$可视为区域内致灾降雨强度的必要条件,即只有当区域内至少有一个站雨强超过 $R_{t\min}$时,区域内才有可能发生山洪灾害。

统计最大值

$$R_{t\max} = \max(R_{ti}) \quad (i = 1,2,3,\cdots,s) \tag{7-4}$$

$R_{t\max}$可视为区域内发生山洪灾害的充分条件,即当区域内每个站点雨强都超过 $R_{t\max}$时,区域内将会有大范围的山洪灾害发生。

(4)利用单站临界雨量分析计算区域临界雨量(单站临界雨量法)。

因影响临界雨量的因素多,且各种因素的定量关系难以区分开,各次激发灾害发生的雨量均不完全相同,因此区域内各站的临界雨量也不尽相同。根据分析计算出的区域内各单站临界雨量初值,来确定区域临界雨量,这种方法称为单站临界雨量法。区域临界雨量的取值不是一个常数,而是有一个变幅,变幅一般在 $R_{t\min}$ 及 $\overline{R_t}$ 之间,也可适当外延,在该变幅内区域中达到临界雨量的站点相对较多,但不是全部。只要降雨量在该变幅内,区域内就有可能发生山洪灾害。临界雨量变幅不能过大,否则对山洪灾害防治意义不大。

4. 区域山洪临界雨量的分析计算

1)区域临界雨量的初值确定

统计 N 次山洪灾害各时段最大雨量面平均值的最小值,即为各时段区域山洪临界雨量初值。

$$R_{t临界} = \min(R_{tj}) \quad (j = 1,2,3,\cdots,N) \tag{7-5}$$

2)区域临界雨量分析

$R_{t临界}$可视为区域内面平均临界雨量初值,因影响临界雨量的因素多,各次激发灾害发生的雨量不同,因此临界雨量的取值不是一个常数,而是有一个变幅,变幅一般在 $R_{t临界}$上下一个区间,即临界雨量可能略小于 $R_{t临界}$或略大于 $R_{t临界}$,在该变幅内区域中有一定数量的灾害场次（N次中）。只要面降雨量在该变幅内，区域内就有可能发生山洪灾害。

区域山洪灾害临界雨量，可作为判别区域内有无山洪灾害发生的定量指标，因在统计山洪灾害次数时，只要区域内有1个站发生了山洪灾害，就认为区域内有山洪灾害发生。因此，它无法判别区域内受灾面积的大小及灾害严重程度（面降雨量越大于临界雨量，灾害将越严重），但这种方法对资料要求不高，对于雨量站密度相对较小的区域，比较适用。

5. 结论

归纳统计法，简单易操作，分析方法比较合理，但要求区域内有一定密度的自计雨量站网；要有较翔实的山洪灾害资料。

本研究选定的8个水文站在全省资料最为翔实，配套站点最多的流域，都难以满足归纳统计对资料要求，难以统计出可用的预警指标。

该方法具有局限性，不能全面反映产生致灾洪水的临界雨量。在同一流域当发生洪水灾害时，流域可以有不同的临界雨量，所以临界雨量严格来讲是一组不同时程分配、不同地区分布降雨所对应的各种时段雨量，临界雨量不应是一组时段雨量而应是一簇无穷组的时段雨。

7.1.1.3　灾害与降雨同频率分析法

皮尔逊Ⅲ型分布是一组具有不同偏态和其他分布特性的概率分布，具有广泛的概括和模拟能力，在气象上常用来拟合最大风速、最大降雨量等要素的极值分布。假定区域内历史上山洪灾害出现的频率与本区域各时段年最大降雨频率相同，则对应频率的设计降雨量可作为临界雨量值。

这里假定灾害与降雨同频率，如根据资料分析认为两者不同频率，作出相应的折算后，确定与灾害频率相应的降雨频率，求出降雨设计值作为临界雨量初值。通过与周边邻近地区的临界雨量进行综合对比分析，最后合理确定临界雨量值。在计算面设计雨量时，如区域较小可以看作一个点（区域中心），区域较大应考虑点面换算关系。

（1）确定灾害频率。

确定灾害频率分两种情况：一种是灾害记录资料比较丰富、详细，可以直接确定灾害频率；另一种是灾害资料短缺，由造成灾害的危险流量推求灾害频率。

A. 有灾害资料计算方法

灾害资料比较丰富时，通过对灾害资料的调查、整理、分析，确定山洪灾害发生场次，采用下式计算灾害发生的频率：

$$P = \frac{m}{n+1} \tag{7-6}$$

式中，P为洪灾发生频率；m为洪灾发生的总次数；n为调查的总年数。

如某区域自1950年以来共发生了14次山洪灾害，那么山洪灾害发生的频率$P = 14 \div (2\,013 - 1\,950 + 1) = 21.9\%$。

B. 无灾害资料计算方法。

灾害资料缺乏时，由危险流量推求灾害频率，步骤如下：

①确定危险流量。

在小流域内根据现有河道堤防的具体情况，乡镇或自然村所在位置及历史洪水灾害发生位置选取适当数量的控制断面,原则上应在有山洪灾害防治要求的各乡镇和自然村的上游、中游和下游各选取一个控制断面。根据历史灾情和现有水工情的情况,分析提出各断面的控制水位。通过水力计算确定断面水位与流量的关系,并确定控制断面在警戒水位相应的流量即危险流量。

②计算不同频率设计流量。

根据山洪灾害防治区流域面积大小及暴雨参数等值线通过流域的实际情况选取定点,并用泰森多边形法量算每个定点控制面积占流域面积的权重系数。

从均值和变差系数等值线图上分别查得各定点不同历时的均值和变差系数值,并进行合理性检查。

给定不同频率设计暴雨,推求暴雨公式参数。

采用产流模型推求不同频率主雨历时、主雨雨量、净雨、净雨过程。

采用汇流模型推求不同频率设计流量。

点绘频率与设计流量关系曲线图,如图 7-1 所示。

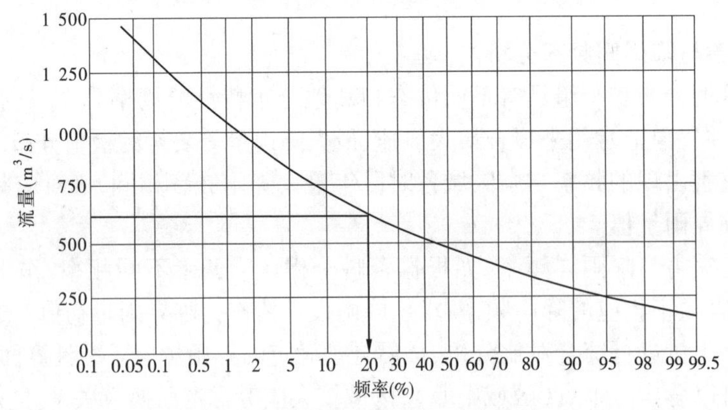

图 7-1　设计流量与频率关系曲线图

③危险流量推求灾害频率。

由危险流量从频率与设计流量关系曲线,查读危险流量相应频率,即为灾害频率。

(2)根据山洪灾害防治区流域面积大小及暴雨参数等值线通过流域的实际情况选取定点,并用泰森多边形法量算每个定点控制面积占流域面积的权重系数。

(3)从均值和变差系数等值线图上分别查算各定点不同历时的均值和变差系数值,并进行合理性检查。

(4)根据各标准历时设计雨量,推求暴雨公式参数。

(5)根据暴雨公式计算灾害相应频率的不同时段设计面雨量,作为流域临界雨量初值。

(6)通过与周边区域综合分析确定流域临界雨量。

(7)结论。

灾害与降雨同频率分析法,相对而言对雨量洪水资料要求不高,只要有完整的灾害记录资料即可,便于雨量洪水资料短缺的地区应用,存在以下问题:

①根据灾害的频率确定降雨的频率时,从理论上讲降雨量选样时应考虑超定量的问

题，也就是一年不一定选一个样，但是在以往的降雨成果一年只选一个最大值，因此计算结果偏差可能会较大。

②若灾害资料调查不全，也会存在计算结果偏大的可能。

③假定灾害与雨量同频率，实际情况降雨与灾害不一定同频率。即使灾害与雨量同频率，形成灾害的雨量是一个过程雨量，而不是某一个历时的雨量形成的。

7.1.1.4　动态临界雨量法

一般情况下，山洪成灾的原因是局部暴雨形成洪水，导致河水急速上涨，水位超过河岸高度形成漫滩，上滩洪水对农田和房屋造成安全威胁。因此，通常可以将河水漫滩的水位定为警戒水位。根据上滩水位，结合实测河流断面资料估算出相应的流量，即为上滩流量，也可称为警戒流量。由于径流是由降雨产生的，从达到上滩流量的时间开始往前推，在一定时间之内的累计降雨量称为警戒临界雨量。山洪的大小除了与降雨总量、降雨强度有关外，还和流域土壤饱和程度或前期影响雨量密切相关。随着流域前期影响雨量的变化，山洪预警临界警戒雨量值也会随之发生变化，因此在建立山洪警戒临界雨量指标时，应该考虑山洪防治区中小流域前期影响雨量，给出不同前期影响雨量条件下的警戒临界雨量。其思路是以小流域上已发生的降雨量，通过水文模型计算分析，得到流域实时土壤湿度，反推出流域出口断面洪峰流量要达到预先设定的预警流量值所需的降雨量，这个降雨量称为“FFG 值(flash flood guidance)”或动态的“临界雨量值”。当实时或预报降雨量达到“FFG 值”时，即发布山洪预警或警示。

在分析当前的土壤湿度时，因为时间允许，运用了水文模型，得到了 FFG 值；在发布未来预报或预警时，因时间仓促，不运行水文模型，只对比当点(或小范围的面)雨量是否达到及超过相同前期影响雨量下的 FFG 值，决定是否发布预警。

本次研究采用双曲正切产流模型与单位线流域汇流模型，对研究流域进行了产汇流模拟分析，结果证明所采用的水文模型以及山西省不同下垫面产汇流参数可靠、适用，从而为该方法在无资料地区山洪灾害预警指标分析奠定了较好的基础。

1.双曲正切产流模型

1)双曲正切模型结构

$$R = H_A(t_z) - F_A(t_z) \cdot \mathrm{th}\left[\frac{H_A(t_z)}{F_A(t_z)}\right] \tag{7-7}$$

或

$$R = \varphi - H_A(t_z), \varphi = 1 - \frac{1}{x}\mathrm{th}x, x = H_A(t_z)/F_A(t_z) \tag{7-8}$$

式中，th 为双曲正切运算符；x 为供水度；t_z 为暴雨的主雨历时，h；$H_A(t_z)$ 为暴雨的主雨面雨量，mm；φ 为洪水径流系数；R 为洪水净雨深，mm；$F_A(t_z)$ 为主雨历时内的流域可能损失，mm；角标 A 表示流域平均值(下同)。

流域可能损失用式(7-9)计算。

$$F_A(t_z) = S_{r,A}(1 - B_{0,P})t_z^{0.5} + 2K_{s,A}t_z \tag{7-9}$$

式中，$S_{r,A}$ 为流域包气带充分风干时的吸收率，反映流域的综合吸水能力，mm/h$^{1/2}$；$K_{s,A}$ 为流域包气带饱和时的导水率，mm/h；$B_{0,P}$ 为流域前期土湿标志(流域持水度)。

多种产流地类组成的复合地类流域,吸收率和导水率分别根据各种地类的面积权重按式(7-10)及式(7-11)加权计算。

$$S_{r,A} = \sum c_i \cdot S_{r,i} \qquad i = 1,2,\cdots \tag{7-10}$$

$$K_{s,A} = \sum c_i \cdot K_{s,i} \qquad i = 1,2,\cdots \tag{7-11}$$

式中,$S_{r,i}$为单地类包气带充分风干时的吸收率,$mm/h^{1/2}$;$K_{s,i}$为单地类包气带饱和时的导水率,mm/h,从表 7-2 中查用;c_i 为某种地类面积占流域面积的权重。

表 7-2　山西省单地类风干流域吸收率 S_r 及饱和流域导水率 K_s 查用表

地类	S_r			K_s		
	上限值	下限值	一般值	上限值	下限值	一般值
灰岩森林山地	43.0	28.0	35.5	4.10	2.60	3.35
灰岩灌丛山地	35.0	26.0	30.5	3.50	2.30	2.90
耕种平地	27.0	27.0	27.0	1.90	1.90	1.90
灰岩土石山区	25.0	23.0	24.0	1.80	1.60	1.70
砂页岩森林山地	23.0	23.0	23.0	1.50	1.50	1.50
变质岩森林山地	22.0	22.0	22.0	1.45	1.45	1.45
黄土丘陵阶地	21.0	21.0	21.0	1.40	1.40	1.40
黄土丘陵沟壑区	20.0	20.0	20.0	1.30	1.30	1.30
砂页岩土石山区	19.0	19.0	19.0	1.25	1.25	1.25
砂页岩灌丛山地	18.0	18.0	18.0	1.20	1.20	1.20
变质岩土石山区	17.0	17.0	17.0	1.15	1.15	1.15
变质岩灌丛山地	16.0	16.0	16.0	1.10	1.10	1.10

2)使用双曲正切模型需要注意的事项

模型模拟的效果,除了模型与实体结构的接近程度有关以外,合理定量 3 个参数值至关重要。

(1)正确划分地类是决定参数 S_r 及 K_s 的关键环节。划分地类应该采取实地查勘与查图相结合的原则。现有下垫面分区图不能取代野外调查。事实上,下垫面的空间变异并不像下垫面分区图所标示的那样界限分明,分区内的下垫面属性也不一定绝对单一,成图时进行的合并与综合,掩盖了小流域内部下垫面的分异特征。所以,下垫面分区图的实用性会随着流域面积的减小而弱化,野外工作不可或缺。

(2)在盆地,地下水位埋深对吸收率影响较大,但缺乏这方面的观测资料,无法做系统分析,表列值仅适用于地下水埋深比较大的区域,地下水埋深较小时,应适当减小吸水率的取值。

(3)对于广阔低缓山坡,且覆盖有薄层黄土或黄土斑状分布、基岩零散出露的土石山区,应该设法确定出黄土、基岩露头各自占流域面积的权重,将其分解为单地类,然后比照复合地类处理,以避免机械采用 80% 作为划分石质山地与土石山区指标产生的参数值突变现象。

(4)对于 12 种地类未能涵盖的下垫面类型,例如,采矿区和城市化地区,由于现实水文站网中没有这些地区的观测资料,不能具体分析它们的吸水率和导水率,只能以 12 种地类中的某种地类参数为参考,综合考虑这些区域的产流特性,确定吸收率和导水率。煤矿开采区主要分布在砂页岩灌丛山地,采矿放顶增加了包气带的导水性,所以建议在表列砂页岩灌丛山地参数的基础上,按采矿面积大小、巷道深浅,适当加大导水率。城市化地区由于不透水面积加大,吸收率和导水率都会降低,建议降低使用表列变质岩灌丛山地参数值。

(5)灰岩地类,根据流域漏水情况合理选用参数,强漏水区选用参数上限值或中上值,中等漏水区选用一般值,弱漏水区选用下限值或中下值。

2. 综合瞬时单位线

流域降水所产生的净雨在重力与地表阻力综合作用下沿坡面及河网向流域出口断面汇集的过程称为流域汇流。流域汇流计算任务是根据暴雨计算出的净雨过程,用某种演算方法或模型,将其转换成流域出口断面的洪水过程线。

1)纳什瞬时单位线

纳什瞬时单位线假设流域汇流过程由 n 个等效线性水库串联体对水流的调蓄过程。把瞬时作用于流域上的单位净雨水体在流域出口断面形成的时间概率密度分布曲线称为瞬时汇流曲线,量纲为 $1/[T]$。把单位净雨乘以瞬时汇流曲线称为瞬时单位线。

瞬时汇流曲线的数学表达式为

$$u_n(0,t) = \frac{1}{k\Gamma(n)}\left(\frac{t}{k}\right)^{n-1} e^{-\frac{t}{k}} \tag{7-12}$$

式中,n 为线性水库个数;k 为一个线性水库的调蓄参数,h;t 为时间,h;$\Gamma(n)$ 为伽马函数。

单位强度净雨过程在流域出口断面形成的水体时间概率分布函数称为 $S_n(t)$ 曲线,它是瞬时汇流曲线对时间的积分,无量纲。数学表达式为

$$S_n(t) = \int_0^t u_n(0,t)\,\mathrm{d}t = \Gamma(n,m),\ m = t/k \tag{7-13}$$

式中,$\Gamma(n,m)$ 称为 n 阶不完全伽马函数。

时段单位净雨在流域出口断面形成的概率密度曲线称为时段汇流曲线,数学表达式为

$$u_n(\Delta t,t) = \begin{cases} S_n(t) & 0 \leqslant t \leqslant \Delta t \\ S_n(t) - S_n(t-\Delta t) & t > \Delta t \end{cases} \tag{7-14}$$

流域出口断面的洪水过程根据时段净雨序列与时段汇流曲线用卷积公式计算。

$$Q(i\Delta t) = \sum_{j=1}^{M} u_n(\Delta t,(i+1-j)\Delta t)\frac{\Delta h_j}{3.6\Delta t}A,\ 0 \leqslant i+1-j \leqslant M,\ j = 1,2,\cdots,M \tag{7-15}$$

式中,Δt 为计算时段,h;Δh 为时段净雨深,mm;A 为流域面积,km^2;3.6 为单位换算系数;M 为净雨时段数。

2)参数计算

瞬时单位线有两个参数,一个是线性水库个数 n,另一个是线性水库的调蓄参数 k。二者的乘积 $m_1(=nk)$ 称为瞬时汇流曲线的滞时。它的物理意义是瞬时汇流曲线形心的时间坐标即一阶原点矩,也是单位时段净雨的重心到时段汇流曲线形心的时距。因此,瞬

时单位线的两个参数置换成 n 和 m_1，而 k 由 $k = m_1/n$ 计算。

参数 n 采用式(7-16)和式(7-17)计算：

$$n = C_{1,A}\ (A/J)^{\beta_1} \tag{7-16}$$

$$C_{1,A} = \sum a_i \cdot C_{1,i}, i = 1,2\cdots \tag{7-17}$$

式中，A 为流域面积，km^2；J 为河流纵比降，‰；$C_{1,A}$ 为复合地类汇流参数；$C_{1,i}$ 为单地类汇流参数；β_1 为经验性指数；a_i 为某种地类的面积权重，以小数计。

m_1 采用下列经验公式计算：

$$m_1 = m_{\tau,1}\ (\bar{i}_\tau)^{-\beta_2} \tag{7-18}$$

$$m_{\tau,1} = C_{2,A}\ (L/J^{\frac{1}{3}})^{\alpha} \tag{7-19}$$

$$C_{2,A} = \sum a_i \cdot C_{2,i}, i = 1,2\cdots \tag{7-20}$$

$$\bar{i}_\tau = \frac{Q}{0.278A} \tag{7-21}$$

式中，$\bar{i}_\tau$ 为 τ 历时平均净雨强度，mm/h；τ 为汇流历时，h；$m_{\tau,1}$ 为 $\bar{i}_\tau = 1$ mm/h 时瞬时单位线的滞时，h；Q 为洪峰流量，m^3/s；L 为河长，km；$C_{2,A}$ 为复合地类汇流参数；$C_{2,i}$ 为单地类汇流参数；α、β_2 为经验性指数。

单地类汇流参数 C_1、C_2 和经验性指数 α、β_1、β_2 从表 7-3 中查用。

表 7-3 综合瞬时单位线参数查用表

汇流地类	C_1	β_1	β_2	C_2 一般值	C_2 范围	α
森林山地	1.357	0.047	0.190	2.757	2.050 ~ 2.950	0.397
灌丛山地	1.257			1.530	1.200 ~ 1.770	
草坡山地	1.046			0.717	0.710 ~ 0.950	
耕种平地	1.257			1.530	1.200 ~ 1.770	
黄土丘陵阶地	1.046			0.717	0.710 ~ 0.950	
黄土丘陵沟壑	1.000			0.620	0.580 ~ 0.700	

3)注意事项

在同一种地质、地貌条件下，C_2 值的变幅反映着流域植被的好与差，植被好或较好者，应选用表列数值的上限值或中上值；植被差或较差者，应选用下限值或中下值。河道平整、顺直者，宜选用下限值或中下值；密布灌丛、遍见巨石者，应选用上限值或中上值。

3. 动态临界雨量法计算步骤

(1)根据实际情况选取控制断面，推求水位流量关系，由危险水位确定危险流量(准备转移或立即转移流量)。

(2)根据危险流量，推算出产生该级别流量所需的净雨过程。

净雨的时程分配过程对洪峰具有较大的影响，根据分析，认为在净雨总量相同的情况下，主雨靠后时，所形成的洪峰流量最大；反之，所形成的洪峰最小。也就是说，在相同的洪峰流量条件下，主雨靠后时，所需的净雨总量最小；反之，所需的净雨总量最大。

由于山洪灾害防治对象为 200 km^2 以下的小流域，其汇流时间较短，大多小于 3 h，因此，只需计算 6 h 内的净雨过程，即可满足需要。

假设一系列不同历时的主雨靠前与靠后的净雨过程，采用单位线计算出相应的洪峰流量，与危险流量对应的净雨即为所需净雨过程，具体如下：

①在划分下垫面地类的基础上，按植被与地貌的组合情况绘制汇流地类分区图，并量算出各种汇流地类面积占流域面积的权重 a_t。在进行野外查勘时，除了注意面上的植被分布状况，还应该观察河道的清洁程度及河床质组成、两岸形势等，以便合理选用参数 C_2。

②用式(7-16)计算参数 n；用式(7-19)计算 $m_{\tau,1}$。

③用交点法求解 τ 历时平均净雨强度 $\bar{i}_\tau$。步骤是：假设一组 $\bar{i}$，可由式(7-21)求得一组 Q；再由式(7-18)求得一组 m_1；由 $k=m_1/n$ 可得一组 k；由式(7-13)计算得一组 $S_n(t)$ 曲线；由式(7-14)得一组时段汇流曲线 $u_n(\Delta t,t)$；由式(7-15)得一组洪峰流量 Q'。在普通坐标系中绘制 $Q\sim\bar{i}$ 曲线与 $Q'\sim\bar{i}$ 曲线，两条曲线交点的横坐标即为 τ 历时平均雨强 $\bar{i}_\tau$。

④用求解出的 τ 历时平均雨强 $\bar{i}_\tau$，由式(7-18)计算 m_1；由 $k=m_1/n$ 计算 k；由式(7-13)计算 $S_n(t)$ 曲线；由式(7-14)推算时段汇流曲线 $u_n(\Delta t,t)$；由式(7-15)推算洪水过程线，得出相应的洪峰流量，如果该洪峰流量与危险流量相同，则对应的净雨为所求净雨。

(3)使用双曲正切模型反推不同历时的临界雨量。

①根据求出的净雨，对于不同的主雨历时 t_z，分别假设一系列降雨量 $H_A(t_z)$。

②通过野外查勘调查，参考产流下垫面分区图，绘制流域下垫面产流地类分区图；量算各种地类面积权重。

③根据流域下垫面的不同地类，从表 7-2 中合理选用相应的单地类吸收率 S_r 及导水率 K_s，然后分别用式(7-10)和式(7-11)计算流域的吸收率 $S_{r,A}$ 和导水率 $K_{s,A}$。

④对于每假设的降雨量 $H_A(t_z)$，假设不同的流域持水度 B_0，连同 $S_{r,A}$、$K_{s,A}$ 和 t_z 代入式(7-9)，分别计算流域的可能损失 $F_A(t_z)$。

⑤根据假设的主雨雨量 $H_A(t_z)$ 及流域的可能损失 $F_A(t_z)$，用式(7-7)或式(7-8)计算出洪水净雨深 R，如与上步计算出的净雨量相同，则对应的雨量即为相应流域持水度及主雨历时下的临界雨量。

4. 模型参数验证

模型参数对模拟结果影响很大，参数的选取至关重要，直接影响着临界雨量指标的精度，而山洪灾害流域大多没有洪水资料，无法对模型的参数进行率定，因此本次研究根据流域内的不同下垫面产汇流地类，采用现有的地类参数成果，结合流域的实际情况，选取参数(见表 7-4)。为了验证这些参数的合理性与可靠性，对 8 个研究流域进行了洪水模拟，成果见表 7-5。由模拟结果可以看出，在所选取的 62 场洪水中，径流深有 43 场合格，合格率为 69.4%，洪峰流量有 44 场合格，合格率为 71.0%。

表 7-4　各站产汇流参数表

站名	参数									
	S_r	K_s	C_1	C_2	β_1	β_2	α	A	L	J(‰)
古县	20.8	1.4	1.156	1.317	0.047	0.190	0.397	150	17.0	25.2
杨家坡	20.0	1.3	1.000	0.620	0.047	0.190	0.397	283	46.0	11.2
乡宁	20.3	1.3	1.156	1.119	0.047	0.190	0.397	328	30.6	14.2
北张店	23.0	1.5	1.357	2.050	0.047	0.190	0.397	86.9	19.0	7.0
冷口	22.1	1.4	1.336	1.884	0.047	0.190	0.397	76.0	16.8	23.3
岔上	30.0	3.0	1.046	0.710	0.047	0.190	0.397	32.1	9.5	49.3
寺坪	17.6	1.2	1.257	1.200	0.047	0.190	0.397	193	27.1	23.6
碗窑	18.6	1.3	1.045	0.708	0.047	0.190	0.397	148	21.5	17.9

对于检验不合格的原因,经过分析,有以下几方面:一是早期洪水所对应的雨量站较少,其代表性不足,无法控制降水范围;二是早期的雨量站多为人工站,其记录时段较粗,很难准确地分配各历时的降雨;三是由于近年来人类活动加剧,极大地改变了原来的水文下垫面,用一组参数无法同时满足不同年代的洪水模拟;四是部分洪水不是全流域产流,而是局部产流,实际产流面积的大小很难准确确定。

根据《水文情报预报规范》(GB/T 22482—2008),合格率大于 70% 时,为乙级方案。因此,认为所用参数是可靠合理的,可以用于山洪灾害预警指标临界雨量的推算。

只要确定了山洪灾害流域的危险流量,就可以利用动态临界雨量法推算出雨量预警指标。该方法不像归纳统计法需要大量的暴雨洪水资料,也克服了同频率法中灾害与暴雨或者洪水与暴雨同频率假定的缺点,在可靠合理的参数支持下,可以在全省范围内推广移用。

在确定临界雨量指标时,一个普遍的假设是全流域产流,因此确定出来的预警指标也是全流域降雨情况下的指标,在局部降雨的情况下,预警指标会有所变化,需要根据降雨的分布情况分单元计算预警指标。

7.1.1.5　成果比较

归纳统计法、灾害与降雨同频率分析法及动态临界雨量法三种方法各有优缺点,推算流域临界雨量预警指标时,对资料要求也不相同,因此其计算结果也并不一定一致,需要根据流域的具体资料条件正确选用方法,合理确定流域临界雨量预警指标。对于本次所研究的 8 个流域,由于资料条件的限制,选出能同时满足 3 种方法的 4 个站做了对比分析(见表 7-6)。

归纳统计法简单易操作,但对自计雨量站网的密度要求较高,并且还需要有较翔实的山洪灾害资料,而大多山洪灾害易发区都是无资料地区,因此该种方法很难大面积推广。

灾害与降雨同频率分析法,相对而言对雨洪资料要求不高,但需要有完整的灾害记录资料,对于许多山洪易发区来说也很难做到;而且该方法没有考虑降雨量选样时超定量的问题,也就是一年不一定选一个样,但是在以往的降雨成果一年只选一个最大值,因此计算结果偏差可能会较大;另外,降雨与灾害不一定是同频率的。

本次研究中动态临界雨量法采用《山西省水文计算手册》中的双曲正切产流模型与单位线流域汇流模型,对研究流域进行了产汇流模拟分析,结果证明所采用的水文模型以及山西省不同下垫面产汇流参数可靠、适用,因此该方法可以在无资料地区山洪灾害预警指标分析中推广使用。

表7-5 产流、汇流计算分析成果

站名	序号	洪号	洪峰流量 (m^3/s)	主雨历时 t	主雨雨量 (mm)	P_a (mm)	B_0	R(mm)	单元产汇流计算			误差	
									产流面积 (km^2)	R (mm)	洪峰流量 (m^3/s)	径流量 (mm)	洪峰 (%)
碗窑	1	19750812	347	2	32.9	18.6	0.2	9.6	147.4	9.9	226	-0.3	34.9
	2	19740725	383	1	26.1	23.0	0.2	10.5	147.4	13.0	309	-2.5	19.3
	3	19710719	171	3	15.8	13.9	0.1	3.2	100	6.0	86	-2.8	49.7
寺坪	1	19780726	65.4	3	37.0	13.4	0.1	3.2	193.4	5.8	53.4	-2.6	18.3
	2	19800818	106	3	34.5	14.3	0.1	3.7	193.4	8.2	80.8	-4.5	23.8
	3	19820729	62.6	2	33.6	21.0	0.2	6.6	150	6.4	63.5	0.2	-1.4
	4	19900730	64.4	2	97.6	8.9	0.1	3.1	10	3.5	67.3	-0.4	-4.5
	5	19940702	89	4	33.9	23.0	0.2	6.9	193.4	6.9	65.7	0.0	26.2
岔上	1	19640813	10.40	6	43.0	16.6	0.1	3.2	32.1	3.2	10.1	0.0	2.9
	2	19670827	16.70	2	23.4	60.5	0.5	4.0	32.1	4.0	17	0.0	-1.8
	3	19690713	65.30	4	47.7	17.7	0.1	5.0	32.1	6.9	45	-1.9	31.1
	4	19690720	24.70	3	33.0	41.7	0.3	2.9	32.1	3.5	21.2	-0.6	14.2
	5	19730625	19.60	2	24.6	22.8	0.2	2.2	32.1	2.3	13.3	-0.1	32.1
	6	19730627	19.60	2	27.7	36.8	0.3	1.6	32.1	2.9	17.2	-1.3	12.2
	7	19730630	18.40	3	38.5	47.8	0.4	3.1	32.1	4.6	17.9	-1.5	2.7
	8	19740723	11.20	1	17.8	20.7	0.2	1.3	32.1	2.0	11.4	-0.7	-1.8
冷口	1	19780723	105	2	55.28	14.4	0.1	11.0	76	12.7	85.5	-1.7	18.6
	2	19790628	40.7	1	26.3	9.0	0.1	2.1	76	4.0	14.9	-1.9	63.4
	3	19790630	92.4	1	34.02	28.6	0.2	6.0	76	13.3	87.1	-7.4	5.7
	4	19800728	99.1	3	42.45	93.8	0.8	24.3	76	21.4	95.5	2.9	3.6
	5	19810819	30.3	8	50.36	57.4	0.5	12.8	76	10.6	36.7	2.2	-21.1
	6	19820803	209	3	53.61	90.0	0.8	43.7	76	42.4	204	1.3	2.4
	7	19820807	80.8	1	31.34	60.6	0.5	13.8	76	15.0	71	-1.2	12.1
	8	19830907	63.4	6	52.22	27.0	0.2	17.6	76	16.1	69.0	1.5	-8.8
	9	19840824	55.9	3	40.94	21.1	0.2	7.0	76	9.8	43.2	-2.8	22.7
	10	19880810	56.9	4	39.43	55.8	0.5	17.9	36	13.0	71.4	4.9	-25.5
	11	19910726	33.3	3	43.04	18.6	0.2	2.8	76	9.0	39	-6.2	-17.1
	12	19950829	39.5	1	47.34	17.8	0.1	7.7	25	7.3	40	0.4	-1.3
	13	19960731	241	4	62.6	9.1	0.1	28.4	76	29.1	132	-0.7	45.2
	14	20070730	394	10	104.53	24.2	0.2	93.2	76	83.0	265	10.2	32.7

续表 7-5

站名	序号	洪号	洪峰流量 (m^3/s)	主雨历时 t	主雨雨量 (mm)	P_a (mm)	B_0	R(mm)	单元产汇流计算 产流面积 (km^2)	单元产汇流计算 R (mm)	单元产汇流计算 洪峰流量 (m^3/s)	误差 径流量 (mm)	误差 洪峰 (%)
北张店	1	20010727	430	12	101.047	75.2	0.6	31.2	270	30.3	401	0.9	6.7
	2	19910816	300	4	41.7	7.8	0.1	15.3	270	19.0	264	-3.7	12.0
	3	20040804	158	1		1.0	0.0	8.0	154.1	10.8	176	-2.8	-11.4
	4	20070730	90	6	51.4	3.0	0.0	9.2	270	9.7	86.4	-0.5	4.0
乡宁	1	19990809	720	2	43.2	2.8	0.0	13.4	328	16.7	700	-3.3	2.8
	2	19820609	466	1	45.3	17.9	0.2	6.1	80	26.8	440	-20.7	5.6
	3	19860818	283	3	39.1	5.1	0.1	7.3	328	8.1	250	-0.8	11.7
	4	19880715	201	2	25.6	32.8	0.3	4.6	150	4.7	183	-0.1	9.0
	5	19800628	161	1	24.2	3.2	0.1	2.8	130	6.7	140	-3.9	13.0
	6	19810718	158	2	21.4	26.6	0.3	3.3	328	4.0	140	-0.7	11.4
	7	20020723	151	2	30.6	25.1	0.3	1.7	75	1.1	102	0.6	32.5
	8	19990826	139	1	24.9	3.9	0.0	2.4	130	7.1	103	-4.7	25.9
	9	19910718	137	2	21.3	14.9	0.2	1.6	170	4.4	112	-2.8	18.2
	10	19800727	49	2	21.8	3.7	0.0	2.1	328	2.8	50	-0.7	-2.0
杨家坡	1	19950805	613	2	39.5	23.6	0.2	14.0	283	14.7	560	-0.7	8.6
	2	19970731	487	3	38.8	31.5	0.3	10.1	220	13.3	445	-3.2	8.6
	3	19910609	381	3	56.1	39.5	0.3	9.5	100	27.0	400	-17.5	-5.0
	4	19760818	375	3	39.5	8.0	0.1	11.7	283	9.0	315	2.7	16.0
	5	19770706	320	3	36.0	20.8	0.5	15.5	283	13.7	340	1.8	-6.3
	6	19910915	316	3	35.4	5.2	0.1	7.7	283	7.3	245	0.4	22.5
	7	19970728	287	2	56.1	17.2	0.2	8.2	80	29.2	300	-21.0	-4.5
	8	19870826	274	5	52.4	10.8	0.1	10.9	283	12.2	337	-1.3	-23.0
古县	1	19870801	272	2	47.6	11.2	0.1	7.1	90	20.5	262	-13.3	3.7
	2	19820809	248	1	37.4	49.6	0.4	9.2	80	22.2	250	-13.0	-0.8
	3	19820730	129	4	53.5	5.6	0.1	3.7	150.0	13.0	185.0	-9.3	-43.4
	4	19870630	92.7	2	22.9	10.0	0.1	2.7	130	3.4	95	-0.7	-2.5
	5	19820815	81.3	2	42.0	29.3	0.3	3.7	30.0	17.8	77.0	-14.1	5.3
	6	19810706	44.8	3	26.3	25.5	0.4	1.5	70	4.8	40	-3.3	10.7
	7	19800929	43	2	32.6	2.8	0.0	1.8	40	7.2	37.8	-5.4	12.1
	8	19820801	24	5	30.4	5.7	0.2	2.7	150	3.1	28.2	-0.4	-17.5
	9	19800813	21.8	1	22.0	11.2	0.1	1.2	30	5.5	20	-4.3	8.3
	10	19820816	20.5	1	6.5	34.3	0.3	1.2	80	1.9	15	-0.7	26.8

表 7-6　各种不同方法计算临界雨量比较

水文站	水文分区	B_0	1 h		
			归纳统计法	同频率法	临界雨量法
寺坪	中区	0	9.0 ~ 63.0		45 ~ 52
		0.3	16.8 ~ 28.0		38 ~ 47
		0.6		27 ~ 35	34 ~ 42
北张店	东区	0	66.6		56 ~ 62
		0.3	33.5 ~ 59.0		44 ~ 56
		0.6	29.0 ~ 37.1	29 ~ 37	33 ~ 49
岔上	中区	0	25.6 ~ 29.0		19 ~ 24
		0.3	22.6 ~ 27.1		16 ~ 20
		0.6	17.9 ~ 20.0	22 ~ 28	13 ~ 16
杨家坡	西区	0	25.4 ~ 28.4		30 ~ 37
		0.3	36.2 ~ 74.7		26 ~ 32
		0.6	25.5	22 ~ 29	22 ~ 27
水文站	水文分区	B_0	2 h		
			归纳统计法	同频率法	临界雨量法
寺坪	中区	0	15.5 ~ 97.6		34 ~ 45
		0.3	26.8 ~ 51.1		47 ~ 54
		0.6		35 ~ 46	42 ~ 47
北张店	东区	0			63 ~ 75
		0.3	41.0 ~ 55.7		56 ~ 66
		0.6	22.0 ~ 62.7	27 ~ 48	49 ~ 57
岔上	中区	0	38.4 ~ 58.0		24 ~ 38
		0.3	32.7 ~ 42.3		20 ~ 32
		0.6	24.1 ~ 33.9	28 ~ 37	16 ~ 26
杨家坡	西区	0	38.0 ~ 55.8		37 ~ 52
		0.3	61.8 ~ 61.6		32 ~ 45
		0.6	39.5	29 ~ 38	27 ~ 37
水文站	水文分区	B_0	3 h		
			归纳统计法	同频率法	临界雨量法
寺坪	中区	0	16.7 ~ 102.8		61 ~ 71
		0.3	34.5 ~ 59.3		54 ~ 63
		0.6	77.8 ~ 113.1	46 ~ 53	47 ~ 54
北张店	东区	0	77.8 ~ 113.1		75 ~ 86
		0.3	54.0 ~ 64.9		66 ~ 75
		0.6	41.6 ~ 61.0	48 ~ 56	57 ~ 65
岔上	中区	0	46.8		38 ~ 51
		0.3	26.7 ~ 49.2		32 ~ 43
		0.6	46.5	37 ~ 43	26 ~ 35
杨家坡	西区	0	47.2 ~ 68.3		52 ~ 66
		0.3	54.0 ~ 61.8		45 ~ 57
		0.6	50.3	38 ~ 44	37 ~ 48

7.1.2　典型流域雨量预警指标

由于径流是由降雨产生的,从达到警戒流量的时间开始往前推,在一定时间之内的累计降雨量称为警戒临界雨量。山洪的大小除了与降雨总量、降雨强度有关外,还和流域土壤饱和程度或前期影响雨量密切相关。随着流域前期影响雨量的变化,山洪预警临界警戒雨量值也会随之发生变化,因此在建立山洪警戒临界雨量指标时,应该考虑山洪防治区中小流域前期影响雨量,给出不同前期影响雨量条件下的警戒临界雨量。其思路是以小流域上已发生的降雨量,采用《山西省水文计算手册》水文模型,双曲正切产流模型与单位线流域汇流模型,对流域进行产汇流模拟分析,根据警戒流量,反推能产生相应洪水的雨量来作为警戒雨量值。

预警指标计算步骤:

(1)计算流域可能损失量。

$$F_A(t_z) = S_{r,A}(1 - B_{0,P})t_z^{0.5} + 2K_{s,A}t_z \tag{7-22}$$

(2)计算洪水净雨深:

$$R = H_A(t_z) - F_A(t_z) \cdot \text{th}\left[\frac{H_A(t_z)}{F_A(t_z)}\right] \tag{7-23}$$

(3)采用综合瞬时单位线计算洪水流量,采用式(7-24)计算

$$u_n(0,t) = \frac{1}{k\Gamma(n)}\left(\frac{t}{k}\right)^{n-1} \mathrm{e}^{-\frac{t}{k}} \tag{7-24}$$

(4)使用双曲正切模型反推不同历时的临界雨量,步骤如下:

①按不同净雨深计算洪峰流量,若达到预警流量,得出的净雨深 R,即为预警洪水需要净雨深 R。

②根据不同的主雨历时 t_z,分别假设一系列降雨量 $H_A(t_z)$,得出的净雨深 R 与预警洪水需要净雨深 R 相同时,系列降雨量 $H_A(t_z)$ 就是不同的主雨历时条件下的临界雨量,即为不同时段的雨量预警指标。

采用绛河作为研究流域,通过采用上述的临界雨量计算方法。

(1)绛河是浊漳南源的一级支流,北张店水文站位于绛河主流屯留县张店镇张店村,有庶纪河、王家湾河、西上村河、八泉河 4 条支流,危险区涉及 21 个行政村,人口 11 843。经对本流域进行分析差算,绛河流域参数表如表 7-7 所示。

表 7-7　绛河流域参数表

参数	S_r	K_s	C_1	C_2	β_1	β_2	α	A	L	$J(‰)$
值	23.0	1.5	1.357	2.050	0.047	0.190	0.397	270	19.0	7.0

(2)根据《山西省水文计算手册》,达到不同频率洪水的预警指标各不相同。现将不同量级洪水在不同前期土湿情况下的动态临界雨量指标分析如表 7-8 所示。

表 7-8　绛河流域动态临界雨量指标

频率	洪峰流量 (m^3/s)	B_0	不同时段的动态临界雨量(mm)					
			1 h	2 h	3 h	4 h	5 h	6 h
50%	65	0	22~28	28~36	36~42	42~47	47~52	52~56
		0.3	19~24	24~30	30~35	35~40	40~44	44~48
		0.6	15~19	19~24	24~28	28~32	32~36	36~39
20%	253	0	38~48	48~58	58~67	67~76	76~84	84~91
		0.3	34~42	42~50	50~58	58~66	66~73	73~79
		0.6	28~35	35~42	42~48	48~55	55~61	61~66
10%	456	0	50~63	63~75	75~86	86~97	97~106	106~116
		0.3	45~56	56~66	66~76	76~85	85~94	94~102
		0.6	39~49	49~57	57~65	65~73	73~80	80~88
5%	730	0	64~80	80~94	94~108	108~120	120~132	132~145
		0.3	58~73	73~85	85~97	97~107	107~118	118~129
		0.6	53~66	66~75	75~85	85~94	94~103	103~114
3.33%	900	0	72~90	90~105	105~121	121~133	133~147	147~161
		0.3	66~83	83~95	95~109	109~120	120~132	132~145
		0.6	61~76	76~86	86~97	97~107	107~117	117~129

(3)预警指标确定。结合绛河河道治理情况,经现场勘测,洪水达到 10 年一遇(洪峰流量 456 m^3/s)时,部分农户将遭受洪水影响,需要转移;当洪水在 5 年一遇(洪峰流量 253 m^3/s)时,河道可以安全行洪。那么河道预警指标可按照洪峰流量 253 m^3/s 预警准备转移,洪峰流量 456 m^3/s 立即转移。雨量预警指标可按照表 7-9 中相应雨量值作为预警指标值。

表 7-9　绛河流域雨量预警指标　　(单位:mm)

频率	洪峰流量 (m^3/s)	有效降水	时段					
			1 h	2 h	3 h	4 h	5 h	6 h
准备转移	253	无	38~48	48~58	58~67	67~76	76~84	84~91
		较少	34~42	42~50	50~58	58~66	66~73	73~79
		较多	28~35	35~42	42~48	48~55	55~61	61~66
立即转移	456	无	50~63	63~75	75~86	86~97	97~106	106~116
		较少	45~56	56~66	66~76	76~85	85~94	94~102
		较多	39~49	49~57	57~65	65~73	73~80	80~88

根据如上分析,只要该流域某时段有降水,且能达到表中的量级,将会产生相应的洪水,所以地类选择参数选择决定反推的预警指标。在实际的运用过程中我们要对典型流域进行实地调查、测量,分析计算流域危险水位及危险流量。收集相关流域的大比例尺地形图,量算流域特征参数包括流域面积、河道长度、河道比降等。收集下垫面产流地类图、汇流地类图,确定流域各地类的产汇流面积并计算参数。

7.1.3　预警指标的应用

本次研究雨量预警指标的时间尺度为 1 h、2 h、3 h、4 h、5 h 和 6 h 临界雨量。实际应用中,根据前期影响雨量指标 B_0,从降雨开始统计降雨量,当 1 h 累计降雨量达到 1 h 临界警戒雨量时,就发布预警,如果 1 h 累计降雨量未达到 1 h 临界雨量,那么继续对降雨进行监测,检查 2 h 累计降雨量是否达到 2 h 临界雨量,如果达到就发布预警,如果没有达

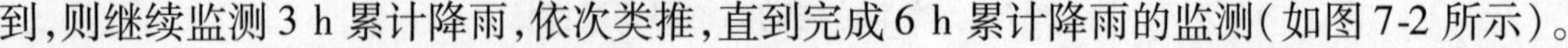

到，则继续监测 3 h 累计降雨，依次类推，直到完成 6 h 累计降雨的监测（如图 7-2 所示）。

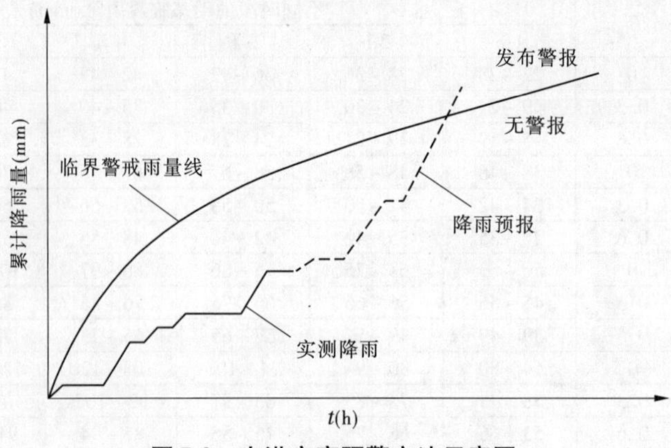

图 7-2　山洪灾害预警方法示意图

对于群防群测的简易报警器，只能根据本地的实测点降雨量来判断是否达到临界雨量，对于县、市平台可掌握面降水情况，则可以比较准确地计算出流域平均降雨量以及前期影响雨量指标 B_0。

7.2　雨量预警指标计算

雨量预警指标采用流域模型法进行分析。

7.2.1　预警时段确定

预警时段与流域的汇流时间有关，按照以下原则确定：

（1）根据晋城市暴雨特性、流域面积大小、平均比降、形状系数、下垫面情况等因素，基本预警时段定为 0.5 h、1 h、2 h、3 h、6 h。

（2）如果汇流时间≥6 h，预警时段定为 0.5 h、1 h、2 h、3 h、6 h 和汇流时间；如果汇流时间 <6 h，预警时段定为汇流时间以及小于汇流时间的基本预警时段。

7.2.2　流域土壤含水量

采用《山西省水文计算手册》中的流域前期持水度 B_0 作为综合反映流域土壤含水量或土壤湿度的间接指标。B_0 取值为 0、0.3 和 0.6 分别代表土壤湿度较干、一般和较湿 3 种情况。

7.2.3　临界雨量计算

在确定了成灾水位、预警时段以及产汇流分析方法后，就可以计算不同流域前期持水度（B_0）下各典型时段的危险区临界雨量。具体计算步骤如下：

（1）假设一个最大第 2 h 至最大第 6 h 的降雨总量初值 H。根据设计雨型，分别计算出最大第 2 h 至最大第 6 h 的降雨量 $P'_2 \sim P'_6$。

（2）计算暴雨参数。由式(7-25)和式(7-26)计算得到不同暴雨参数下的最大 1 h 至最大6 h 的降雨总量值 $H_1 \sim H_6$ 及最大第2 h 至最大第6 h 的降雨量 $P_2 \sim P_6$。根据表7-10中暴雨参数的范围，可以得到多组 $P_2 \sim P_6$，将每组 $P_2 \sim P_6$ 与 $P'_2 \sim P'_6$ 进行比较，误差平方和最小的那组 $P_2 \sim P_6$ 所用参数即为所要求的暴雨参数。

$$H_P(t) = \begin{cases} S_P \cdot t^{1-n}, & \lambda \neq 0 \\ S_P \cdot t^{1-n_s}, & \lambda = 0 \end{cases} \quad 0 \leqslant \lambda < 0.12 \tag{7-25}$$

$$n = n_s \frac{t^{\lambda} - 1}{\lambda \ln t} \tag{7-26}$$

式中，n、n_s 分别为双对数坐标系中设计暴雨时—强关系曲线的坡度及 $t=1$ h 时的斜率；S_P 为设计雨力，即 1 h 设计雨量，mm/h；t 为暴雨历时，h；λ 为经验参数。

表 7-10　暴雨参数取值范围表

暴雨参数	取值范围	精度
S_P	$P_2 \sim 100$	0.1
n_s	0.01 ~ 1	0.01
λ	0.001 ~ 0.12	0.001

(3) 由(2)计算得的暴雨参数值，用式(7-25)和式(7-26)可以计算最大第 1 h 至最大第 6 h 的雨量；根据设计雨型，得到典型时段内每小时的雨量 $H_{P1}, H_{P2}, \cdots, H_{P6}$。

(4) 使用双曲正切产流模型与单位线流域汇流模型进行产汇流分析，计算由典型时段内各小时降雨所形成的洪峰流量 Q_m（具体步骤参考第 5 章相关内容）。

(5) 如果 $|Q_m - Q| > 1$ m³/s，则用二分法重新假设 H，其中 Q 为成灾水位对应洪峰流量。

(6) 重复步骤(2) ~ (5)，直到 $|Q_m - Q| \leqslant 1$ m³/s 时，典型时段内各小时的降雨总量即为临界雨量。

7.2.4　雨量预警指标综合确定

雨量预警指标方法采用流域模型法。由于径流是由降雨产生的，从达到警戒流量的时间开始往前推，在一定时间之内的累计降雨量称为警戒临界雨量。山洪的大小除与降雨总量、降雨强度有关外，还和流域土壤饱和程度或前期影响雨量密切相关。随着流域前期影响雨量的变化，山洪预警临界警戒雨量值也会随之发生变化，因此在建立山洪警戒临界雨量指标时，应该考虑山洪防治区中小流域前期影响雨量，给出不同前期影响雨量条件下的警戒临界雨量。其思路是以小流域上已发生的降雨量，采用《山西省水文计算手册》中的水文模型，双曲正切产流模型与单位线流域汇流模型，对流域进行产汇流模拟分析，根据警戒流量，反推能产生相应洪水的雨量来作为警戒雨量值。

7.2.4.1　立即转移指标

由于临界雨量是从成灾水位对应流量的洪水推算得到的，所以在数值上认为临界雨量即立即转移指标。

7.2.4.2　准备转移指标

预警时段为 0.5 h 时，准备转移指标 = 立即转移指标 ×0.7。

预警时段为 1 h、2 h、3 h、6 h 和汇流时间时,前 0.5 h 的立即转移指标即为该预警时段的准备转移指标。

7.2.5　其他原因致灾村落雨量预警指标

洪水威胁主要来源于暴雨产生坡面汇水的村落,采用同频率法进行计算。

(1)依据暴雨灾害同频率法,通过调查确定沿河村落的受灾频率。

(2)在 DEM 上勾绘出坡面汇水面积,根据汇水面积和暴雨参数等值线分布情况,在《山西省水文计算手册》不同历时的"暴雨均值等值线图"和"C_v 等值线图"中查得各定点的暴雨均值 $\overline{H}$ 和变差系数 C_v。

(3)采用设计暴雨的时—深关系,即设计暴雨公式计算相应时段的雨量,计算得到的雨量值作为雨量预警指标。

$$H_P(t) = \begin{cases} S_P \cdot t^{1-n}, & \lambda \neq 0 \\ S_P \cdot t^{1-n_s}, & \lambda = 0 \end{cases} \qquad 0 \leqslant \lambda < 0.12 \tag{7-27}$$

$$n = n_s \frac{t^\lambda - 1}{\lambda \ln t} \tag{7-28}$$

由于坡面汇水面积较小,汇流时间较短,一般采用 0.5 h 作为预警时段。

晋城市预警指标成果详见表 7-11(每个县均列举三个代表村)。

表 7-11　晋城市预警指标成果表

县区	序号	行政区划名称	行政区划代码	流域代码	B_0	时段	预警指标		临界雨量/水位	危险区等级
							准备转移	立即转移		
阳城县	1	白桑	140522200206000	WDA81401NA000000-01	0	0.5	15	21	21	极高危险区
						1	21	19	26	
					0.3	0.5	13	18	18	
						1	18	23	23	
					0.6	0.5	11	15	15	
						1	15	18	18	
阳城县	2	杜沟村	140522200202103	WDA81401NA000000-03	0	0.5	26	37	37	高危险区
						1	37	49	49	
					0.3	0.5	23	34	34	
						1	34	44	44	
					0.6	0.5	19	27	27	
						1	27	39	39	
阳城县	3	沟底村	140522101232000	WDA81001211FB000	0	0.5	67	95	95	危险区
						1	95	146	146	
					0.3	0.5	64	91	91	
						1	91	141	141	
					0.6	0.5	61	88	88	
						1	88	138	138	
泽州县	4	东沟村	140525102200000	WCF11101D0000000	0	0.5	55	79	79	危险区
						1	79	117	117	
					0.3	0.5	51	73	73	
						1	73	107	107	
					0.6	0.5	47	67	67	
						1	67	97	97	

续表 7-11

<table>
<tr><th rowspan="2">县区</th><th rowspan="2">序号</th><th rowspan="2">行政区划名称</th><th rowspan="2">行政区划代码</th><th rowspan="2">流域代码</th><th rowspan="2">B_0</th><th rowspan="2">时段</th><th colspan="2">预警指标</th><th rowspan="2">临界雨量/水位</th><th rowspan="2">危险区等级</th></tr>
<tr><th>准备转移</th><th>立即转移</th></tr>
<tr><td rowspan="6">泽州县</td><td rowspan="6">5</td><td rowspan="6">峪南村</td><td rowspan="6">140525102
202000</td><td rowspan="6">WDA81001251
KB000</td><td rowspan="2">0</td><td>0. 5</td><td>26</td><td>37</td><td>37</td><td rowspan="6">高危险区</td></tr>
<tr><td>1</td><td>37</td><td>46</td><td>46</td></tr>
<tr><td rowspan="2">0. 3</td><td>0. 5</td><td>23</td><td>33</td><td>33</td></tr>
<tr><td>1</td><td>33</td><td>40</td><td>40</td></tr>
<tr><td rowspan="2">0. 6</td><td>0. 5</td><td>20</td><td>28</td><td>28</td></tr>
<tr><td>1</td><td>28</td><td>34</td><td>34</td></tr>
<tr><td rowspan="6">泽州县</td><td rowspan="6">6</td><td rowspan="6">陡坡村</td><td rowspan="6">140525109
208000</td><td rowspan="6">WDA81101L
0000000 - 03</td><td rowspan="2">0</td><td>0. 5</td><td>13</td><td>18</td><td>18</td><td rowspan="6">极高危险区</td></tr>
<tr><td>1</td><td>18</td><td>24</td><td>24</td></tr>
<tr><td rowspan="2">0. 3</td><td>0. 5</td><td>11</td><td>15</td><td>15</td></tr>
<tr><td>1</td><td>15</td><td>19</td><td>19</td></tr>
<tr><td rowspan="2">0. 6</td><td>0. 5</td><td>9</td><td>12</td><td>12</td></tr>
<tr><td>1</td><td>12</td><td>17</td><td>17</td></tr>
<tr><td rowspan="15">沁水县</td><td rowspan="15">7</td><td rowspan="15">龙港镇河渚村柳家湾</td><td rowspan="15">140521100
215100</td><td rowspan="15">WDA81001231
vA000 - 01</td><td rowspan="5">0</td><td>0. 5</td><td>21</td><td>30</td><td>30</td><td rowspan="15">极高危险区</td></tr>
<tr><td>1</td><td>30</td><td>38</td><td>38</td></tr>
<tr><td>2</td><td>38</td><td>46</td><td>46</td></tr>
<tr><td>3</td><td>46</td><td>53</td><td>53</td></tr>
<tr><td>4. 5</td><td>57</td><td>61</td><td>61</td></tr>
<tr><td rowspan="5">0. 3</td><td>0. 5</td><td>18</td><td>26</td><td>26</td></tr>
<tr><td>1</td><td>26</td><td>32</td><td>32</td></tr>
<tr><td>2</td><td>32</td><td>40</td><td>40</td></tr>
<tr><td>3</td><td>40</td><td>47</td><td>47</td></tr>
<tr><td>4. 5</td><td>49</td><td>53</td><td>53</td></tr>
<tr><td rowspan="5">0. 6</td><td>0. 5</td><td>15</td><td>22</td><td>22</td></tr>
<tr><td>1</td><td>22</td><td>27</td><td>27</td></tr>
<tr><td>2</td><td>27</td><td>32</td><td>32</td></tr>
<tr><td>3</td><td>32</td><td>39</td><td>39</td></tr>
<tr><td>4. 5</td><td>44</td><td>47</td><td>47</td></tr>
<tr><td rowspan="12">沁水县</td><td rowspan="12">8</td><td rowspan="12">中村镇山辿岩村山辿岩</td><td rowspan="12">140521101
219000</td><td rowspan="12">WDA81401
F0000000</td><td rowspan="4">0</td><td>0. 5</td><td>31</td><td>44</td><td>44</td><td rowspan="12">高危险区</td></tr>
<tr><td>1</td><td>44</td><td>57</td><td>57</td></tr>
<tr><td>2</td><td>66</td><td>71</td><td>71</td></tr>
<tr><td>2. 5</td><td>71</td><td>79</td><td>79</td></tr>
<tr><td rowspan="4">0. 3</td><td>0. 5</td><td>28</td><td>40</td><td>40</td></tr>
<tr><td>1</td><td>40</td><td>51</td><td>51</td></tr>
<tr><td>2</td><td>51</td><td>66</td><td>66</td></tr>
<tr><td>2. 5</td><td>66</td><td>73</td><td>73</td></tr>
<tr><td rowspan="4">0. 6</td><td>0. 5</td><td>26</td><td>37</td><td>37</td></tr>
<tr><td>1</td><td>37</td><td>46</td><td>46</td></tr>
<tr><td>2</td><td>46</td><td>57</td><td>57</td></tr>
<tr><td>2. 5</td><td>57</td><td>66</td><td>66</td></tr>
</table>

续表 7-11

县区	序号	行政区划名称	行政区划代码	流域代码	B_0	时段	预警指标		临界雨量/水位	危险区等级
							准备转移	立即转移		
沁水县	9	郑村镇夏荷村	140521105205000	WDA81001251EB000 - 01	0	0. 5	43	62	62	危险区
						1	62	69	69	
						2	74	80	80	
						3	84	90	90	
						5. 5	107	115	115	
					0. 3	0. 5	41	58	58	
						1	58	63	63	
						2	68	73	73	
						3	75	81	81	
						5. 5	99	106	106	
					0. 6	0. 5	38	54	54	
						1	54	58	58	
						2	60	64	64	
						3	67	72	72	
						5. 5	88	95	95	
高平市	10	安河村	140581104218000	WDA81101EA000000	0	0. 5	18	25	25	极高危险区
						1	24	34	34	
					0. 3	0. 5	15	21	21	
						1	21	30	30	
					0. 6	0. 5	12	18	18	
						1	18	26	26	
高平市	11	程家河村	140581201213000	WDA81101IC000000	0	0. 5	55	79	79	危险区
					0. 3	0. 5	52	75	75	
					0. 6	0. 5	49	70	70	
高平市	12	杜寨村	140581108214000	WDA81102GC000000	0	0. 5	33	47	47	高危险区
						1	38	54	54	
						1. 5	42	60	60	
					0. 3	0. 5	30	42	42	
						1	33	48	48	
						1. 5	38	54	54	
					0. 6	0. 5	27	38	38	
						1	29	42	42	
						1. 5	33	47	47	
陵川县	13	蒲水村	140524212206000	WDA81101I0000000 - 01	0	0. 5	24	35	35	极高危险区
						1	35	43	43	
					0. 3	0. 5	22	31	31	
						1	31	40	40	
					0. 6	0. 5	19	27	27	
						1	27	36	36	

续表 7-11

县区	序号	行政区划名称	行政区划代码	流域代码	B_0	时段	预警指标 准备转移	预警指标 立即转移	临界雨量/水位	危险区等级
陵川县	14	沙场村	140524209203000	WCF1142200000000-01	0	0. 5	23	33	33	高危险区
						1	33	42	42	
						1. 5	42	48	48	
						2	48	53	53	
						2. 5	53	58	58	
						3	58	62	62	
						3. 5	62	66	66	
						4	66	69	69	
					0. 3	0. 5	20	28	28	
						1	28	35	35	
						1. 5	35	41	41	
						2	41	45	45	
						2. 5	45	49	49	
						3	49	53	53	
						3. 5	53	56	56	
						4	56	60	60	
					0. 6	0. 5	16	22	22	
						1	22	28	28	
						1. 5	28	33	33	
						2	33	37	37	
						2. 5	37	40	40	
						3	40	43	43	
						3. 5	43	46	46	
						4	46	49	49	
陵川县	15	赤叶河村	140524209205000	WCF11421B0000000-01	0	0. 5	32	46	46	危险区
						1	46	56	56	
						1. 5	56	64	64	
						2	64	70	70	
						2. 5	70	76	76	
						3	76	81	81	
					0. 3	0. 5	28	39	39	
						1	39	48	48	
						1. 5	48	55	55	
						2	55	61	61	
						2. 5	61	66	66	
						3	66	70	70	
					0. 6	0. 5	23	33	33	
						1	33	40	40	
						1. 5	40	45	45	
						2	45	50	50	
						2. 5	50	54	54	
						3	54	58	58	

续表 7-11

县区	序号	行政区划名称	行政区划代码	流域代码	B_0	时段	预警指标		临界雨量/水位	危险区等级
							准备转移	立即转移		
晋城城区	16	刘家川村	140502100208000	WDA81101M0000000－01	0	0.5	21	30	30	极高危险区
						1	30	37	37	
						2	41	45	45	
					0.3	0.5	18	26	26	
						1	26	31	31	
						2	35	39	39	
					0.6	0.5	15	22	22	
						1	22	26	26	
						2	29	32	32	
晋城城区	17	寺底村	140502006207000	WDA81105Y0000000－01	0	0.5	27	38	38	高危险区
						1	38	50	50	
						2	57	63	63	
					0.3	0.5	24	34	34	
						1	34	43	43	
						2	50	55	55	
					0.6	0.5	20	29	29	
						1	29	37	37	
						2	42	47	47	
晋城城区	18	南大街社区	140502001005000	WDA81103Y0000000－01	0	0.5	48	69	69	危险区
						1	69	78	78	
						2	86	92	92	
						3	103	113	113	
					0.3	0.5	45	64	64	
						1	64	72	72	
						2	78	84	84	
						3	92	103	103	
					0.6	0.5	42	59	59	
						1	59	66	66	
						2	70	76	76	
						3	83	93	93	

7.3　水位预警指标计算

参照《山洪灾害分析评价技术要求》和《山洪灾害分析评价指南》，只需针对适用水位预警条件的预警对象分析水位预警指标。水位预警指标包括准备转移和立即转移两级。

7.3.1　河道水位预警

根据调查的当地历史大洪水以及实测的现状河道过水断面，选取保护区行洪能力最差过水断面，采用面积比降法确定参选断面安全过水流量，作为保护区安全过水流量。以保护区安全过水流量根据水位站与保护区集水面积折算求得水位监测站的相应流量，依据水位站实测大断面采用比降面积法推求水位站警戒水位（假定水位）。

7.3.1.1　阳城县

阳城县现有水位监测站点 8 处,其中,水库站 2 处、河道站 6 处。

根据历史洪灾情况调查,阳城县各条河流水深各不相同。各所选观察断面情况也不相同。断面选择尽量在变化不大的地方,能够代表河流特征,反映基本水情。因此,确定沁河按 3 m 水深准备转移,4 m 立即转移。获泽河按 2.5 m 时准备转移,3 m 时立即转移。芦苇河按 3.5 m 时准备转移,4 m 时立即转移。涧河按 2 m 时准备转移,3 m 时立即转移。其他小河流按 3 m 时准备转移,4 m 时立即转移。

各河道水位站预警指标详见表 7-12。

表 7-12　阳城县河道监测站水位预警指标

水位站名称	水位站准备转移指标		水位站立即转移指标	
	水位(m)	流量(m^3/s)	水位(m)	流量(m^3/s)
留昌	582.00	514	582.50	638
上伏	496.55	262	497.55	342
町店	576.35	619	576.85	793
横河	1 018.13	162	1 019.17	305
蟒河	802.50	216	803.50	288
园河	744.00	83	744.50	153

7.3.1.2　泽州县

泽州县现有水位监测站点 10 处,其中水库站 3 处、河道站 7 处。

根据调查的当地历史大洪水以及实测的现状河道过水断面,选取保护区行洪能力最差过水断面,采用面积比降法确定参选断面安全过水流量,作为保护区安全过水流量。以保护区安全过水流量根据水位站与保护区集水面积折算求得水位监测站的相应流量,依据水位站实测大断面采用比降面积法推求水位站警戒水位(假定水位)。泽州县各河道水位站预警指标详见表 7-13。

表 7-13　泽州县河道监测站水位预警指标

水位站名称	水位站准备转移指标		水位站立即转移指标	
	水位(m)	流量(m^3/s)	水位(m)	流量(m^3/s)
南村供热站	719.15	101	719.5	170
大箕镇政府	727.15	60	727.4	108
巴公一村	779.15	35	779.5	50
黎川镇	837.15	50	837.4	100
大东沟镇	764.25	20	764.6	42
高都镇	747.65	650	748.0	900
大箕镇河西村	550.85	120	551.4	200

7.3.1.3　沁水县

沁水县境内杏峪河梁庄、梅河青龙、山泽河山泽水库、蒲峪河蒲峪水库建有自动水位站,端氏河端氏河北、沁水河油房建有水文局设的水文站,各水文站下游均有危险村存在。

水位预警指标包括准备转移和立即转移两级。立即转移指标为临界水位,根据预警对象控制断面成灾水位推算上游水位站的相应水位,根据各控制站附近的河道情况,建议准备转移指标在立即转移指标的基础上减去 0.3 m。相应水位流量采用水位流量关系线确定。沁水县各河道水位站预警指标详见表 7-14。

表 7-14　沁水县河道监测站水位预警指标

水位站名称	水位站准备转移指标		水位站立即转移指标	
	水位(m)	流量(m^3/s)	水位(m)	流量(m^3/s)
油房	7.61	10.84	11.14	1 300
端氏河北	558.03	560.53	560.83	1 280
梁庄	967.01	969.25	969.55	500
青龙	979.51	981.96	982.26	350

7.3.1.4　高平市

根据现在高平市山洪灾害非工程措施建设，高平市水位监测站点为 8 个，其中，水库站 3 处，河道站 5 处。3 处水库站为自动水位站，河道站为简易水位站。

根据调查的当地历史大洪水以及实测的现状河道过水断面，选取保护区行洪能力最差过水断面，采用面积比降法确定参选断面安全过水流量，作为保护区安全过水流量。以保护区安全过水流量根据水位站与保护区集水面积折算求得水位监测站的相应流量，依据水位站实测大断面采用比降面积法推求水位站警戒水位（假定水位），各河道水位站预警指标详见表 7-15。

表 7-15　高平市河道监测站水位预警指标

水位站名称	水位站准备转移指标		水位站立即转移指标	
	水位(m)	流量(m^3/s)	水位(m)	流量(m^3/s)
段家沟	904.2	150	904.5	225
赵庄	917.98	165	918.33	284
云西	857.1	145	857.45	235
路家	871.9	180	872.25	250
陈庄	874.45	155	874.8	238

7.3.1.5　陵川县

陵川县境内只有苏家湾附近有一处自动水位站（北召站），位于苏家湾控制断面上游 2 712 m，故需对苏家湾进行水位预警指标的确定。

水位预警指标包括准备转移和立即转移两级。立即转移指标为临界水位，根据预警对象控制断面成灾水位推算上游水位站的相应水位，根据苏家湾附近的河道情况，准备转移指标在立即转移指标的基础上减去 0.3 m。

苏家湾控制断面成灾水位为 1 276.45 m，采用一维水动力学模型推求水面线，得到北召站的相应水位为 1 295.00 m。苏家湾水位预警指标成果见表 7-16。

表 7-16　陵川县河道监测站水位预警指标

苏家湾 成灾水位(m)	北召水位站		
	临界水位(m)	准备转移(m)	立即转移(m)
1 276.45	1 295.00	1 294.7	1 295.0

7.3.1.6　晋城城区

晋城城区自动河道水位站有北石店河司徒、鸿春站、书院河古书院站、西河商贸区站；

简易水位站凤台西街桥、下辇、回军村、钟家庄、尧头、刘家川 6 处,水库水位站有花园头水库、战备水库、人民水库、龙门水库。

根据调查的当地历史大洪水以及实测的现状河道过水断面,选取保护区行洪能力最差过水断面,采用面积比降法确定参选断面安全过水流量,作为保护区安全过水流量。以保护区安全过水流量根据水位站与保护区集水面积折算求得水位监测站的相应流量,依据水位站实测大断面采用比降面积法推求水位站警戒水位(假定水位),各河道水位站预警指标详见表 7-17。

表 7-17　晋城城区河道监测站水位预警指标

水位站名称	水位站准备转移指标		水位站立即转移指标	
	水位(m)	流量(m^3/s)	水位(m)	流量(m^3/s)
商贸区	714.46	30	714.76	60
古书院	735.06	20	735.41	48
太平仙	719.82	35	720.34	50
凤台西街桥	700.76	50	701.13	100
下辇	700.76	50	701.13	100
回军村	726.13	35	726.25	50
钟家庄	700.76	50	701.13	108
尧头	769.37	35	769.75	50
鸿村	769.58	35	769.98	50
司徒	755.65	35	755.96	50
刘家川	751.45	60	751.86	108

鸿村水位站下游相关村落:鸿春村、南石店村、刘家川村等。

司徒水位站下游相关村落:司徒村等。

太平仙水位站下游相关村落:中后河社区、东后河社区、南大街社区、驿后社区等。

古书院水位站下游相关村落:古书院矿社区等。

商贸区水位站下游相关村落:西马匠社区、泰森社区等。

7.3.2　水库水位预警

根据实际情况和预警要求,将水库站溢洪道底高程作为警戒(准备转移)水位,设计洪水位作为危险(立即转移)水位。

7.3.2.1　**阳城县**

阳城县境内现有 2 座水库。当水库溢洪,库区上游持续降雨,水位继续上涨时,通过广播、电视、电话等手段向外发布汛情公告或紧急通知,准备转移可能被淹没范围内的人员和财产。当库水位达到设计水位,库区上游仍有强降雨,或出现重大险情时,通过各种途径向可能被淹没范围内的人员,发布紧急通知,组织下游群众立即转移。

阳城县水库站预警指标见表 7-18。

表 7-18　阳城县水库监测站水位预警指标

水库名称	准备转移水位指标(m)	立即转移水位指标(m)
红卫水库	662.04	664.04
西冶水库	745.58	748.18

7.3.2.2 泽州县

泽州县境内现有3座水库。根据实际情况和预警要求,将水库站溢洪道底高程作为警戒(准备转移)水位,设计洪水位作为危险(立即转移)水位。泽州县水库站预警指标见表7-19。

表7-19 泽州县水库监测站水位预警指标

水库名称	准备转移水位指标(m)	立即转移水位指标(m)
长河水库	803.20	804.05
圪套水库	728.41	729.31
任庄水库	773.85	775.05

7.3.2.3 沁水县

沁水县境内现有2座水库。根据实际情况和预警要求,将水库站溢洪道底高程作为警戒(准备转移)水位,设计洪水位作为危险(立即转移)水位。沁水县水库站预警指标见表7-20。

表7-20 沁水县水库监测站水位预警指标

水库名称	准备转移水位指标(m)	立即转移水位指标(m)
山泽水库	801	801.5
蒲峪水库	120	120.5

7.3.2.4 高平市

小流域水位预警指标的确定:水库站根据水库除险加固后的警戒水位、危及水位确定其预警指标。河道站根据调查历史最高洪水位和相应的雨量以及现状河道的行洪能力来确定其预警指标。高平市水库站预警指标见表7-21。

表7-21 高平市水库监测站水位预警指标

水库名称	准备转移水位指标(m)	立即转移水位指标(m)
釜山水库	919.60	923.50
明西水库	933.20	936.44
陈区水库	948.80	950.59

7.3.2.5 晋城城区

晋城市城区境内现有4座小型水库。水库水位预警指标:当水库溢洪,库区上游持续降雨,水位继续上涨时,通过广播、电视、电话等手段向外发布汛情公告或紧急通知,准备转移可能被淹没范围内的人员和财产。当库水位达到设计水位,库区上游仍有强降雨,或出现重大险情时,通过各种途径向可能被淹没范围内的人员,发布紧急通知,组织下游群众立即转移。

将水库站溢洪道底高程作为警戒(准备转移)水位,设计洪水位作为危险(立即转移)水位。水库站预警指标见表7-22。

表 7-22　晋城城区水库监测站水位预警指标

水库名称	准备转移水位指标(m)	立即转移水位指标(m)
花园头水库	750	753.74
战备水库	711.0	712.83
人民水库	789.1	790.8
龙门水库	812	815.21

7.4　危险区图绘制

按照全国《山洪灾害分析评价技术要求》和《山洪灾害分析评价指南》的要求，针对每一个防灾对象进行危险区图绘制，包括基础底图信息、主要信息和辅助信息 3 类。各类信息主要包括：

(1)基础底图信息：遥感底图信息，行政区划、居民区范围、危险区、控制断面、河流流向、对象在县级行政区的空间位置。

(2)主要信息：各级危险区(极高、高、危险)空间分布及其人口(户数)、房屋统计信息，转移路线，临时安置地点，典型雨型分布，设计洪水主要成果，预警指标，预警方式，责任人，联系方式等。

(3)辅助信息：编制单位、编制时间，以及图名、图例、比例尺、指北针等地图辅助信息。

特殊工况危险区图在危险图基础上，增加以下信息：

(1)特殊工况、洪水影响范围及其人口、房屋统计信息。

(2)增加工程失事情况说明，特殊工况的应对措施等内容。

836 个沿河村落均按照本要求进行了底图绘制，并在底图上描绘了转移路线、安置点、危险区，同时在非工程措施建设中进行了实地勘察，实地制作了标志牌、转移路线牌等。

第 8 章 洪灾防治措施

8.1 防治原则

（1）坚持科学发展观，以人为本，以保障人民群众生命安全为首要目标，最大限度地避免或减少人员伤亡，减少财产损失；

（2）贯彻安全第一，常备不懈，以防为主，防、抢、救相结合；

（3）落实行政首长负责制、分级管理责任制、分部门责任制、技术人员责任制和岗位责任制；

（4）因地制宜，具有实用性和可操作性；

（5）坚持统一规划，突出重点，兼顾一般，局部利益服从全局利益；

（6）坚持“先避险、后抢险，先救人、再救物，先救灾、再恢复”。

8.2 山洪灾害类型区划分

本次晋城市分析评价主要针对溪河洪水和坡面汇水影响对象进行，不包括滑坡、泥石流以及干流对支流产生明显顶托等情形。

8.3 不同类型区洪灾特点

季节性强，频率高：山洪灾害主要集中在汛期，尤其主汛期更是山洪灾害的多发期。据统计，汛期发生的山洪灾害约占全年山洪灾害的 85% 以上，其中 7 ~ 8 月发生的山洪灾害约占全年山洪灾害的 75%。

区域性明显，易发性强：山洪主要发生于山区、丘陵区及受其影响的下游倾斜平原区。暴雨时极易形成具有冲击力的地表径流，导致山洪暴发，形成山洪灾害。

来势迅猛，成灾快：洪水具有突发性，往往由于局部性高强度，短历时的大雨、暴雨和大暴雨所造成，因山丘区山高坡陡，溪河密集，降雨迅速转化为径流，且汇流快、流速大，降雨后几小时即成灾受损，防不胜防。

破坏性强，危害严重：受山地地形影响，不少乡镇和村庄建在边山峪口或山洪沟口两侧地带，山洪灾害发生时往往伴生滑坡、崩塌、泥石流等地质灾害，并造成河流改道、公路中断、耕地冲淹、房屋倒塌、人畜伤亡等。

8.4　山洪预报系统建设

8.4.1　非工程措施

用防洪工程措施控制洪水是有限度的,防洪非工程措施作为减少洪灾的综合措施之一,越来越被重视。2011～2015 年山西省山洪灾害防治非工程措施建设已完工,山洪防治预警指标确定结果对山洪灾害的防御有着至关重要的作用。晋城市市区山洪灾害防治非工程措施建设自动雨量站 119 个,简易雨量站 1 054 个,无线预警广播 706 处。晋城市山洪灾害防治非工程措施建设情况统计表 8-1。晋城市自动雨量站统计表 8-2。晋城市自动站点分布见图 8-1,晋城市无线预警广播站点分布见图 8-2,晋城市简易监测站点分布见图 8-3。

表 8-1　晋城市山洪灾害防治非工程措施建设情况统计表

序号	县区	自动雨量站点(个)	自动水位站(个)	无线预警广播(处)	简易雨量站(个)	简易水位站(个)
1	阳城县	26	8	169	281	0
2	泽州县	23	10	170	188	0
3	沁水县	18	4	72	170	8
4	高平市	11	3	86	148	5
5	陵川县	32	5	119	177	10
6	城区	9	5	90	90	10
合计		119	35	706	1 054	33

8.4.2　水利工程措施

水利工程在防洪中发挥着至关重要的作用,经过 2015 年山洪灾害调查,晋城市在防治区内建设的水利工程包含水库 95 座,水闸 19 处,堤防 183 条。调查到的桥梁 732 座,路涵 409 个,塘坝 82 个。晋城市水利工程分布见图 8-4。晋城市水库基本情况见表 8-3、晋城市山洪灾害调查统计见表 8-4、晋城市塘坝工程调查见表 8-5、晋城市水闸工程调查见表 8-6、晋城市堤防工程调查见表 8-7。

表 8-2　晋城市自动雨量站统计

县区	序号	测站编码	测站名称	河流名称	水系名称	流域名称	东经(°)	北纬(°)	站　址	始报年月	信息管理单位
阳城县	1	41731470	索泉岭	黄河流域	沁河	获泽河	112.162222	35.414722	横河镇索泉岭	201305	阳城水务局
阳城县	2	41422610	桑园村	黄河流域	沁河	受益河	112.126111	35.312222	横河镇桑园	201305	阳城水务局
阳城县	3	41422590	牛心温	黄河流域	沁河	水头河	112.205278	35.356111	横河镇牛心温	201305	阳城水务局
阳城县	4	41732680	神子头	黄河流域	沁河	大峪河	112.546667	35.398611	东冶镇神子头	201305	阳城水务局
阳城县	5	41733680	南寺沟	黄河流域	沁河	孤山河	112.576389	35.246389	东冶镇南寺沟	201305	阳城水务局
阳城县	6	41733660	江河村	黄河流域	沁河	龙洞河	112.548611	35.318056	东冶镇江河村	201305	阳城水务局
阳城县	7	41732610	台头村	黄河流域	沁河	台头河	112.436389	35.381389	蟒河镇台头村	201305	阳城水务局
阳城县	8	41732410	寺沟村	黄河流域	沁河	桑林河	112.384722	35.343889	蟒河镇寺沟村	201305	阳城水务局
阳城县	9	41733670	西山村	黄河流域	沁河	石圈河	112.341667	35.235278	凤城镇西山村	201305	阳城水务局
阳城县	10	41732670	头南村	黄河流域	沁河	沁河	112.5525	35.438889	北留镇头南村	201305	阳城水务局
阳城县	11	41730650	西冯街	黄河流域	沁河	西小河	112.493333	35.539167	润城镇西冯街	201305	阳城水务局
阳城县	12	41730610	吕家河	黄河流域	沁河	川河	112.3025	35.647222	芹池镇吕家河	201305	阳城水务局
阳城县	13	41730590	大壑村	黄河流域	沁河	沁河	112.29	35.575556	芹池镇大壑村	201305	阳城水务局
阳城县	14	41731480	逯河村	黄河流域	沁河	上义河	112.201252	35.51809	次营镇逯河村	201305	阳城水务局
阳城县	15	41731460	上河村	黄河流域	沁河	上河	112.1375	35.479722	董封乡上河村	201305	阳城水务局
阳城县	16	41730620	岩山村	黄河流域	沁河	龙泉河	112.214444	35.438889	董封乡岩山村	201305	阳城水务局
阳城县	17	41730580	佰附村	黄河流域	沁河	贾寨河	112.223611	35.616389	芹池镇伯附村	201305	阳城水务局
阳城县	18	41732400	洞底村	黄河流域	沁河	桑林河	112.371944	35.354722	河北镇洞底村	201305	阳城水务局
阳城县	19	41730630	花园条村	黄河流域	沁河	台头河	112.448889	35.587778	町店镇花园条	201305	阳城水务局
阳城县	20	41731960	郑阳村	黄河流域	沁河	西小河	112.201667	35.554167	固隆乡郑阳村	201305	阳城水务局
阳城县	21	41701460	长征村	黄河流域	沁河	获泽河	112.446312	35.458017	白桑乡长征村	201605	阳城水务局
阳城县	22	41730615	孔西村	黄河流域	沁河	芦苇河	112.495592	35.487625	凤城镇八甲口孔西村	201605	阳城水务局
阳城县	23	41732640	董家岭村	黄河流域	沁河	芦苇河	112.392057	35.639652	寺头乡董家岭村	201605	阳城水务局
阳城县	24	41731490	三泉村	黄河流域	沁河	获泽河	112.254783	35.426376	驾岭乡三泉村	201605	阳城水务局
阳城县	25	41732620	西沟村	黄河流域	沁河	获泽河	112.375353	35.542499	西河乡西沟村	201605	阳城水务局
阳城县	26	41732630	尚礼村	黄河流域	沁河	获泽河	112.361485	35.523348	演礼乡尚礼村	201605	阳城水务局
泽州县	27	41733230	周村镇	周村河	沁河	黄河	112.620252	35.475374	周村镇	201406	泽州水务局
泽州县	28	41733210	成庄村	刘村河	沁河	黄河	112.713879	35.608342	下村镇	201406	泽州水务局
泽州县	29	41733220	川底乡	拐河	沁河	黄河	112.676427	35.526162	川底乡	201604	泽州水务局
泽州县	30	41733240	下町村	长河	沁河	黄河	112.663896	35.493086	周村镇	201406	泽州水务局
泽州县	31	41733250	曹河村	冶底河	沁河	黄河	112.659436	35.382999	南岭乡	201604	泽州水务局
泽州县	32	41733265	犁川镇	犁川河	沁河	黄河	112.755371	35.380159	犁川镇	201604	泽州水务局

续表 8-2

县区	序号	测站编码	测站名称	河流名称	水系名称	流域名称	东经(°)	北纬(°)	站　址	始报年月	信息管理单位
泽州县	33	41733270	陈家庄村	白间河	沁河	黄河	112. 736671	35. 247889	山河镇	201406	泽州水务局
泽州县	34	41733280	大阳镇	大阳河	沁河	黄河	112. 797954	35. 66571	大阳镇	201406	泽州水务局
泽州县	35	41737421	巴公镇	东四义河	沁河	黄河	112. 884908	35. 616649	巴公镇	201406	泽州水务局
泽州县	36	41738612	柳树口镇	南北石瓮河	沁河	黄河	113. 011638	35. 412781	柳树口镇	201604	泽州水务局
泽州县	37	41741200	南村镇	南村河	沁河	黄河	112. 78216	35. 459483	南村镇	201406	泽州水务局
泽州县	38	41741210	大箕镇	大箕河	沁河	黄河	112. 797797	35. 401606	大箕镇	201406	泽州水务局
泽州县	39	41737460	大山河	大山河	沁河	黄河	112. 80757	35. 29404	晋庙铺镇大山河	201406	泽州水务局
泽州县	40	41737440	韩家庄	韩家庄	沁河	黄河	112. 897882	35. 320595	晋庙铺镇韩家庄	201406	泽州水务局
泽州县	41	41733277	山河镇东庄	东庄河	沁河	黄河	112. 73616	35. 30773	山河镇东庄村	201406	泽州水务局
泽州县	42	41733274	北义城镇鲁村	浦河	沁河	黄河	113. 02228	35. 67166	北义城镇鲁村	201604	泽州水务局
泽州县	43	41733272	南石瓮	石瓮河	沁河	黄河	113. 04002	35. 391201	柳树口镇南石瓮	201604	泽州水务局
泽州县	44	41733273	东下村	丹河	沁河	黄河	113. 0853	35. 51977	柳树口镇东下村	201604	泽州水务局
泽州县	45	41733268	任庄水库	丹河	沁河	黄河	112. 98635	35. 61024	高都镇李庄村	201406	泽州水务局
泽州县	46	41733269	高都镇大兴村	丹河	沁河	黄河	113. 04362	35. 57934	高都镇大兴村	201406	泽州水务局
泽州县	47	41733267	金村镇	崔秀河	沁河	黄河	112. 92245	35. 50709	金村镇	201406	泽州水务局
泽州县	48	41733271	大箕镇河西村	白水河	沁河	黄河	112. 91189	35. 39396	大箕镇河西村	201604	泽州水务局
泽州县	49	41737420	崔庄	背阴河	沁河	黄河	113. 56028	35. 90778	金村镇崔庄	201406	泽州水务局
沁水县	50	41729410	大端	柿庄河	沁河	黄河	112. 771201	35. 95426	沁水县柿庄镇大端	201305	沁水县水务局
沁水县	51	41731210	东文兴	土沃河	沁河	黄河	112. 150901	35. 551161	沁水县土沃乡东文兴	201305	沁水县水务局
沁水县	52	41730010	东峪	石槽河	沁河	黄河	112. 545938	36. 013377	沁水县十里乡东峪	201305	沁水县水务局
沁水县	53	41730500	侯村	郑村河	沁河	黄河	112. 544502	35. 582631	沁水县郑村镇侯村	201305	沁水县水务局
沁水县	54	41730215	老坟沟	胡底河	沁河	黄河	112. 719803	35. 725212	沁水县胡底乡老坟沟	201305	沁水县水务局
沁水县	55	41726310	浦峪	浦峪河	沁河	黄河	112. 303401	35. 760553	沁水县郑庄镇浦峪	201305	沁水县水务局
沁水县	56	41731301	上沟	张村河	沁河	黄河	112. 181802	35. 61726	沁水县张村乡上沟	201305	沁水县水务局
沁水县	57	41727630	吴家沟	杏河	沁河	黄河	112. 104503	35. 628812	沁水县龙港镇吴家沟	201305	沁水县水务局
沁水县	58	41730410	西坪	十里河	沁河	黄河	112. 593112	35. 819151	沁水县固县乡西坪	201305	沁水县水务局
沁水县	59	41727620	西坡	杏河	沁河	黄河	112. 058803	35. 696022	沁水县龙港镇西坡	201305	沁水县水务局
沁水县	60	41731411	下川	下川河	沁河	黄河	112. 013501	35. 442733	沁水县中村镇下川	201305	沁水县水务局
沁水县	61	41729420	峪里	柿庄河	沁河	黄河	112. 735204	35. 84979	沁水县柿庄镇峪里	201305	沁水县水务局
沁水县	62	41732306	张马	西阎河	沁河	黄河	111. 951602	35. 585831	沁水县中村镇张马	201305	沁水县水务局
沁水县	63	41730021	宋家	固村河	沁河	黄河	112. 667775	35. 975088	十里乡宋家	201506	沁水县水务局
沁水县	64	41731220	洞沟	获泽河	沁河	黄河	112. 049141	35. 518264	土沃乡洞沟	201507	沁水县水务局

续表 8-2

县区	序号	测站编码	测站名称	河流名称	水系名称	流域名称	东经(°)	北纬(°)	站　址	始报年月	信息管理单位
沁水县	65	41739210	潘河	潘河	沁河	黄河	112.56756	35.630381	嘉峰镇潘河	201508	沁水县水务局
沁水县	66	41739403	枣园	柿庄河	沁河	黄河	112.6515	35.832314	柿庄镇枣园	201509	沁水县水务局
沁水县	67	41728200	水务局	梅河	沁河	黄河	112.167417	35.684543	水务局	201510	沁水县水务局
高平市	68	41735203	三甲南	小东仓河	沁河	黄河	112.962051	35.849844	三甲镇三甲南村	201305	高平市水务局
高平市	69	41735610	中村	小东仓河	沁河	黄河	112.933581	35.890726	神农镇中村村	201512	高平市水务局
高平市	70	41735204	关家	大东仓河	沁河	黄河	113.081931	35.87803	陈区镇关家村	201305	高平市水务局
高平市	71	41736201	西李门	丹河	沁河	黄河	112.977375	35.708264	河西镇西李家庄村	201512	高平市水务局
高平市	72	41735209	东周	巴公河	沁河	黄河	112.793466	35.690618	马村镇东周村	201305	高平市水务局
高平市	73	41735206	大野川	野川河	沁河	黄河	112.843503	35.79144	野川镇大野川村	201305	高平市水务局
高平市	74	41735201	靖居	丹河	沁河	黄河	112.837277	35.93219	寺庄镇靖居村	201305	高平市水务局
高平市	75	41735205	王家村	东大河	沁河	黄河	113.018703	35.882096	建宁乡王家村	201305	高平市水务局
高平市	76	41735620	侯庄	东大河	沁河	黄河	113.114445	35.698632	石末乡侯庄村	201512	高平市水务局
高平市	77	41735207	交河	原村河	沁河	黄河	112.745906	35.755399	原村乡交河村	201305	高平市水务局
高平市	78	41735202	永录	永录河	沁河	黄河	112.891614	35.857455	永录乡永录村	201305	高平市水务局
陵川县	79	31007866	琵琶河村	琵琶河	卫河	海河	113.323357	35.524624	夺火乡琵琶河村	201506	陵川县水务局
陵川县	80	31020040	塔水河村	塔水河	卫河	海河	113.235482	35.495399	夺火乡塔水河村	201205	陵川县水务局
陵川县	81	31020840	勤泉村	场泉河	卫河	海河	113.305634	35.501631	夺火乡勤泉村	201205	陵川县水务局
陵川县	82	41738620	吕家河村	吕家河	沁河	黄河	113.106299	35.63004	西河底镇吕家河村	201205	陵川县水务局
陵川县	83	41738590	侯家岭村	南河	沁河	黄河	113.282327	35.639037	潞城镇侯家岭村	201205	陵川县水务局
陵川县	84	31020720	锡崖沟村	锡崖沟河	卫河	海河	113.594903	35.644439	古郊乡锡崖沟村	201205	陵川县水务局
陵川县	85	31020748	西石门村	碾嘈河	卫河	海河	113.357753	35.628324	马圪当乡西石门村	201205	陵川县水务局
陵川县	86	31023130	冶头村	浙水河	卫河	海河	113.370443	35.80464	六泉乡冶头村	201205	陵川县水务局
陵川县	87	41737070	簸箕掌村	北马河	沁河	黄河	113.228042	35.783213	崇文镇簸箕掌村	201205	陵川县水务局
陵川县	88	31023140	下河村	浙水河	卫河	海河	113.422736	35.827838	六泉乡下河村	201205	陵川县水务局
陵川县	89	41705785	秦家庄乡	原平河	沁河	黄河	113.219196	35.841742	陵川县秦家庄乡政府	201506	陵川县水务局
陵川县	90	41738380	玉泉村	沙伯池河	沁河	黄河	113.189281	35.680639	附城镇玉泉村	201205	陵川县水务局
陵川县	91	41737080	北马村	北马河	沁河	黄河	113.162357	35.722831	附城镇北马村	201205	陵川县水务局
陵川县	92	41738610	东瑶泉村	刀刃河	沁河	黄河	113.172554	35.573424	附城镇东瑶泉村	201205	陵川县水务局
陵川县	93	41738370	圪塔村	石义河	沁河	黄河	113.23627	35.657601	潞城镇圪塔村	201205	陵川县水务局
陵川县	94	41737980	侯庄村	娄头河	沁河	黄河	113.370831	35.762349	潞城镇侯庄村	201205	陵川县水务局
陵川县	95	31020760	凤凰村	碾嘈河	卫河	海河	113.319722	35.57527	夺火乡凤凰村	201205	陵川县水务局
陵川县	96	31020770	灵岩寺村	碾嘈河	卫河	海河	113.413601	35.544046	马圪当乡灵岩寺村	201205	陵川县水务局

续表 8-2

县区	序号	测站编码	测站名称	河流名称	水系名称	流域名称	东经(°)	北纬(°)	站　址	始报年月	信息管理单位
陵川县	97	31020740	横水村	横水河	卫河	海河	113. 398232	35. 637118	马圪当乡横水村	201205	陵川县水务局
陵川县	98	31020710	后郊村	后郊河	卫河	海河	113. 427553	35. 699754	马圪当乡后郊村	201205	陵川县水务局
陵川县	99	31020690	古郊乡政府	古郊河	卫河	海河	113. 497152	35. 709949	古郊乡古郊村	201205	陵川县水务局
陵川县	100	31020680	东上河村	古郊河	卫河	海河	113. 479649	35. 722185	古郊乡东上河村	201205	陵川县水务局
陵川县	101	31020730	东庙华村	古郊河	卫河	海河	113. 555601	35. 656721	古郊乡东庙华村	201205	陵川县水务局
陵川县	102	31022610	沙场村	香磨河	卫河	海河	113. 491464	35. 790021	六泉乡沙场村	201205	陵川县水务局
陵川县	103	31022620	高家村	香磨河	卫河	海河	113. 467376	35. 765348	六泉乡高家村	201205	陵川县水务局
陵川县	104	31007880	古石站	武家湾河	卫河	海河	113. 435344	35. 542611	马圪当乡古石村	201205	陵川县水务局
陵川县	105	31007866	夺火乡	琵琶河	卫河	海河	113. 263046	35. 550356	陵川县夺火乡政府	201205	陵川县水务局
陵川县	106	41737020	杨村镇	原平河	沁河	黄河	113. 168898	35. 856362	陵川县杨村镇水管站	201506	陵川县水务局
陵川县	107	41704185	桑树河村	原平河	沁河	黄河	113. 17906	35. 885253	陵川县杨村镇桑树河村	201506	陵川县水务局
陵川县	108	41738625	金家岭村	原平河	沁河	黄河	113. 257161	35. 841186	陵川县秦家庄乡金家岭村	201506	陵川县水务局
陵川县	109	31007868	小磨河	武家湾河	卫河	海河	113. 439648	35. 535498	陵川县小磨河提水站	201506	陵川县水务局
陵川县	110	41737990	阳河口	大会河	沁河	黄河	113. 298394	35. 767629	崇文镇仕图苑社区	201205	陵川县水务局
晋城城区	111	41730211	晓庄村	花园头河	沁河	黄河	112. 8548	35. 5155	晋城市城区钟家庄办事处晓庄村	201403	城区水务局
晋城城区	112	41730206	山西底村	西河	沁河	黄河	112. 7852	35. 5295	晋城市城区西上庄办事处山西底村	201403	城区水务局
晋城城区	113	41730210	牛山村	书院河	沁河	黄河	112. 8256	35. 5416	晋城市城区西上庄办事处牛山村	201403	城区水务局
晋城城区	114	41730208	西掩村	西河	沁河	黄河	112. 79112	35. 545433	晋城市城区西上庄办事处西掩村	201403	城区水务局
晋城城区	115	41730207	核桃洼村	西河	沁河	黄河	112. 7687	35. 5059	晋城市城区西上庄办事处核桃洼村	201403	城区水务局
晋城城区	116	41737413	东上村	北石店河	沁河	黄河	112. 8724	35. 5718	晋城市城区北石店镇东上村	201403	城区水务局
晋城城区	117	41730209	白马寺山	东河	沁河	黄河	112. 8481	35. 5538	晋城市城区北街办事处白马寺山	201403	城区水务局
晋城城区	118	41737414	小车渠村	北石店河	沁河	黄河	112. 8447	35. 5723	晋城市城区北石店镇小车渠村	201403	城区水务局
晋城城区	119	41730212	东上庄村	回军河	沁河	黄河	112. 8889	35. 4846	晋城市城区钟家庄办事处东上庄村	201404	城区水务局

图 8-1 晋城市自动站点分布图

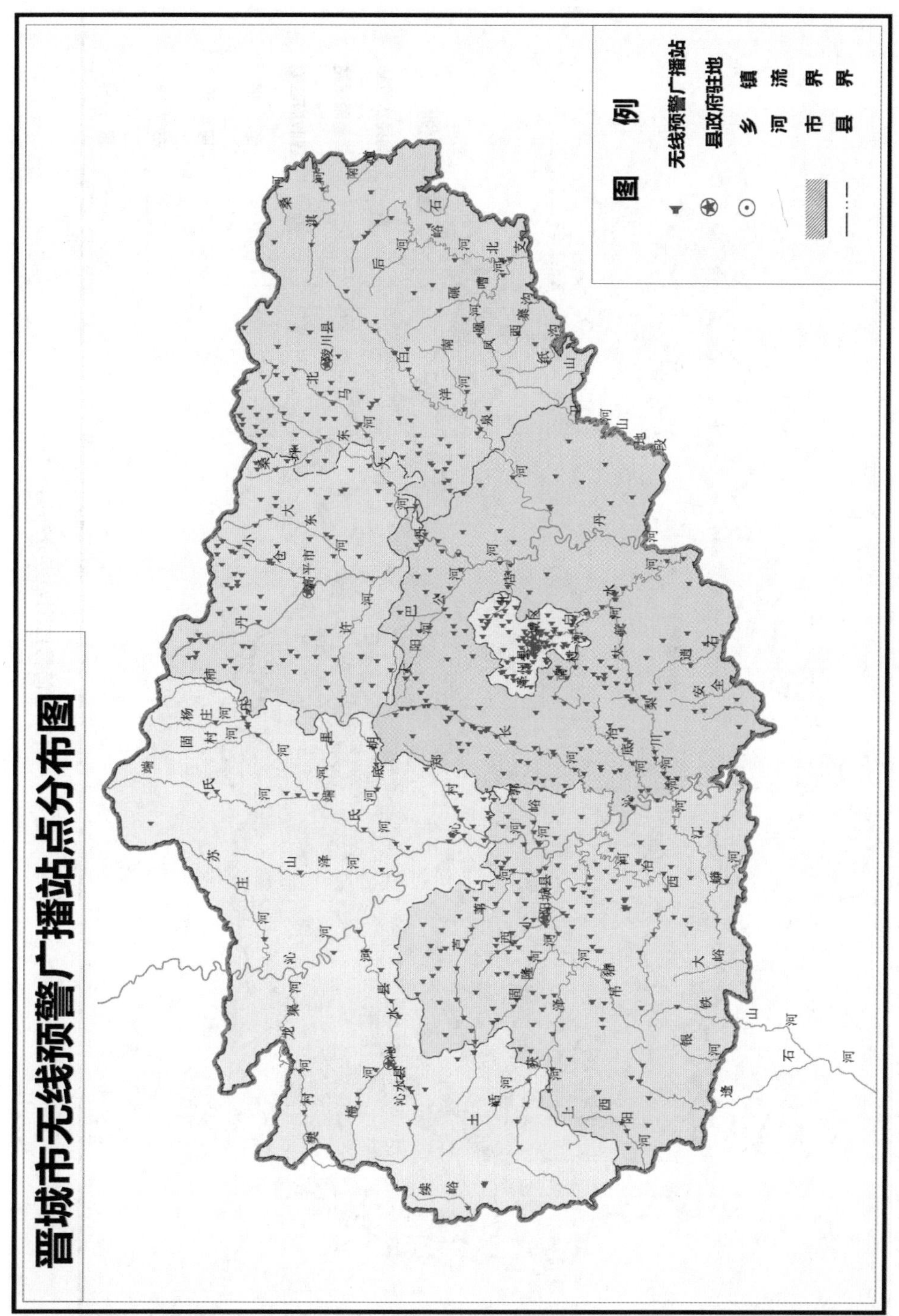

图 8-2　晋城市无线预警广播站点分布图

图 8-3　晋城市简易监测站点分布图

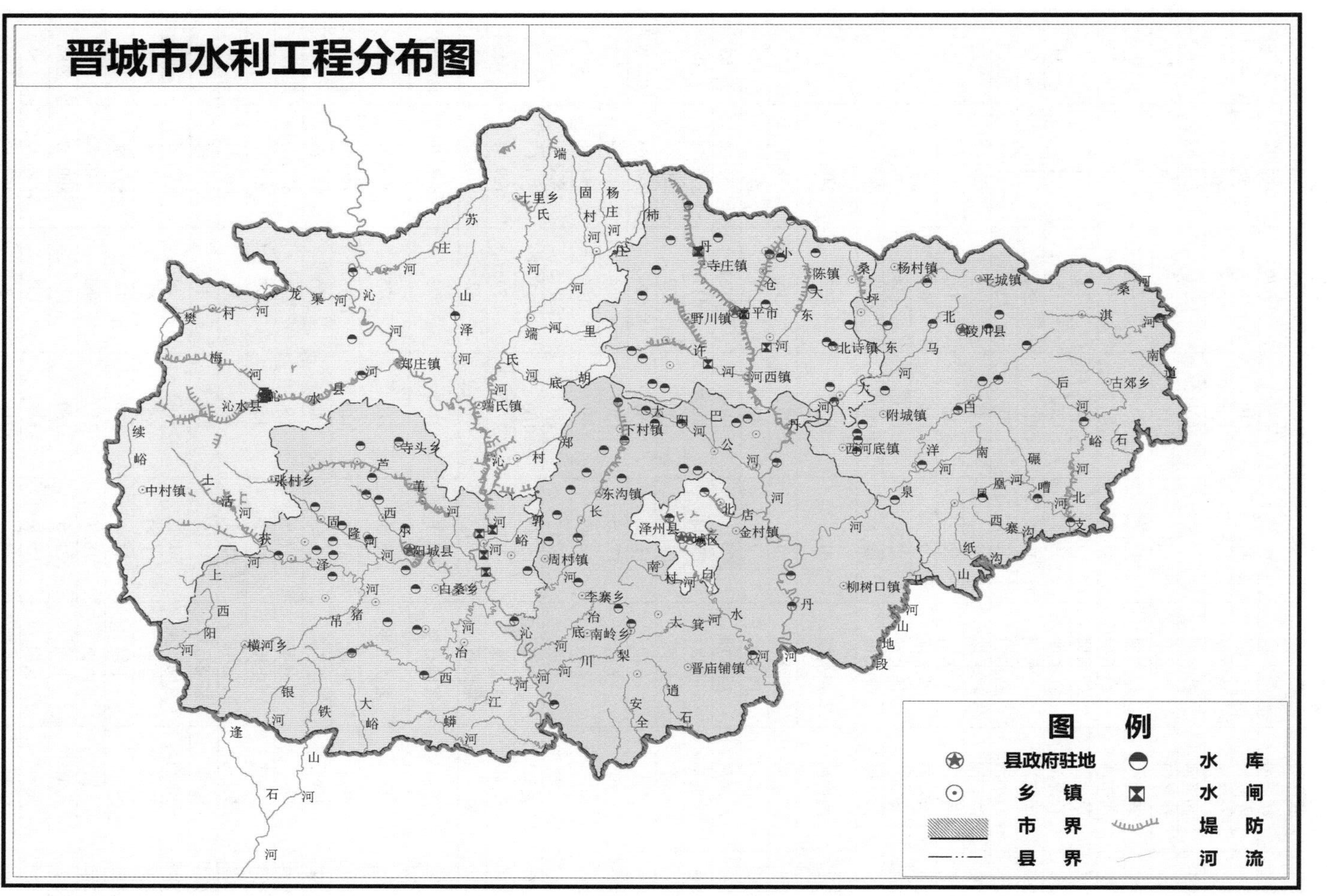

图 8-4　晋城市水利工程分布图

表 8-3　晋城市水库基本情况

水库名称	所在河流	主要挡水建筑物类型	主坝坝高（m）	主坝坝长（m）	最大泄洪流量（m^3/s）	设计洪水位（m）	总库容（万 m^3）
八一水库	获泽河	挡水坝	25	94. 3	25	24	49. 5
董封水库	获泽河	挡水坝	34. 27	248	1 976	785. 12	2 347
府底水库	固隆河	挡水坝	17. 5	110	21. 1	16. 7	47. 3
红卫水库	获泽河	挡水坝	35	132	2 295	664. 04	183
九九水库	固隆河	挡水坝	22	124	13. 45	774. 52	49. 2
栗沟水库	获泽河	挡水坝	11	100		11	20
利民水库	西冶河	挡水坝	17. 7	73	27	16	90. 8
龙江水库	西冶河	挡水坝	11. 5	52	7	11	12. 9
南上水库	芦苇河	挡水坝	18	75	26	17. 5	15
赛村水库	获泽河	挡水坝	19. 7	120	15	19	44
沙坡水库	固隆河	挡水坝	19. 4	115	554	16	105
陕庄水库	西小河	挡水坝	12. 5	51	39	11	22. 6
胜天水库	芦苇河	挡水坝	27	145	165	746. 61	117
石窑水库	西冶河	挡水坝	12. 5	47	14	11. 6	12
西丰水库	西小河	挡水坝	21	165	62	808	70. 6
小沟水库	沁河	挡水坝	22	160	134	19. 6	138
幸福水库	西小河	挡水坝	18. 4	110	77. 31	667. 35	52. 7
阳城县西冶水电站－水库	西冶河	挡水坝	31. 6	176	822	748. 18	630
游仙水库	芦苇河	挡水坝	19	75	16	18. 5	17. 4
周壁水库	获泽河	挡水坝	21	40	177	19. 5	23
圪堆水库	获泽河	挡水坝	25. 3	110	140. 1	755. 06	68
冶底水库	冶底河	土坝	15. 48	80	117	876. 14	20. 2
万里水库	长河	土坝	15. 21	150	272	919. 84	51
长河水库	长河	土坝	13. 06	480	579	804. 05	438
刘村水库	长河	土坝	13. 25	150	274	812. 29	111
庾能水库	长河	土坝	14. 49	49	154	844. 76	48. 5
常坡水库	长河	土坝	23	276	248. 5	822. 1	235
上掌水库	长河	土坝	15. 45	100	73	763	19. 5
圪套水库	长河	土坝	14	227. 5	1 745	729. 31	455
彭沟水库	梨川河	浆砌石坝	21	70	42	876. 98	33
东焦河水电站－水库	丹河	浆砌石坝	52. 1	194. 5	973	608. 79	2 288
围滩水电站－水库	丹河	浆砌石坝	55. 5	116	975	475. 37	878
任庄水库	丹河	土坝	35. 3	440	4 557	775. 05	8 050
来村水库	丹河	土坝	18. 63	180	525	815. 81	240
山耳东水库	丹河	土坝	17. 9	89	215	817. 97	178
西大阳水库	巴公河	土坝	14. 1	85	175	878. 1	54
大南沟水库	巴公河	土坝	19. 4	85	16	865. 11	66
拴驴泉水库	沁河	浆砌石坝	14. 5	154	7 135	361. 96	450
白水河水库	白水河	浆砌石坝	50. 25	54. 43	1 247	437. 95	305
西张村水库	丹河	土坝	13. 32	95	57	822. 38	25
蔡河水库	丹河	土坝	15. 4	120	77	827. 66	67. 8
沙沟水库	长河	土坝	18. 3	250	265	846. 4	165
寺河水库	长河	土坝	21. 6	180	218	800. 47	185
谷坨沟水库	长河	土坝	15. 75	128	103	768. 35	50
杜河水库	沁河	浆砌石坝	38	215	1 200	468. 13	2 800
山泽水库	黄河－沁河－林村河	挡水坝	32. 2	220	517	801. 9	371

续表 8-3

水库名称	所在河流	主要挡水建筑物类型	主坝坝高（m）	主坝坝长（m）	最大泄洪流量（m^3/s）	设计洪水位（m）	总库容（万 m^3）
蒲峪水库	黄河 - 沁河 - 蒲峪河	挡水坝	26.9	147	231.1	834.21	135.9
张峰水库	沁河	挡水坝	72.2	638	1 157	760.8	39 400
湾则水电站 - 水库	沁水县河	挡水坝	40	301	852	719.38	1 432
章庄水库	许河	挡水坝	17	140	57.92	935.2	56.4
故关水库	小东仓河	挡水坝	16.5	188	64.55	973.75	30
秦庄水库	小东仓河	挡水坝	15	135	21.7	893.61	18.1
云泉水库	大东仓河	挡水坝	16.1	150	38.1	923.05	46.3
掌握水库	许河	挡水坝	14.3	216	28.1	936.68	15
东宅水库	巴公河	挡水坝	16	300	27.32	865.35	55
河底水库	野川河	挡水坝	16	85	25.82	972.62	25.8
大周水库	巴公河	挡水坝	13	127	49.5	876.72	35
毕家院水库	大东仓河	挡水坝	16.5	140	155.85	873.64	92.5
吴庄水库	东大河	挡水坝	14	178.4	44.98	960.31	35
杜寨水库	丹河	挡水坝	21.5	450	192	949.43	402
米山水库	大东仓河	挡水坝	17.7	976	382	858.3	860
釜山水库	丹河	挡水坝	15.5	650	280	923.5	264
赵庄水库	丹河	挡水坝	15.49	250	38.2	934.26	215
陈区水库	大东仓河	挡水坝	14.9	280	112.42	950.59	306
南村水库	东大河	挡水坝	17	201	20.8	1 006.11	125.8
西仓水库	小东仓河	挡水坝	14.8	500	397.69	897.75	384.5
东仓水库	小东仓河	挡水坝	16.2	373	188.43	892.08	224
明西水库	东大河	挡水坝	14	243	99.13	936.64	164.8
堡头水库	丹河	挡水坝	16	150	67.41	958.79	22
石景山水库	白洋泉河	挡水坝	24	135	66.7	937.1	125
云谷图水库	白洋泉河	挡水坝	23	176.5	166.5	1 268.65	315
簸箕掌水库	北马河	挡水坝	17	139	1.5	116	130
安阳水库	白洋泉河	挡水坝	17.5	90	5	116	29
申庄水库	东大河	挡水坝	25.5	136	554	123.08	1 484
猪头山水库	白洋泉河	挡水坝	19.7	125	47	1 298.3	136
山后水库	北马河	挡水坝	17.5	90	29	114.5	30
台北水库	白洋泉河	挡水坝	10.56	72.47	1 437	818.55	16.9
桑家坪水库	白洋泉河	挡水坝	28.5	120	220	1 051.8	640
西河水库	白洋泉河	挡水坝	16	95	0.5	113.4	57
吕家河水库	白洋泉河	挡水坝	10	100	8.02	109	26
梧桐水库	白洋泉河	挡水坝	12	70	3.14	110	26
三泉水库	白洋泉河	挡水坝	13.5	80	0.5	111.5	30
洪河头水库	白洋泉河	挡水坝	13.7	70	246	112.7	12.3
上郊水库	白洋泉河	挡水坝	30	280	673	996.36	1 172
窑相水库	北马河	挡水坝	25	55	380	1 044	347
古石水库	卫河	挡水坝	56	82.5	580	806.5	960
汇源水库	碾嘈河	挡水坝	27	230	120	615.76	300
小磨河水库	碾嘈河	挡水坝	12.76	65	104.5	1 071.4	11.2
东双脑水库	淇河	挡水坝	56	82.5	580	1 011.3	555
浙水水库	浙水河	挡水坝	21	47.4	62.5	1 102.17	13.4
秦家庄水库	东大河	挡水坝	27.5	280	272	1 086.9	488
花园头水库	花园头河	挡水坝	11.6	123	10.75	711.99	50.9
人民水库	北石店河	挡水坝	10	175	36.7	791.96	67
龙门水库	北石店河	挡水坝	19.4	89.4	15.75	821.27	22.1
战备水库	白水河	挡水坝	20.85	324	137.63	753.74	90

表 8-4 晋城市山洪灾害调查统计

序号	县区名	乡镇（个）	村（个）	防治区（村）	重点防治村（个）	重点沿河居民户(户)	桥梁（座）
1	阳城县	19	1 512	321	120	1 365	216
2	泽州县	17	994	180	94	1 429	76
3	沁水县	14	1 495	198	67	784	157
4	高平市	16	593	232	83	1 426	201
5	陵川县	12	455	168	107	657	16
6	晋城城区	9	147	77	40	411	66
合计		87	5 196	1 176	511	6 072	732

序号	县区名	乡镇（个）	路涵（个）	塘坝（个）	水库（座）	水闸（处）	堤防（条）
1	阳城县	19	118	12	21	8	34
2	泽州县	17	23	4	24	0	4
3	沁水县	14	26	14	4	5	119
4	高平市	16	103	21	20	6	12
5	陵川县	12	81	31	22	0	4
6	晋城城区	9	58	0	4	0	10
合计		87	409	82	95	19	183

表 8-5 晋城市塘坝工程调查

县区	序号	塘坝名称	所在行政区名称	容积（m^3）	坝高（m）	坝长（m）	挡水主坝类型
阳城县	1	桃坪塘坝	桃坪村	30 000	8	60	浆砌石坝
阳城县	2	献义上塘坝	献义村	65 000	4.5	50	浆砌石坝
阳城县	3	献义下塘坝	献义村	65 000	5	150	土坝
阳城县	4	三八塘坝	西壮村	40 000	7	80	土坝
阳城县	5	青年塘坝	西壮村	35 000	10	60	土坝
阳城县	6	南次营塘坝	南次营村	30 000	6	150	土坝
阳城县	7	北次营塘坝	北次营村	20 000	5	50	土坝
阳城县	8	天掌塘坝	天掌村	20 000	5	100	土坝
阳城县	9	焦坪塘坝	焦坪村	40 000	10	50	混凝土坝
阳城县	10	念焦塘坝	古河村	24 000	3	80	浆砌石坝
阳城县	11	枪杆塘坝	枪杆村	7 200	8	20	混凝土坝
阳城县	12	张庄塘坝	张庄村	220 000	12	20	浆砌石坝
泽州县	13	道宝河塘坝	道宝河村	20 000	8	40	土坝
泽州县	14	小箕塘坝	小箕村	15 000	5	80	浆砌石坝
泽州县	15	东四义塘坝	东四义村	90 000	5.35	67	浆砌石坝
泽州县	16	王虎山塘坝	王虎山村	20 000	18	74	土坝
沁水县	17	王寨塘坝	王寨村	3 500	5.5	51	土坝
沁水县	18	孔峪塘坝	孔峪村	67 000	7.5	58	土坝
沁水县	19	青龙塘坝	青龙村	24 000	9	62	浆砌石坝
沁水县	20	下马沟	中村村	2 000	3	12	浆砌石坝
沁水县	21	上峪沟	上峪村	50 000	30	300	浆砌石坝
沁水县	22	水上公园	河头	200	1.5	100	混凝土坝
沁水县	23	大坪风井护坝	湘峪村	3 000	36	360	碾压混凝土坝
沁水县	24	峰潭	赵寨村	12 000	6	40	混凝土坝
沁水县	25	石潭	卫村	4 000	5	20	混凝土坝
沁水县	26	村后沟	西文兴村	6 000	1.8	15	混凝土坝
沁水县	27	南沟塘坝	张河村	31 000	10	100	土坝

续表 8-5

县区	序号	塘坝名称	所在行政区名称	容积（m^3）	坝高（m）	坝长（m）	挡水主坝类型
沁水县	28	贾寨塘坝	贾寨村	5 000	7	30	碾压混凝土坝
沁水县	29	后掌塘坝	孝良村	30 000	15	30	浆砌石坝
沁水县	30	南沟溢流坝	孔峪村	6 000	7	35	混凝土坝
高平市	31	孔家塘坝	孔家村	15	13	80	碾压混凝土坝
高平市	32	南沟塘坝	南沟村	1.9	18	80	碾压混凝土坝
高平市	33	永泉塘坝	赤祥村	10	10	50	碾压混凝土坝
高平市	34	万泉塘坝	徘南村	15	8	98	碾压混凝土坝
高平市	35	万田塘坝	三甲南村	10	10	50	碾压混凝土坝
高平市	36	三兴塘坝	南河村	18	18	90	碾压混凝土坝
高平市	37	成家山塘坝	成家山村	4	11	60	碾压混凝土坝
高平市	38	孝义塘坝	孝义村	8	8	60	碾压混凝土坝
高平市	39	宋家塘坝	宋家村	10	14	145	碾压混凝土坝
高平市	40	关家塘坝	关家村	30	14	124	碾压混凝土坝
高平市	41	曹西塘坝	曹家村	15	10.5	59	碾压混凝土坝
高平市	42	苟家塘坝	苟家村	6	14	60	碾压混凝土坝
高平市	43	南村塘坝	南村村	8.5	11	55	碾压混凝土坝
高平市	44	姬家庄塘坝	姬家庄村	15	15	75	碾压混凝土坝
高平市	45	双井塘坝	双井村	60	15	130	碾压混凝土坝
高平市	46	柳沟塘坝	柳沟村	4.8	10	38	碾压混凝土坝
高平市	47	路家塘坝	路家村	9	13	70	碾压混凝土坝
高平市	48	德义庄塘坝	德义庄村	25	13	37	碾压混凝土坝
高平市	49	马家庄塘坝	马家庄村	8	8	70	碾压混凝土坝
高平市	50	上扶塘坝	上扶村	9.6	12	70	碾压混凝土坝
高平市	51	刘家庄塘坝	刘家庄村	8	8	70	碾压混凝土坝
陵川县	52	西沟塘坝	西沟村	30 000	17	57	碾压混凝土坝
陵川县	53	河头塘坝	河头村	30 000	18	60	土坝
陵川县	54	井坡塘坝	井坡村	25 000	15	75	碾压混凝土坝
陵川县	55	东伞塘坝	东伞村	60 000	20	60	碾压混凝土坝
陵川县	56	小义井塘坝	小义井村	90 000	17	49	碾压混凝土坝
陵川县	57	附城北街塘坝	附城村	22 000	7	60	碾压混凝土坝
陵川县	58	盖城塘坝	盖城村	20 000	8	60	土坝
陵川县	59	下壁塘坝	下必村	30 000	7	60	土坝
陵川县	60	鼻良掌塘坝	鼻良掌村	16 000	5.5	60	碾压混凝土坝
陵川县	61	玉泉塘坝	玉泉村	15 000	8	50	碾压混凝土坝
陵川县	62	田庄塘坝	田庄村	15 000	6	40	碾压混凝土坝
陵川县	63	北庄塘坝	北庄村	20 000	15	60	碾压混凝土坝
陵川县	64	毕家掌	毕家掌村	20 000	9	30	土坝
陵川县	65	西瑶泉塘坝	西瑶泉村	20 000	19	35	浆砌石坝
陵川县	66	台南塘坝	台南村	43 000	4	35	浆砌石坝
陵川县	67	徐社塘坝	徐社村	30 000	9.8	82	碾压混凝土坝
陵川县	68	西河塘坝	西河底村	13 000	10	33.9	碾压混凝土坝
陵川县	69	三泉东沟塘坝	三泉村	10 000	8.7	50	碾压混凝土坝
陵川县	70	张仰塘坝	张仰村	100 000	16.8	117	碾压混凝土坝
陵川县	71	偏桥底塘坝	偏桥底村	80 000	9.1	80.5	碾压混凝土坝
陵川县	72	大玉甫塘坝	大玉铺村	26 000	12.5	115	碾压混凝土坝
陵川县	73	西坡塘坝	西坡村	15 000	23	150	碾压混凝土坝
陵川县	74	义汉塘坝	义汉村	48 000	15	30	碾压混凝土坝
陵川县	75	岭后塘坝	岭后村	20 000	23.5	77	碾压混凝土坝
陵川县	76	东腰寨塘坝	东要迪村	86 000	15	50	浆砌石坝

续表 8-5

县区	序号	塘坝名称	所在行政区名称	容积(m^3)	坝高(m)	坝长(m)	挡水主坝类型
陵川县	77	苇水塘坝	苇水村	30 000	12	62	浆砌石坝
陵川县	78	冶南塘坝	冶南村	15 000	5	40	浆砌石坝
陵川县	79	窑相塘坝	窑相村	10 000	3	20	土坝
陵川县	80	长栈底塘坝	长三地	40 000	23	50	土坝
陵川县	81	锡崖沟塘坝	锡崖沟村	10 000	42	50	浆砌石坝
陵川县	82	红石沟塘坝	六泉村	40 000	5	30	碾压混凝土坝

表 8-6　晋城市水闸工程调查

县区	序号	水闸名称	水闸类型	坝高(m)	坝长(m)
阳城县	1	北留灌区—后滩节制闸	节制闸	0	0
阳城县	2	北留灌区—后滩泄洪闸	分(泄)洪闸	0	0
阳城县	3	北留灌区—进水闸	引(进)水闸	0	0
阳城县	4	北留灌区—马山节制闸	节制闸	0	0
阳城县	5	北留灌区—马山泄水闸	分(泄)洪闸	0	0
阳城县	6	北留灌区—土楼庄节制闸	节制闸	0	0
阳城县	7	北留灌区—土楼庄泄水闸	分(泄)洪闸	0	0
阳城县	8	北留灌区—泄洪闸	分(泄)洪闸	0	0
沁水县	9	东安橡胶坝	橡胶坝	6	120
沁水县	10	北和橡胶坝	橡胶坝	6	120
沁水县	11	宣化橡胶坝	橡胶坝	6	150
沁水县	12	柳庄橡胶坝	橡胶坝	6	150
沁水县	13	永宁橡胶坝	橡胶坝	6	120
高平市	14	北王庄 1 号橡胶坝	橡胶坝	2	30
高平市	15	北王庄 2 号橡胶坝	橡胶坝	2	40
高平市	16	北王庄 3 号橡胶坝	橡胶坝	2. 6	48
高平市	17	丹河渠首节制闸	节制闸	0	0
高平市	18	大东仓河节制闸	节制闸	0	0
高平市	19	许河渠首进水闸	引(进)水闸	0	0

表 8-7　晋城市堤防工程调查

县区	序号	堤防名称	所在河流	堤防长度(m)
阳城县	1	北留水轮泵厂房堤防	沁河	200
阳城县	2	获泽河赤头段堤防	获泽河	644
阳城县	3	获泽河董封段堤防	获泽河	1 210
阳城县	4	获泽河坪头—窑头段堤防	获泽河	2 580
阳城县	5	获泽河坪头—窑头段堤防	获泽河	2 260
阳城县	6	获泽河上川段堤防	获泽河	980
阳城县	7	获泽河上川段堤防	获泽河	1 070
阳城县	8	获泽河下川—南安阳段堤防	获泽河	3 570
阳城县	9	获泽河下川—南安阳段堤防	获泽河	1 040
阳城县	10	获泽河窑头—上川段堤防	获泽河	2 810
阳城县	11	获泽河窑头—上川段堤防	获泽河	3 010
阳城县	12	涧河坪泉段堤防	西冶河	2 030
阳城县	13	涧河坪泉段堤防	西冶河	1 890
阳城县	14	涧河西头段堤防	西冶河	1 000
阳城县	15	涧河西头段堤防	西冶河	900
阳城县	16	芦苇河刘西—刘东段堤防	芦苇河	2 250
阳城县	17	芦苇河刘西—刘东段堤防	芦苇河	385

续表 8-7

县区	序号	堤防名称	所在河流	堤防长度(m)
阳城县	18	芦苇河马町堤防	芦苇河	5 728
阳城县	19	芦苇河马町堤防	芦苇河	3 851
阳城县	20	芦苇河羊泉—北宜段堤防	芦苇河	3 450
阳城县	21	芦苇河宜壁—芹池段堤防	芦苇河	4 580
阳城县	22	芦苇河宜壁—芹池段堤防	芦苇河	1 720
阳城县	23	芦苇河义蒿堤防	芦苇河	238
阳城县	24	芦苇河义蒿堤防	芦苇河	3 140
阳城县	25	芦苇河原庄—庙坡段堤防	芦苇河	1 004
阳城县	26	芦苇河原庄—庙坡段堤防	芦苇河	5 010
阳城县	27	芦苇河町义堤防	芦苇河	3 304
阳城县	28	芦苇河町义堤防	芦苇河	475
阳城县	29	沁河堤防	沁河	4 851
阳城县	30	沁河堤防	沁河	2 095
阳城县	31	西小河凤城段堤防	西小河	4 560
阳城县	32	西小河凤城段堤防	西小河	4 570
阳城县	33	西小河西河段堤防	西小河	8 000
阳城县	34	西小河西河段堤防	西小河	8 000
泽州县	35	长河堤防	长河	14 998
泽州县	36	长河堤防	长河	10 635
泽州县	37	泽州段	丹河	6 691
泽州县	38	泽州段	丹河	2 372
沁水县	39	杏峪段 1	沁水县河	1 000
沁水县	40	杏峪段 2	沁水县河	1 000
沁水县	41	孔峪段 1	梅河	2 000
沁水县	42	孔峪段 2	梅河	2 000
沁水县	43	国华段 1	沁水县河	2 500
沁水县	44	国华段 2	沁水县河	2 500
沁水县	45	青龙段	梅河	2 000
沁水县	46	水泉段 1	沁水县河	1 500
沁水县	47	水泉段 2	沁水县河	1 500
沁水县	48	曲寨村段	沁水县河	300
沁水县	49	里必段 1	沁水县河	400
沁水县	50	里必段 2	沁水县河	800
沁水县	51	沁水县河里必村穿村河道段	沁水县河	500
沁水县	52	吴家沟段	沁水县河	3 000
沁水县	53	常柏段 1	沁水县河	200
沁水县	54	常柏段 2	沁水县河	700
沁水县	55	河渚段	沁水县河	2 000
沁水县	56	小岭段 1	沁水县河	1 200
沁水县	57	小岭段 2	沁水县河	1 500
沁水县	58	西坡段 1	沁水县河	1 500
沁水县	59	西坡段 2	沁水县河	2 000
沁水县	60	马邑段 1	沁水县河	2 000
沁水县	61	马邑段 2	沁水县河	2 500
沁水县	62	马邑段 3	沁水县河	2 500
沁水县	63	尧都段	沁水县河	2 000
沁水县	64	辛家河段	沁水县河	800
沁水县	65	柿元段	沁水县河	800
沁水县	66	铭水西河段	沁水县河	350
沁水县	67	梅河固镇村段	梅河	500
沁水县	68	西河段	梅河	100
沁水县	69	铭水东河至西河	沁水县河	1 800

续表 8-7

县区	序号	堤防名称	所在河流	堤防长度(m)
沁水县	70	杏园洞口—梁庄桥	沁水县河	8 000
沁水县	71	苏庄段	梅河	2 000
沁水县	72	芦苇河冯村村 1 段	芦苇河	1 300
沁水县	73	芦苇河冯村村 2 段	芦苇河	2 200
沁水县	74	沁河郑庄村 2 段	沁河	1 200
沁水县	75	沁河郑庄村 1 段	沁河	1 000
沁水县	76	东轩沁河坝	沁河	160
沁水县	77	东小河坝 1	沁河	500
沁水县	78	西大—南大	沁河	500
沁水县	79	教场至王峪	龙渠河	500
沁水县	80	沁河吕村段	沁河	300
沁水县	81	东小河坝 2	沁河	500
沁水县	82	嘉峰段	沁河	1 800
沁水县	83	潘河大坝 1	沁河	1 780
沁水县	84	潘河大坝 2	沁河	998
沁水县	85	潘河大坝 3	沁河	322
沁水县	86	潘河大坝 4	沁河	460
沁水县	87	柿沟河坝	沁河	500
沁水县	88	柿沟口至石圪嘴	沁河	600
沁水县	89	卧虎庄护坝	沁河	800
沁水县	90	郭北护村坝	沁河	300
沁水县	91	武安护坝 2	沁河	2 200
沁水县	92	武安护坝 1	沁河	1 820
沁水县	93	马庄河殷庄段 2	沁河	1 200
沁水县	94	马庄河殷庄段 1	沁河	1 180
沁水县	95	宫上—拜沟	沁河	800
沁水县	96	拜沟—沁河	沁河	376
沁水县	97	新奥护坝	沁河	540
沁水县	98	刘庄罗沟护堤坝 1	沁河	2 400
沁水县	99	刘庄罗沟护堤坝 2	沁河	860
沁水县	100	秦庄护村坝	沁河	460
沁水县	101	沁河嘉峰村沙河段	沁河	1 600
沁水县	102	长畛护村坝	沁河	150
沁水县	103	豆庄护村坝	沁河	1 100
沁水县	104	东河大坝	续鲁峪河	860
沁水县	105	半峪大坝 1	郑村河	3 000
沁水县	106	半峪大坝 2	郑村河	2 300
沁水县	107	湘峪坝 1	郑村河	800
沁水县	108	湘峪坝 2	郑村河	1 200
沁水县	109	侯村大坝 1	郑村河	800
沁水县	110	侯矿大坝	郑村河	700
沁水县	111	侯村大坝 2	郑村河	1 600
沁水县	112	夏荷坝	郑村河	1 500
沁水县	113	上万坝	郑村河	100
沁水县	114	樊村护堤坝 1	沁水县河	350
沁水县	115	樊村护堤坝 2	沁水县河	3 000
沁水县	116	石家沟至林场	苏庄河	450
沁水县	117	孝良段 1	石漕河	200
沁水县	118	孝良段 2	石漕河	2 000
沁水县	119	范庄段	石漕河	100
沁水县	120	十里至河北 2	石漕河	300
沁水县	121	十里至河北 1	石漕河	300

续表 8-7

县区	序号	堤防名称	所在河流	堤防长度(m)
沁水县	122	获泽河南阳村段	获泽河	3 500
沁水县	123	获泽河塘坪村段	获泽河	300
沁水县	124	获泽河洞沟村段	获泽河	2 000
沁水县	125	土沃村堤坝	土沃河	2 000
沁水县	126	中沃泉坝	获泽河	1 500
沁水县	127	南沟坝	获泽河	10 000
沁水县	128	下沃泉坝	获泽河	3 000
沁水县	129	获泽河台亭河段	获泽河	1 200
沁水县	130	获泽河西文兴段	获泽河	700
沁水县	131	后马元大坝 2	获泽河	3 500
沁水县	132	获泽河塘坪村段	土沃河	1 000
沁水县	133	王庄坝	获泽河	500
沁水县	134	获泽河下格碑村段	获泽河	1 500
沁水县	135	杏泽坝	获泽河	2 000
沁水县	136	获泽河岭东村段	获泽河	400
沁水县	137	横头村村堤 1	沁河	2 000
沁水县	138	横头村村堤 2	沁河	2 000
沁水县	139	杏林坝	端氏河	800
沁水县	140	东山坝	端氏河	1 500
沁水县	141	金峰坝	端氏河	2 100
沁水县	142	古堆坝	端氏河	400
沁水县	143	西头坝	端氏河	700
沁水县	144	苏庄坝	端氏河	100
沁水县	145	端氏坝	端氏河	2 000
沁水县	146	中韩王坝	沁河	350
沁水县	147	樊庄坝	沁河	800
沁水县	148	端氏坝	沁河	800
沁水县	149	坪上一曲堤	沁河	6 000
沁水县	150	胡底河坝	胡底河	10 000
沁水县	151	西古堆村河堤	苏庄河	1 200
沁水县	152	杏河特大桥防洪坝	沁水县河	4 000
沁水县	153	五柳庄防洪坝	沁水县河	1 100
沁水县	154	侯村大坝	郑村河	2 200
沁水县	155	潘庄	支河流	600
沁水县	156	卫村至下峰河堤	樊村河	1 000
沁水县	157	苏庄村河堤	苏庄河	3 000
高平市	158	王村至云南村堤防	大东仓河	9 000
高平市	159	王村至云南村堤防	大东仓河	9 000
高平市	160	建北至府底村堤防	东大河	9 100
高平市	161	建北至府底村堤防	东大河	9 100
高平市	162	口则村至北李村堤防	小东仓河	8 100
高平市	163	口则村至北李村堤防	小东仓河	8 100
高平市	164	北杨村至沟村堤防	野川河	6 000
高平市	165	北杨村至沟村堤防	野川河	6 000
高平市	166	冯村至陈庄村堤防	许河	5 500
高平市	167	冯村至陈庄村堤防	许河	5 500
高平市	168	河泊村至牛村堤防	丹河	39 000
高平市	169	河泊村至牛村堤防	丹河	39 000
陵川县	170	平城	北召河	20 978
陵川县	171	潞城	白洋泉河	173 800
陵川县	172	马疙当	武家湾河	9 500
陵川县	173	秦家庄	原平河	5 000

续表 8-7

县区	序号	堤防名称	所在河流	堤防长度(m)
晋城城区	174	东河	白水河	6 600
晋城城区	175	西河	白水河	9 500
晋城城区	176	书院河	白水河	6 200
晋城城区	177	小西河	白水河	5 500
晋城城区	178	花园头河	白水河	5 600
晋城城区	179	回军河	白水河	3 000
晋城城区	180	尧头河	白水河	3 800
晋城城区	181	叶家河	白水河	2 600
晋城城区	182	白水河	白水河	2 600
晋城城区	183	北石店河	北石店河	7 500

8.5 河道整治

河道在行洪、蓄水、水生态保持等方面起到了重要的作用。因此,河道的治理也是一项新的严峻的任务。在河道整治后,不但能够利于行洪,而且也能够使河道变得干净,河道里的水也就会慢慢变清,环境自然会逐渐好起来,沿河村落居民们以后的生活品质也会提高,对河道进行底泥疏浚后,能较快清除水体中的内源污染物,对水体中的污染物进行转移、转化和降解作用,从而使水体得到进化,减少了污染物的含量,从而减少了对河流周边的农田和饮用水污染。经山洪灾害调查,晋城市境内共 168 条山洪沟道防洪能力较低,阻碍了行洪,需要治理,晋城市需治理山洪沟分布见图 8-5。

8.6 危险区转移路线和临时安置点规划

(1)转移人员的确定根据当次预警级别和实际情况(易发灾害区地形及居住情况)而定。

(2)转移遵循先人员后财产,先老弱病残妇女后一般人员。

(3)转移地点、路线的确定遵循就近、安全、向高地撤退的原则。具体撤离路线及安置地点由各山区乡镇根据实际的地形地势制订。转移时要严格落实责任制,由村干部或乡镇干部分片包干负责,并向群众解释清楚。

汛期必须经常检查转移路线、安置地点是否出现异常,如有异常应及时修补或改变线路。

转移路线要避开跨河、跨溪或易滑坡地带。不要顺着河溪沟谷上下游、泥石流沟上下游、滑坡的滑动方向转移,应向河溪沟谷两侧山坡或滑动体的两侧方向转移。

(4)制作明白卡和标识牌,将转移路线、时机、安置地点、安全区、责任人等有关信息发放到每户。

(5)当交通、通信中断时,乡、村(组)躲灾避灾的应急措施要带有预见性,便于克服困难得以实施。

图 8-5　晋城市需治理山洪沟分布

8.7　不同类型区防洪预案

防洪预案根据区域情况进行编写。晋城市共 6 个县市,每个县市都具有不同的区域概况,发生山洪的影响因素也不尽相同。总体来看,晋城市相较于其他市,煤炭资源是相对丰富的,导致地质因素较为复杂,在制定防洪预案的时候建议考虑地质较差的区域作为重点关注对象。

8.8　洪灾防治法规、管理条例

8.8.1　法律法规

(1)《中华人民共和国防洪法》。
(2)《地质灾害防治条例》。
(3)《中华人民共和国气象法》。
(4)《中华人民共和国土地法》。
(5)《中华人民共和国水土保持法》。
(6)《中华人民共和国环境保护法》。
(7)《国家防汛抗旱应急预案》等国家颁布的有关法律、法规、条例。
(8)山西省人民政府颁布的有关地方性法规、条例及规定。

8.8.2　编制要求

(1)《全国山洪灾害防治规划》。
(2)《山洪灾害防御预案编制大纲》。
(3)《山洪灾害防治区级非工程措施建设实施方案编制大纲》。
(4)《山洪灾害防治县级监测预警系统建设技术要求》。

8.8.3　技术规范

(1)《水利水电工程水文自动测报系统设计规定》(SL 566—2012)。
(2)《水文情报预报规范》(SL 250—2000)。
(3)《水位观测标准》(GB/T 50138—2010)。
(4)《河流流量测验规范》(GB 50179—2015)。
(5)《防洪标准》(GB 50201—2014)。
(6)《水文基本术语和标准》(GB/T 50095—2014)。
(7)《水文站网规划技术导则》(SL 34—2013)。
(8)《水文基础设施建设及技术装备标准》(SL 276—2002)。
(9)《水文资料整编规范》(SL 247—2012)。
(10)《水情信息编码标准》(SL 330—2011)。
(11)国家和相关部委颁布的有关标准、规程、规范、管理办法。

第9章 结论与展望

9.1 结 论

本次工作根据现场查勘情况,确定了晋城市510个沿河村落作为分析评价对象,其中47个沿河村落相对比较安全,位于100年设计洪水水位以上,不进行后续的分析评价;对剩余的463个沿河村落进行了现状防洪能力、危险区划分及预警指标等方面的分析评价,得到如下结论。

9.1.1 山洪灾害调查情况

根据晋城市各县(市、区)山洪灾害调查结果,晋城市共有87个乡镇,2 328个行政村,2 868个自然村,其中一般防治区有1 176个村,重点防治区有510个村,非防治区有3 510个村;本次共调查了6县、87个乡镇,2 328个行政村的社会经济;调查了361个企事业单位;核对了全境内小流域基础信息;收集整理了区域范围内的水文气象资料;调查了35场历史洪水;调查了109场历史山洪灾害;调查了168条需防洪治理山洪沟;摸清了山洪灾害非工程措施建设情况,包括119处自动监测雨量站,35处自动水位站,706处无线预警广播,1 054处简易雨量站,33处简易水位站;调查了1 223座涉水工程并拍摄了相应照片,其中塘(堰)坝82座,桥梁732座,路涵409座;调查了419座水利工程并拍摄了相应照片,其中水库95座,水闸19座,堤防183处;详查了510个村(自然村)山洪灾害沿河村落;测量了510个沿河村落的横纵断面,并拍摄了相应照片。

9.1.2 沿河村落现状防洪能力

分析评价成果表明,晋城市463个沿河村落中,1~5年一遇的有116个(阳城县40个,泽州县32个,沁水县5个,高平市32个,陵川县3个,晋城城区4个),5~20年一遇的有142个(阳城县26个,泽州县18个,沁水县36个,高平市27个,陵川县24个,晋城城区11个),20~100年一遇的有205个(阳城县19个,泽州县44个,沁水县24个,高平市13个,陵川县80个,晋城城区25个)。

9.1.3 沿河村落危险区分布及其人口分布

本次工作对晋城市463个沿河村落划分了各级危险区,统计了各沿河村落各级危险区人口数量及分布情况。成果表明,位于极高危险区3 793人、高危险区8 020人、危险区50 892人,共计62 705人。

9.1.4　沿河村落预警指标及其分布

本次工作分析了晋城市 463 个沿河村落雨量预警指标。对 36 个河道水位站及 14 个水库水位给出了水位预警指标。

9.2　展　望

本次工作对晋城市 510 个沿河村落进行了分析评价工作,重点分析了 463 个村的防洪能力评价、预警指标计算,能够为山洪灾害预警、群测群防体系的建设提供必要的技术支撑。

9.2.1　山洪防灾信息得到完善

本次山洪灾害分析评价完成后,使山洪防灾信息在沿河村落现状防洪能力、预警指标及其分布等方面得到进一步丰富与充实。这些成果对于完善县级平台、综合提高山洪灾害防治能力具有重要作用。

9.2.2　后续山洪灾害防治得到支撑

充分运用沿河村落危险区分布、各级危险区人口分布、沿河村落汇流时间、预警指标等信息,可以为后续山洪灾害防治提供以下重要支撑:

(1)为县、乡、村各级山洪灾害防治预案的完善做支撑。

(2)进一步改进监测站点布设、站点预警信息关联、预警指标确定等工作。

9.2.3　扩大山洪灾害关注范围

本次分析评价主要针对溪河洪水影响对象进行,其他存在山洪灾害隐患的村落也需引起高度重视。同时,可开展受坡面水流影响的预警指标研究、检验和率定工作。其中,高平市沿河村落中一部分受坡面流影响,在进行防洪能力评价时,采用 0.7 m 成灾水深,主要是依据经验选取,没有理论依据,因此还需进行进一步验证。

9.2.4　注意各县特殊地质情况

煤层气是沁水县主要支柱产业,多条河流均埋设有输送煤层气管道,注意管道维护。同时收集煤层气设计评价依据,使煤层气评价与山洪灾害调查评价结果一致。

晋煤集团矿区是晋城市城区主要支柱产业,矿区坐落在北石店河流域内,地下均埋设有输送煤层气管道,注意管道维护。同时收集煤层气设计评价依据,使煤层气评价与山洪灾害调查评价结果一致。

晋城市地质情况相对特殊,煤炭开采区较多,沿河村落可能会因地质塌陷,河道堤防损毁,村庄受灾,因此晋城市应该多加注意煤炭开采区周围的河道堤防围护措施。

9.2.5　灵活运用预警指标,注意特殊暴雨洪水

预警指标不是万能的防御措施,不可能完全替代自然现象,可能在没有划防治区的地方,也可能在发生暴雨洪水时受灾;同时指标的量也不是完全一成不变的,它会随着流域下垫面、暴雨形成方式、覆盖区域、先后顺序等的不同,发生变化。

长期以来,中共中央、国务院高度重视防汛工作,国家下大力气开展重点区域防洪体系建设,大江大河重要河段防洪减灾能力得到了明显提高,近期又启动了重点地区中小河流治理,发挥了很好的防洪减灾效益,但山洪灾害防治仍然是我国防洪减灾体系中的薄弱环节,存在以下一些突出问题:

(1)山洪灾害防治区尚未开展全面、深入的普查和排查,大量隐患点未被发现。

(2)山洪灾害监测站网密度不够,不能及时、准确地监测到山洪灾害的发生,且基层边远山村预警设施严重不足,信息传递非常困难,不能有效组织人员转移避险。

(3)山洪灾害防御责任制组织体系不完善,大部分山洪灾害严重的乡镇、村组没有设立组织指挥机构,部分地区责任人员不落实。

(4)山洪灾害防御预案可操作性不强,预警程序信号、人员转移安置等关键环节考虑不够明确、周全,部分地区尚未建立“纵向到底、横向到边”的预案体系。

(5)一些地方山洪灾害防治宣传教育、培训力度不够,基层干部群众防灾减灾意识淡薄,自防自救能力不强。

9.2.6　进一步加强堤坝,提高防洪能力

河流堤防在长期运行过程中,由于缺乏完善的管理维护制度,在经历多年的洪水冲击后,堤防工程会出现堤身大面积坍塌、部分堤防段出现决口等问题,给河流堤防工程留下许多薄弱点。尤其是很多河流多年没有进行防洪能力校核,依然采用以前防洪标准制定相应防洪预案,造成河流堤防达标率小,不能满足河流现代防洪需求,堤防工程总体防洪减灾能力大大降低,严重威胁河流行洪防洪安全,故应周期性校核堤防防洪能力,完善堤防工程薄弱点,提高河道堤防防洪能力。

9.2.7　实际计算中存在的问题

9.2.7.1　**基础资料可用性需提升**

在本次分析评价工作中,水文气象资料和历史洪水资料都能提供良好的支撑,为设计暴雨洪水和预警指标的计算和合理性分析提供依据;基础工作底图、小流域属性成果和产流、汇流地类划分资料虽然具有重要的参考价值,但需要根据实地调查成果进行修正;河道纵横断面资料,从地点选择到测量范围,需分析评价人员与断面测量人员不断交换意见进行调整,若完成全部测量后再分析由于修改量较大在时间和精力上成本都较高,所以应及时进行专业需求沟通,及时调整,提升基础资料的可用性。

一般来说,测量的纵横断面数据越多,分析评价的结果准确性就越高。本次断面测量工作采取了与山东省测绘工程院合作的方式,由山东省测绘工程院直接批量提取,大大提升了断面测量的数据量,但是批量提取也导致了不能满足每个沿河村落具体计算的需求,

必须根据实际情况对断面数据进行评估。在今后工作中，需加强测绘院人员、野外调查人员和分析评价人员三方之间的交流。

9.2.7.2　河流名称要统一

在实地调查中，会遇到一条河流有多个名称的情况，所以在调查中一定要在工作底图中明确标注河道位置，并与河流及沿河村落信息相对应，尤其是一些流域范围较小但极易发生洪水的支流。本次分析评价中的河流按照《山西河流基本特征》中的河道名称命名，对于没包括在其中的小河道按照当地惯用叫法命名。河流名称的统一可以保证调查分析成果的一致性、关联性。

9.2.7.3　名录编制要准确

一是名称、空间位置要准确；二是要对应到相应的行政区、小流域；三是要注意应当根据山洪灾害现场调查成果以及当地防洪减灾、地区发展规划等实际需求，筛选和确定分析评价对象，主要针对溪河洪水影响对象进行，暂不包括滑坡、泥石流以及干流对支流产生明显顶托等情形。所以，名录的编制需要各个部门多沟通、多协调。

9.2.7.4　计算参数进一步验证

在控制断面水位—流量关系计算中，糙率等参数的选取对计算精度影响较大。为提高水位—流量关系计算精度，建议下一步安排对重点小流域进行临时测流，验证小流域控制河段的糙率等参数。

9.2.7.5　水面线推求

在控制断面水位—流量关系计算中，虽然使用了水力学方法（采用 Godunov 格式的有限体积法建立的复杂明渠水流运动的高适用性数学模型）计算了水面线，但成果不能完全代表实际情况。不能机械地采用水位—流量关系以及流量—频率关系，盲目确定受灾范围，当河道冲刷、变道、切坡出现后有其他改变时要慎重使用。

9.2.7.6　预警指标

预警指标是根据历史水文情况总结的暴雨洪水关系，是经验与过往历史发生洪水的科学总结。会随着流域植被、前期土湿（B_0）暴雨雨型、河道的改变而发生变化，产流、汇流发生较大改变，不可盲目采用，当发生较大改变时需重新修订。